FINDING THE MOTHER TREE
Uncovering the Wisdom and
Intelligence of the Forest

マザーツリー

森に隠された「知性」をめぐる冒険

スザンヌ・シマード
三木直子＝訳

ダイヤモンド社

FINDING THE MOTHER TREE

Uncovering the Wisdom and Intelligence of the Forest

by

Suzanne Simard

Japanese translation and electronic rights arranged with Mothertree Consulting Ltd
c/o The Marsh Agency Ltd., London acting in conjunction with Idea Architects,
Santa Cruz, California through Tuttle-Mori Agency, Inc., Tokyo

私の娘たち、
ハナとナヴァに捧ぐ

「だが人間は自然の一部であり、
自然と闘うということは必然的に
自分との闘いを意味する」
――レイチェル・カーソン

目次 CONTENTS

A FEW NOTES FROM THE AUTHOR

著者による注記

本文中では「mycorrhiza」の複数形については「mycorrhizas」というイギリス流の表記を採用した。私にはそのほうが自然だし、読者にとっても覚えやすく、また言いやすいと思うからだ。ただし、「mycorrhiza」という言い方も、とくに北米ではよく使われる。どちらも複数形として正しい。

生物種の名称には、ラテン名（学名）と一般名称を交ぜて使っている。樹木と植物には、通常は種のレベルでの一般名を使うが、菌類（キノコ）については属名だけを示す場合が多い。

登場人物の一部は、プライバシー保護のため匿名にしている。

マザーツリー
～森に隠された「知性」をめぐる冒険～

はじめに——母なる木とのつながり

CONNECTIONS

何世代にもわたって、私の家族は森の木を伐って生きてきた。私たちが生き残れるかどうかは、この地道な仕事にかかっていた。

それが、私が先祖から引き継いだもの。

私自身もまた、かなりの数の木を伐っている。

けれど、この惑星に生きるものは一つ残らず死に、朽ち果てる。そこから新しい生命が湧き起こり、そしてその誕生から新しい死が生まれるのだ。生命が描くこのらせんは私に、種を蒔くこと、苗木を植え、若木を護ることを教えてくれた。循環の一部。森そのものもまた、土壌ができ、生物が移動し、海水が巡る、もっとずっと大きな循環の一部である。きれいな空気と汚れない水とおいしい食べ物の源。自然に見られる持ちつ持たれつの関係には、必然の叡智がある――ひっそりと結ばれた約束と、均衡の探索。

そして驚くほどの寛容さ。

何が森を森たらしめ、森が土や火や水とどのようにつながっているのか、その謎を解きたいという思いが私を科学者にした。私は森を観察し、その声に耳を澄ました。好奇心に導かれ、家族やその一族の物語に耳を傾け、そして学者から学んだ。一歩、また一歩、謎を一つずつ解きながら、私は、自然界を癒やすためには何が必要かを突き止める探偵になろうと、持てる力の限りを尽くした。

木材産業で働く新世代の女性労働者として、最初に雇われたうちの一人になれたのは幸運だったけれど、そこで私が見たものは、子どものころから教えられて育ち、大人になって理解するようになったこととは違っていた。そこにあったのは、木が伐採され、土壌からは自然の複雑さが奪われ、つねに厳しい自然の環境にさらされ、古い木が存在せず若木を護るもののない広大な土地と、恐ろしく間違っていると思われる産業構造だった。木材産業は、生態系のある部分に対して宣戦を布告していた――つまり、青々と繁る草、広葉樹、木を齧り木に群がる虫たちだ。木材産業にとってそれらは換金作物と競い合う寄生生物だったが、その土地を癒やすためには彼らが必要であるということを私は理解しつつあった。森全体――それは私の存在や世界観の中心である――がこの破壊行為に苦しみ、その結果、その他のすべてもまた被害を受けていた。

私は、人間がどこでこれほどまで間違ってしまったのかを理解し、私の祖先がもっと控えめに木を伐採していたときにはそうだったように、放っておけば土地は自然に元どおりになるのはなぜなのか、その謎を解き明かすために科学的探求の旅に出た。そのうち私の研究は、奇妙に、ほとんど気味悪いほどに私の私生活と足並みを揃えて展開するようになり、研究対象である生態系を構成する要素と同じように、緊密に絡み合うようになった。

木々はまもなく、驚くような秘密を明かしてくれた。木々は互いに網の目のような相互依存関係のなかに存在し、地下に広がるシステムを通じてつながり合っているということを私は発見したのだ。木々はそこで、もはやその存在は否定しようのない、太古からの複雑さと智慧をもってつながり合い、関係をつくるのである。私は何百という実験を行い、次から次へと新しい発見をし、そのなかで、木と木のコミュニケーションについて、森という社会を形づくる関係性について明らかにした。その科学的エビデンスは初めのうちこそ大いに物議を醸したが、いまではそれは正確であることが認知され、査読を経たうえで広く学術誌に掲載されている。これはおとぎ話でも、単なる想像でも、魔法の一角獣でも、ハリウッド映画のつくり話でもない。

これらの発見は、温暖化する世界に自然が順応を迫られるいまはことさらに、森の生き残りを脅かす管理手法の多くに疑問を突きつける。

私の疑問は、森の未来に対する深刻な懸念に端を発したものだったが、やがて強烈な好奇心がそれに取って代わり、森とは単なる木の集合ではないということを示す手掛かりが次から次へと見つかった。

真実を求めるこの探求において、木々は私に、彼らの知覚力、反応性、相互のつながりと会話を見せてくれた。先祖から受け継いだ伝統を発端として、子ども時代を過ごし、慰めと冒険の舞台となったここカナダ西部の森での私の探索は、森の叡智に対するより深い理解へと成長し、さらに、この叡智に対する尊敬をいかにして私たちが取り戻し、自然との関係を修復できるのか、ということの解明へと発展した。

その最初の手掛かりの一つは、木々が地中に張り巡らされた菌類のネットワークを通じて交わし合っている、暗号めいたメッセージを盗み聞きしているときに訪れた。この秘密の会話の経路を辿っていくうちに、このネットワークは林床全体に広がっており、拠点となるさまざまな木や菌同士のつながりが存在していることがわかったのだ。粗削りながらそれを地図にしてみると、驚いたことに、いちばん大きくて古い木は、苗木を再生させる菌同士のつながりの源であることが明らかになった。しかもそうした木々は、若いものから年寄りまで、周りのすべてのものとつながり、さまざまなスレッドやシナプスやノードの複雑な絡まり合いにおける中心点の役割を果たしているのである。こうした構図のなかでも何より衝撃的な一面――このネットワークには、私たち人間の脳と共通点があるという事実――が明らかになった過程をご紹介しよう。森のネットワークでは、古いものと若いものが、化学信号を発することによって互いを認識し、情報をやり取りし、反応し合っている。それは私たち人間の神経伝達物質と同じ化学物質であり、イオンがつくる信号が菌類の被膜を通して伝わるのである。

歳取った木には、どの苗木が自分の親族であるかがわかる。

歳取った木々は若い木々を慈しみ、私たちが子どもにそうするのと同じように食べ物や水を与える。そのことだけでも、私たちが足を止め、息を呑み、森の社会性について、またそれが進化にとっていかに必要不可欠なことであるかについて真剣に考えるきっかけとしては十分だ。菌類のネットワークは木を周囲に適合させるらしい。そしてそれだけではない。こうした古い木々は、子どもたちの母親なのだ。

母なる木。マザーツリー。

森で交わされるコミュニケーション、森の保護、森の知覚力の中心的存在であるこうしたマザーツリーは死ぬときに、その叡智を親族に、世代から世代へと引き継ぎ、役に立つことと害になること、誰が味方で誰が敵か、つねに変化する自然の環境にどうすれば適応し、そこで生き残れるのか、といった知識を伝えていく。親なら誰もがすることだ。

いったいどうすれば彼らは、まるで電話をかけるかのごとく迅速に、互いを認識し、警告を送ったり助け合ったりできるのだろう？　傷ついたり病気になったりしたときに、どうやって互いを助けるのだろう？　なぜ森は人間のように行動し、人間の社会のように機能するのだろう？

生涯を森の探偵として過ごしたあと、森というものに対する私の認識は完全にひっくり返ってしまった。新しいことを学ぶたびに、私はますます森の一部になっていく。科学的なエビデンスを無視することは不可能だ――森には叡智と感覚、そして癒やしの力がある。

これは、どうしたら私たちが森を救えるかについての本ではない。

これは、私たちが木々によって救われる可能性についての本である。

1 森のなかの幽霊

GHOSTS IN THE FOREST

私はたった一人、ハイイログマのいる森のなかで6月の雪に震えていた。世間知らずの20歳だった私は、カナダ西部の険しいリロオエット山脈で、木材会社の夏だけのアルバイトをしていた。

森は暗く、死んだように静かだった。そして私の立っているところからは、幽霊だらけに見えた。幽霊が一つ、まっすぐ私に向かって漂ってくる。叫ぼうとして私は口を開けたが、声が出なかった。心臓が喉から飛び出しそうになりながら、私は理性的になろうとし

——そして笑った。

その幽霊は、尻尾を木の幹に巻きつけながら通り過ぎていく濃い霧にすぎなかった。幽霊なんかじゃない、単なる林業用の材木だ。ただの木だ。でも私にとってカナダの森は、いつも幽霊が棲んでいそうな気がした。とくに私の先祖たちの亡霊――土地を護り、奪い、木を伐り倒し、燃やし、そして作物として木を育てにやって来た先祖たちの亡霊が。

森はいつだって覚えているような気がした。

私たちが犯した罪を。忘れてほしいときも。

午後も半ばになっていた。亜高山モミの一群をすり抜けながら、霧が木々をつややかな光沢で覆った。光を反射する水滴に世界全体が映り込む。枝には、翡翠色の針葉の先にエメラルド色の新芽が一斉に伸びている。なんと見事なのだろう。冬がどれほどつらく厳しいものであっても、春が来れば必ず、延びていく日と暖かくなっていく気温に元気いっぱいに挨拶するために生命力を迸らせる木の芽の粘り強さ。木の芽には、前年の夏の天候に合わせて生まれたての葉を広げるような仕組みが組み込まれているのだ。私は羽根のような針葉に触れ、そのやわらかさにホッとする。その気孔――二酸化炭素を吸い込んで水と融合させ、糖分と純粋な酸素をつくるための小さな穴――から送り出される新鮮な空気を、私はゴクリと飲み込む。

高く聳え立つ働き者の長老たちに寄り添うようにして、ティーンエージャーの若木が、さらにその若木に寄りかかるようにもっと若い苗木が、寒さのなかで家族がそうするようにみんなで肩を寄せ合っていた。しわだらけの古いモミの木の幹は空に向かって伸び、ほかのみんなを護っている。私の母と父、祖母と祖父が私を護ってくれたように。まったくもって、私が苗木だったころは同じくらいに保護が必要だった――だって私はいつだってトラブルに巻き込まれてばかりだったから。たとえば12歳のとき、シャスワップ川に張り出した木の枝を伝ってどこまで行けるか試していた私は、引き返そうとして足を滑らせ川に落ちた。ヘンリーおじいちゃんが手製のボートに飛び乗って、あわや急流に飲み込まれる一歩手前で私のシャツの襟を摑んでくれたのだ。

ここ山のなかでは、1年のうち9カ月は雪が深く積もっている。私ならコテンパンにやられてしまう内陸の厳しい気候のなかでも立派に育つようなDNAを持つ木々には、まったく歯が立たない。私は長老の木の枝をトントンと叩いて、弱々しいその子孫たちを上から護ってくれていることへの感謝を示し、落ちていた球果を一つ、枝の曲がったところにそっと置いた。

私は耳まですっぽり隠れるように帽子を深くかぶり直し、雪のなか、伐採道路からそれて森の奥へと分け入った。あとほんの数時間で暗くなる時間だったけれど、私は木を伐って道をつくるために鋸の犠牲となった丸太の前で足を止めた。切断部の青白くて丸い表面には、まつ毛のように細い年輪が見えた。金色をした早材（はやざい）［訳注：木材の、春から夏にかけて成長する部分］は春にできる細胞で水をたっぷり含み、両側を、太陽が高く乾季が始まる8月にできる晩材〔訳注：夏から夏の終わりに成長する部分〕の焦げ茶色の細胞に挟まれている。私は10年ごとに鉛筆で印をつけながら年輪を数えた。それは樹齢200年ほどの木だった。私の家族がこのあたりの森に暮らした年月の2倍以上だ。いったい森の木々はどうやって、移り変わる成長と休眠の循環を乗り越えてきたのだろう？　そしてそれは、もっとずっと短いあいだに私の家族が味わった喜びや苦しみとどんな共通点があるのだろう？　年輪のなかにはほかのより太いものがあった。雨の多かった年に、それとも近くの木が風で倒れて日の光をたくさん浴びた年に、たっぷり成長したのだろうか。ほとんど見えないほど幅が狭いものもあった――日照りの年や冷夏、あるいはほかの何かのストレスで、成長がゆっくりだったのだ。この木々は、天候不順にも、息の詰まるような激しい競争にも、森を破壊する山火事にも、虫にも、そして強風にも耐えてきた。そしてそれは、植民地制度よりも、世界大戦の数々よりも、私の家族が見てきた十数人の首相たちの在職期間よりも、はるかに長い年月なのだ。彼らは

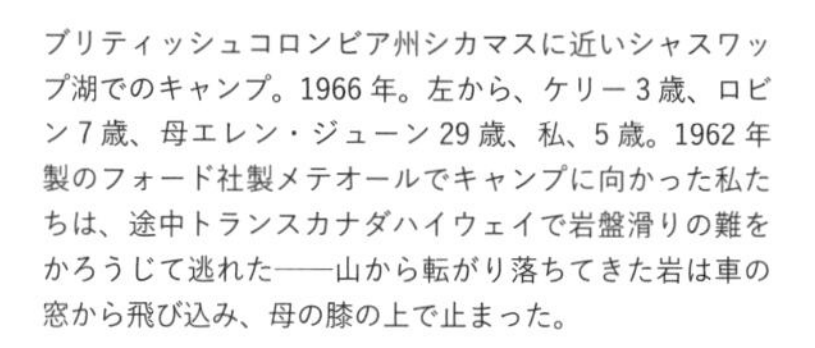

ブリティッシュコロンビア州シカマスに近いシャスワップ湖でのキャンプ。1966年。左から、ケリー3歳、ロビン7歳、母エレン・ジューン29歳、私、5歳。1962年製のフォード社製メテオールでキャンプに向かった私たちは、途中トランスカナダハイウェイで岩盤滑りの難をかろうじて逃れた――山から転がり落ちてきた岩は車の窓から飛び込み、母の膝の上で止まった。

父と母が子ども時代を過ごした、ブリティッシュコロンビア州の典型的な温帯降雨林。

私たちの先祖の、そのまた先祖だった。

おしゃべりなリスが丸太の上を走って横切りながら、切り株の根元に隠してある自分の種に近づくなと私に警告した。私はこの材木会社で働く初めての女性だった。それは、ちらほらと女子学生にも働く機会を与え始めていた、粗野で危険な木材製造会社の一つだった。数週間前に働き始めたその初日、私はある皆伐地――30ヘクタールの土地の木がすべて伐採されていた――を、上司のテッドと見に行った。政府の規制どおりに新しい苗木が植樹されたかどうかチェックするためだった。テッドは木を植えるときにすべきこと、しってはいけないことを熟知しており、その物静かで落ち着いた仕事ぶりのおかげで従業員たちは極度の疲労にも耐えられた。テッドは、深いプラグ［訳注：苗を育てるためのプラスチックのポット］で育てられた苗木と、プラグが浅くて根がJの文字のように曲がってしまった苗木の区別がつかなくて恥ずかしがる私にも寛容だったが、私は見て聞いて学んだ。そしてまもなく、植樹が終わった植林地――収穫した木の代わりに苗木を植えたところ――の査定をする仕事を任されるようになったのだ。失敗するわけにはいかなかった。

今日見に行く植林地は、この森の向こう側にあった。会社はその春、ビロードのような古い亜高山モミを広範囲にわたって伐採し、代わりにとげとげした針葉のトウヒの苗木を植えていて、私の仕事は、その新しい木の成長ぶりをチェックすることだった。皆伐地に続く伐採道路は水に流されて通れなかった。おかげでこの霧に包まれた美しい木々のそばを回り道できたのはありがたいことだったが、まだ新しいハイイログマの糞を見て私は立ち止まった。

木々はまだ霧をまとい、遠くのほうを何かが滑るように動くのがたしかに見えたと思った。私は目を凝らした。するとそれは、枝に垂れ下がる様子が似ていることから「年寄りの顎ひげ」と呼ばれる地衣類の、淡い緑色をした束だった。古い木でとくによく育つ、大むかしからある地衣類だ。私はエアホーンのボタンを押し込んで、クマの亡霊を追い払った。クマが怖いのは母親譲りだった。母が子どもだったとき、家のベランダであわやクマに襲われそうになり、すんでのところで母の祖父、つまり私の曾祖父であるチャールズ・ファーガソンがそのクマを撃ち殺した、ということがあったのだ。曾祖父は1900年代初め、エッジウッドの開拓民だった。ブリティッシュコロンビア州コロンビア盆地のアロー湖沿い、イノノークリン・バレーにあった開拓地だ。斧と馬を使って、曾祖父とその妻エレンは、入植したシニット族の土地を開墾してまぐさを育て、牛を飼った。チャールズは、クマと格闘し、自分の鶏を殺そうとしたオオカミを撃ち殺したという。2人のあいだには3人の子どもがいた——アイヴィス、ジェラルド、そして私の祖母、ウィニー。

私は常緑樹の香気を吸い込みながら、倒れてコケとキノコに覆われた木々の上を這うようにして越えた。そのうちの1本には、小さなクヌギタケ属のキノコが、丸太に縦に入っている亀裂に沿って川のように並んで生え、そこから、先が腐って細くなっている木の根に沿って扇状に広がっていた。それまで私は、木の根とキノコは森が健康であるためにどんな役割を果たしているのだろうかと不思議に思っていた――隠れたもの、見過ごされている要素を含めた、大きなものから小さなものまでがつくり出すハーモニー。木の根に対する私の強い関心が生まれたのは、子ども時代に、両親が庭に植えたヤナギの木の、手のつけようのないほどのパワーを見せつけられときのことだ――その巨大な根が、わが家の地下室の土台を割り、犬小屋を傾かせ、舗装した歩道を押し上げたのである。父と母は、子ども時代を過ごした、木々に囲まれた家の雰囲気をわが家の小さな敷地に再現しようとしたためにうっかりつくり出してしまったこの問題について、どうしたらいいものかと悩み、あれこれ話し合った。私は毎年春になると、木の根元を囲むように丸く生えているキノコに交じってフワフワした種子から顔を出すたくさんの実生（みしょう）［訳注：種子から発芽したばかりの植物］を感心して眺めた。11歳のときには、市が敷いたパイプラインが私の家の横を流れる川に泡立つ水を放出し始め、その廃水が川岸のハコヤナギを枯らしてしまったのを見て恐れおののいた。ハコヤナギは初めその樹冠の葉が減り、それから深くしわの寄った幹に黒い潰瘍が現れて、次の春までには枯れてしまった。黄色い廃水のなかでは新しい実生は育たなかった。私は市長に手紙を書いたが、返事は来なかった。

　私は小さなキノコを一つ摘み取った。クヌギタケ属のキノコの、釣鐘形をした傘は、てっぺんが焦げ茶色で、縁に向かって徐々に透明な黄色になり、傘の裏のひだと繊細な柄が見

パンケーキマッシュルーム（*Suillus lakei*）

えた。柄は樹皮のしわのなかに根を張って、倒木の腐敗を助けていた。キノコはものすごく弱々しくて、丸太をまるまる分解することなど不可能に見えた。だがそれが可能であることを私は知っていた。子どものときに見た、川岸の枯れたハコヤナギは、倒れてそのひび割れた薄い樹皮に沿ってキノコが生えた。そして数年のうちに、腐敗した木のやわらかくなった繊維は完全に地中に消えてしまった。これらのキノコ、真菌類は、酸と酵素を放出し、その細胞を使って木の活力と栄養を吸収することで木を分解する方法を進化させたのだ。私は倒木から飛び降り、滑り止めつきの靴で腐葉層に着地すると、斜面で均衡を保つためモミの若木の茂みに摑まった。若木は、太陽の光と雪解け水の水分のバランスが取れた場所を見つけていた。

ヌメリイグチ属のキノコが、何年か前に根づいた若木の近くに隠れるようにして生えていた。うろこ状の、パンケーキのような傘の下はスカスカで黄色く、肉づきのいい柄の先端は土のなかだった。

驟雨のなか、キノコは林床の地中深いところに枝状に張り巡らされた菌糸の緊密なネットワークからニョッキリと顔を出したのだ。ちょうどイチゴが、根とほふく茎の巨大で複雑な集合のなかで実を結ぶように。土のなかの菌糸からエネルギーを受け取ってキノコは傘を広げ、茶色い点々のある柄の半分くらいのところまで、レースのようなヴェールに包まれていた痕跡が残っていた。私はそのキノコを摘んだ。この子実体を除き、キノコの大部分は真菌として地中にある。傘の裏側は管孔が放射状に広がって、まるで日時計みたいだった。楕円形の穴の一つひとつに、クラッカーから飛び出る火花のように胞子を放出するための、極小の柄が並んでいる。胞子とはつまり真菌類の「種子」のことで、そこに詰まったDNAが結合し、再結合し、変異したりして、周囲の環境の変化に適した、さまざまな新しい遺伝物質をつくるのである。子実体を摘み取ったあとに残った色鮮やかな凹みの周りには、茶褐色の胞子が落ちて円を描いていた。それ以外の胞子は、上昇気流に乗ったか、飛んでいる虫の足にくっついたか、あるいはリスの夕食になったのだろう。

まだキノコの柄の跡が残っている小さな窪みからは、細くて黄色い糸が下向きに伸びていた。絡み合い、複雑に枝分かれした菌糸体のヴェール。土を構成する何十億もの有機粒子や鉱物粒子はこのネットワークに覆われている。キノコの柄には、私がぞんざいに根元から引き抜くまではそのネットワークの一部だった糸の切れ端がくっついている。キノコというのは、とても深くて複雑なものの、目に見えるほんの一端にすぎない——まるで林床に編み込まれた厚いレースのテーブルクロスのように。キノコを摘み取ったあとに残った糸は、リター（落ちた葉や小枝が溜まったもの）のなかを扇のように広がって、栄養になる無機物を探し、絡まり合い、吸収している。このヌメリイグチ属のキノコは、クヌギタケ属と同じように、木やリターを腐らせる腐朽菌なのだろうか、それともほかの役割があるのだろうか、と私は考えた。私はクヌギタケと一緒にそれをポケットに突っ込んだ。

切り倒した木のあとに苗木を植えた皆伐地はまだ見えてこない。暗雲が立ち込めてきたので、私はベストのポケットからレインジャケットを取り出した。森を伐り拓く作業でくたびれたジャケットは、本来の防水効果がなくなっていた。トラックから一歩遠ざかるたびに危険な雰囲気が増し、暗くなるまでに帰路につけないのではないかという悪い予感が強まった。だが私はウィニーおばあちゃんから、苦難に負けず突き進む本能を受け継いでいた。おばあちゃんは、1930年代前半、10代で母親のエレンをインフルエンザで亡くした。一家はそのとき雪に閉じ込められており、とうとう隣人が、凍りついた谷と胸まである積雪をかき分けてファーガソン一家の様子を見に来てくれたとき、彼らはベッドからも起き上がれず、エレンの亡骸が同じ部屋にあったのだった。

足が滑り、私は苗木に摑まった。だが、苗木は抜けて私はほかの苗木をなぎ倒しながら斜面を転がり落ち、びしょ濡れの丸太に寄りかかって止まった。手にはまだタコ足状に絡まったぎざぎざの根を握っていた。その若木はどうやら人間で言えばティーンエージャーだった――1年を刻む、節から生えた側枝を数えると15歳くらいだ。雨が降り出して私のジーンズを濡らし、汚れたレインジャケットの上で水滴をつくった。

弱虫が許容される仕事ではなかったし、私は物心ついたころからずっと、男の子たちの世界でタフな外見を身につけていた。弟のケリーや、いかにもケベック風な、ルブラン（Leblanc）とかガニョン（Gagnon）とかトランブレー（Tremblay）といった名前の男の子たちに負けたくなかった。だから近所の男の子たちに交じって、気温零下20度のなか、道でアイスホッケーもできるようになったのだ。私のポジションは誰もやりたがらないゴールキーパーだった。みんな私の膝に強烈なシュートを打ち込んだが、私は脚の青あざをジーンズで隠していた。ウィニーおばあちゃんが、母親の死後まもなく、イノノークリン・バレーを馬で駆け巡って入植者たちに郵便と小麦を届ける仕事を精いっぱい続けたのと同じように。

私は握っていた根の塊を見つめた。根にはつやつやした、鶏の糞みたいな腐植土がくっついていた。腐植土というのは林床にあるヌルヌルした腐食物で、落ちてくる針葉や枯れた植物からなる新しいリターと、地下の岩盤が風化してできた鉱質土層に上下を挟まれている。植物が腐敗してできるのだ。枯れた植物や死んだ虫や野ネズミは、腐植土に埋まって朽ちる。天然の堆肥である。木は、腐植土の上でも下でもなく、腐植土のなかに根を張ることを好む——栄養がたっぷり手に入るからだ。

ところが私の手のなかの根は、先端がまるでクリスマスツリーの電飾のように黄色く光っており、根の先にはそれと同じ色の細い細い菌糸がつながっていた。この菌糸の色は、先ほどの、ヌメリイグチ属のキノコの柄から地中に広がっていた菌糸と非常に近いように見えた。私はポケットから、摘み取ったキノコを取り出した。黄色い細い糸が垂れ下がっている根の先っぽを片手に、切れた菌糸体がくっついたキノコをもう一方の手に持ってよく観察したが、その2つは見分けがつかなかった。

ひょっとしたら、ヌメリイグチは木の根の味方で、クヌギタケのように死んだ生き物を分解したりはしないのではないか？ 私はいつでも本能的に、生き物の語る言葉に耳を傾けてきた。私たちは、大事なヒントのほとんどは大きなものだと思っているけれど、それは美しくて小さなものでもあり得るということを思い出させてくれるものが、この世界にはたくさんある。私は林床を掘り始めた。黄色い菌糸は、土壌の粒子のすべてを一つひとつ包み込んでいるようだった。私の手のひらの下に、何百マイルもの糸が張り巡らされている。どんな種類の菌であれ、菌糸（hyphae）と呼ばれる枝状に分かれた繊維状のものも、そこから生える子実体も、地中に広がる膨大な菌糸体のほんの一部であるように見えた。

ベストの背中のジッパーつきポケットに水筒があったので、私は残りの根の先から土の塊を洗い流した。これほど立派な菌の塊を私は見たことがなかった——こんなに鮮やかな黄色のものを見るのは初めてだったし、白やピンクまでがそこに混ざって、その各色が別々の根の先を、クモの巣のように繊細な糸で顎ひげみたいに包み込んでいた。木は養分を吸い上げるために、地中深く、不自然なところまで根を伸ばさなければならない。それにしても、根の先端からこれほどたくさんの菌糸が伸びているだけでなく、こんな鮮やかな色をしているのはなぜなのだろう？　菌の種類によって色が違うのだろうか？　地中での役割が異なるのだろうか？

私はこの仕事に夢中だった。雄大な森の木々のあいだを縫って斜面を登る高揚感は、クマや幽霊に対する恐怖よりもずっと強烈だった。私は引き抜いた苗木の根っこを、それを包み込む鮮や

ウィニフレッド・ベアトリス・ファーガソン（ウィニーおばあちゃん）。ブリティッシュコロンビア州エッジウッドにあったファーガソン家の農場にて、1934年ごろ。母親を亡くしてまもない20歳。ウィニフレッドはその後も鶏を育て、牛の乳を搾り、干し草を集め続けた。祖母は馬に跨がって風のように疾走し、林檎の木の上のクマを撃ち落とした。母親のことを口にしたことは滅多になかったが、最後に86歳の祖母とナカスプの川辺を散歩したとき、祖母は「母さんが恋しい」と言って涙をこぼした。

かな菌糸と一緒に、大きな木の近くに置いた。森の地下の世界の構造と色を見せてくれた苗木。黄色と白、それにくすんだピンクのさまざまな色調は、子どものころから知っている野生のバラを思い起こさせた。それが根を張っていた土壌はまるで1冊の本のようだった――色鮮やかなページが次々と重なって、そのそれぞれが、あらゆるものがどうやって栄養を受け取っているか、その物語を見せてくれるのだ。

やっと皆伐地に着くと、霧雨の向こうから照らす日の光が眩しかった。予想はしていたものの、私は動揺した。すべての木は伐り倒されて切り株だけになっている。地面からは白い骨のような木が突き出し、最後に残った樹皮は風雨にさらされて地面に剝がれ落ちていた。私は切断された枝のあいだを縫うように歩きながら、こうして放置された彼らの痛みを感じた。私は若木の上に覆いかぶさっている枝を持ち上げた――子どものころ、近所の丘で、ゴミの山の下で咲こうとしている花からゴミを取り除いてやったのと同じように。それが大事なことなのを知っていたからだ。ビロードのような小さなモミの木が、親だった木の切り株の近くで親無し子となり、そのショックから立ち直ろうとしていた。伐採以降の芽の成長が遅い様子を見ると、その回復はなかなか大変そうだった。私は、いちばん近いところにある若木の頂芽に触れた。

白いシャクナゲとハックルベリーの茂みも伐られずに残っていた。私はこの木材の皆伐に加担していた――自由に、野生のままに、何の不足もなく生えていた木々を伐り倒し、その場所を更地にしてしまう、というこの営みに。同じ会社の同僚たちは、次の皆伐の計画を練っていた。製材所を回し続け、家族に食べさせるために。それが必要なのは私にもわかっていた。だが、皆伐はこの谷が丸裸になってしまうまで終わらないだろう。

私はシャクナゲとハックルベリーのあいだをくねくねと縫うように、若木に向かって歩いていった。樹齢の高いモミを伐採したあとの植樹を担当したスタッフが植えた、チクチクするトウヒの苗木は、足首ほどの高さに育っていた。亜高山モミを伐採したあとに亜高山モミを植えないというのは奇妙だと思うかもしれない。だがトウヒのほうが材木としては価値があるのだ。木目が細かく、腐りにくく、高級材木としてみんな欲しがるのである。成熟した亜高山モミから取れる木材は、弱いし質が悪い。

政府はまた、裸の土地が残らないよう、苗木を菜園のように列に並べて植えることを推奨する。等間隔で格子状に植えて育てた木のほうが、バラバラにかたまって生えている木よりも材木がたくさん採れるからだ——少なくとも理論上は。隙間を残さないことで、自然の状態よりも多くの木を育てることができるという判断である。先々の生産高を期待し、隅から隅までぎっしりと木を植えれば収穫も増えるだろうと考えたのだ。それに、理論に沿って並べて木を植えれば何かと数えやすかった。ウィニーおばあちゃんが菜園に作物を並べて植えたのと同じ理屈だ。ただしおばあちゃんは土を手入れしたし、年によって育てる作物も替えていたが。

最初にチェックしたトウヒの苗木は、かろうじて枯れてはいない状態で、針葉が黄色っぽくなっていた。幹はひょろっとして情けなかった。この荒れた土地で、こんな木がどうやったら生き残れるのだろう？　私は並んだ木の列を見回した。新しく植樹された苗木はみな悪戦苦闘していた——1本残らず、植えられた小さな木はどれもみな元気がない。どうしてこんなにひどい有り様なんだろう？　それに比べて、原生林のままの一角で発芽した野生のモミがものすごく元気なのはなぜなのか？　私は野外手帳を取り出して、防水性のカバーから針葉を払い、眼鏡を拭いた。私たちが奪い去ったものを元どおりにするはずの植樹は、惨めな大失敗だった。私はどんな処方箋を書いたらいい？　会社に全部やり直せと言いたかったけれど、そんな費用には嫌な顔をするに決まっている。私は反論されることを恐れて、「合格点。ただし枯れた苗木は植え替えること」と書いた。

私は苗木の1本に覆いかぶさっている樹皮を持ち上げて茂みに放り投げた。製図用紙でつくった間に合わせの封筒に、黄色くなった苗木の針葉を集めて入れた。ありがたいことに、私の机が置かれている窪まった部屋の一角は、地図を広げるテーブルや騒々しいオフィスから離れたところにあった——男たちはそこで、取引をし、材木や伐採作業の値段を交渉し、次に伐採する森の区画を決め、陸上競技の勝者に一等賞のリボンを渡すみたいに請負業者との契約を決めた。小さな私のスペースでなら、そうした喧騒から離れた静けさのなかで人工林の問題に取り組むことができる。苗木の症状の原因は参考図書があれば簡単にわかるかもしれない。針葉が黄色くなる原因は山のようにあるのだから。

私は健康な苗木を見つけようとしたが無駄だった。いったい何がこの病気の原因なのだろう？　それを正しく診断しなければ、苗木を植え直してもおそらくは同じ憂き目に遭うだろう。

私はこの問題を隠し、会社にとって安易な解決策を取ろうとしたことを後悔した。植樹した森はめちゃくちゃだった。この人工林が、政府による森林再生の要件を満たせていないなら、テッドはそのことを知りたいはずだ――なぜなら失敗は経済的な損失を意味するからだ。彼は、森林再生に関する基本的な要件を最低限の費用で満足させることばかり考えていた。でも私は何を提案すればいいかさえわからなかった。私は別のトウヒの苗木を植え穴から引き抜いた。答えは針葉ではなく根にあるかもしれないと思ったのだ。苗木は、晩夏になっても湿気の残る粒状土にしっかりと植わっていた。植樹の仕方は完璧だ。林床の土をどかすと、植え穴はその下の、鉱物をたっぷり含んだ湿った土壌につながっていた。指示どおりだ。私は苗木の根を植え穴に戻し、別の苗木をチェックした。そしてもう1本。どれもみな、シャベルで掘って隙間のないように埋め戻した穴に適切な方法で植えられていたが、根鉢はまるで墓穴に突っ込まれた死体のようだった。一つとして、本来あるべき状態の根はない。土中の養分を取り込むために、白い新しい根を伸ばしている苗木が1本もないのだ。根はどれもゴワゴワして黒く、どこへともなくまっすぐに突き出ている。苗木が黄色い針葉を落としているのは、何かに飢えているからだった。根と土が、完全に、悲しいほどに乖離しているのだ。

偶然に、種から発芽して根づいた亜高山モミが近くに生えていて、私は比較のためにそれを引き抜いてみた。植樹されたトウヒがニンジンのように簡単に土から引き抜けたのと違い、伸び放題のモミの根は地中にものすごくしっかりと張っていて、私は幹の両側に足を踏ん張って精いっぱいの力で引っ張らなければならなかった。やっとのことで根は地面から抜けたが、その拍子に私は尻もちをついた。いちばん深くまで伸びた根の先端はどうしても土から抜けなかった――きっと私に抗議したのだろう。私はなんとか引き抜いた、折れた根の腐植土とぼろぼろした土を払い落とし、水筒を取り出して残った土を洗い流した。根の一部は先端が細い針のように尖っていた。

原生林で見たのと同じ鮮やかな黄色の菌糸が根の先端を包んでいるのを見て私は驚愕した。これもまた、パンケーキみたいなヌメリイグチ属のキノコ（*Suillus lakei*）の柄から伸びていた菌糸体――網状になった菌糸とまったく同じ色をしていた。引き抜いたモミの周りをもう少し掘ると、黄色い糸は有機的な塊となって土壌を覆い、菌糸体のネットワークを形づくって遠くへ遠くへと放射状に広がっていた。

だがこの、枝分かれした菌糸はいったい何なのだろう、そして何をしているのだろう？これは木にとって役に立つ菌糸で、土のなかをくねくねと進みながら養分を取り込み、エネルギーと引き換えに苗木に運んでいるのだろうか。それともこれは病原菌で、木の根に感染して栄養を奪い、いたいけな苗木が黄ばんで枯れるのはこれが原因なのだろうか。ヌメリイグチ属のキノコは、好条件が整うと、胞子を振り撒くために地下構造からニョッキリ顔を出すのかもしれない。

あるいは、この黄色い糸はヌメリイグチ属とは何の関係もなく、ほかの菌類なのかもしれない。地球には100万種を超える菌類が存在する。これは植物の約6倍で、識別されているのは10%ほどにすぎない。私のわずかな知識では、この黄色い糸がどんな菌種であるかを特定するのはとても無理そうだった。菌糸やキノコが手掛かりにならないとしたら、新しく植えたトウヒがここで元気に育たないのにはほかに理由がある可能性もある。

私は「合格点」と書いたのを消して、「植樹は失敗」と書いた。今回と同じ苗木と植樹方法——シャベルで土を掘り、苗木園で大量生産された鉢植えの当年生苗を植える——ですべてを植樹し直すのが会社にとってはいちばん安上がりに思えた。だが、同様の悲惨な結果のせいでそれを繰り返さなければならないとしたら話は違う。この森を再生するためには何か別のものが必要だったが、それはいったい何なのだろう？

亜高山モミを植える？　植樹できる苗木を持っている苗木園などなかったし、モミは換金作物にはならない。もっと根が大きくなっているトウヒを植えてもいいが、新しい根が伸びなければやはり根は枯れてしまう。根が地中の黄色い菌糸のネットワークに触れるように植えたらどうだろう。もしかすると、黄色い細い糸が私の苗木を健康に保ってくれるかもしれない。だが規制によれば、根は腐植土ではなくその下にある粒状の鉱質土層に植えなければいけない――晩夏になると、砂と沈泥と粘土の粒のほうがよく水を保持するので、木が生き残れる可能性が高い、という理由だ――し、菌が棲んでいるのは主に腐植土のなかなのだ。苗木が育つために土が根に提供しなければいけない最も重要な資源は、水だと考えられていた。政策が変わって、根が黄色い菌糸に触れるような形で植樹できるようになる可能性はとても低いように思われた。

この森のなかで、誰か話し相手がいればいいのに、と私は思った。苗木にとって菌は信頼の置けるヘルパーなのかもしれない、という、強まっていく私の感覚について議論できる相手が。この黄色い菌糸には、私が――そして誰もが――見逃していた、秘密の成分が含まれているのではないか？

答えを見つけなければ、私はこの皆伐地を戦場に、木の骨だらけの墓場にしてしまったことにずっと苦しむだろう。人工林が一つまた一つと枯れ、新しい森の代わりに一面がシャクナゲとハックルベリーの茂みになってしまうのも新たな問題だ。そんなことはあってはならない。私は家族が家の近くを伐採したあとで森が自然に元どおりになるのを見ていたから、伐採した森が回復するのは可能だということを知っていた。もしかするとそれは、祖父母は一度に一つの木立のなかの数本の木を伐っただけで、それが近くのシーダー［訳注：

マツ科ヒマラヤスギ属の植物の総称〕やアメリカツガやモミが播種しやすい空隙をつくり、新しい苗が土とつながりやすかったからかもしれない。私は森が始まる境い目を見ようと目を凝らしたが、そこまでは距離がありすぎた。皆伐地は広大で、ひょっとするとこの大きさが問題の一つなのかもしれなかった。根が健康でありさえすれば、これほど広くても木は再生できるはずだ。けれどもいまのところ私の仕事は人工林の監督をすることで、ここがかつての、木々が聳え立つ大聖堂のような森にわずかでも似たものになる可能性はほとんどなかった。

　唸り声が聞こえたのはそのときだ。数歩しか離れていないところで1頭の母グマが、青、紫、黒と色を変化させるベリーを食べていた。首の後ろの毛の先端が銀色がかっている。ハイイログマだ。クマのプーさんほどの大きさしかない、でも身体に不釣り合いな大きなフワフワの耳をした黄褐色の子グマが、接着剤で貼りつけたみたいに母グマにぴったりとくっついている。やわらかな黒い瞳とつやつやした鼻をこちらに向けて私を見た子グマは、まるで私の腕のなかに走って来たがっているかのようで、私はにっこりした。でもそれはほんの一瞬だった。母グマが吠え、私たちは共に驚いて目を合わせた。母グマは後脚で立ち上がり、私はその場に立ちすくんだ。

　私は人里から遠く離れたところでただ一人、驚いたハイイログマに対面していたのだ。エアホーンを思い切り鳴らしたが、母グマはますます私をじっと睨んだ。背が高く見えるように立つんだっけ、それともボールみたいに小さく丸まったほうがいいんだっけ？　どちらかはツキノワグマ用、もう片方がハイイログマ用の対応だ。どうしてこういう説明をもっと注意して聞いておかなかったんだろう？

母グマは頭を振り、ハックルベリーを食べながら四脚立ちに戻った。それから子グマを促して、2頭ともくるりと向こうを向いた。2頭は茂みを踏みしだきながら歩いていき、私はゆっくりとあとずさりした。母グマは樹皮を引っかいて子グマを木の上に登らせた。本能的に子グマを護ろうとしているのだ。

私は原生林に向かって、苗木や小川を飛び越え、伐り倒された木の骸骨みたいな切り株を避け、クリスマスローズやヤナギランの芽を踏みつけながら下り斜面を疾走した。植物はぼやけて一面の緑の壁のようだった。腐りかけの丸太を次々に飛び越えながら、私の耳には、肺が空気を求めてあえぐ音しか聞こえなかった。と、道からちょっと外れたところの木の隣に、まるでゆっくりと斜めに停車したみたいな会社のトラックが見えた。

ビニールの座席は破れ、シフトレバーはぐらぐらだった。私はエンジンをかけ、クラッチをギアに入れてアクセルを踏んだ。タイヤは回転するがトラックは動かない。ギアをリバースに入れるとタイヤはますます深く沈んだ。泥の穴に嵌まってしまっていたのだ。

私は無線機をつないだ。「スザンヌからウッドランドへ。応答願います」

応答なし。

あたりが暗くなるころ、私は無線で最後の助けを求めた。クマの前脚のひと振りで窓は簡単に割れる。数時間、私は目を覚ましたまま自分の最期を見届けようと努めたが、ときどきうとうとし、その合間に、逃げ出すのが得意な私の母のことを思った。私は、むかし、モナシー山脈を越えて祖父母の家に向かうときによくそうしてくれたように、母が私を毛布にくるんでくれているところを想像した——私には車酔いの癖があったので、母は私の膝の上に鍋を置き、私のブロンドの前髪を横に梳かしつけてくれたものだった。「ロビン、スージー、ケリー、少し寝てなさい」と母は、峠を横切る峡谷をジグザグに走るのに備えて、囁くように言った。「もうすぐウィニーおばあちゃんとバートおじいちゃんのおうちだからね」。夏と言えば母は教職からも結婚生活からもしばし遠ざかることができた。弟と姉と私はそういう、森のなかをさまよい歩く夏の日々が大好きだった——両親の物言わぬ諍いから離れて。お金のこと、誰が何に責任を持つのか、私たちのことをめぐっての諍い。なかでもケリーは、こうやって両親から逃れていれば機嫌がよかった。バートおじいちゃんにくっついてハックルベリーを摘んだり、政府が建てた桟橋から一緒に釣りをしたり、クマが餌を漁るゴミ捨て場まで車で行ったり。おじいちゃんがファーガソン家の牧場にクリームを買いに来ておばあちゃんを口説いたときの話や、チャーリー・ファーガソンがウシに子ウシを産ませたり、秋の屠殺シーズンにウシやブタの臓物をワゴンに集めたりするのを手伝った話を、ケリーは目を丸くして聞いていた。

暗闇のなかで私は目を覚ました。首が痛み、自分がどこにいるのかもわからず、フロントガラスは私の吐く息で曇っている。ジャケットの袖口でガラスについた水滴を拭き、私は野生動物の目が見えはしないかと暗闇を覗き込み、腕時計に目をやった。午前4時。ハイイログマは日暮れと夜明けに最も活発になる。私は車のドアロックをもう一度確認した。木々の葉が、ゆっくりと通り過ぎる幽霊みたいにカサカサと音を立てた。私はうとうとし、激しくガラスを叩く音で目を覚まして悲鳴を上げた。曇ったフロントガラスの向こうで男の人が何か叫んでいた。私はホッとした——会社がアルを送ってくれたのだ。アルの飼い犬のボーダーコリー、ラスカルが、跳び上がって吠えながら車のドアを引っかいた。私は無事であることを証明するために車のウィンドウを下げた。

「大丈夫か？」。アルは大男だったが、声も負けずに大きかった。彼はまだ、森で働く若い女性にどんなふうに口を利けばいいのか、私を部下の一員として扱うにはどうすればいちばんいいのかを手探りしている状態だった。「ここいらはよっぽど真っ暗だっただろう」

「大したことなかった」と私は嘘をついた。

左から：私5歳、母29歳、ケリー3歳、ロビン7歳、父30歳。ウィニーおばあちゃんとバートおじいちゃんのナカスプの家で。1965年ごろ。休暇は必ず、ナカスプに住む母方の祖父母か、メーブル湖に住む父方の祖父母と過ごした。

私たちは、それがいつもとくに変わったところのない仕事明けの夜だったふりをすることにほぼ成功し、私は、ラスカルが私に撫でてもらうために体を押し込めるよう、ほんの少しドアを開けた。アルとラスカルに車で仕事場から家まで送ってもらうとき、アルが窓から身を乗り出して追いかけてくる犬たちに向かって吠えてみせると、犬たちは甲高く鳴いて逆方向に走っていき、アルは大喜びをする。私はそれを見るのが大好きだった。私が大笑いすると、アルはますます大声で吠えるのだった。

私はトラックから出て手足を伸ばした。アルはコーヒーの入った魔法瓶を私に渡すと、泥の穴から車を出そうと試みた。イグニッションを回すと、氷のように冷たくなったエンジンが低く唸った。錆びた車のボンネットと道端のヤナギランのピンク色の花には朝露が下りていた。コーヒーの湯気越しにそれを見ていた私は、この錆びたおんぼろ車を置いていかなければならないかもしれないな、と思ったが、3度目のトライでトラックのエンジンがかかった。アルは思い切りアクセルを踏んだが、タイヤはその場で空回りするだけだった。

「ハブをロックした?」とアルが訊いた。ハブというのは前輪の中央にあるダイヤルのことで、前車軸の両端についている。手動でそれを90度回転させると、タイヤは車軸にロックされて、後輪と一緒にエンジンによって回転するようになる。四輪全部が回転すればトラックはどんなところでも進めるのだ。ところが前輪のハブがロックされていないと、トラックにはリノリウムの床の上の猫くらいの牽引力しかないのである。アルが車から飛び降り、ハブを回転させ、沼地から車を出して見せたときには、私は恥ずかしさのあまり死にそうになった。ニンマリして、アルは私に車のキーを渡した。

「やだ」と私は言って、手のひらで額をピシャリと打った。

「気にすんな、スザンヌ、よくあることだよ」とアルは言って、私に恥をかかせまいと下を向いた。「俺もやったことあるし」

私は頷いた。アルの後ろについて谷を去りながら、感謝の気持ちが溢れた。


製材所に戻ると、私はよろよろと、きまり悪い思いで自分のオフィスに行った。からかわれるだろうと覚悟し、大丈夫、我慢できる、と自分で自分に言い聞かせていた。男たちは顔を上げてちらりとこちらを見、それから気を使ってすぐに自分たちの会話に戻り、道路をつくったり、暗渠を設置したり、伐採区画を決めたり、森林を踏査したり、といった話で大いに盛り上がっていた。この人たちは、街で見る女性や製図台の横に掛かっているカレンダーのピンナップガールたちと全然違う私のことを、どう思っているのだろう、と私は考えたけれど、彼らは基本的には自分の仕事に集中して私のことは放っておいてくれた。

それからほどなくして私はテッドのオフィスへ行き、テッドが顔を上げるまでドアの側柱に寄り掛かって待った。テッドの机の上には植樹の指示書と苗木の注文書が山積みになっていた。テッドには、10歳以下の娘が4人いた。彼は回転椅子に深く沈み込み、満面の笑みで「おや、猫が獲物を持ってきたようだな」と言った。私が無事に戻ってうれしい、と言っているのだった。心配してくれていたのだ。それに――むしろこちらのほうが重要なのだが――職場には「無事故 216日」という標識が掛かっていて、もしも私がその記録をストップさせたら一生言われるだろう。家に帰っていいと言うテッドに、ちょっとやることがあるの、と私は答えた。

私はその日一日を植樹報告書の作成に費やし、黄色くなった針葉を入れた封筒を政府の研究所で養分分析してもらうために郵送してから、オフィスでキノコ関連の資料文献を探した。木の伐採についてはいくらでも資料があったが、生物学関連の本はほとんどないに等しかった。町立図書館に電話すると、うれしいことに、蔵書にキノコの図鑑があると言う。5時になると、テッドや男性職員たちは、家族のもとに帰る前にレイノルズ・パブで一杯やりながらアメリカンフットボールの試合を見ようと帰り支度を始めた。

「一緒に来るか?」とテッドが訊いた。バカ笑いの男たちにつき合うなんて真っ平御免だったけれど、誘ってくれたことはうれしかった。私がお礼を言って、でも閉館前に図書館に行かないと、と言うとテッドはホッとしたように見えた。

私はキノコの本を集め、人工林についての報告書を提出したが、気がついたことについてはきちんと調べるまで黙っていることにした。私はよく、男ばかりのこの世界で私が雇われたのは、単に会社が時代の変化について行っているということを示すための飾りにすぎないのではないかと不安に思っていた。キノコ、あるいは木の根についたピンクや黄色の菌の糸が苗木の成長に影響しているなどという中途半端な意見を言い出せば、たちまちクビだろう。

クルーザーベストを椅子から取って帰りかけた私のところへ、技師が未開の谷に道路をつくるのを手伝うために夏のあいだ雇われている、もう一人の学生ケヴィンがやって来た。彼とは大学で友人になり、私たちは2人とも、山のなかでの仕事にありつけたことをありがたく思っていた。「マグズ・アンド・ジャグズに行こうよ」とケヴィンが提案した。「マグズ・アンド・ジャグズ」はレイノルズとは町の反対側にあるパブで、年長の男どもと顔を合わせずに済む。

「行く行く」。森林学部の学生とはつき合いやすかった。私は会社が所有する小屋に4人の学生と同居していて、私には私専用の薄汚い部屋があり、床にシングルのマットレスが置いてあった。誰も料理が得意でなかったので、パブで夕食を摂ることも多かったし、バーがあるのも気晴らしになった――私は初めて本気で好きになった人と別れたあとで、まだ立ち直っていなかったからだ。その人は私に大学を辞めて子どもを産んでほしがったが、私は名を揚げたかった。結婚より大きな獲物を狙っていたのだ。

パブでケヴィンがビールのピッチャーとハンバーガーを頼むあいだに、私はジュークボックスでイーグルスが気楽に行こうと歌う曲を探し、ジュークボックスのアームがEP盤のレコードを取り出すのを眺めた。ビールが運ばれてくると、ケヴィンはグラスに注いでくれた。

「来週ゴールドブリッジに、道路をつくる計画をしに行けってさ」とケヴィンが言った。「甲虫の大発生を、ロッジポールパインの森を伐り倒す口実にしないか心配だよ」

「うん、するに決まってる」。私はあたりを見回して誰も聞いていないことをたしかめた。近くのテーブルではほかの学生たちが笑いさざめき、ビールを飲み、テーブルから立ち上がってダーツを投げたりしていた。パブの内装は丸太小屋風で、ちょっと腐りかけたパイン（マツ）の匂いがした。ここは町全体がこの会社のものだった。「昨夜は死ぬかと思っちゃった」と私はうっかり口を滑らせた。

「寒さがあの程度で運がよかったよ。トラックが動かなかったのもさ。あの暗闇のなかであの道路を走るほうが危なかったぜ。そこでじっとしてるように警告しようとしたんだけど、お前の無線壊れてたみたいだな」――手の甲の側で口ひげについたビールの泡を拭いながらケヴィンが言った。森で働くと決めた瞬間に全員に配られるに違いない、おなじみの口ひげだ。

「すごく怖かった」と私は白状した。「アルのやさしいところが見られたのはよかったけど」

「みんな気の毒だと思ったんだけどさ。お前なら身の護り方わかるだろうと思ってさ」

私は微笑んだ。ケヴィンは私を慰め、私は大事にされている、チームの一員だ、と感じさせてくれていた。ジュークボックスからイーグルスの「ニュー・キッド・イン・タウン」が、ちょっと悲しげに流れてきた。結局、森の泥が強引に私を捕まえて私を護り、幽霊やクマや悪夢から助けてくれたというわけだった。

私は野生児だった。原野が私の家なのだ。

私の血が木に流れているのか、それとも私の血のなかに木が棲んでいるのかはわからない。でもだからこそ、なぜ苗木が枯れ木に成り果てようとしているのか、その理由を理解するのは私の仕事だった。

2 人力で木を伐る

HAND FALLERS

科学というのは、きちんとした道筋に沿って相応しい場所に収まっていく事実とともに、つねに前進を続ける過程のことだと私たちは考える。でも、枯れかけの苗木を抱えた私は後退せざるを得なかった——なぜなら、私の家族は数世代にわたって森の木を伐ってきたけれど、苗木が根を下ろさないなんてことはなかったのだから。

毎年夏になると私たちは、ブリティッシュコロンビア州の南中央部にあたるモナシー山脈の、メーブル湖に浮かんだハウスボートで休暇を過ごした。メーブル湖は、ウエスタンレッドシーダー、アメリカツガ、ホワイトパイン、ダグラスファーなど、樹齢数百年の鬱蒼とした樹々に囲まれていた。湖を見下ろす高さ1000メートルほどの山は、ケベックに入植した私の曾祖父母ナポレオンとマリア、そして彼らの息子ヘンリー（つまり私の祖父）とその兄弟ウィルフレッドとアデラードその他6人に因んで、シマード山と名づけられている。

ある夏の朝、山の頂上から太陽が顔を出すころ、ヘンリーおじいちゃんとその息子のジャックおじさんがボートでやって来た。私たちは大急ぎで寝床から飛び起きた。ウィルフレッド大おじさんは近くにある自分のハウスボートにいた。私は母が見ていない隙にケリーを小突き、ケリーは私の足を引っ掛けて転ばせようとしたが、私たちは声は出さなかった。母は私たちが喧嘩するのを嫌がったからだ。母の名はエレン・ジューンといったが、みんな母をジューンと呼んだ。母は休暇中の早朝が大好きで、私の記憶する限り、母が完全にリラックスするのはそのときだけだったが、今朝はちょっと様子が違った。犬の遠吠えに驚いた私たちは、わが家の浮き桟橋と岸をつなぐ橋に駆けていった。ケリーのパジャマにはカウボーイの絵がついていて、私と姉のロビンのパジャマはピンクと黄色の花柄だった。

ウィルフレッド大おじさんのビーグル犬、ジグスがトイレ小屋の穴に落ちたのだ。おじいちゃんがシャベルを摑み、フランス語で「くそったれ！」と叫んだ。父が鋤を持ってそのあとに続き、ウィルフレッド大おじさんも浜から走ってきた。私たちは全員で小道を急いだ。

ウィルフレッド大おじさんが扉を勢いよく開けると、鼻の曲がりそうな臭いとともにハエが飛び出した。母は笑い出し、それからケリーが「ジグスがトイレに落ちた！ジグスがトイレに落ちた！」と何度も何度も叫んだ。興奮しすぎて止まらないらしい。私は男性陣のあいだに割り込んで、木の板に開いた穴から下を覗き込んだ。ジグスは肥溜めのなかで手足をバタバタさせ、私たちを見るとその鳴き声が大きくなったが、穴のずっと下のほうにいるので狭い穴からは手が届かない。トイレ小屋の隣に穴を掘り、小屋の下に向かってだんだんと広げていって、ジグスに手が届くまで大きくするしかない。チェーンソーの事故で指が半分ないジャックおじさんもツルハシを持って

左から：ロープに吊るした魚を持つシマード家の兄弟、ウィルフレッドとヘンリー。ブリティッシュコロンビア州ハッペルの近くのシマード家の農場にて、1920年ごろ。シャスワップ川で産卵するソックアイサーモンはスプラッツィン族にとって重要な食料であり、のちには入植者の食料にもなった。シマード家は入植地の森を伐採して、牧草地をつくりウシやブタを飼った。開墾のために下草が茂る低地に火をつけると、炎は山を駆け上がり、15キロ離れたキングフィッシャー川まで森を焼いた。

ケリー4歳、私6歳。ヘンリーおじいちゃんのハウスボートにて。この日、ジグスがトイレ小屋に落ちた。1966年ごろ。

救助に参加した。ケリー、ロビン、私は、母と一緒に脇にどいたが、全員クスクス笑っていた。

私は小道を駆け上がり、シラカバの根元から腐植土のひとかたまりを拾い上げた。この豪華な広葉樹が糖分の多い樹液を分泌し、毎年秋に養分たっぷりの葉を落とすものだから、ここの腐植土がいちばん甘いのだ。シラカバのリターにはミミズも集まるので、その結果腐植土とその下の鉱質土層が混ざり合っていたが、私は気にならなかった。ミミズが多ければ多いほど腐植土は栄養たっぷりでおいしくなる。私ははいはいを始めた瞬間から土を食べるのが大好きだった。

母は定期的に私に虫下しを飲ませなくてはならなかったほどだ。

地面を掘り始める前に、おじいちゃんがキノコを取り払った。ヤマイグチ、テングタケ、アミガサタケ。いちばん貴重な、オレンジがかった黄色で漏斗みたいな形をしたアンズタケはカバの木の根元に大事に保管した。アンズのようなその香りは、屋外トイレから漂ってくる臭いにさえ負けなかった。おじいちゃんは、明るい茶色で傘が平らな、周りを粉砂糖みたいな胞子にまあるく囲まれたナラタケ属のキノコも摘んだ。食べるには適さないが、シラカバの周りにこれがたくさん生えているということは、木の根がやわらかくて切りやすいかもしれないということを意味していた。

男性陣は地面を掘り始め、落ち葉や小枝、球果、鳥の羽根などを掃き集めて山にした。するとその下に、腐敗しかけの針葉、芽、細い根がかたまった層があった。そしてその、ばらばらにされた森の断片を覆うようにして、鮮やかな黄色と雪のような白の菌糸が、まるで私の膝の擦り傷を覆うガーゼのように、有機堆積物のコラージュを包みこんでいた。毛糸で編んだキルトみたいなその編み目の穴から、ナメクジやトビムシ、クモ、アリなどが這い出す。地面の深いところまで掘るために、ジャックおじさんはツルハシで、斧頭の幅ほども厚さがある、半ば発酵した地面の層に切り込みを入れた。カーペットみたいなその層の下には、つやつやした腐植土があった。完全に分解された腐植土は、母がホットチョコレートをつくってくれるのに使う、ダークココアと砂糖とクリームが混ざったペーストみたいに見えた。私は夢中でシラカバの腐植土を齧っていた。可笑しいけれど、私の兄弟も、両親も、私が土を食べるのをからかったことは一度もない。母はロビンとケリーと家に戻ってパンケーキを食べると言ったが、私はこんな面白い事件を見逃すのは絶対に嫌だった。男性陣がさらに掘り進めて下の層が露出すると、ムカデやダンゴムシが、脇に放り出された多孔質の土の塊のあいだを這い回った。

「クソッ」とおじいちゃんが言った。腐植土層のなかで、木の細い根が干し草の塊みたいにぎっしりと絡まり合っている。でもおじいちゃんは私の知る誰よりも逞しかった。むかし、シーダーをチェーンソーで伐り倒したときのことだ。一人で木を倒していたとき、枝の1本がおじいちゃんの片方の耳に当たって耳を切り落としてしまった。おじいちゃんはシャツを頭に巻いて出血を止め、枝の下に落ちた耳を探し、それを見つけると、家まで30キロ運転して帰ったのだ。父とジャックおじさんがおじいちゃんを病

メープル湖でシマード家のハウスボートを移動させているところ。1925年。ヘンリーおじいちゃんとウィルフレッド大おじさんは、このハウスボートだけでなく、馬やトラックや伐採道具を野営地に運ぶためのタグボートやはしけも自分たちでつくった。2人は秋、湖が氷結する直前の天気のいい日に網場をシャスワップ川の河口に移動させ、春に氷が溶けて材木を運ぶのに備えた。ウィルフレッド大おじさんの「天気を予想するのはバカと新米だけ」という名言が残っている。

院へ連れていき、医者は何時間もかかって取れた耳を縫いつけた。

ジグスはいまやクンクンと哀れな鳴き声を上げていた。おじいちゃんはツルハシを摑むと、根系の塊を切り崩しにかかった。ツルハシには歯が立ちそうもないその根の塊は、まるでアースカラーの籠を編んだみたいだった。くすんだ白、灰色、茶色、そして黒。暖かな暗褐色と黄土色。

男性陣が地下の世界を掘り進むあいだ、私はスイートチョコレートみたいな腐植土を思う存分味わった。

ジャックおじさんと父は腐植土層を掘り終わり、その下の鉱質土層を掘り始めた。すでに、トイレ小屋に隣接して、ショベルの肩幅2つ分の幅の林床——落ち葉の層、発酵した層、それに腐植土層——が取り除かれている。真っ白くて雪のように見える薄い砂の層がぎらぎら光った。あとでわかったことだが、このあたりの山地の土壌のほとんどは、浸透する大量の雨に生命力を奪われでもしたかのように、こういう表層で覆われているのだった。もしかすると砂浜の砂があんなに白いのは、虫の血や真菌が嵐で洗い流されてしまったからなのかもしれない。白くなった鉱物粒子に交じって密集した木の根が、それよりもっと密度の高い真菌の塊と絡まり合い、表土に残っている栄養分を吸い上げていた。

さらにショベル1本分掘り下げると、土壌は白から赤に変わった。湖からの風が吹き抜けた。土壌はぽっかりと口を開き、私は甘い腐植土を、古くなったチューインガムみたいにますます一生懸命噛んだ。それはまるで、土のなかで脈打つ動脈が顕わになり、私がその第一目撃者であるかのようだった。私はちょっとだけ近づいて、新しい土層のディテールをうっとりと眺めた。土の粒子は、酸化した鉄が黒い油に包まれたような色をしていた。血でできているかのように。その土の塊はまるで心臓みたいだった。

作業は難航した。父の二の腕くらいの太さの根が四方八方に突き出し、父はショベルでそれを叩き切ろうとした。私は笑ってしまった――私たちはよく父を「痩せっぽちのピート」というあだ名でからかっていたからだ。父は私のほうをちらっと見て、その細い腕の役立たなさ加減に苦笑いした。それぞれの根が独特のやり方で土壌にしがみついているように見えたが、すべての根に共通しているのは、そうやって木をしっかり地面につないでいる、ということだった。樹皮が白くて紙みたいなシラカバ、赤紫のシーダー、赤みがかった茶色のダグラスファー、濃い焦げ茶色のアメリカツガ。巨大な木々が倒れないように。土中深く流れる水を吸い上げるために。水が滴り落ち、虫が這い回れる小さな穴を開けながら。根が深く伸びて鉱物に届くように。トイレ小屋の穴が崩れないように。ちょっとやそっとではとても掘り返せないように。

林床に張り巡らされたゴツゴツと硬い木の根を断ち切るため、男たちはショベルではなく斧を使った。それから再び鋤を使ったが、今度は白と黒の斑点がある大きな石に出くわした。バスケットボールほどもある大きなものから野球のボールくらいのものまで大きさはさまざまで、セメントで壁に塗り固められたレンガのように土中にしっかりと埋まっている。父はボート小屋まで走ってバールを取りに行き、男たちは順番に、回転させたり、引っかいたり、なだめすかすようにして、がんじがらめの石を一つずつ、てこを利用して掘り出していった。あのザラザラした土壌は、細かく粉砕された岩が積もったものなのだ、と私は気がついた。秋の雨に打たれ、夏に乾燥して粉々になり、冬になると凍結してひびが入り、春になれば解ける。何百万年もかかって、滴り落ちる水に侵食されながら。

ジグスはレイヤーケーキに嵌まっていた――地上に落ちた植物片からなる上の層と、細かく砕かれた岩からなる下の層。さらに1メートル下では真っ赤な鉱質土層が黄色に変化していた。深くなるにつれてその色は、朝、メーブル湖の上空の色が変化するようにだんだん明るくなっていった。木の根が徐々に少なく、岩が多くなる。穴の半分くらいの深さのところでは、岩と土壌は淡い灰色をしていた。ジグスの鳴き声は、疲れて喉が渇いているように聞こえた。

「大丈夫だよジグス」と私は大声でジグスに声をかけた。「もうちょっとで出られるからね！」

マーサおばあちゃんは、ハウスボートの周りに雨水を溜めるバケツをいくつも置いていた。私は水が溜まっているバケツを走って取りに行き、その持ち手にロープを結わえて、ジグスが前脚をバケツにかけて飲めるところまで下ろした。

キングフィッシャーのスクークムチャック・ラピッズ、通称「チャック」で丸太を運ぶ祖父ヘンリー（白い帽子）、ウィルフレッド大おじさん、息子オーディー。1950年ごろ。丸太を下流に運ぶためには、丸太の上を歩いたり、丸太を回転させたり、丸太から丸太へ飛び移ったりする必要があり、非常に危険だった。チャックに丸太が溜まって動かなくなってしまうと、バラバラにするためにはダイナマイトを使わなければならなかった。歳を取って記憶障害が出るようになったヘンリーおじいちゃんは、下流に向かう船の船外機が止まってしまったとき、エンジンをかけるためにコードを引っ張る方法が思い出せず、チャックで水死しそうになった。マーサおばあちゃんは岸辺から大声で叫び、おじいちゃんは急流に飲み込まれるすんでのところで方法を思い出した。

4人の男たちが、大きくなった穴の縁に並んで腹ばいになり、腰から身体を曲げてぶら下がる姿勢でジグスの前脚を掴んだのは、それから1時間後だった。「1、2、3！」と男たちが叫び、泥のなかから引っ張り出されるジグスが甲高く鳴いた。ジグスは身体をブルブル震わせ、鮮やかな色とりどりの根が織りなすカーペットにこわごわ移り、目をパチパチさせながらゆっくり私のほうに歩いてきた。白・黒・茶色の体にはトイレットペーパーの塊があちこちにくっついていた。尻尾を振ることさえできない。動けないほど疲れていた男性陣は、タバコを取り出して一服した。私は小声で「おいで」とジグスに言って、ソロソロと何歩か歩いたあと、湖で沐浴するために走った。

それから私は岸に座り、流木を湖に投げてはジグスがそれを拾いに行った。ジグスも、私も、この事件のおかげで私に新しい世界が開けたなどとは知る由もなかった。その世界を形づくっていたのは、木の根と鉱物と、土壌をつくっている岩。真菌、虫、ミミズ。そして、土にも小川にも木々にも流れている水と養分と炭素だった。

メープル湖に浮かぶキャンプ場で過ごした夏休みに、私は私の先祖の秘密を学んだ。生涯を木こりとして過ごした父と息子たち——それは私たちの骨に刻み込まれた歴史だった。私の家族が木を伐り出したカナダ内陸部の多雨林は、大きな老木の数々に護られ、破壊することなど不可能に思えた。重要なのは、かつて木こりたちは、伐ろうとする木の前で立ち止まり、木の特徴を1本ずつ慎重に調べ、評価した、ということだ。川やフルーム［訳注：丸太の輸送に使われた人造の水路］を使って木材を輸送していたころは、伐採規模を小さくまたゆっくりに保つ必要があったが、トラックと道路が登場するとその規模が爆発的に増大した。リロオエット山脈の材木会社のやり方のいったいどこがそれほど間違っているのだろう？

父は、ロビンとケリーと私に、若かったころの森での出来事を話してくれるのが好きだった。私たちは目を丸くして話を聞いた——怖い話のときはとくに。たとえばウィルフレッド大おじさんの指が切断されたときの話。体重1000キロを超える芦毛の荷馬プリンス

二人挽きの横挽き鋸を手にして弾み板に立つ木こり。メープル湖にて。1898年ごろ。この地帯の森で最も価値が高い材木であるウエスタンホワイトパインを伐るのには、2人がかりで1〜2日かかった。20世紀初めにアジアから持ち込まれた五葉マツ類発疹さび病のため、現在はこの地帯の森にウエスタンホワイトパインの古木は存在しない。

が引くホワイトパインの丸太に巻きつけられた木材運搬用のチョーカーが捻じれて指を挟まれたのだ。おじいちゃんは、ウィルフレッド大おじさんの悲鳴がチェーンソーの音より大きくなってからようやくプリンスを止めた。あるいは、シーダーの幹がおじいちゃんの背中をかすめて倒れ、その後おじいちゃんは死ぬまでちょっとだけ姿勢が前かがみだったこと。彼らはある意味で幸運だった——折れかけた大枝や馬が牽引する丸太に木こりが押しつぶされるのは珍しいことではなかったのだから。ぶつかり合う丸太に挟まれて死んだり、材木をシャスワップ川に浮かべて運ぶ途中、1箇所に密集して動かなくなってしまった丸太をバラバラにするために使ったダイナマイトに、手を吹き飛ばされたりする者もいた。

ジグスがトイレ小屋に落ちたのと同じ年の夏のある日、父がロビンとケリーと私を宝探しに連れ

メープル湖畔でホワイトパインの丸太を運んでいるところ。1898年ごろ。このあたりの森で最も大きな樹であるウエスタンホワイトパインとウエスタンレッドシーダーは、どちらも製材すると高値がつく。まっすぐな幹と低木の少なさは、原生林は資源量が豊富で高い生産性があったことを示している。

出したことがある。父が子どものころに木を伐っていたフルームの付近で、捨てられた蹄鉄やチョーカーを探すのだ。父によれば、ヘンリーおじいちゃんとウィルフレッド大おじさんはそのあたりで、手作業で木を伐り倒し、裁断したり枝を切り落としたりしたという。そこは針葉樹が豊富で、ときおり奇妙な害虫または病原菌が、ダグラスファーやホワイトパインの小さな木立や、ときにはシーダーやアメリカツガを枯らすことがあった。シマード家の男たちは、高値がついて伐りやすい木ならば何でも伐採した。

1本の木を人力で伐るのはほぼ1日がかりで、一つの区画を伐採するには1週間かかった。ウィルフレッド大おじさんが抜け目のない商売人であるのに対し、祖父は冗談が大好きだった。そして2人とも新しいものを考案するのが得意だった。ウィルフレッド大おじさんは2階建ての母屋に手動のエレベーターを敷設したし、祖父はシマード・クリークに、ハウスボートで使う電気の発電のために水車をつくった。この古い森の林冠は15階建ての建物ほどの高さがあり、祖父はなかでもいちばんまっすぐな木を見つける。祖父とウィルフレッド大おじさんは、根張りより上の、幹の直径がほんのちょっとだけ小さくて伐りやすいところに無造作に渡した足場の両端に立って作業した。木の傾き具合や地勢を詳細に調べ、それから伐った木がフルームの方向に倒れるように切り込みの入れ方を計算した。

横挽き鋸は、汗だくの2人が押したり引いたりするたびにスライドギターのような音を奏で、まず受け口をつくり始める2人のウールのシャツの袖がたちまちおが屑に覆われた。

斜面の下側に面した側から幹に水平な切り込みを入れる。幹の直径の3分の1ほど進んだところで2人は休憩を取り、切り込みから樹液が滲み出す傍らでスモークサーモンジャーキーを齧った。祖父は木がちょっと変わった傾き方をしているのをつぶさに調べながらフランス語で悪態をつき、半分切断された人差し指で木を指差して、少なくとも2つの方向に倒れる可能性がある、と言った。それからまた1時間、2人は腕力に物を言わせて、水平に切り込んだ受け口の下部に対し45度上から、心材の深いところで交わるように鋸を入れた。楔形に切り取られた辺材を斧頭の背で叩いて外しながら、ウィルフレッド大おじさんが「やあカワイコちゃん」と言った。楔形の木片が取り除かれた跡は大きく口を開けた笑顔みたいで、その口は2人の口にも似ていた――10代のころに虫歯でほとんどの歯をなくし、いまは入れ歯のその口に。

斜面の下側に受け口を切り込み終わった2人は、ストロベリーショートケーキを食べ、水をがぶがぶ飲んだ。巻き煙草を巻いて一緒に吸う――クレイヴンA〔訳注：イギリスの煙草の銘柄〕だ。それからもう一度足場に上り、今度は幹の反対側の、受け口より2センチ半くらい高いところに追い口を切り込み始めた。ここで少しでも計算を誤れば、木は後ろに倒れて2人は首を刎ねられかねない。

木がほんの少し前に傾き、幹の中心部を貫き切断されていない繊維がほんのわずかになったところで2人は鋸を置いた。「コンチクショ！」と、金属製の楔を斧頭の背で追い口に打ち込みながら祖父が呟いた。木部が折れる音がした。ミシミシという音とともに木はフルームに向かって倒れ始め、木こりたちは「ティンバー！」と叫んで全速力で斜面を駆け上った。シューッと大気を切って倒れる木の樹冠はまるで帆のように風を受けて強風を起こし、地表のシダが飛ばされて葉の白い裏側が露わになった。枝や針葉が舞い上がった。数秒後、耳をつんざくようなドスンという音とともに木は倒れた。地面が揺れた。枝はまるで骨が折れたかのようにバキバキと音を立てた。鳥の巣が一つ、風に乗り、舞い踊る羽根に包まれてふわりと地上に落ちた。

ヘンリーおじいちゃんとウィルフレッド大おじさんは切り倒した木の横に立ち、枝を斧で切り落とした。プリンスがフルームまで運びやすいように、鋸で切って長さ10メートルの丸太にし、それから切った丸太それぞれの端にチョーカーを巻きつける――子ウシの首に投げ縄をかけるみたいな要領だが、この場合の「投げ縄」は人間の手首くらいの太さがある鉄製の鎖だ。細めの丸太は、ライオンの口くらいの広さまで開く、手鍛造のトングで先端をしっかり挟む。そしてチョーカーやトングをウィッフルツリーに結びつける――ウィッフルツリーというのは荷の重さを均等にするための、若い木を彫ってつくった横木で、プリンスの尾の後ろにぶら下がっている。プリンスは、伐り倒された丸太を1本ずつ倒れた位置からフルームまで、鼻息を荒げ、呻き声を上げながら引っ張っていく。おじいちゃんとウィルフレッド大おじさんは、回転する鉄のフックがついたピーヴィーという梃子棒を使って、それをフルームのいちばん上に転がして落とす。伐った木をフルームに運ぶ作業が終わると、2人は再び煙草に火をつける。また一日が無事に終わった。また一日――私の一族が受け継いできた木こりの仕事のことを思い浮かべるとき、いまでもその様子とその言葉が目に浮かぶ。

私はむかしから、自然には回復力があり、たとえときに荒れ模様なことがあっても地球は元どおりになって私を助けてくれる、と信じている。だが、山仕事の危険さを嫌と言うほど味わった父方の祖母にはとまどいがあった。祖母は20代だったときに、感染症が元で下垂足を患って足が不自由になり、息子たちにはもっと自由で安全な暮らしをさせたがった。それでもジャックおじさんは木こりを続け、母親を心配するあまり、40歳になるまで実家に住んでいた。

一方、父は若くして山を降りた。父は、それを決心させるきっかけになった出来事を、宝探しの日、埋まっているのを見つけて大喜びで掘り出した金属製のチョーカーを傍らに置き、夕陽のなかで丸太に腰掛けている私たちに話してくれた。それは父がまだ13歳、ジャックおじさんが15歳のときのことだった。2人とも、ヘンリーおじいちゃんとウィルフレッド大おじさんを手伝うために高校を中退していた。伐り倒されたシーダーの丸太が1本また1本、シマード山中を1キロにわたってくねくねと、フルームの壁にぶつかりながらリュージュ［訳注：氷上を滑る速さを競うスポーツで使われるそり］みたいに轟音を立てて滑り落ちてくるのを、生皮で束ねられ、メープル湖の網場に浮かんでいる丸太の上で待つのが2人の仕事だった。丸太が湖に到着したら、父とジャックおじさんがそれを網場に誘導するのだ。

ある朝、春の雨に震える父に恐ろしいことが起こった。鉄製のフックが先端に接合されている木製の鳶口を持ち、足の下で回転している丸太の上で、父は身体の平衡を保とうとしていた。ジャックおじさんが、自分もくるくる回る丸太の上でやっとのことでバランスを保ちながら、「来るよ！」と叫ぶ——父が乗っている丸太には波が打ち寄せ、その回転が勢いを増した。シーダーの丸太は、フルームの最下部からオリンピックのスキージャンプの選手みたいに飛び出して、普通より高く弧を描いたかと思うと20メートル先の水面を貫き、深い湖の底に向かってまっすぐに落ちていった。ミサイルが爆発するみたいな勢いのついたその丸太が、水面のどこに浮上するかはわからなかった。

ヘンリーおじいちゃんのフルームの一つをメープル湖に向かって雪崩落ちる丸太。このフルームはシマード・クリークの河口の近くに流れ込み、ヘンリーおじいちゃんはそこに、木こりたちのハウスボート用の電力をつくる水車を建てた。

時間が止まった。そのとき父の頭に浮かんだのは、高校を中退する前に第二次世界大戦について書いた小論文だった——「ひと晩中、ドカン、ドカン、ドカンと大砲の音が鳴り響いた」。500語、と先生は言ったが、父は、一人の兵士の味わった恐怖を語るのに、どうすればそんなにたくさんの言葉を連ねることができるのか皆目わからなかった。水面に飛び出す丸太は自分を粉々にするに違いない、と父は思った。

「逃げろピーター！」とジャックおじさんが叫んだ。

だが、ジャックおじさんが岸に向かって走り出し、ついて来い、丸太が飛び出してくるかもしれない場所からとにかく離れろ、と大声で言っても、父は動くことができなかった。何も聞こえない。1秒、また1秒。

ドッカーンという音とともに丸太は父の後方20メートルのところに空高く飛び出し、それからザブン、と水面に倒れた。震える手で、父は浮いたり沈んだりしている丸太を網場に誘導した。秋になると、おじいちゃんのボート、パットパット号

メーブル湖の網場のログドライバー［訳注：川に浮かべた丸太を目的地まで運搬する人。日本で言う筏師（いかだし）に近い］。ウィルフレッド・シマード（左から3番目）が手にしているのは、丸太を正しい方向に導くための長さ4メートルの竿。ピーヴィーと呼ばれる短いほうの棒は、先端にU字形の金属と先の尖ったフックがついていて、丸太を回転させバランスを保つのに使われた。危険な仕事だが、丸太から落ちるのは腰抜けとされた。手前に浮かぶ短いダグラスファーの丸太は製材されて板材になり、後方に見える長いシーダーの丸太は電信柱として売られた。シーダーのほうが利潤は大きかったが、網場を堰き止めてしまうため運搬ははるかに困難だった。

が網場の材木を下流に曳いていき、大きな丸太は製材所に、直径が小さいシーダーは電柱用として売った。
それからほどなく、父は食料品店の経営をするようになり、定年までそれを続けた。それでも、森はいつだって私たちの生活には欠かせないものだった。

そうやってずっとむかしに丸太を滑らせた林床には、いまでもその跡が小道となって残っている。砂粒みたいに小さいものからオパールくらいの大きさのものまで、種子が落ちるには最適の場所だ。ウエスタンレッドシーダーとアメリカツガの種は親指の爪くらいの大きさしかない球果から落ちる。ダグラスファーの握り拳大の球果からはもっとたくさん種が落ちるし、前腕ほどの長さのあるホワイトパインの球果から落ちる種もある。引きずられた丸太で下草が短くなった場所には、老木から落ちた種が芽生えて実生が密集し、先が白い根っこが腐植土と水の溜まりから養分を吸い上げている。実生は丈夫だ——何世代にもわたって、古老の木々たちがその遺伝子に回復力を与えたのである。森の植物はすべて、その成長の速度に従って層状になっている。ひときわ目立つダグラスファーとホワイトパインは小道の中央の、鉱質土層が露出し日照時間がいちばん長いところに生えている若木を見下ろし、柔軟なシーダーとアメリカツガはその宝探しの午後にはすでに私の背丈と同じくらいになっていて、親木の落とす木陰に佇んでいた。丸太を運んだ小道の真ん

キングフィッシャーでシャスワップ川を渡る20歳ごろのマーサおばあちゃん。1925年ごろ。

中に立つダグラスファーの若木は父の背丈の2倍くらいあった。

人力で木を伐り、馬で丸太を引き、川で木材を運べば、森には元気に再生する力が残される。いま、私が職業としてやっていることが、森について私が知っていたことと大きく違ってしまっているのは明らかだった。

私は会社のオフィスの窓から外を眺め、人工林のことを考えた。改善の方法はたくさんあった。もっとこの地域に適応した種子を苗床で育てる。もっと大きな苗木を育てる。土壌をより慎重に準備する。伐採のあと、もっと早く植樹する。競合する低木を取り除く。でも、さまざまなヒントが教えてくれているのは、大事なのは土壌であり、苗木がどうやって土と接触するかである、ということだった。私は、根が枝分かれして真菌が絡まっている元気な苗と、ほとんど芽が伸びず根が発育不良の弱々しい苗をスケッチした。でも私のアイデアを実行できるのはまだ先のことだった——いまの私には、リロオエットから数十キロのところに氷河がつくったボルダー・クリークの渓谷の、200年前からある森で、レイの作業を手伝うという任務が与えられていた。

今日の私の役割は死刑執行人だ。

レイと私は、皆伐地の境界線に印をつけるためにそこにいた。レイは私と大して歳が違わず、私たち学生と一緒の宿舎に住んでいたが、太平洋沿岸の険しい山地で働いた経験が豊富で、私の家族の男たちを思い出させた。彼はすでに森のなかで身体の一部を失っていた——ハイイログマにお尻をくわえて持ち上げられ、あわや連れ去られようとしたところを、一緒にいた測量士がショットガンで追い払ったのだ。

木材を運ぶ道路を新しく造成するために土を掘り起こしてならしている掘削機と地ならし機の横を通り、私たちは谷間にできたローム質の扇状地で足を止めた。幅広に弧を描く樹冠と巨大な灰色の幹を持つエンゲルマントウヒがそこにあった。レイが私に地図を見せてくれたのはほんの一瞬だった——女の子と情報を共有することに慣れていなかったし、忙しかったのだ——が、ちらっと見えた等高線図によれば、この山の斜面はとても高い峰に続いていて、マーモットが生息するごつごつした岩だらけのあたりになると、樹木はだんだん少なくなっていった。小川に沿って生えていたトウヒは、大きく広がる根を支えられるだけの土壌の深さがあるところではダグラスファーに取って代わられていた。森には数百メートルごとに、雪崩が木々をなぎ払った跡があって、バラのような棘を持ったアメリカハリブキやレースのようなメシダが腰くらいの高さまであった。これと同じものがメーブル湖にも生えていたのを私は思い出した。うれしさが胸にこみ上げたけれど、それを押しつぶすように喉につかえるものがあった。私はオーシャンスプレーみたいな小さな白い花をつけたフォームフラワーを1本摘んだ。

レイは航空写真の上に、赤のグリースペンシルとコンパスを使って完璧な四角を描いた。その部分の木をすべて伐り倒すのだ。それから写真を丸めて輪ゴムをかけた。

「あ、レイ、見えなかった」と私は言った。「もう一度見せてもらえる?」

レイは渋々と地図を広げた。その表情からは彼が何を考えているのかはわからなかった。

「ここ全部伐るの?」と私は訊いた。「いちばん古い木はいくらか残せない?」。私は枝からカーテンのように地衣類が下がっている巨大な木を指差した。

「お前、環境保護主義者なの?」。レイは、時代の波に乗りこの仕事がお気に入りの、几帳面な技術屋だった。これが彼の仕事で彼はそれが大好きだし、できる限り正確にこの仕事をこなすために給料をもらっているのだ。

私は処刑を待つ森に目をやった。この崇高な森で仕事ができるのがうれしかったし、木の伐採の仕方を学ぶことも嫌ではなかった。でも、この広大な区画全体を一斉に伐採してしまえば、森が回復するための基盤がほとんどなくなってしまう。その木々は群落を形成していた――水が集まる、谷のいちばん深いところに、幹の直径が1メートル、高さ30メートル以上のいちばん古くて大きな木が立ち、樹齢も大きさもさまざまな若い木々がその近くに生えている――ライチョウのヒナが母鳥の周りにピッタリくっつくように。樹皮の溝にはオオカミゴケの房が生え、冬にはシカのちょうどいい餌になる。バッファローベリーやムクロジの茂みが岩と岩のあいだに生え、鮮やかな赤のインディアン・ペイントブラシ、紫色でなめらかなルピナス、淡いピンク色のヒメホテイラン、そして赤と白の縞模様が入ったサンゴネランが、木の幹から扇状に広がる根に沿って並ぶ。皆伐してしまえばこうした草はどれも元気には育たない。私はいったいここで何をしているの?

レイの計算に従って、私たちは10メートルかそこらおきにピンクのリボンを吊るして四角く土地を囲んだ。このピンクの目印を見れば、どこで伐採を止めるかがわかる。この境界線の外側にある古い木は伐られずに済む。

レイは私に、260度の方向、ほぼ真東に向かって、基本的には雪崩跡の縁に沿って直線を引くように、と言った。境界線を見つめるレイの横で、私はベストの背中のポケットから、チェーンと、つるつるしたナイロンのロープと、50メートル分の撚糸を取り出した。彼は私が印をつけたあとに、伐採担当者のためにさらに細かく目印を足すことになっていた。

私はコンパスで角度を測り、標識になる木を見つけた。チェーンは縄跳びの縄のようにほどけ、1メートル間隔で金属製の留め金が50個ついていた。私はコヨーテのような身のこなしでそのチェーンを、丸太を跨ぎ、低木の茂みをくぐらせ、木立と木立のあいだを通して引っ張った。

私が50メートル進み切ったところでレイが「チェーン！」と叫ぶ。彼が握っているロープ先端をぐいっと引っ張り、私はその場所に印をつける。

「マーク！」と叫び返す私の声が、斜面の下を流れる川の音をかき消す。私は大声で叫ぶのが大好きなのだ。「マーク！」

最初のチェーン1本分が正確に測れたことに満足して、レイは私がピンクのリボンを木の枝に吊るしているところまで登ってきた。リスが1匹、巣穴から鳴き声を上げた。それが地面を掘っていたところに指を突っ込むと、やわらかな小石のようなものがあった。森の地面の下には、チョコレートみたいなトリュフの塊が鎮座していた。私はナイフで、土中さらに深く伸びている黒い柄を切断してそれを掘り出し、ポケットにしまった。

「あそこにでかいカボチャがあるだろ？」。私たちが印をつけた正方形の外側にある、何本かの大きなダグラスファーを指してレイが言った。それも伐るべきだと言うのである。上司はきっと喜ぶだろう——貴重な木という特別ボーナスだ。

その木々は伐採許可が下りている境界線からずいぶん離れている、と私は指摘した。伐るのは違法だ。古い木は、伐採後の土地にとって大切な種子源であるばかりでなく、鳥たちのお気に入りの棲みかであり、私はその根元にあるクマの巣穴を見たこともあった。

レイにも私にも、こんなことを決める権限はなかった。レイも木を愛しているということはわかっていた――どちらにとっても、それがこの仕事を選んだ根本的な理由なのだ。「文句なしのダグラスファーなのに、理由もなく放っておくわけにはいかないよ」と、考えながらレイが言った。「ベニヤにできるしな」

私たちは、伐ることを禁じられている老木のうちの1本のところに歩いていった。私はその木に向かって、逃げろ、と叫びたかった。いちばん立派な木を伐採することを誇らしく感じるのも、木を金づるにしたい誘惑も、私は理解できた。いちばん見栄えのいい木に最高値がつく。それは地域の住民に仕事を与え、製材所が営業を続けられることを意味していた。私は目の前の木の巨大な幹を調べ、レイの立場でこの木の伐採について考えようとした。いったん狩りを始めれば病みつきになりやすい。つねにこれまでいちばん高い山に登りたくなるように。しばらく経つと、満足感というものが決して得られなくなってしまう。

「バレるよ」と私は反対した。

「どうやって？」。レイは腕を組み、不思議そうな顔をしている。政府にこの皆伐地の境界線を隅から隅まで調べられるはずがない。それにその古木は境界線のすぐ近くにあり、伐り倒すのも簡単だ。

「フクロウの棲みかなんだよ」。私は学校で、アメリカコノハズクという、乾燥樹林に棲む珍しいフクロウについて聞いたことがあったが、詳しくは知らなかった。ボルダー・クリークにアメリカコノハズクがいるかどうかさえ皆目わからなかった。藁をも摑む気持ちだったのだ。

「来年もこの仕事がしたいんじゃないの？　俺はしたいね」。木をたくさん見つければ会社は評価してくれる。レイは後ろを振り返った。その木がその場から逃げ出そうとでもしているみたいに。

本当はありったけの声で叫びたい気持ちだったけれど、私は心のなかで自分の弱さを泣きながらさっき引いた線を変更した。巨大なダグラスファーが立っている高木限界まで来ると私は緊張した。ハナウドとヤナギがカーテンのように雪崩の跡を覆っていたが、風はなかった。私は急いでピンク色のリボンを、古木が皆伐地の境界線内に入るように吊り下げた。1週間後にはこの木は生きていない。枝を切り落とされ、裁断され、輸送用道路の脇に重ねられて、トラックに積み込まれるのを待っているだろう。

レイと私は全部の境界線を引き直した。私たちは古木をもう1本処刑した。

そしてもう1本。さらにもう1本。作業を終えたときには、雪崩跡の縁から、少なくとも十数本の古木を境界線の内側に忍び込ませていた。休憩時間中、レイは私にチョコチップクッキーを差し出し、自分でつくったのだと言った。私はそれをもらうのを辞退し、ブーツと膝をアンカーに使ってナイロンのチェーンを8の字結びにした。皆伐地の真ん中にダグラスファーを少し残して種が拡散できるよう会社を説得できるのではないか、と私は提案した。「ほら、ドイツでは大きな母樹を残すことがあるでしょ」

「この国では皆伐しかしないんだよ」

私が育ったところでは小さい区画しか伐採しないし、丸太を引きずって運ぶと森の地面がかき混ぜられてダグラスファーの種が発芽する苗床ができるのだ——そう説明しようとするとレイは、ところどころにぽつんとダグラスファーを残せば風で倒れるし、キクイムシがつく、と反論した。「それに会社は大損だろ」と、私のわからず屋ぶりに苛立ちながら彼は言った。

この堂々たるダグラスファーが丸太ん棒になり、優雅な木立の輪郭が空っぽの正方形になってしまうのを見るのは胸をえぐられるほどつらかった。オフィスに戻ると私はむっつりしながら、皆伐地に植える木の組み合わせの指示書をつくった。窪んでいるところにはダグラスファー、岩が露出しているところにはポンデローサパイン、尖った針葉のトウヒは川沿いに植えて、自然のパターンを真似る。攪乱された地表に種子を落とす古木を何本か残すという私の提案は会社が却下する、というのはもちろんレイの言うとおりだったが、でもこうやって植樹すれば少なくとも、その場所にもともとあった自然な植物種の豊富さは維持できる。

テッドは、植えるのはパインだけだ、と言った。

「でもあそこにはロッジポールパインなんて生えてません」と私は言った。

「いいんだよ。育つのが早いし安いんだから」

地図を広げたテーブルの近くにいた、夏のアルバイト中の学生たちがもぞもぞと身体の向きを変えた。周りのオフィスにいる森の男たちは電話での会話を中断して、私に言い返す根性があるかどうか聞き耳を立てている。壁にかかったカレンダーが床に落ちた。

私は自分のデスクに戻り、植樹指示書を書き直した。心が折れた。土を食べるのが好きなあの小さい女の子に何が起きたのだろう？　木の根で三つ編みを編み、複雑な自然の驚異に酔い痴れていた女の子。怖いほどの美と、幾重にも重なった地層と、葬られた秘密。子ども時代の私がいまの私に向かって、「森とは調和の取れた全体のこと」だと叫んでいた。

3 日照り

PARCHED

自転車に跨がって立ち、私はガブガブと水を飲んだ。ちょうどお昼で、乾いた森に太陽が照りつけていた。自転車で100キロ走ってきた私の、日に焼けた夏の肌から太陽の熱が汗を絞り出す。ブリティッシュコロンビア州南部の内陸部に低く連なる山脈はカラカラに乾いていた。太平洋から東に流れる空気は、海から内陸に向かって200キロ、ここから20キロ西のところまで広がる海岸山脈にほとんどの雨を降らせてしまうため、内陸部には青空が広がり雨は一滴も降らなかった。この週末、私はここで自由を満喫していた——ダグラスファーの古木をめぐってレイとのあいだに起きた確執も頭から追い出し、テッドが植樹計画について下した決定に対する失望感もしばし忘れて。

私はロデオ競技に出場する弟のケリーに会いに行くところだった。ケリーはほかのカウボーイや馬と一緒にいるのがいちばん似合う。私がケリーと最後に会ったのは2カ月ほど前、母のところで、ケリーがアルバータ州の学校で蹄鉄のつくり方を勉強しているあいだに、バレルレーシングの選手であるガールフレンドが浮気をして別れたばかりで、メソメソしているところに出くわしたのだった。私たちは暗闇に立ち、ケリーは荷台に新品の蹄鉄鋳造機と金床を乗せた真鍮色のトラックに寄りかかっていた。うつむいて堪えようとしてはいたがケリーはその悲しみを抑えることができず、私は一緒に泣いた。

私は数キロ下の、セージやら何やらの下草に覆われた窪地を川が流れる谷を見下ろした。その不毛の土地で育つのは、そういう逞しい膝丈の多年草だけだった。水が足りなくてそこでは木は育たない。でも私がいるここには、下草の合間にできた窪地に木が根を下ろすのにギリギリ足りるくらいの水があった。

午後になると靄(もや)がかかり始めた。おそらくは山火事が原因と思われたが、いまのところまだ空気は澄んでいて、谷がさらに数キロ先の、高度1000メートルの尾根まで続いているのが見渡せた。標高が高くなるにつれて雨量も多くなり、枝分かれしたガリ[訳注：雨水などの流れによって地表面が削られて形成された、窪んだ地形]にはまもなく、川の流れに沿って曲線を描く樹木限界線が現れた。ガリに生えている木々はやがて小丘につながり、森がその合間を埋めて山の斜面全体を覆った。さらに斜面の上のほうでは、木々は冷たく濡れた土壌を避けて再び小丘にかたまるようにして生え、それから徐々に木がまばらになって、やがて淡い緑色をした高山草原が森に取って代わっていた。

私は自転車を置き、日陰を求めて下草に覆われた森のなかに入ると、ところどころにあるダグラスファーの木立を抜け、わずかに水分が集まる窪地に生えたポンデローサパインの傘の下を歩いた。小丘によじ登ると、ポンデローサパインが1本だけ生えている。貴重な水を節約するため、長い針葉の束はまばらだ。ポンデローサパインがこの地域でいちばん日照りに強い木とされるのはこのせいである。そのポンデローサパインはとりわけ心許ない場所にあった——そこは、根を地中深く伸ばすバンチグラス［訳注：ほふく茎を持たない草の総称］でさえ、水分の無駄を最小限にするために茶色く縮こまっていたのである。私は水筒を逆さにしてその木に残っていた水をやり、自分の行為に笑ってしまった。こんなときにこの木を助けることができるのは、この木の主根だけなのに。

浅いガリにダグラスファーの古木の木立があり、私はまっすぐそこに向かって歩いた。ホコリタケの茶色い胞子が舞い上がって顔にかかり、バッタが脚を擦り合わせる音が聞こえた。ケリーと私はよく、ホコリタケを集めてスープをつくったものだった。私は柄の中心から菌糸がぶら下がっているホコリタケを一つ摘み取った。ケリーにあげようと思ったのだ。この草地でホコリタケを見つけたと言ったら喜ぶだろう——食料集めは、子どもだった私たちのお気に入りのゲームの一つだったのだから。

古いダグラスファーの樹冠が、大きく広がる木陰をつくっていた。ダグラスファーがこうした窪みに生えるのは、瓶を洗うブラシみたいにびっしりと生えた針葉には、少なくともまばらにしか針葉を持たないポンデローサパインと比べてたくさんの水が必要だからだ。そのためにダグラスファーは育つ場所が限られるのだが、おかげでポンデローサパインよりも背が高く、より密集して生えることができる。ただし、ダグラスファーとポンデローサパインはどちらも、水分をできるだけ無駄にしないという点ではトウヒと亜高山モミに勝っており、日照りに耐えやすくなっている。その仕組みはというと、朝露が多い早朝のほんの数時間だけ気孔を開くのである。早朝、開いた気孔を通して二酸化炭素

22歳。エンダービーとサーモンアームのあいだのダグラスファーの下でひと休み。1982年。1980年代の前半、友人のジーンと私は週末になるとよく、寝袋とポケットの10ドルだけを持って内陸部にツーリングに出かけた。この日、私は財布を失くしたが、帰宅すると、ハイウェイの路肩で私の運転免許証と10ドルが入った財布を拾ったという人から父に電話が入っていた。

を吸収し、糖分をつくる。その際に、根が吸い上げた水分を蒸散させる。正午になるころには気孔を閉じて、その日はそれ以上の光合成も蒸散も起こらない。

私はダグラスファーの古木が落とすゆったりとした木陰に腰を下ろしてリンゴを齧った。古木の枝が広がる範囲の外側に稚樹が生えている。地面が冷たくて水分がある印だ。深いしわの寄った茶色の樹皮は熱を吸収し、木を火災から護る。光合成された糖を含む水を、師管を通して針葉から根まで運ぶ厚さ2・5センチほどの「師部」という樹皮の下の組織から水分が失われるのを防ぐため、厚さもある。ポンデローサパインのオレンジ色の樹皮もまた、パラソルを広げたみたいなその樹冠を、20年かそこらに一度この一帯を襲う火災から護っていた。

そこにある稚樹は、あたりにはほとんど水がないにもかかわらず元気に育っていた。一方、西のコースト山脈では、水はたっぷりあるのに、私が研究用に植えた苗木が死にかけていた。

雑草の芒(のぎ)に剝き出しの脚をくすぐられながら、私は1匹のアリが、地面に座った私と同じくらいの高さと幅がある近くの巣から這い出してくるのを眺めた。巣には何千匹という働きアリが蠢いている。林床に散らばっている何百万本ものダグラスファーの針葉を、運び、積み上げ、貯蔵しているのだ。アリたちはまた、脚にくっついたり糞に混じったりしている茶色い腐朽菌の胞子を巣に運び込み、それが付着して分解が加速した針葉が、固まって巣穴を安定させる。胞子は切り株や伐り倒した丸太にも運ばれ、夏の日照りで遅れている腐敗を助けるのである。私はメーブル湖で見た腐生性のヒラタケを思い出す――そのすべすべでなめらかな傘は、落ち葉や枯れたシラカバの丸太にくっついて生えていた。病原性のナラタケに殺された木だ。ヒラタケは非常に効率的に物を腐らせる力があり、必要なタンパク質を摂るために虫も殺して消化する。キノコというのはその宿主と同様に多種多様で、マルチタスクが得意なのである。

カラカラに乾いたこの渓谷の、小さな谷間や窪地では、ダグラスファーとポンデローサパインの周りに点在する稚樹や若木は元気そうだった――まだ自分で地中から栄養を汲み上げられる深い直根もないのに。もしかして古い木が、グラフトを通して水分を若い木に送っているのではないか？　グラフトというのは、別々の木の根が接合して師部を共有する1本の根になることを言う。傷を癒やすための皮膚移植で血管が一つになるようなものだ。

もう行かないとケリーのブルライディング競技を見損なってしまう。弟が雄牛に乗るのは、参加費がいちばん安いのがブルライディングで、弟はつねに金欠だったからだ。

水分補給の謎を不可解に思いながら、私は自転車に向かって歩き始め、道路の向こうに、幹が白くてすべすべのアスペンがかたまって生えているのに気がついた。こちらも、より水分の多いガリから岩がゴツゴツした斜面へと広がっている。サラサラと揺れる大きくて平たいアスペンの葉からは、毎日何十リットルという水分が蒸散するに違いない。アスペンがユニークなのは、同じ1本の木が、ほかの木と共有する地下茎のネットワークから多数の茎を発芽させる点だ。アスペンの木立は、谷間の水を吸い上げて、それを斜面の上のほうへ、共有する根系を通して送っているのではないだろうか、と私は考えた――消防隊みたいに。アスペンの下には野生のバラが生え、淡いピンク色の花びらが大きく開いて鮮やかな黄色の雄しべが見えている。ケリーが大好きな花だ。紫色のつややかなルピン、ハート形の葉をした金色のアルニカ、それに赤みがかったピンク色のエゾノチチコグサが、木陰から日向に広がっている。アスペンの根系から土中に水が漏れて、エゾノチチコグサに水分が届いたのだろうか？　鬱蒼と茂る植物群が、薄くて乾燥した表土でも枯れないのは、ひょっとしてそのせいなのだろうか？　でも私には、アスペンの大木から小さな野草へ、日の光で蒸発せずにどうやって水分が移動するのか皆目わからなかった。

私は幹のねじれた1本のポンデローサパインのところで立ち止まり、リンゴの芯を埋めるために地面に穴を掘った。硬い粘土質の土壌には、木の根と草の地下茎――ところどころに節がある、イチゴのランナー［訳注：親株から出た茎が伸びて子株になったもの。ほふく茎］が地下に潜ったようなもの――がもじゃもじゃとかたまっていた。乾燥してはいたけれど、鉱質土層には、扇状に広がる大量の白・ピンク・黒の菌糸がびっしりと詰まっていた。それは私が子どものとき、犬のジグスが色鮮やかな木の根と土壌の穴に落ちたときに見たものよりも細かったし、その年の春、皆伐地の下の亜高山モミの森のなかで見た、太くて黄色い菌糸の塊よりも繊細だった。海底の珊瑚のように見えることから名づけられたピンク色のホウキタケ〔訳注：英名 coral fungus。coral は珊瑚のこと〕が、広がる地衣類のなかから顔を出し、地面にできたかさぶたのようだ。私は2センチ半ほどしかない樹状に伸びるキノコを1個摘んで、上向きに伸びた繊細な枝をつぶさに観察する。この枝が、ほかのキノコが持つ、ひだ、管孔、偽ひだなどと同じくらい効率的に、たっぷり胞子を産生することは明らかだった――無数の胞子が鼻に飛び込み、私はくしゃみをした。ピンク色のキノコが根元から揺れた。

この奇妙な形をしたキノコの菌糸は何をしているのだろう、ホウキタケの生活においてどんな役割を果たしているのだろう？　私は親指と人差し指で菌糸を擦り合わせた。ザラザラする。湿った土の粒子が菌糸にくっついて離れない。この菌糸には、土壌中に迷路のように広がる孔隙から水を集める役割があるのかもしれない。この気候では、土中に残っている水分は土粒子にセメントみたいにしっかりくっついていることだろう。窪地や小峡谷にしか木が育たない疎林では、当然、木が根づく場所は水の有無によって限定されている。この小さなキノコたちは、自分たちのために水分を吸い上げるだけでなく、水を必要としている木をもまた助けているのではないのだろうか。もしかしたら、寒い気候に耐えている木には養分も提供しているのかもしれない。谷の向こう側の、標高の高いところにある森まで自転車を走らせたら、リロオエット山脈にあったパンケーキマッシュルームがそこにも生えているだろうか？　水がたっぷりあるところでは、あのピンクと黄色と白の菌糸は、水ではなくて養分を木に運んでいるのかもしれない。私は摘み取ったキノコをホコリタケと一緒にポケットにしまった。

さらに謎だったのは、粘土質の土壌に扇状に広がる無数のなめらかな菌糸が、大きな木から、もっと根の浅い植物へと水が移動することの説明になっているかどうか、ということだった。地下にクモの巣が広がっているみたいに見えるこの細い糸が、木と木を、また木とほかの植物をつなぎ、必要な水分を植物のコミュニティ全体のために確保しているのだろうか？　ホコリタケとホウキタケは関係あるのだろうか？　もしかしたら全然関係ないのかもしれない——一般的な通念によれば、木々は、己の生き残りをかけて互いに競争し合うだけの存在だったのだから。森林学の授業ではそう教わったし、私が働いていた材木会社が、成長の早い木をたっぷりの間隔をあけてまっすぐ並べて植えたがるのもそれが理由だった。でも、木と草が生き残りのために互いを必要としているように見えるこうした生態系においては、その考え方は意味をなさない。極端に雨が少なく、木々がそれに適応できないほど乾燥した年が1回あれば、炎天下に木々は枯れてしまうだろう。

いつものように、私はギリギリで、ケリーが出場する競技が始まろうとしているローガン・レイク競技場に到着した。ロデオ競技場が真ん中にあるその村は、氷河によってつくられ、ダグラスファーとパインの弱々しく乾燥した森と草原に覆われた、低い内陸山地に抱かれていた。住民の数はわずか数千——牧場主、木こり、銅山で働く労働者などだ。漂礫土の圧縮と火山性のピストンシリンダー型陥没でき、数百万年という年月を経たあまり目立たない山脈は、そこに囲まれて暮らす実直で勤勉な人たちにも似ていた。埃っぽい地面に太陽が照りつけて地表を温め、馬や雄牛の匂いをいっそう強めている。犬は木陰で水桶から水をガブガブ飲み、子どもたちは養魚池に張り出した日よけの下で遊んでいる。カウボーイとカウガールたちは、アパルーサ、クオーターホース、ペイントホースなど、見事な馬たちを引いて厩舎と競技場を行き来している。ブルライディング競技を見ようと観客たちが席に着くあいだに、私は中央観覧席のアリーナに近いところに空席を見つけ、シュート〔訳注：馬や牛が競技場に飛び出してくる前に入る柵〕を見回して、ケリーの茶色いフエルト製カウボーイハットを探した。

カウボーイたちはこの暑さにもかかわらず正装で、肩に切り替えのある刺繡入りのウエスタンシャツとぴったりしたジーンズを身に着け、エリザベス朝の貴族みたいに優雅だった。幅広帽を持ってくればよかった、と思いながら、私は日差しを遮るために野球帽を目深にかぶった。Tシャツとショートパンツではだめだ。こういう低い山地では、あたりは地獄のように暑く、露出した肌はものの数分で真っ赤に日焼けしてしまった。

そのときケリーが見えた。

競技場に続く誘導路を囲むフェンスに跨がって、いまから乗る雄牛を押さえている。雄牛の身体がやっと入るくらいの幅しかない誘導路は楕円形をした競技場の端にあって、競技場とはゲートで隔てられている。競技場内には道化がいた。雄牛が少し落ち着くのを待っているケリーの脚は、ジーンズと革ズボンの下で緊張している。ケリーはにこやかな顔で雄牛に話しかけた。じっと雄牛を見つめるケリーの澄んだ碧色の目は濃い眉の下にしっかり固定されているかのようで、使い慣れた革の手袋が、もともと大きなケリーの手をますます大きく見せていた。ケリーの革のベルトにはKellyという文字が刻まれ、留め金のトロフィーバックルにはクーガーが彫られていることを私は知っていた。ここクーガーの故郷にいかにも相応しい。私たちはこの土地で育てられ、両親からいろいろなことを教わった。キャンプの仕方。菜園のつくり方と魚の捕まえ方。ケリーの馬ミエコに乗るためにカヌーを漕いで家畜置き場まで行く方法。私とケリーはこの自然のなかで、私たちの居場所を、生きる意義を、分別を学んだのだ。木で要塞を築き、射撃ごっこで闘い、メープル湖の冷たい雨のなか、長いロープでブランコをつくり、おんぼろ筏をつくって。ケリーは子どものころ、2本のハコヤナギのあいだに吊った青い石油缶で何時間もロデオを練習した。ロビンと私が全体重をかけてロープを引っ張り、ケリーは空想上の拍車を使って、石油缶を暴れ牛に見立てて乗り回したものだ。

ケリーが今日くじで引き当てたのは、「ダンテズ・インフェルノ（ダンテの『神曲』地獄篇)」という名の、いちばん気性の荒い雄牛だった。スコアボードにダンテのこれまでの成績が表示された——この牛を乗りこなそうとしたカウボーイのうちの98%を振り落とし、スピン、キック、ドロップ、ロールで45ポイントを獲得している。雄牛に与えられる得点は50点満点で、カウボーイは、牛の動きにどれだけなめらかに合わせたり抵抗したりできるかによって50点満点で採点される。ダンテが誘導路を囲む壁に体当たりしている一方で、ケリーはフェンスに跨がったまま待っている。観客席のカウボーイたちが声を枯らして叫ぶ。ゲートを開ける準備の整った道化が踊って見せる。ケリーは顔を上げて観衆を見回した。ダンテを引き当てたのは諸刃の剣だ——8秒間の拷問に耐えられずに振り落とされてしまえばスコアは与えられないけれど、堪えられればそのライドの内容には高得点がつく。

ダンテの身体には泡になった唾液が筋状にまとわりついている。狭いところに閉じ込められていることに対する苛立ちを、観衆の存在が増幅させている。私は、いつものように歯茎の横に含んでいる嚙みタバコの塊で膨らんだケリーの下唇の下にある傷跡を頭に思い浮かべる。ケリーが11歳のときに、停まっていたトラックに自転車で突っ込んでできた傷——私の新しい速度計が最高速度何キロまで測れるか試すために競走していたときのことだ。

ケリーは観客席の私を見つけ、一瞬にっこりした。「心配すんな、大丈夫だから」

私は緊張してホウキタケを指のあいだに転がした。

スピーカーからアナウンサーの声が流れてくる。雄牛は息を荒げ、後脚を跳ね上げる。

アナウンサーがケリーを前途有望なスターと紹介すると、私は誇らしさで身が引き締まった。チェットウィンド、クイネル、クリントンといったブリティッシュコロンビア州の小さな町では、ケリーはすでに雄牛乗りでよく知られた存在だった。報酬は賞金だ——出場するカウボーイは大抵が金欠である。今日のこのささやかな試合の優勝賞金は500ドル。

ケリーは、雄牛が騒々しく身体を壁に打ちつける音を、耳に指を突っ込んで塞ぐ仕草をしてみせ、道化をからかった。道化の顔は白く塗られていて唇は赤く、黄色い格子縞のシャツとぶかぶかのジーンズといういでたちだった。

「よお、そこの道化」。アナウンサーが道化をからかう声がスピーカーから流れた。

道化は側転して、「何だよ?」と叫んだ。

「カウボーイはどこでメシをつくる?」

道化は肩をすくめて見せたが、その経験豊富な目は誘導路から離さない。

「レンジでだよ［訳注：原文On the range。rangeには「調理用コンロ」と「家畜を放牧する広い土地」という両方の意味がある］」

観衆がどっと笑い、道化は笑いすぎて苦しいということを示すために地面に崩れ落ちた。

ケリーは誘導路の端で準備万端だ。雄牛は少し落ち着いた。

数列前に座っている、母の兄にあたるウェインおじさんが、まるで無言で指示を与えているかのようにじっとケリーを見つめているのが見えた。ケリーはウェインおじさんにとっては愛弟子だったし、ウェインおじさんはケリーの憧れの人だった。2人とも生まれついてのカウボーイで、牧場一家だったファーガソン家の血筋を引いていた。椅子に座って本を読みながら死ぬより、草原を自分の馬で疾走しながら死にたい、という荒くれ男たちだ。

私には2人のような一匹狼的なところはなかったけれど、ケリーにとって雄牛を乗りこなすのがこの世でいちばん重要な行為であることはわかっていた。ブルライディングはケリーの血であり肉なのだ——木々が私の血肉であるように。

ダンテは突如自分の置かれた厳しい状況を理解し、その動きを止めた。

ケリーは、誘導路の反対側の柵に腰掛けているレフェリーに帽子のつばを上げて軽く会釈すると、雄牛の胴体の前のほうに回されている三つ編みのロープを右手首にしっかりと巻きつけてダンテに跨がった。ケリーの手袋のリストバンド部分についているなめし革の細紐が風になびき、ケリーの力強い腕と雄牛のパワーと対照的で優雅だった。ケリーが頷いて合図すると、レフェリーは太いフランクストラップ［訳注：雄牛を跳ねさせるために締めるロープ。雄牛は慣れないロープを嫌がって跳ねる］を思い切り引いて雄牛の後脚のつけ根をきつく締め上げた。

道化がゲートを大きく開くと、脚を蹴り上げ、身体をねじり、前後に揺らしながら雄牛が飛び出した。観衆が立ち上がって歓声を上げる。競技アリーナが揺れる。みんな私の弟を見て興奮しているのだ。フランクストラップは期待どおりに働き、締めつけられた雄牛は後脚を狂ったように跳ね上げる。私の後ろで、痩せぎすのカウボーイが「やったれ、このクソッタレ！」と叫んだ。

ケリーは右手でロープに摑まり、左手を高く上げる。私は極度の不安を押し殺そうとした。ダンテが四肢を宙に舞わせて回転し、ケリーは脚を蹴上げる雄牛の動きに驚くほど正確に呼応して動きながら踏ん張っている。ダンテは競技場の端のギリギリのところまで突進し、私は彼らが柵の板に衝突するのではないかと思った。ケリーの拍車に横腹を蹴られた雄牛が吠える。私はロデオのことをそこそこ勉強したので、ダンテを怒らせればケリーの得点が高くなることを知っていた。ケリーの首の筋という筋が膨らんでいる。道化が赤いハンカチをひらひらさせて、ダンテを競技場の中心に戻そうとする。

時計が8秒間を刻む。私は拳を空に突き上げて、喉が痛くなるまで叫ぶ。でも同時に、ダンテが――ひょっとして観客席からの甲高い叫び声に刺激されて――予想外な方向に身体を一度ねじっただけで、ケリーの骨がバラバラになりかねないこともわかっていた。

私は目をそらしたが、ダンテが激しく後脚を跳ね上げてケリーを振り落とすところは見逃さないよう自分に強いた。ケリーは空中に投げ上げられ、大きな弧を描いて、ドスンという恐ろしい音とともに肩から地面に落ちた。私の頭から血の気が引いた。ケリーは間一髪、走ってくるダンテを避ける。観客は落胆の声とともに観客席に沈む。時計には7秒と表示されている。ウェインおじさんが、「コンチクショウ！」と怒鳴った。

体操選手みたいにしなやかな動きで道化が雄牛の前に飛び出し、よろよろとフェンスに向かうケリーではなくて自分を追いかけるように仕向ける。カウボーイが一人、馬でダンテに並走し、フランクストラップを摑む。バックルを外し、ストラップが地面に落ちる。ダンテは最後にひと蹴りし、競技場を走って1周してから徐々にスピードを落としたので、カウボーイが隣接する囲いのなかに導き入れることができた。

「拍手！」とアナウンサーの声が響いた。振り落とされたカウボーイに敬意を示す慣例どおりに「参加賞獲得！」とアナウンサーが言うと観衆は手を叩いた。誘導路にはすでに次の出場者が入っている。

カーフローピングの選手であり、牛の飼い方が几帳面で商売もうまく、酒豪という評判で、ロデオ界で人気者のウェインおじさんは、ケリーの仕草を真似て腕を振り回しながら数人のカウボーイたちと話をしていた。大声でケリーの7秒間の詳細を分析している。

私は救急処置用のトレーラーに行った。金属製の壁が火傷しそうに熱い。救急医療士が、脱臼したケリーの右肩の骨を関節に戻そうとしている。丸められたケリーのシャツに血はついていないようだった。救急医療士はケリーの肩をあれこれと動かしていて、ものすごく痛いに違いなかったが、ケリーはすっかり満足そうだった。バレルレーシングの選手だっていたガールフレンドにフラれた悲しさは跡形もない。ケリーの腕がだらんとぶら下がっているのを見て私は吐きそうになった。女の子が数人入ってきた。身体に合わせて誂えたシャツを、さらにピチピチのジーンズにたくし込み、銀のスタッド付きのベルトを締めたジーンズの裾は豪華な刺繍入りのカウボーイブーツに突っ込んでいる。私の家族はいったいどうしてこれほどまでにお洒落と縁がなかったのだろう？　いちばん後ろにいた、黒髪で宝石のような緑色の瞳をした恥ずかしがり屋の女の子がケリーの目に留まり、ケリーはその子ににっこりしながらファンの女の子たち全員に向かって手を振った。

救急医療士が最後にひと捻りして上腕骨の骨頭が肩甲骨の関節窩に嵌まると、ケリーは呻き声を堪えた。牧場で暮らしている女の子たちは、こういう類いの痛みを目にすることに私よりも慣れており、さも感心したように近づいてケリーを囲んでいたが、私は胸がムカムカして出口に向かった。

あまりの注目度に圧倒されたケリーは私に声をかけた。「よおスージー。この暑いのによくここまで自転車で来たな」。ケリーは笑顔だった。黒髪の女の子は私がケリーの姉であることを察したらしく、ちょっと後ろに下がって、私とケリーが話をする時間と空間をつくってくれた。ほかの女の子たちは三々五々ケリーから離れていった。

「うん、でも朝早く出たから」。私は木製の診察台の上でケリーの隣に腰を下ろした。

「2度目なんだ。医者は、繰り返すたびに脱臼しやすくなるってさ」

フォークランド・スタンピードでブルライディング競技に出場した20代半ばのケリー。1980年代後半。

「治るよ」。ケリーがロデオをやめなければならないのは嫌だった。頭角を現しつつあるのだ。これほど元気で生き生きとしているケリーは、子どものころ以来見たことがなかった。

ケリーは笑い、痛みを堪えながら左腕を曲げ伸ばしし、私が正しいことを証明してみせた。「姉貴も相当元気そうじゃないか」とケリーは言った。

普通の会話ができることがうれしかった。両親の結婚生活が破綻したとき、ケリーは私よりもずっと深く傷ついた。ケリーのほうが年若く、父と母が精神的に耐えられずそれぞれ入院したときに、まだ実家に住んでいたのは私たち兄弟姉妹のうちケリーだけだったのだ。母は私が見舞いに行くと、治るから、と約束したが、自分がどうして入院することになったのかを理解していない様子を見ると、私には母がよくなっているようには思えなかった。父は退院してアパートに戻ると、タバコを吸ってはぼーっと壁を見つめて過ごした。しっかりしてよ、と私は2人に叫びたかったが、でも泣きたい気持ちのときがほとんどだった。ケリーは父と母が入院する前も退院してからも、高校を卒業するまでなんとか安定した暮らしを必死で求め、2人の家を行ったり来たりした。父を釣りに、母をスキーに連れて行ったりもしたが、2人の悲しみを打ち負かすことはできなかった。

ケリーは苛立ち、なんでもないことで激昂した。一度、ケリーがトラックの修理をしているときに私が誤って私の車のクラクションを鳴らしてしまったことがあるが、ケリーはガレージから、私に向かって怒鳴りながら飛び出してきた。そのあいだロビンは、大学であれこれと勉強したあと、1年休学して旅行していた。ケリーと私はお互いに慰め合おうとしたが、戻る家のない若者だった私たちはだんだん疎遠になった。

でもこのロデオ競技場でケリーといると、むかし、森のなかで一緒にキャンプしたりトレイルを自転車で走ったりしたころのような気持ちになった。

辛抱強く待っている黒髪の少女にケリーが名前を尋ねた。だがその子が返事をする前にトレーラーが揺れた——ウェインおじさんが勢いよく入ってきて、「最悪の牛を引いたな！」と喚いたのだ。ディナープレートくらいの大きさのあるおじさんのトロフィーバックルには、ロングホーンが誇らしげに彫られていた。

「あの野郎、完全にイカれてるよ」と、噛み終わった噛みタバコを痰つぼに吐き出しながらケリーが答えた。「手こずったぜ」

「大した雄牛だったよなぁ、スーザン？」。ウェインおじさんが大声で言った。おじさんはいつも私の名前を間違えるのだ。私は同意の印に頷いた。おじさんが黒髪の少女を見て言った。「よぉシェン。もうすぐカーフローピングだな、あんたの番が待ちきれないぜ。親父さんの調子はどうだい、まだワン・フィフティ・マイル・ハウスで働いてんのかい？」。ワン・フィフティ・マイル・ハウスというのは、ゴールドラッシュのころにつくられた道路沿いにある宿で、店とガソリンスタンドが併設されていた。

「元気よ」と少女は答えたが、おじさんが彼女の家族のことを知っていることに驚いた様子だった。ウェインおじさんは、あらゆる人についてあらゆることを知るのが趣味なのだ。

「ラック・ラ・ハッチに住んでる友だちがいたわ。ワン・フィフティから遠くないところ」と私は言った。ほかに何を言えばいいかわからなかったのだ。

別の女の子が入ってきてケリーにアスピリンを渡すと、シェンは出口に向かい、ケリーはシェンが消えていくのを見守った。私の知る限り、その後ケリーは一度もシェンに会わなかったはずだが、私はその日彼女がケリーにくれたものをこの先もずっとありがたく思うだろう――何の恥じらいもない尊敬と承認、そして好意。彼女が突然その場を立ち去ったのと同じように、私もまたその場から消えたい衝動を感じていた。ケリーは、私のような人間には突如姿をくらまさなければならないことがあるのを理解していた。私もまたケリーが、急速な時代の変化に押しつぶされそうに感じているときはそれがわかった——まるで、生まれてきたのが100年遅かった、とでも言うように。ケリーにホコリタケを見せようかと思ったが、ウェインおじさんの前でケリーに気恥ずかしい思いをさせたくなかったので、さよならの印に怪我をしていないほうのケリーの腕を軽くつついた。

「ああ、ありがとな、暑いなかこんなとこまでわざわざ、俺に会うためにさ」とケリーが言った。

「どういたしまして」と私は笑顔で答えた。「次はいつ？　また来られるかもしれない」

「オマック、ワナッチー、それからプルマン。週末の2日間で全部」

「やだ。遠すぎる。がんばってね。今度この辺であるときにまた来るよ」。まだまだ言うことはたくさんあったけれど、言葉が見つからなかった。

ケリーは帽子のつばを上げて会釈し、新しい噛みタバコをひとつかみ口に放り込んだ。

私はダグラスファーの森を自転車で私の車へと急いだ。フォルクスワーゲンのビートルは、シフトレバーがコートのハンガーで固定されている限りはまあまあよく走った。翌朝早くにウッドランドのオフィスに行くことになっていて、ケリーに苗木の謎について彼の意見を訊かなかったことを私は悔やんだ。ケリーなら、ゆっくりと慎重に考えてから、私が考えもしなかった答えを見つけたことだろう。馬に乗っていて私の手綱が切れたとき、ハコヤナギを三つ編みにして紐をつくり、手綱の代わりにしてくれたように。私が得意だったのは、家の近くの松林でたくさんなっているイチゴを見つけることだったのに対して、ケリーは子牛が生まれるのを手伝ったり傷を焼灼したりすることができた。物事の基本的な仕組みを理解することで問題と向き合い、すばらしい解決策を思いつくのだ。言葉少なに。それから笑って、じっと待つ。

車までの道の途中で、私はすごくお腹が空いていることに気がつき、1本のダグラスファーの下で自転車を停めてチーズサンドイッチを食べた。横でリスがキーキー鳴いた。リスは、黒い皮で覆われたチョコレート色のトリュフを抱え、ハチドリみたいなリズムでそれを齧っている。ダグラスファーの根元の土のなかからそれを掘り出したのだ。いくつかの穴が、掘りたての土の山と一緒に並んでいた。

「あげないよ」と私は言った。「あんたにはトリュフがあるでしょ」。私は急いで食べ終わると、自転車の荷物入れのなかからナイフを取り出し、リスを追い払って、彼が掘った穴の一つの周りを掘った。リスは自分の食べ残しの山に移動し、胞子を飛ばすトリュフをまだ齧りながら大声で鳴いていた。

私は硬い粘土質の土を掘った。土層はどれもみな、扇状に広がる黒い菌糸に覆われている。土の塊を一つ取って顔を近づけると、細い糸がまっすぐ土壌の孔隙に伸びているのが見えた。ナイフで土の層を掘っていくと、どの層も一つ残らず菌糸のネットワークに包まれているのがわかる。と、やわらかいところが見つかった——まるで茹でたジャガイモを刺したみたいに。私は粘土の周りを削って、黒っぽくて丸いトリュフを掘り出した。目の前のトリュフは黒い皮がひび割れている。私はまるで遺跡の発掘現場で骨のかけらを探しているみたいに、トリュフ全体を指で握れるまで周りについた土を払った。

穴が私の足先くらいの大きさになると、トリュフから伸びている菌糸束が露出した。まるで太いへその緒のように見えるそれはゴワゴワして硬く、たくさんの菌糸が、メイポールに巻きついたリボンみたいに撚り合わされてできていた。撚り合わさる前の菌糸は、粘土層にこびりついた黒い扇状のものから伸びている。菌糸束は粘土のなかに潜り込んでいるので、私はその行く先を見るためにさらに土を削り取った。そうやって15分ほど経ったころ、菌糸束はダグラスファーの、白っぽい紫色の根の先に到達した。ナイフで根の先をつつくと、キノコのようなやわらかさと質感だった。

私は自分が掘った穴を、目眩を感じながら眺めた。その菌糸束は、菌に覆われたダグラスファーの根の先とトリュフをつないでいる。そしてその根の先はまた、孔隙に扇状に広がる菌糸の出処でもあった。

トリュフ、菌糸束、扇状に広がる菌糸、そして根の先端が、一つにつながっているのである。

真菌は、この元気な木の根の先から生えていた。それだけではない。その真菌から、トリュフという地下のキノコが生えている。木と真菌のあいだにはとても濃密な関係があって、そこから子実体が生まれたのである。

私はため息をついて身体を起こした。根の先は真菌に覆われているので、根が触れる水、あるいは養分など水に溶けるものはすべて、真菌を通って根に届くということだ。真菌は、木の根と土中の水分をつなぐ役割を果たすのに必要なツールのすべてを持っているように見えた。真菌から、トリュフ、菌糸束、それに菌糸からなる地下組織全体が広がり、そこから今度は超極細の菌糸が伸びて土壌の隙間に入り込む。隙間には水分がものすごく堅く結合していて、超極細の菌糸が百万本も集まってようやく、一滴の水滴ができるに十分な水分を吸い上げる。扇状に広がる菌糸は土壌の隙間から水を吸い上げ、それを菌糸が集まってできる菌糸束に送り、それが今度はつながっている先の木の根に水を運ぶのである。

だがいったいキノコはなぜ木の根に水を渡してしまうのだろう？　もしかしたら、木は気孔から蒸散する水分があまりに多くて乾ききってしまい、根がキノコから水分を吸い取っているのかもしれない――掃除機みたいに、あるいは、喉がカラカラの子どもがストローで水を飲むみたいに。キノコが地下に持つこの見事なシステムが、木と土中の貴重な水分をつなぐ生命線のように見えることはたしかだった。

半時間ほど即席の考古学者を演じたあと、私は急いでその場を去らなければならなかった。私はトリュフ、菌糸束、そしてそれにつながった木の根の先を、サンドイッチが入っていたワックスペーパーに包み、その宝物をくたびれた赤い荷物入れにしまって自転車に跨がると、まだトリュフを食べているリスにさよならと手を振った。懸命にペダルを漕いで、あたりが暗くなり始めるころにフォルクスワーゲンに着くと、自転車をロープで屋根の上に縛りつけてトレーナーを着た。自転車の車輪の片方が前に、もう片方が後ろに突き出した、古ぼけた私の青いビートルは、まるで蝶の翅が生えたみたいに見えた。

私はフレーザー川沿いをくねくねと走ってリロオエットに向かったが、ものすごく疲れていてウトウトし始め、道にシカが飛び出してきたような気がしてはハッと目を覚まし、会社の宿舎には真夜中になる前に着いた。廊下を抜き足差し足で歩き、全員が若い男性である学生が4人、窮屈そうに寝ている部屋の前を通り過ぎた。私は狭い私の部屋――まるで押入れみたいな――で、図書館から借りてきたキノコの本を探した。部屋は散らかり放題で、私は父の几帳面さを受け継いだらよかったのに、と思った。あった！ その本は、ジーンズとTシャツの山の下にあった。

パラパラとその本のページをめくった。ホコリタケだと思ったのはコツブタケ属で、ホウキタケは別名クラヴァリア。私はワックスペーパーに包まれた宝物を取り出して写真と比べてみた。生活環の初めから終わりまでを地下で過ごすトリュフはまったく属が別で、実はセイヨウショウロ属だった。疲れでかすむ目で、私はそれぞれのキノコの説明を読んだ。それぞれの説明のいちばん下に、ほとんど読めないくらいの小さな文字で「菌根菌」と書かれている。

私は語彙集のページを開けた。菌根菌は、植物と、生きるか死ぬかの関係を構築する、とある。この関係がなければ、菌も植物も死んでしまうのだ。私が見つけた奇妙な3つのキノコはどれも、菌根菌の子実体で、土壌から水と養分を集め、それと引き換えに、パートナーである植物が光合成によって産生した糖分をもらうのである。

相互交換。相利共生。

私は眠気と闘いながらもう一度説明を読んだ。植物にとっては、より多くの根を生やすよりも、菌を増殖させるほうが効率がいい。なぜなら菌類の細胞壁は薄く、セルロースとリグニンが含まれないので、生成に必要なエネルギーがずっと少なくて済むからだ。菌根菌の菌糸は、植物の根の細胞と細胞のあいだに、そのやわらかい細胞壁をもっと厚い植物の細胞壁に押しつけるようにして伸びる。菌の細胞壁は植物の細胞一つひとつの周りを囲む網のように成長する——シェフがかぶるヘアネットみたいに。植物は光合成でできた糖を隣の菌の細胞に渡す。菌糸が土中にネットワークを広げて水分と養分を吸収するには、糖分たっぷりのこの食事が必要なのである。お返しに菌類は、土から取り込んだこの資源を、ぴったりくっついている菌と植物の細胞壁層を通して植物に渡す。光合成でつくった糖との物々交換だ。

マイコライザ（Mycorrhiza）。菌根菌。どうやって覚えよう？　Myco は菌という意味だし、rhiza は根を意味する。つまり菌根菌というのは菌類の根っこだ。マイ・コ・ライ・ザ。

ああそうだった、以前受けた土壌についての授業では、教授は菌根菌のことはほんの少し、おまけみたいに触れただけだったので、私は何もメモしていなかったのだ。それは農業の授業で、森林学ではなかった。そのちょっと前に、菌根菌が作物の成長に役立っているということがわかったばかりだった。植物には手の届かない土中の稀少なミネラルや養分、そして水分に、菌根菌なら届くのだ。ミネラルや養分をたっぷり含んだ肥料をやったり灌漑したりすれば問題は人工的に解決されるが、菌根菌はいなくなってしまう。菌根菌にエネルギーを投資して自分のニーズを満足させる、という理由がないと、植物は資源の流れを断ち切るのである。森林学では菌根菌が木にとって有益なものとは考えられておらず、少なくとも授業で教えるほどのものではなかったわけだが、苗床園で育った苗木に菌類の胞子を植菌してそれが新芽が出るのに役立つかどうかを調べようという動きは多少はあった。だがその結果には一貫性がなく、健康な菌根菌を育てるよりも肥料を浴びせるほうが容易だったのである。私はそのことの人間らしさにクスッと笑った――私たちはいつだって、手っ取り早い解決法を探している。

ちょっと努力すれば、菌根菌との高度な共生関係の発達を助けることで、より持続性のある植樹方法を使えるはずなのだ。それなのに森林監督官は菌根菌を無視するどころか、苗床園で肥料と水を与え、木に損害を与えたり枯らしたりする菌類、つまり病原菌にばかり注目する。根や茎に感染するそれら寄生性の菌類は、木を傷つけ、ときには枯らしてしまう。病原菌はあっというまに、林業に大きな金銭的損害を与えかねないのだ。森林学の学校ではまた、腐生菌についても教わった――死んだものを腐敗させる菌類だ。栄養分の循環には、当然それが欠かせない。腐生菌がなければ、森は有機堆積物が溜まって窒息してしまう――人間の町や都市がゴミを放置すればそうなるように。

病原菌や腐生菌と比べ、菌根菌は重要視されていなかった。だが私にはそれこそが、私が担当している人工林でうまく育たないでいる苗木が生き残れるかどうかを決める「鍵」であるように思えた。裸の根とともに苗木を植えるだけでは不十分なのだ。木にとっても、共生生物は必要であるように見えた。

床に置いたマットレスの上で、壁に背中をまっすぐ伸ばして寄りかかり、私は先史時代のもののように見える3つのキノコを眺めた。菌根菌、それは植物を助けているのだ。キノコの本はそう言っていた。もう少し読み進めると、またしても驚くようなことが書かれていた。4億5000万年から7億年前に古代の植物が海から陸に上がったのも、菌根共生のおかげだというのだ。菌類が植物に定着したことで、植物は痩せて荒涼とした岩場に根づき、陸上で生存できるようになったのである。本の著者らは、この協力関係が進化には必須だったと示唆していた。

だったらなぜ林業関係者は、木々の競合をあれほど強調するのだろう？

私はその段落を繰り返し繰り返し読んだ。皆伐地に植えた、黄色くなった苗木の裸の根は、なぜ自分たちが不健康なのかを私に教えようとしているのだ。雲のような胞子を飛ばすホウキタケと菌糸をヒラヒラさせたホコリタケが、その答えを知っているかもしれない。亜高山モミの根の先についた、黄色いクモの巣のようなものも。私は前の週の週末にもこの本をパラパラとめくって、パンケーキマッシュルームがヌメリイグチ属であることを特定したのだが、それが菌根菌なのか、腐生菌なのか、それとも病原菌なのかには注意していなかった。私はもう一度、ヌメリイグチ属の説明を読んだ。

ヌメリイグチ属はやはり菌根菌だった。協力者であり、仲介者であり、助っ人なのだ！

もしかしたら、土壌に菌類がいないことこそ、皆伐地の苗木が枯れかかっている原因なのかもしれない。林業界は、苗床園で苗木を育てて植樹する方法を編み出したものの、木と協力関係にある菌根菌もまた育てる必要があるということを完全に失念しているのである。

私はキッチンにビールを取りに行き、男子学生たちが何本か残しておいてくれたことに感謝した。ガス冷蔵庫のおかげでビールは冷たかったし、牛肉とベーコンもあった。野菜室にはチーズとサラミとレタス。メラミン化粧板のキッチンカウンターには、明日のランチ用の食パンとクッキー缶が並んでいた。男子たちは宿舎をきれいに使っていた。ケリーが近くに住んでいて、この問題を一緒に考えてくれたらいいのに、と私は思った。たぶんケリーはもうウィリアムズ・レイクに戻り、明日の朝、馬に蹄鉄を履かせるつもりでいるだろう――あの怪我では不可能に近いけれど。

私の部屋の天井から下がってチカチカしている電球の周りを、鱗粉がついた翅を羽ばたかせて1匹の蛾が飛んでいた。フレーザー川に沿って走る列車の警笛が聞こえた。毎晩、ゴールドラッシュ・トレイルを北に向かう2本の列車のうちの最初の1本だ。私は自分がその仕事をしていなくてよかったと思った。私はベッドに入り、擦り切れたシーツを汚れた膝の上にかけて、ビールをひと口飲んでぼんやりとラベルを剥がした。ホコリタケ、ホウキタケ、それにヌメリイグチは、木やお互いを助け合っているのかもしれない。でもどうやって？　ビールを飲み終え、私は明かりを消した。頭のなかをさまざまな考えが駆け巡り、体中の筋肉が痛んだ。

枯れかけた苗木には菌根菌がいない。つまり、十分な養分を受け取れていないのだ。一方、元気がいい稚樹の根の先は、土の水分に溶け込んだ養分を手に入れるのを助ける色鮮やかな菌類の網に覆われている。驚愕するような事実だった。だがそこにはまだ何かが欠けていた。私は今日見た、かたまって生えている木のことを考えた。非常に乾燥した内陸山地では、古いダグラスファーが渓谷にかたまって生えていた。やわらかな針葉を持つ亜高山モミは、まるで冷たい雪解け水でびしょびしょの春の土壌から逃れようとしているかのように、標高の高い山の小丘に身を寄せ合って生えていた。低いところにしろ高いところにしろ、こうやってかたまって生えていることが、彼らの生存にどのように役立っているのだろうか？　もしかしたら、最も過酷な環境で木が集団で生えるのには菌類が関係していて、元気よく育つ、という共通の目的のために木を団結させているのではないのだろうか？

一つだけ私に確信できたのは、元気のない人工林を救える可能性のある重大な何かに気づいた、ということだった。

苗木が土壌から養分を得るためには、どうにかしてその根が菌根菌に感染しなければならなかった。この考え方を後押しする証拠がもっと見つかったら、私は会社に、それまでのやり方の一切合財を変えるよう説得しなくてはならない。ボルダー・クリークで、新しい皆伐地に種類の異なる木を交ぜて植樹するようにすら上司のテッドを説得できなかったことを思うと、そんなことが可能とは思えなかった。競合ではなくて協調が生き残りの鍵なのだとしたら、どうやってそのことを検証できるだろう？

私は、宿舎の後ろにある急勾配の山から降りてくる風を入れようと、ベッドの上方にあるひびの入った窓のサッシを押し上げた。木の香と川の音を乗せた風が流れ込んで私の腕を撫でた。ケリーの肩は痛み、必死でロープを握り続けた手も痛んだ。限界を超えようとすることのいったい何が、私たちを強くするのだろう？　苦しみはどうやって、私たちを結びつける関係性を強くするのだろう？　私は、毎日の終わりに、土と森と川が一緒になって風を生まれ変わらせる、その寛容なリズムが大好きだった。それは夜、私たちの気分を落ち着かせてくれる。古代の森が浄化した空気が私を覆い、私は吹き下ろす浄化の風に身を任せた。

4 木の上で

TREED

22歳の誕生日、私はその日をどうしても、北米大陸の西部で最も手つかずの山地の森で祝おうと心に決めていた。ケリーの肩はたったの1年ですっかり元どおりになり、またロデオ競技に参加するようになっていた。その日、私は友人のジーンと一緒に、ストライエン・クリーク上流の高山に行くつもりだった。ストライエン・クリークは、全長75キロのステイン川に南から流れ込む最初の支流で、ステイン川はブリティッシュコロンビア州リットンで広大なフレーザー川に合流する。私の会社のあるリロオエットの町からはほんの60キロ。リロオエットは、ロッキー山脈にあるフレーザー川の源流の南西1000キロ、沿岸の都市バンクーバーの河口からは北東300キロのところに位置していた。

私はこの場所の神秘的なエネルギーに惹かれるものを感じていた。ジーンと知り合ったのは5月だった――2人とも、ブリティッシュコロンビア州森林局で夏のあいだだけの仕事を見つけたのだ。私は森を伐採するだけの木材会社で働くのを中断し、ジーンも同じくクイーン・シャーロット諸島（ハイダ・グワイ）の木材会社を休職していた。ジーンは大学の授業で私の存在に気づいていたが、私があまりにも無口だったものだから、フランス語圏からの交換留学生だと思いこんでいたそうだ。その夏、私たちはともに、ブリティッシュコロンビア州が政府の生態系分類システムを使って南部内陸高原の植物、コケ類、地衣類、キノコ類、土壌、岩、鳥、動物の分類を作成するのを手伝う環境活動家のチームに加わるという幸運に恵まれた。作業が始まってほんの数カ月だったが、私たちはすでに何百という生物種について学んでいた。

私たちはステイン川の河口にいた。渓谷を流れるステイン川の激流が、フレーザー川に流れ込む手前でストライエン・クリークと合流するところだ。私は心穏やかでなかった――なぜなら、次の10年間でステイン川流域の森を伐採するという計画があり、すでに谷の一つが端から端まで皆伐されるのを目にしていたからだ。伐採クルーのあとについて歩き、どこも同じような皆伐地に小さな苗木を植樹する計画書を書きながら、私は次第にパニックに陥った――私は森林管理の仕事を愛してはいたけれど、目の前で起こっているこ

とが許せなかったからだ。そういう混乱した状態で、次の週末、スタイン川に北から流れ込む支流であるテキサス・クリークで行われる抗議行動に参加すべきかどうか、私は迷っていた。会社に知れれば解雇されかねなかった。

ブリティッシュコロンビア州リロオエット近郊の山で作業中の、24歳のジーン。1983年。腰に巻いたチェーンは、再生中の木の数を数える区画間の距離を測るためのもの。森との境界にある木はアメリカヤマナラシ、斜面の上のほうにあるのはダグラスファー。このトラックは、私が黄色くなった小さな苗木の査定中、泥に嵌まって動けなくなったときに乗っていたもの。

ジーンが車のボンネットの上に地形図を広げた。中心となる谷は狭くて岩だらけで川が流れ、数千年にわたってインクラポーマック族の人々が歩いてできた小径が網のように刻まれていた。「ここで絵文字を見たことがある」と、地図の上で滝を指差しながらジーンが言った。「赭土（しゃど）［訳注：酸化鉄を含んだ赤茶色の土］を使って描くの。オオカミとかクマとか、ワタリガラスとかワシとかね。成人する若者が滝に行って歌ったり踊ったりすると、守護霊が鳥や動物の姿で夢に現れるんだって。若者は忍耐力や強さを身につけ、危険なことがあっても平気になるし、たとえばシカとか、ほかの生き物に姿を変えられるようになる。こういう物語があるのよ——人がシカになったら、部族の人たちはその人を殺して食べていいの。そしてもしもその骨を川に投げ入れれば、人間に戻れるんだって」

「嘘みたい」。私は感心してジーンを見た。「シカってほんとは人間なの？」

「そうよ。コースト・セイリッシュ族の人たちは、木にも人格があると思ってるの。森っていうのは、いろいろな部族の人たちが隣り合って平和に暮らし、それぞれがこの地球に貢献しているのだということを、木が教えてくれているんだって」

「木に人格があるの？　木が教えてくれる？」。私は訊いた。ジーンはどうしてこんなことを知っているんだろう？

ジーンは頷いた。「コースト・セイリッシュ族の人たちはね、木は、自分たちがほかの生き物と共生してるということも教えてくれているって言うの。森の地面の下には、木々をつないで強くしている菌類が棲んでるって」

私は自分がどんなにびっくりしているかを口には出さなかったが、これ以上に不思議な誕生日プレゼントは想像できなかった――菌類について私がうすうす気づいていたことを、自然界と深くつながっている人たちはとっくに知っていたなんて。

ジーンは、クマの手が届かないよう食べ物を木に吊るすための、細いナイロンのロープを荷物に詰めた。私たちは、ワイン、お粥、ツナとライスのキャセロール、それに焚き火で焼けるパッケージ入りのチョコレートケーキを持ってきていた。私は植物図鑑も持っていた。私たちはハイキングブーツの紐をしっかり締めて、15キロくらいあるリュックを背負った。私はショルダーストラップをかけ――ガムテープを巻いてクッションにしていたが早くも肩がものすごく痛かった――ヒップベルトをきつく締めた。暗くなる前に上に着かなければ。

数本のポンデローサパインから遠くないところに、ブルーバンチ・ウィートグラスの茂みがあった。中心の茎の両側に、ロープを両手で交互に摑んで登るみたいに、種子が互い違いについている。繊細なレースみたいな花を咲かせる、膝丈のノラニンジンは、土壌が乾燥しているため、あちらこちらに小さくかたまって生えていた。木々を結ぶネットワークについての先住民族の物語を聞いた私は、このトレイル沿いの草や花々や低木にも菌根菌がついているのだろうか、と考えた。わずかな植物種――たとえば農場で栽培される、もともと菌根菌がいない、あるいは灌漑され肥料を与えられて育つもの――を除き、地球上の植物はすべて、生存に必要な水分と養分を土中から吸い上げるためにはそれを助けてくれる菌類を必要とする。淡い青緑色の鞘のついたバンチグラスを数本引き抜くと、扇状に密集した根茎がほどけ、私は目を細めて、あの健康な稚樹の根についていた、ふっくらと色鮮やかな菌糸がついてはいないかと根の先を見た。だが、この草の根は裸に見えた――ただの、細い繊維の塊だ。背の高いイネ科の草の茂みも、芒に腕をくすぐられながら調べたが、その根もまた裸だった。先の尖ったジューングラスの地下茎も同様だった。私はがっかりして、抜いた草をトレイルに捨てた。

私たちは、ダグラスファーがオークのように壮大に枝を広げ、大きく間隔をあけて立っているところまで登った。森のこのあたりは湿度が高かった。ダグラスファーの下にはパイングラスが鬱蒼と生えている。ポンデローサパインのところにあったブルーバンチ・ウィートグラスよりも色が明るく、青々として葉も多い。私が茎をひとかたまり摑むと、赤みがかったパイングラスは急に抜けて、私はひっくり返った亀みたいに後ろに倒れた。根っこは細くて不揃いで、先端は裸だった。菌根があるように見えない。

「何やってんの？　芝刈りでもするつもり？」とジーンが笑いながら言った。

「菌根を探してんのよ、でもこの根っこにはついてないみたい」と私は答えた。

ジーンは金属の縁のついた、単眼鏡くらいの大きさの拡大鏡をポイと放ってよこし、私は拡大された根に目を凝らした。「わりとぽっちゃりしてる」と私は言った。「でも菌根がついてたダグラスファーの根っことは違うな」。植物図鑑にパイングラスの説明があった。脚注に「アーバスキュラー菌根」とあり、染色して顕微鏡で見なければ見えない、と書かれていた。

私は図鑑のダグラスファーのページをめくった。脚注に「外生菌根」とある。

私は、喧嘩の相手から引き抜いた髪の毛の束のような、手に持った草の根を見つめて、先端から、何でもいいから何かが伸びていたらいいのに、と思った。どう見ても根の先は膨らんでいるように思えた。

「どうりで混乱するわけだわ」。図鑑をめくりながら私はジーンに愚痴を言った。草につくアーバスキュラー菌根菌という菌類は、根の細胞の内側にしか育たず、外からは見えない。ニット帽みたいに木や低木の根の細胞の外側に育つ外生菌根菌とは違うのである。日はまだ高かったが、先に進まないと暗くなって道に迷ってしまう。だが私は自分が読んでいるものが信じられなかった。「なんだか気持ち悪い。アーバスキュラー菌根菌って草の細胞壁を貫通して、細胞質と細胞小器官がある細胞の内側に入り込むんだって。皮膚を通り越して腸に侵入するみたいじゃない」

「白癬みたいに？」とジーンが言った。

「それとは違うかな。菌根菌は寄生虫じゃなくてお助け役なのよ」。私はそう言って、菌根菌が植物の細胞の内側でオークの木のような形に成長するのだと説明した。「木の枝が広がったみたいな形をした、うねうねした膜組織をつくるんだって」

ジーンは、なるほど、とでも言うように空中に指を立てて、だから「アーバスキュラー菌根」と呼ぶのね、と言った。「枝を広げた木のことをアーバーって言うからね。でも、草の菌根はどうして木の菌根と違うのかしらね？」

私は肩をすくめてみせた。図鑑には、樹冠の形をした膜組織は表面積が非常に大きく、菌根菌がリンと水分を、植物がつくる糖と交換できるようになっていると書いてあった。土壌にリンが少ない乾燥した気候の土地で植物を助けるためだ。

持っていた根をパイングラスの茂みに捨て、私たちは堂々としたダグラスファーの森を抜けて、トレイルが高台に沿って平坦になるところまで登った。尖った針葉のトウヒやふさふさと葉のついたシトカハンノキが低木層に少々生えている以外は、森は完全に細いロッジポールパインばかりになっていた。幹がまっすぐに伸び､家の屋根を支える柱､ロッジポールにするのに最適であることからついた名前だ。幹に枝がなく、高い樹冠は近くの木を避けるように小さくまとまっている。

私は炭化した木片を拾い、それがとても硬くて、でも軽いことに驚いた。まるで化石みたいだ。おそらくは森林火災の名残だろう。その火事で果球が開いてこの森ができたのだ。ロッジポールパインの果球は、種鱗を閉じ固めている樹脂が溶けて初めて開く。こうした山林では、寒冷だが乾いた気候と頻繁な落雷のせいで、100年に一度山火事が起き、木立を全焼させて林冠層を焼き尽くしてしまうのだ。ところどころに生えるハンノキは、山火事で噴出してしまった窒素を補充するのに役立つ。そのためにハンノキは、窒素を木や植物が使える形に変換できる特殊な共生細菌を根に棲まわせる。火事が繰り返されなければ、日光を好むパインは100年のあいだに枯れ、やがては日陰に強いトウヒがいちばん多くなる。ここではそれが自然な遷移なのだ。

パイングラスに交じって丸々としたハックルベリーが元気に育っていて、私は同じように根の先端をチェックしてみたが、やはり菌根は見えなかった。ハックルベリーの菌根菌はまた別の、エリコイド菌根菌という種類で、植物の細胞の内側にコイル——むかし母が私の髪につくってくれたピンカールみたいな——を形成する。その先には、幽霊のように青白くて、半透明の葉をつけ頭にフードをかぶったような植物が、低木のあいだから光る剣のようにニョッキリと顔を出していた。数分間図鑑を調べてそれがギンリョウソウモドキであることがわかった。ギンリョウソウモドキには葉緑素がないので、緑色の植物に寄生し、またモノトロポイド菌根という独自の特殊な菌根を形成する。私たちは笑い声とも呻き声ともつかない感嘆の声を上げた——またしても別の種類。いったい何種類あるのだろう？　モノトロポイド菌根は、根の先の外側を覆うという点で外生菌根に似ているが、同時にアーバスキュラー菌根やエリコイド菌根のように植物細胞の内部にも伸びる——つまりその中間に位置する菌根だ。ギンリョウソウモドキの菌根はまた木の根にも育ち、木の炭素を奪う。

「フランス人ってキノコばっかり食べるよね？　幻覚を見るやつもね？　あんた、幻覚見てんのよ」とジーンが私をからかった。そして、ワインのボトルがだんだん重たくなってきたと言ったが、顔には私同様、満面の笑みを浮かべている。

標高1000メートルのところまで、10キロ登ったところに、最初の地滑り跡があった。スコウラーズウィローとハンノキがガレ場［訳注：岩壁や沢が崩壊して大小さまざまな岩や石が散乱している斜面］を滑り落ちて、ちょうどいいクマの棲みかになっている。聳え立つ尾根の向こうから太陽が燦々と降り注ぐ。地滑りのあったところの下には掘っ立て小屋があって、ネズミやリスが群れになって棲んでいた。一つしかない部屋はパインの柱を適当に釘で打ちつけてつくってあり、草木を取り払った小さな庭があった。おそらくジャガイモとニンジンを育てたのだろう——それとも死人を埋めたのだろうか。鳥肌が立つような不気味さだったが、私たちはとにかくお腹が空いていた。「はい、即席チーズサンド」と、サンドイッチを渡しながらジーンが言った。私たちは、チーズとライ麦パンで、ものの数秒でしっかりしたサンドイッチをつくるプロになっていた。森の縁からギンリョウソウモドキがこちらに向かって忍び寄り、ここは不気味すぎる、と私が考えたちょうどそのとき、ジーンが「たぶんここでむかし、金を掘ってた人が死んだのね」と言った。

ジーンは、私が口にすまいとしているまさにそのことを言うのが得意だった。

私たちは再び、何十回もジグザグに折れ曲がるトレイルを歩き出した。ジグザグの一つでは、滝の水しぶきが私たちを濡らし、長い髪のようなコケが岩を覆っていた。細いロッジポールパインの若木はまばらになり、代わってもっと樹齢の高い亜高山モミとエンゲルマントウヒがだんだん多くなる。午後も半ば、山のずっと上のほうの懸谷で最後のスイッチバックを曲がると、小川が絶壁を流れ落ちる平地に着いた。私たちは滝の上に立って腕を広げ、私たちの上に、そして足下の岸壁に吹く涼しい風を味わった。ジーンが双眼鏡を取り出し、「見て」と言った。高山まであとほんの数時間だった。

私はその風景を見回した。明るい日の当たる草原が、数千メートル上の、冠雪した険しい岩山に続いている。岩肌に這う指のように生えている、雪と強風で先細りになった亜高山モミが、だんだんまばらになっていき、やがて岩しかなくなる。小川に近いところには亜高山モミとエンゲルマントウヒがもっとたくさん生えていて、雪、落雷、強い風でできた隙間には実生が芽を出していた。

「誕生日を過ごすのはあそこがいいな」。尾根を指差して私は言った。

轟々と流れる川沿いの、青々としたハンノキやしなやかなヤナギの木立に囲まれたトレイルはとぎれとぎれで、長いこと誰もここを歩いていないように見えた。私たちは急いで歩こうとしたのだが、トレイルはなかなかそうさせてくれない。ブーツは泥だらけになり、窪みに脚が嵌まった。10メートルかそこら進むたびに丸太が道を塞ぎ、私たちはそれをよじ登って越えるか這ってその下をくぐらなければならなかった。アメリカハリブキの枝が腕を引っかいた。トレイルのカーブに沿って曲がったところでジーンが、七面鳥を盛る大皿くらいの大きさのクマの糞を見て立ち止まった。「ハイイログマだ。クロクマのはこんなに大きくないもん」

糞はつやつやとして、ハックルベリーと草が混ざっていた。私たちは大声を上げながらハンノキとヤナギの木立のなかを歩き、もう一つ別の糞を見つけた。さっきのよりさらに大きくて新しい。

ジーンは糞に触れてみた。「冷たいけどやわらかい。1日くらいかな」

「怖くなってきちゃった」と私は言った。川の音も大きいし、茂みが多いのでクマには歩いてくる私たちが見えないだろう。私はその夏すでに一度、ジーンに助けられていた——バンクーバー島のウエスト・コースト・トレイルにある、浜辺に流れ落ちるツジアットの滝で、満潮のせいで身動きがとれなくなり、海に流される危険があったときのことだ。私には高さ10メートルの崖を登る体力がなかったので、ジーンが私をリュックごと片腕に抱えて——全部で70キロ近くあっただろう——崖の上まで引っ張り上げてくれたのである。

「もう少し先まで行こうよ。どうしても誕生日を高山で過ごしたいの」と私は言ったが、次にトレイルが曲がった先で私はギクッとした。私の前腕ほどの長さの足跡が泥のなかに、足首くらいの深さでくっきりとついていたのだ。深く刻まれた爪の痕は、肉球跡の先端から指の長さくらい離れている。

「間違いない、ハイイログマだよ！」とジーンが叫んだ。「バカでかい。それにあの木を見て」

まだ新しい爪痕が、川に沿って生えているまっすぐなハコヤナギに刻まれていた。長さ1メートルの平行線が5本。ついたばかりの白い疵から、透き通った樹液が、傷口から流れる血のように滴り落ちている。高さ2メートルのオオハナウドが、ズタズタになった葉から毒のある成分を染み出させながら引き抜かれて横たわっていた。知り合って以来初めて、ジーンが怖がっているのがわかった。

「逃げなきゃ！」と私は叫んだ。さっきの掘っ立て小屋に行けばいい。来てはいけないところまで来てしまったのは明らかだった。道が曲がっているところに向かって走りながら、私はベルトからエアホーンを取り外した。重たいリュックが背中で揺れる。坂を下るとき用にショルダーストラップを調整することさえ私たちはしなかった。夕刻、私たちは小屋に着いた。小屋はさっきの印象以上にオンボロで、丸太のあいだには隙間があったし窓や扉は破れたビニールで覆われていた。それでもテントよりはまだ安全だった。

私たちは恐怖を振り払おうと、ジーンのフライパンにケーキミックスと水とパウダーミルクを入れて混ぜ、アルミホイルで覆ってジーンのバックパッキング用のストーブで焼き、フライパンの縁からケーキがはみ出すのを見て笑った。星空の下、私たちはカップに注いだレッドワインと温かいチョコレートケーキで誕生日を祝い、オオカミが月に向かって吠えるみたいに「ハッピーバースデー」を歌った。インクラポーマック族の人たちが言うには、人はオオカミに姿を変えると勇気が出て強くなれるのだ。

私たちは、夜更けまでキャンプファイヤーのそばで語り合った。ウエスト・コースト・トレイルへの旅行以来、ジーンはうつ病で苦しんでいた。私たちは、人生をめちゃくちゃにしかねない悲しみや不安について話した。それは私自身、両親が離婚したときにさんざん味わった感情だった。どうしようもない憂鬱感。思考力を衰えさせる混乱。ジーンは、ときどき、自分がまるで精神疾患で入院している母親であるかのように感じることがあると言った。私はワインを注ぎ足した。濃厚なワインが私たちの血管を駆け巡り、星がいっそう明るく輝いた。私たちは、生きやすくなるためのちょっとした方法について話した——2人とも普段必ずやっていること。たとえば「ベッドから起きる」とか「歯を磨く」といった細かい作業のリストをつくってささやかな達成感を感じる。疲れて何も感じられなくなるまで、険しい山の道を自転車で登る。ニッコリせずにはいられないほど明るい日差しのなかで尾根づたいをハイキングする。彼女に比べれば私の抱える問題は楽なものだった。私はただ、ジーンに大丈夫でいてほしかった。

最後に私たちは火に水をかけて消し、真っ暗な小屋のなかに戻った。ヘッドランプの弱々しい灯りのなかでつくりつけの寝台に寝袋を広げ、ジッパーを閉めて深々と潜り込んだ——まるでそうすることで、寝袋が寒さ以上のものから私を護ってくれるかのように。

翌朝、ジーンが朝食の支度をしているあいだに私はエメラルド色の川の淵に顔を洗いに行った。ハイイログマの気配はないかと木々を見回したが、あたりは静かだった。繊細な黒い茎を持つホウライシダの一群が、リコリスファーンに覆われた岸壁の根元の腐植土から生えていた。私は顔に水をかけた。腐植土の窪みにはセイヨウメシダが、木々の木陰の地面が高くなっているところには小さなウサギシダが生えている。それぞれが、ダーウィンフィンチ類のように、それぞれのニッチを見つけていた。

圧倒されるような強い腐臭を感じ、私はあたりを見回した。木も草もじっとしている。シダも動かない。それが、クマがしまいこんだ肉の臭いであることに私は気づいた——夜のあいだにハイイログマが引きずってきた、腐敗しかけの肉だ。

私は急いで小屋に戻り、「ジーン！　すぐここ出よう！」と叫んだ。

尾根の向こうから淡い太陽が昇るなか、私たちは大慌てでリュックを背負った。川の淵に沿ったトレイルで、私たちはシカの骨を見つけた。

出せるだけの大声で歌を歌いながら、私たちは必死でトレイルを下った。数分後、ロッジポールパインの木立を歩く私たちは不安でならなかった——ロッジポールパインの細い幹には枝がなく、仮になんとかしてよじ登れたとしても、しわだらけの樹皮で足を切ってしまうだろう。身を隠せる可能性のあるところにばかり目が行った。道が曲がっているところ、川を渡れそうなところ、低く垂れ下がっている枝はどれも逃げ道になる可能性があった。永遠に続くかと思ったパインの林を抜けると、トレイルはもっと背の高いダグラスファーの広がる森に戻った。

大きな枝があり、足下にはやわらかい草が生えているダグラスファーは、私たちの味方で安全に思えた。乾燥したダグラスファーの森よりも、標高が高い森や高山の草原をハイイログマは好む。8月はそのほうが涼しいし、ベリー類が熟すからだ。私はホッとして、ジーンと並んで歩き始めた。

下へ、下へ、下へ。背中の荷物が重い。右側のショルダーストラップを補強したガムテープがほつれてきたので私はそれをいじくり回していて、草花が揺れているのにも気づかなかった。突然ジーンが叫んだ――「クマだ！」。

数メートル先に、２匹の子グマを連れた母グマがいて、私たちをまっすぐに見つめていた。私はエアホーンに手を伸ばしたが、どこかで落としてしまっていた。

クマたちは私たちと同じくらいびっくりした様子だった。至近距離にいたので、吐く息の死肉の臭いを感じるほどだった。私たちはゆっくりと、いちばん近い木に向かって後退りした。ジーンはリュックを投げ捨て、節くれだったダグラスファーの幹に足を掛けて登り始めた。私はその近くの木の、うろこ状の幹に掴まった。母グマが子グマに向かって甲高く鳴いた。私は自分の頭を槌

ストライエン・クリークの、金鉱労働者が建てたと思われる小屋での朝食。22歳、1982年。

のように使って、密集する枝をかき分けた。ジーンは私よりゆうに5メートルくらい高いところを登っていて、私はジーンに追いつこうと懸命だった。低いところにいたらハイイログマは楽々と私を引きずり下ろせる。顔についた切り傷や擦り傷から血が流れた。恐怖で私の登っている木が揺れる。ジーンはと言えば、太い幹をどんどん登って樹冠に届こうとしている。私は慌てていて、リュックを捨てるのを忘れ、ずっと小さい木を選んでしまっていた。登れるところまで登ると、今度は木が前後に揺れ、私は私の木の真下にいる母グマとその子グマの上に落ちるのではないかと恐ろしかった。

私を睨みつけたあと、母グマは子グマたちを2本のポンデローサパインに登らせた――私たちをやっつけるあいだ安全なように。オレンジ色の幹には枝がなかったが、子グマたちは軽いし、鋭い爪を持っている。母グマは鼻を鳴らして2匹に指示を与え、子グマは木をよじ登って、私たちがしがみついている位置よりずっと高いところにある樹冠に落ち着いた。母グマは私たちのほうを向き、よく見ようと後脚で立ち上がった。ハイイログマは目が悪いことで有名だ。私たちが降りてきそうにないとわかると、母グマは4本の木のあいだを行ったり来たりし始めた。母グマがその場を支配するなか、私は自分の幸運に感謝した。木の節にしっかりと爪先を固定し、手から血を流しながら、私は木に寄りかかって休息した。樹皮の温かさと針葉の甘い香りが、つかの間私を落ち着かせてくれた。ジーンと目が合うと、子グマのほうを見ろと頭で合図している。金色の短毛に囲まれた子グマの黒い瞳が私たちのほうをじっと見ている。ジーンは思わず子グマたちににっこりした。

ゆっくりと、数時間が過ぎた。私は背中の痛みを楽にするために足の位置をずらし、リュックの位置を直して、私たちはひと晩中ここにしがみついていることになるのではと心配だった。幸いにも、私はずっと水分を摂っていなかったので、トイレに行きたくはならなかった。母グマが厳重に私たちを見張っているあいだに、子グマたちは眠ってしまったに違いなかった。

私も眠りたかったが、震えが止まらなかった。

母のことが頭に浮かんだ――ポンデローサパインの樹皮から漂ってくるバニラの香りが、母のキッチンを思い出させたからだ。私はどうやったらこの苦境を脱せるのか、母に訊きたくてたまらなかった。

ジーンが登っている立派な木は、私の木のように揺れていなかった。ジーンが私より勇敢なのか――そうに違いなかったが――あるいはその木はもっと頑丈なのだろう。本物の長老だ。ほかを導き、周りを従え、威厳に満ちて、その樹冠は周囲の木々よりも深々と、高く聳えている。足下の若木に木陰をつくり、数百年をかけて進化した種子を落とす。力強く拡げた枝には小鳥たちがさえずり巣をかける。オオカミゴケやヤドリギが幹の窪みに根を生やす。リスたちは幹を駆け上ったり下りたりして、あとで食べるため蓄えておく球果を探したり、枝の曲がったところにキノコを吊るして乾かして食べる。この木はそれだけで、多様性を支え、森を循環させていた。

私はますますしっかりと幹にしがみついた。母グマは子グマたちが眠っているポンデローサパインの下に座っている。私の身体の震えは小さくなり、恐怖感も軽くなった。安全な木の上で、私は自分がゆっくりと、樹皮と一つになり、幹の中心へと溶けていくように感じ、その枝に抱かれてすっかり落ち着いている自分にびっくりした。近くでキツツキが立ち枯れた木をつつき、自分の家族のために新しい穴を開けながら樹皮を飛び散らかしている。その隣の枯れ木にはもっと大きな穴が空いている。これもキツツキの穴のように見えるが、もっと大きくて荒っぽい――木が腐り始めていて、穴の縁がボロボロになっているからだ。そのなかにいたのではキツツキは捕食者から身を護れないだろう。穴のなかで何かが動いた。白い顔に黄色い目をしたフクロウが顔を出し、頭をくるりと回転させてホウと鳴いた。キツツキにだろうか、それとも外の騒ぎが気になったのだろうか。キツツキとフクロウは顔見知りのようだった。隣人同士、巣を共有し、警戒信号を送り合っているのだ。古い木々はそれを見守っていた。

沈む太陽の燃えるような輝きが木々を照らした。私はジーンのリュックのなかの、誕生日ケーキの残りのことを考えた。母グマはポンデローサパインのところから歩いてきて、リュックの周りを嗅ぎ回っている。

母グマが司令を出すように鼻声を出した。ガリ、ガリ。子グマたちは急いで下に降り、いった。

弾むような足取りで草の茂みのなかを母グマと一緒に、サワサワと音を立てながら消えて

そしてあたりは静寂に包まれた。私の重みで垂れ下がった枝は、私にどいてほしがっているだろう。

「行っちゃったかな?」と、できるだけ小さな声で私はジーンに声をかけた。

「わかんないけど、お腹空いた。行こうか」。ジーンは木から降り始めた。私は危ないよと叫んだが、ジーンは、このまま木の上にずっといられるわけじゃない、と言った。もっともだ。

私は木の幹を伝い降り、ジーンが下に着いたすぐあとに地面に降り立った。ジーンは私の腕の擦り傷に目をやったが、自分の切り傷のほうが深いことにはさらに驚いた。「血の匂いに気づかれなくて運がよかったよ」とジーンは言って、自分のリュックを調べた。歯型はついていなかった。それから象の耳ほどもある大きなサイドポケット——そのおかげでリュックの容量が2倍になるのが自慢だった——を開けて、私たちはケーキの残りをムシャムシャと食べた。「クマはチョコレートが嫌いなんだね」。ジーンは、谷の上のほうで岩が転がり落ちる音が聞こえたと言って譲らなかった。それはつまり、私たちは安全だということだった。

ジーンが登った木は、静かにそこに立って私たちを見送った。私は自分が登った木に目

をやった。その幹は、ジーンの木の樹冠の下にあった。ジーンの木は私の木の親なのだろうか、と私は考えた――木の種子は、その大部分がすぐ近くに落ち、100メートル圏内にほぼすべてが落ちるからだ。重い種のいくつかは、リスや鳥によって、川や少渓谷を越えてもっと遠くまで運ばれる。なかには珍しく上昇気流をつかまえて、谷の向こうまで飛んでいくものもある。だがほとんどの種は、木の樹冠の周囲に落ちるのだ。ジーンが登った古木が私が登った木の親である可能性は高かった。私の木を、私たち全員を、それは護ろうとしているかのようだった。私は感謝の印に帽子を上げて挨拶し、また来るからもっと教えてね、と囁いた。

私たちは、残してきたハイイログマに向かってフライパンを叩き、大声で叫びながら走った。だが、迫りくる危険のなかにあっても私は、これまでに感じたことのなかった平安に包まれていた。ダグラスファーとポンデローサパインという古老たちの、理屈抜きに肌で感じる、圧倒的な叡智。私は、先住民族の人々がとっくに深く深く理解している、森の木々のつながりを感じた。リロオエット山脈でレイと一緒に皆伐区画の印をつけたあと、古い木々が伐られるのを見て私は泣いた。そして、樹齢500年の木を伐らせてしまったことに対する罪の意識がいまも私を苛んでいた。効率のいい皆伐は、自然とはひどくかけ離れたことのように思えた――人間よりももっと物静かで、包括的で、精神性の高いものを、私たちは軽んじ、無視したのである。

だが、私がジーンといまここにいるのには理由があるはずだった。木は私たちを助けてくれた。植物や動物、そして母なる木々を保護しながら木を収穫する新しい方法を会社が見つけるのを、自分なら手伝えるのではないか、と私は思った。もしかしたら、私たちがこの業界を牽引できるかもしれない。人間が木材や紙を必要とする限り、木の伐採がなくなることはない。だから新しい解決方法を見つけなければ。私の祖父は、森を生き生きと再生可能な状態に保ち、母なる木々を残したまま木を収穫した。祖父は決して裕福ではなかったが、森との豊かな調和のなかで生きていた。奪うのは必要なものだけで、木が再生できる間隙を残した。祖父がそうした生き方を見せてくれたのは私にとって幸運なことだった。家を建てる材木や、紙をつくる繊維や、病気を治す薬を私たちに与えてくれる森を、どうやったら護れるのか。私はその責任をまっとうする、新しい種類の造林学者になりたかった。

次の年の夏、私は再び同じ材木会社の仕事を得た。大学を卒業していたので、9月いっぱい働いたが、例年より早く雪が降り始めて野外の作業ができなくなると解雇された。植樹計画と苗木の発注を終わらせたかったが、テッドは次の年の春に私をまた雇うと約束してくれた。それが正規雇用につながることを私は願っていた。

1週間後、そのとき母が住んでいた、北に100キロほどのところにあるカムループスの町の郵便局の前で、私は偶然テッドに会った。挨拶をして、私がやりかけていた仕事はどうなっているかと尋ねると、彼はどこかに隠れたそうな様子だった。ぎこちない笑いを浮かべながら、冬のうちに造林計画を書き終えるためにレイを雇った、とテッドは言ったが、目をそらしたまま、その理由は言わなかった。

私は何かヘマをしたのだろうか？　ステイン・バレーでの抗議集会のせいではないはずだ——だって私は結局行かなかったのだから。業界の内部にいたほうが問題をうまく解決できる、と私は自分に言い聞かせたのだ。私の仕事ぶりに問題があったわけでもなかった。森の生態学と造林学については、レイも含め、ほかのどの学生よりも私のほうが勉強していたことはみんなが知っていたのだから。男性社会に馴染めなかったからだろうか？

翌年の春、テッドは約束どおり、期間限定の造林の仕事をくれると言ったが私は断った。私は自然のなかで働く別の方法を見つけたかったのだ。願わくは、森の母なる木々の神秘的なあり方について、もっと深い洞察を得られるような方法を。

そのためにはまず木に毒を盛る方法を学ばなければならないとは、私は知る由もなかった。

5 土を殺す

KILLING SOIL

「スージー、私怖い」と母が叫んだ。私たちは地滑り跡をゆっくりと渡っていた。頭上には、ヤギにしか歩けない険しい岸壁が聳え、大きな岩がそこここに、山積みにされた廃車のように転がっている。振り向くと母は巨大な岩の上で、後ろの大きな溝のほうに滑り落ちそうになっていた。

私は岩をいくつか飛び越えて、母のリュックのいちばん上を摑み、母が岩によじ登るのを助けた。そこはリジー湖のある高山の、東にステイン・バレー、西にリロオエット湖を望む分水嶺だった。母は、モナシー山脈で育ったにもかかわらず地滑りの跡を登ったことがなく、私は自分に腹が立っていた。私は冬のあいだの造林の仕事に雇われなかったことで傷ついていて、母のアドバイスをもらいたかった――私が大好きになった景観を見せながら。だがそのために母をこんな危険な目に遭わせるなんて。母は腕を骨折するところだった。

「ママ、休憩しよう」と私は言った。母はものすごい汗をかき、今日のためにわざわざ、リュックに開いた穴の上からウキウキと縫いつけた四角い革布が濡れていた。それは私が、ジーンみたいな登山用の大きなリュックを買ったあとに母にあげたものだった。私はトレイルミックス［訳注：グラノーラ、ドライフルーツ、ナッツ、チョコレートなどを混ぜた携帯食］を出し、母はそのなかからチョコレートを選んで食べた。ちょっとのあいだでも母の気持ちを楽にしてあげられるのはうれしかった。

「ウエスト・コースト・トレイルを歩いたことはあるのよ、スージー」と母が言った。「でもリュックを背負ってボウリングのボールだらけのところを横断するのは初めてなの」

「うん、丸い岩の上で10キロの荷物を背負ってバランス取るのは大変だよね」と私は言って、綱渡りの真似をした。それがどんなに不安定なことか知っているということを示すために。「登りながらリュックの位置をずらすんだよ、バラスト［訳注：乗り物の重量を増したりバランスを取ったりするための重し］みたいに。スキーと同じだよ。岩の角度に合わせて重心を変えるの、モーグルコースを滑るときみたいに」。母は離婚後、近くのゲレンデの家族利用券を買ってからというものスキーの達人になっていた。初めて滑走式リフトで上に上がった日にはカーブのたびに尻もちをついていた母だったが、シーズンが終わるころにはもっと高くからプルークボーゲンで滑り降りられるようになり、2年目には山の上のモーグルコースをパラレルターンで滑れるようになっていた――10代の子どもたちに負けまいとむきになっていたのだ。お手製のパンとクッキーで大量のお弁当をつくり、私たちと友だちをスキー場に連れて行く――私たちは母オオカミとその子どもみたいに群れになって滑るのだった。

「チーフ［訳注：スタワマス・チーフ山］をスキーで降りられるんだから、岩場だって歩けるわよ」。そう言いながらロッキーマーモットにピーナッツを投げてやった母は、マーモットがピーナッツを食べるのを見て、うれしそうに「この大きなマーモット大好き」と言った。谷の向こう側には、氷河と雪崩がつくったグラファイトの山頂が聳えていた。そしてその下に、上のほうは亜高山モミ、下のほうはダグラスファーの森があり、そのなかを皆伐地が帯状に走る。カナダで感謝祭を祝う10月上旬のこの日、皆伐地の下草は赤みを帯びたオレンジ色に光っていた。

「あの可愛いお花はなあに？」。パセリのような葉をした細い茎のてっぺんに、銀色の綿毛のような種をつけている草を指して母が言った。

「トーヘッド・ベイビーっていうんだよ」と、冠毛を手のひらで撫でながら私は答えた。2つの岩のあいだに溜まったひとつかみの腐植土に、何本かかたまって生えているそれは、日の光のなかで輝いていた。

「ベイビー・トーヘッド！」と母が大声で言った。私は母が間違えて言った名前のほうが気に入った。「どうして私をここに連れてきたのかわかったわ。ここってとても素敵だもの」

「あそこを通るのはもっと大変だよ」と私は言って、トレイルの印である石塚が立っている大きな岩の間隙を指差した。

「平気よ。ステイン・バレーのハイキングは初めてじゃないもの」。バートおじいちゃんにそっくりの快活さと、ウィニーおばあちゃん並みの頑固さと強い覚悟で母が言った。2人の性格があまりにもすばらしく混ざり合っているものだから、後年ロビンとケリーと私は、2人のフルネームであるヒューバートとウィニフレッドを組み合わせて「バーティフレッド」というあだ名をつくったくらいだ。

「この近くに来たことがあるの？」。私はまだ、自分のほうが両親よりもずっとたくさんのことを知っている、と思いがちな年齢だった。でも、ヨーロッパやアジアを旅し、アリストテレス、チョムスキー、シェイクスピア、それにドストエフスキーを読む母には驚かされてばかりだった。

「ストライエン・クリークが合流するステイン川の河口にあるアスキング・ロックまで友だちとハイキングしたことがあるの」と言いながら母はハンカチを首に巻いた。髪が短かったので日に焼けないように。「水に侵食された揺り籠みたいな洞がある、ものすごく大きな岩で、インクラポーマック族の女の人たちはそこで子どもを産んだのよ」。小川の水で女性たちが赤ん坊を洗ったアスキング・ロックは、ステイン・バレーに立ち入る許可を得るところだった。安全を祈って。

ジーンと私が夏にハイキングに来たとき、私たちはどうしてこのことに気づかなかったのだろう？　私たちがハイイログマによって木の上に追い詰められ、谷から追い出されたのは、私たちがこの掟に従わなかったからかもしれない、という不気味な可能性に私はドキッとした。

午後になるころには、母と私は岩棚にテントを張り終えていた。クマが寄って来ないよう、食べ物は亜高山モミの高い枝に吊るした。そのモミの周りには、明らかにその子どもと思われる若木が根元を囲むように生えていた。眼下にはリジー湖が緑色のベルベットに包まれた宝石のように輝き、頭上には、小さな高山湖が点在する氷河が私たちを手招きしていた。午後中私たちは氷河に削られた岩を登ったり、小さな水溜まりに足先を浸したりして過ごした。

「ママ、この岩の地衣類を見てごらんよ」。パイみたいな形をした赤くてカサカサのものの周囲を白っぽい菌糸が縁取り、そこから外向きに伸びていた。共生関係だ。「この菌類は藻類がお気に召したんだね」と私は言った。

母は私の冗談を聞いて唇をすぼめ、「なんだか先週男子用トイレで掃除した、乾いたゲロみたいだわ」と言った。母は教師で、小学校で障害児教育指導員として、読み書きや算数の学習に問題のある子どもたちを教えていた。

私は別の場所を見つけて大声を上げた。地衣類に覆われたもっと厚い腐植土の塊が岩の上にあって、白いツガザクラがその真ん中に生えている。その小さな白い花は妖精のベルのように、硬くてトゲトゲした葉のついた、短くて曲がった茎のてっぺんにぶら下がっていた。ツガザクラは地衣類に覆われた土のベッドの上で元気がよかった。地衣類の根――偽根――は岩を分解する酵素を放出し、有機物質である地衣類の体と一緒になって、植物が根を張り成長する腐植土をつくるのである。私はツガザクラを1本引っ張ってみたが、それは地衣類がつくった腐植土にしっかりと固定されていた。その根には菌類の網がくっついているだろうか？　それともトリュフがあるだろうか？　菌根を探すためにこの美しい場所を台無しにするのは嫌だったので、私は植物図鑑を調べた。ツガザクラが共生関係を形成するのは、コイルみたいな形をしたエリコイド菌根だった。ジーンと一緒にストライエン・クリークに行ったときにハックルベリーの根についていたのと同じ種類だ。地衣類についているこの菌根は、岩を砂に変えてミネラルを放出し、ゆっくりと、植物が成長できる土壌をつくるのである。

植物図鑑の説明を声に出して読むと、母は頷いた。「わかるわ。一つ植物が生えさえすれば、ほかのもついてくるのよね」。そう言って母は別の岩の上の、もっと厚い有機物の層ができている、いくつかの大きな緑の塊を指差した。ピンク色のツガザクラとガンコウランが地衣類のなかに生えている。小さな低木が生えているところもある。

「ゴウファーベリーだね」と、地衣類に覆われた腐植土のなかに生えている、小さな青い実がたくさんついた短い茎を指して私は言った。高山にしか生えない植物だ。ウィニーおばあちゃんのところに生えていたハックルベリーとは違う。母と私は、植物が生えているところをあちらへこちらへと歩いていくつか実を摘んだ。

「ウィニーおばあちゃんなら、必要とあればここで菜園をつくれるよね」と私は言った。

母は笑った。祖母は、ほとんど何もないところからだって何かを育てることができる人だった。種と、堆肥と、水さえあればよかった。「子どもたちに読み方を教えるのと同じよ」と母は言った。「基本さえ教えれば、少しずつ覚えるものなの」

「ママ、会社が私の仕事をレイにあげちゃって、私ムカついてるの」と私は突然言った。「どうしたらいいと思う？」

母はベリーを摘む手を止めて私のほうを向き、「別の仕事を探しなさい」と、事もなげに言った。「元気出して。その会社で——ほら、あのテッドって人から——学んだことを活かすのよ。過ぎたことは考えないの」

「だって理解できないよ。私へマしてないのに」。不当に思えるこの仕打ちを忘れてしまうのが私は嫌だった。

「あなたを雇うのが早すぎたのかもしれないね。もっといい仕事が見つかるよ」

　母の言うとおりだ。どうして私はこんなにせっかちなんだろう。母は違った。母は、何カ月もかけて生徒にアルファベットの音を覚えさせることができるのだ。母は毎日私たちの面倒を見てくれた——一つひとつ、小さなことを積み重ねて。考えてみれば、地衣類、苔類、藻類、そして菌類もまた、これ以上ないくらいどっしりと落ち着いて、少しずつ土壌をつくっていく——静かに、協力し合って。物も、人も、力を合わせることによって目に見える何かが起きるのだ。母と私がお互いを訪ね、一緒にいる時間をつくり、その一瞬一瞬が私たちをより近づけ、やがて一体となるように。私たちのあいだに、豊かで変化に富み、深く根ざした愛が生まれるように。

　母は穏やかな笑顔で身体を伸ばして休んだ。大恐慌の時代に極貧家庭に生まれた母は、父親が戦争からPTSD（心的外傷後ストレス障害）を抱えて帰還するのを目の当たりにした。結婚した相手はいい人だったけれど母には相応しくなく、26歳になるころには子どもが3人いて、通信教育と夏期学校で教員資格を取り、女は家庭にいるものとされていた時代に子どもを育てながらフルタイムで働き、貧困家庭の子どもや、虐待された子ども、あるいはほかの理由で恵まれない子どもたちに読み書きを教え、激しい頭痛に悩まされ、周囲の反対を押し切って父と離婚し、私たち子ども3人をほとんど一人で大学まで行かせた母。大変な苦労をしたわけだが、私にとって母は、初めて月に降り立った人に等しかった。

ハイキングから戻るとすぐに、私は履歴書を引っ張り出していくつかの木材会社の仕事に応募した。

2社が面接してくれた。1社目はウェアーハウザー社だった。巨大な机の向こう側に座った部長は、早く原生林を伐採して、植林したもっと小さい木に合わせて製材所を構成し直したいと言った。2社目の面接ではトルコ・インダストリー社の人が、できるだけのことを機械化しようとしていると言った。どちらも私を雇おうとはしなかった。

「森林局に、アラン・ヴァイズっていう新しい造林研究員がいるの。連絡してみるといいよ」。トルコ・インダストリー社の面接から重い足取りで帰宅し、ガレージセールで買った茶色いソファに倒れ込むと、ジーンがそう言った。ジーンと私はブリティッシュコロンビア州中南部にあるカムループスでアパートをシェアしていた。製材所が中心の労働者の町で、母も5分しか離れていないところに住んでいた。ジーンは森林局で、乾燥したダグラスファーの森の再生にまつわる課題を調査する、1年間の仕事を始めたばかりだった。

「それか失業手当をもらうかだよね」――私はそう言いながら、自分が何週間働いたかを数え、受給資格ができる魔法の数字に足りていることを祈った。

「アランは厳しいけど頭のいい人よ。気に入られると思うな」。ジーンはやさしく言った。

アラン・ヴァイズの部屋に入ると、アランはにっこりして私と握手した。頬がこけていて、ハイテクなスニーカーを履いているところを見ると、本格的に走っているらしかった。アランは私に、オーク製のデスクの近くに座るよう身ぶりで合図した。デスクの上には、きちんと重ねられた学術論文が片側にあり、書きかけの論文原稿が彼の真ん前に置かれていた。森、木、鳥に関する本がずらりと並んだ本棚の隣には、クルーザーベスト、雨具、双眼鏡が掛かったフックがあり、その下にワークブーツが置かれていた。それは壁がベージュ色の、いかにもお役所らしいオフィスで、窓の外は駐車場だったが、居心地はよかったし、大事な会話が交わされるところ、という感じがした。私は自分のTシャツの胸についた卵の黄身のしみに目をやった。それに気がついていたとしても、アランは何も言わなかった。重要人物らしい落ち着きのある人だったが、その目はやさしさに満ちていた。アランは私の実地経験、関心、家族のこと、長期的な目標について尋ねた。

私は得意満面で、夏休みにしたバイトと、森林局に雇われてした生態系の分類の仕事の話をした。「つまり木材業界と政府の仕事、両方の経験があるんです」――まだ23歳のわりにはたしかに広範な経験である、と彼も思ってくれるだろうと期待しながら私は言った。「何か研究したことはある?」。茶色がかった緑の瞳で私を射るように見つめながらアランが訊いた――まるで、真実は私の頭の後ろにあるかのように。私の履歴書に開いた大きな穴を突かれたのだ。

「いいえ、でも、大学の学部課程では2つの授業で先生の助手をしましたし、森林局で調査の助手をしたこともあります」と私は答えたが、声がひどく引きつってしまって、マズい、という顔をしないようにしなければならなかった。

「森林再生についてどれくらい知ってる?」。アランは黄色いメモ用紙に何かを書き込んだ。緑色のズボンとモグラ色のシャツを着た森林局の職員が、部屋の外を大股で歩いていった。一人はシャベルを担ぎ、もう一人は消火用のピスタンク――手持ちポンプがついた、背負い型の水タンク――を持っていた。

私は、リロオエット山脈の人工林の、黄色くなった苗木のことを話し、なぜ植樹がうまくいっていないのかを理解したい、と言った。そのために木材会社に戻って仕事をするつもりがないことには触れなかったが、植樹計画にいろいろ手を加えても私の疑問への答えは出ないことはわかった、なぜなら、いろいろな要素が一度に変化していては、私が知りたい根本的な問題だけを分離することが不可能だからだ、と言った。もっと根が大きくなっている苗木を注文したり、苗木を腐葉層に植えたり、菌根菌が苗木まで伸びてくれるのを期待して菌根菌のついている植物の近くに植えてみたりもしたことも話した。

「それを解決するには実験手法について理解する必要があるな」とアランが言った。そして本棚から、くたびれた統計学の本を取った。私は壁に、アバディーン大学の森林学の学士号の証書と並んで、トロント大学森林経済学部の修士号証書が額に入れて掛けてあるのに気づいた。アランの英語はイギリス訛りがあったが、スコットランドの血も混じっているみたいだった。

「大学で統計学はやりました」と私は言った。デスクの上に、長年の優れた貢献を表彰する、木のスケッチと彼の名前が彫られた金色のプラーク［訳注：記念の盾］が置いてあるのを見て、私は自分がまるで何も知らないような気がした。アランは、どちらの学位も実験の設計については教えてくれなかったから、自分で勉強するしかなかった、と言って私を安心させてくれた。

すぐに人を雇える仕事はないが、春になったら「自由生育型人工林」について調査する請負仕事が発生するかもしれないから、そうしたら電話する、とアランは約束してくれた。「自由生育」というのが何を意味するのかがわからず、私はこれで行き止まりだろうか、と考えた。そのときはまだ、それが政府の新しい方針で、周囲の植物を排除し、針葉樹の苗木が針葉樹以外の木と競合せず「自由に生育」できるようにすることだとは知らなかったのだ。針葉樹以外の木、というのはあらゆる自生植物を指し、それらは排除すべき雑草とされたのである。それは、アメリカでもっと本格的に行われていた、森をますます「商業用の材木を育てるところ」と見なす林業に影響を受けて生まれた政策だった。それなのに私は、苗木はハックルベリーやハンノキやヤナギのそばでなければ育たないなどと言っていたのである。私ってなんてバカなの。どうして黄色くなった苗木の話なんかしたんだろう？　アランは、私がすごく小さなことにこだわって、そんなことしか気に掛けていないと思うだろう。それは11月のことで、春はまだまだ遠く、もしも彼が私を雇うに値すると思ったとしても、そのころまでには私のことなど忘れてしまうだろう。

私はスイミングプールの監視員の仕事に応募した。ほかが全部だめでも失業手当がある――ただし、政府のお金をもらうことを父は喜ばなかっただろうが。結局私は、森林に関する政府広報の編集というパートタイムの仕事を見つけ、山の奥地でスキーをし、ケリーに会いに行く時間を取らなかったことを後悔した。でもケリーは馬に蹄鉄をつけたり子牛の出産を手伝ったりで忙しかったのだ。

2月、アランから電話がかかってきた。標高の高い皆伐地での、雑草排除の効果について調査するという請負の仕事を見つけてくれたと言う。それは私が関心を持っている問題への直接の答えにはならなかったけれど、研究の技術は身につくはずだ。実験を設計するのを手伝うし、調査のあいだ私を指導しよう、ただし、現地作業を手伝ってくれる人は自分で雇うこと、とアランは言った。

信じられなかった。私は母に電話し、母はお祝いに鶏を2羽焼くわ、と言った。「ロビンを雇えば？」。さっそく夕食の準備を始め、オーブンの天板で大きな音を立てながら母が言った。ロビンの臨時教師の仕事にはむらがあったし、夏休みのあいだの仕事を探していたのだ。

すばらしいアイデアだった。私はケリーに電話してそのことを報告し、ケリーは「すげぇな！」と、ウェインおじさんそっくりの口調で言った。「よかったじゃんか！」。ウィリアムズ・レイクはホッキョクグマのケツより寒いけど、蹄鉄工の仕事はうまくいってる、とケリーは言った。それだけじゃない。ティファニーという新しいガールフレンドもできていた。


ロビンと私はブルー・リバーに到着した。ロッキー山脈のすぐ西にあるカリブー山脈の、エンゲルマントウヒと亜高山モミの高地森で行うことになっていた実験の現場にいちばん近いその町は、100年ほど前に、毛皮の取引と、鉄道とイエローヘッド・ハイウェイの建設のためにできた。おかげで、その一帯に少なくとも7000年前から暮らしていたインクラポーマック族の人々はそこから追い出された。ブルー・リバーとノース・トンプソン・リバーが合流するところにある小さな居留地に強制移住させられたのである。

私はいったい何をしているのだろう？　私は、植物を殺し、別の形で退去を強いることになる実験の責任者だったのだ。突如として私の仕事は、私が目標としているすべてのことと矛盾しているように感じられた。

300年前からあったその森は、数年前に皆伐され、日光を遮る林冠層がなくなったそこには、シャクナゲの白い花とフォルスアザレア、ブラックハックルベリーとグースベリー、それにエルダーベリーとラズベリーが生い茂っていた。それらの低木は大々的に枝を拡げ、盛大に葉、花、そして実をつけていた。同様に、数々の野草――シトカバレリアン、ペイントブラシ、スズラン――も咲き乱れていた。鋭い針葉を持つトウヒの種がそのあいだから芽を出し、この自然に生えた木を補完するように、苗床園で育てられたトウヒの苗木があとから植樹されていた。だが植樹された苗木は1年に0・5センチしか成長しておらず、将来的な収穫目標に到達するのに必要な成長スピードには遠く及ばなかった。枯れてしまったものも多く、その皆伐地は「補充不十分」と査定されていた。

この問題を解決するため、木材会社は、生い茂る低木を除草剤で排除することで、植樹されたトウヒの苗木のうちのまだ枯れていないものを「解放」し、日光、水、栄養分を独り占めできるようにしようと計画した。1970年代にモンサント社が、針葉樹の苗木には影響せずに自生植物だけを枯らす除草剤、グリホサート（商品名ラウンドアップ）を発明していたのだ。ラウンドアップは大人気になり、多くの人が庭や菜園に平気で使うようになっていた――頑固者のウィニーおばあちゃんは例外だったが。人工林をつくるには、葉の多い植物を殺せば苗木の競合相手がなくなり、木材会社は、木を「自由生育」させるという法的義務を果たせるというわけだった。「自由に生育」が聞いて呆れるが、そうやってまた100年後に皆伐するというのだ。100年というのは、以前の森が自然に元に戻るには短すぎる年月である。だが「自由生育」をさせれば、その人工林は「よく管理された森」ということになるのだった。

アランは、散布する除草剤の量の違いによってどれくらい効果的に自生植物を枯らし、苗木を競合から「解放」できるかを検証する実験の設計を手伝ってくれた。そうすることで、苗木の生存率が高まって成長が早くなり、資源量と樹高成長の基準値を満たせる——つまり、自由生育という政府の方針と規制を遵守できる——はずだった。私の疑念はともかく、それが、ロビンと私がこの皆伐地でやろうとしている仕事だったのだ。アランも私同様、この自由生育という新政策を気に入っているわけではなかったが、雑草を排除することで人工林の生産性が向上するかどうかを調べるのが彼の仕事だった。すでに彼は、この

メープル湖で仕事中のロビン。29歳、1987年ごろ。ウェアーハウザー社はキングフィッシャー川近郊の温帯降雨林で伐採した木をシマード林道を使って運搬していた。この当時、ロビンはジーンと一緒に、伐採地に植林した苗木の成長に関連する問題を査定する仕事をしていた。

政策は間違っていると思うが、それをどのように変更すべきかを誰かに納得させるためには、まず政府の信じていることから出発して、綿密で信頼できる科学的根拠を示さなくてはならない、と私に言っていた。

それはつまり、さまざまな用量の除草剤が苗木や植物群落にどう影響するかを、段階を追って調べるということだった。そして、除草剤を撒く代わりに雑草を刈る場合、あるいは何もしない場合と比較する。金にならない植物を排除することで本当に、自生植物を育ち放題にしておく場合よりも健康で生産量の高い人工林ができるのかどうかをたしかめるのだ。

アランの助けを借りながら、私は4種類の雑草処理方法を考案した。ラウンドアップの用量違いが3種類――1ヘクタールあたりに1リットル、3リットル、または6リットル――と、手で雑草を刈るという方法。さらに、下草に手をつけない対照群を加えた。どれが最も有効かをたしかめるためには、この5つの処理法を、それぞれ10箇所で繰り返さなければならなかった。私たちは50箇所の円形の区画に、この5つの処理法をランダムに割り当てた。統計学の専門家は、地図の上に描いたこの実験設計にお墨つきをくれた。それは私にとってまったく新しい世界の幕開けだった。アランの指導のもと、私は初めての実験計画をつくったのだ！ この実験の目的自体は嫌でたまらなかった――それは私たちがすべきことと正反対だという確信が私にはあったのだ――が、私は、あの黄色くなった小さな苗木の謎を解くための技術の取得に一歩近づけた気がしたのである。

ロビンと私は、ブルー・リバーの町の市営地に小型テントを設営した。ファイアーピット〔訳注：焚き火用に地面に掘った穴〕を挟んで、ロビンのテントはオレンジ色、私のは青。私たちはあらかじめ、お互いを避け合う手段を用意しておく必要があった。実験には何週間もかかるし、私たちは似た者同士で、自分の縄張りを守りたいタイプだったからだ。私は簡易ガスコンロを木の切り株に、ロビンは鍋類をピクニックテーブルに置いて、私たちのリビングルームが完成した。ロビンはウィニーおばあちゃんのレシピでハックルベリーパイをつくると言った。ロビンは料理が大好きだった——仕事をしている母親を持つ長女だから覚えたことだ。ウィニーおばあちゃんのパイがおいしい秘密は、ローブッシュハックルベリーのいちばん甘いのを、濃い青の実がちょっと白っぽくなる8月の半ばに摘むことだった。それを、バターをたっぷり使ったクラストで焼く。町のなかをくねくねと走るトレイルを歩きながら、1時間もしないうちに私たちは2つのペールにいっぱいのハックルベリーを摘んだ。ロビンは私の小さなコンロでパイを焼き、私は焚き火でハンバーガーを焼いた。

夕食後、私たちは町をそぞろ歩いた。ロビンはその前の冬、ブルー・リバー・ホテルで調理の仕事をしたことがあった。木造2階建ての歴史的建造物で、ダイニングルーム、ビアホール、2階に客室があって、その前を通りかかるとロビンは「ここの人たち、みんな私のパイが大好きだったわ」と言った。テントのところに戻るとロビンは小説に没頭し、私はもっとハックルベリーを摘みに出かけた。1本のパインの苗木を引き抜いてみると、うれしいことに、根の先には紫とピンクの外生菌根が花束のようにくっついていた。

それから1週間かけて、私たちは実験の設営をした。アランと私が描いたスケッチに従い、コンパスとナイロンチェーンを使って50箇所の円形の区画の中心になる点を決める。一つの区画は直径およそ4メートル。区画の中心点と中心点は10メートル離れているので、全部の区画を合わせた実験場全体の大きさは、長さ100メートル、幅50メートルの長方形、つまり2分の1ヘクタールになった。区画の位置が決まると、翌週は、それぞれの区画にどんな植物、苔類、地衣類、キノコ類がどれだけ生えているかを調べた。除草剤がそれらを殺すのにどれほど効果的かを測るためだ。

数日後、私たちは除草剤を散布するため朝の5時に出発した。実験場手前、最後のカーブを曲ったところで道路がロープで塞がれていて、私は急ブレーキを踏んだ。除草剤を撒くのに反対し、私たちに抗議するためにそこにいた3人がプラカードを振った。身のこなしが機敏な一人の男性は、ブルー・リバー・ホテルで働いていたときのロビンを知っていた。激しい議論のあとに3人は、私たちがこの実験で示したいのは除草剤が不要だということで、それが将来的に除草剤の使用を阻止することを願っているのだ、という私たちの説明に納得し、通してくれた。

恐れていた瞬間がやって来た。カムループスの農業用品店で何リットルものグリホサートを購入したとき、私はそうやって誰もが簡単にグリホサートを買えるということにギョッとしたが、少なくとも公有地でそれを散布するには許可を申請しなくてはならなかったのはうれしかった。ロビンが怖がっていることは、そのしかめっ面で半分隠れていた。私は、1ヘクタールあたり1リットルの農薬を散布するために必要なピンク色のグリホサートを量り、青と黄色の、20リットル用の背負い型除草剤散布器に入れて、適切な濃度になるように水を加えた。ロビンには、私と同じガスマスクと防水コートの着け方を教えた。私はいまでもロビンの妹であることに変わりなかったが、私たちの上下関係——誰が責任者か——は一時的に反転していた。生まれてからずっと、私に対する責任を背負っていたロビン。いま、ロビンが毒を吸い込まないようにするのは私の責任だった。

ロビンはガスマスクを顔にかけてストラップを締めた。そしてゴーグル越しに、何をやってるのかわかってるんでしょうね、とでも言いたげにまっすぐに私を見た。長い黒髪は、色黒で細面の顔の後ろで束ねられ、ケベック人特有の細い鼻筋が見えた。「重たいわ」。扱いにくい四角いタンクを背負い、噴霧ノズルにつながっているホースをほどきながらロビンが文句を言った。

私は母の家の庭で、水を使って練習したやり方を見せながら、撒きながらレバーを押すように言った。

植物の数を数えていたときはとくに邪魔にならなかった丸太や低木が、突如として障害物レースの障害物のように感じられた。ロビンは眼鏡が曇り、ガスマスクを着けたままのくぐもった声で「スージー、何も見えない！」と叫んだ。私は盲導犬みたいにロビンを最初の区画まで連れて行った。

ロビンは黒いノズルを魔法の杖みたいに振って、花が咲いているシャクナゲに死の霧を撒きながら、なんだか悪いことをしている気がすると不平を言った。私と同様、ロビンも植物を殺すのが嫌でたまらなかったのだ。ビニール製の防護服とガスマスクを身に着け、毒でいっぱいのリュックを背負っていることがロビンを不機嫌にさせていた。

私はロビンに、次の10区画に1ヘクタールあたり6リットルの除草剤を噴霧するのは私がやる、と言った。ロビンにさせている仕事の苦痛をやわらげたかったのだ。

1日の作業を終えると、私たちはブルー・リバー・リージョンでビールを飲むことにした。壁には紫のシャグ〔訳注：毛足の長い織物生地〕が貼られ、町の住民が、破れたビニールカバーのかかったスツールに座っていた。女性バーテンダーが持ってきた泡のないビールを見てロビンが、ちょっと気が抜けているみたいだけど、と丁寧な口調で言うと、バーテンダーは「うちはミルクシェイクは出さないのよ、お嬢ちゃん」と言った。

それから3日間、私たちはすべての区画に正確に除草剤を撒いた。満点だ。2日後、私たちは剪定鋏を持って現場に戻り、指定した10区画の植物を手で刈り取り、残り10区画は対照群として手をつけなかった。除草剤が植物を殺すのにどれだけ効果があるかを測定するには、1カ月待たなくてはならない。森で実験を行う方法を学ぶのは楽しかったけれど、草木を殺すのは嫌でたまらなかった——しかもその目的である森林管理方法は間違っている、と私はすでに感じていたのだから。

1カ月後に現場に戻ると、いちばん高い濃度の除草剤を撒いた区画では、シャクナゲも、フォルスアザレアも、ハックルベリーもしなびて枯れていた。低木だけではない。すべての植物、カンアオイや野生のランまでもが枯れていた。地衣類と苔類は茶色くなっていたし、キノコは腐っていた。低木のなかには葉を出そうとしているものもあったが、新しい葉は黄色くて元気がなかった。枝に丸々と実っていたベリー類は落ちてしまっている。鳥たちさえそれを食べようとはしなかった。トゲトゲしたトウヒの苗木だけは枯れていなかったが、その針葉ですら弱々しく発育不良で、ピンク色の液が滴り、突如として日に照らされたことに驚いているに違いなかった。真ん中の濃度の除草剤を撒いた区画もやはり標的となった植物のほとんどは枯れていたが、まだ緑色をしているものもあった——除草剤を散布したとき、背の高い植物の葉の陰に隠れていたからだ。除草剤の濃度がいちばん低かった区画のほとんどの草は生き残っていたものの、傷つき苦しんでいた。刈り取られた低木の幹からはすでに新しい芽が出て、苗木の上に葉を広げていた。自由生育の人工林をつくるのに最適なのは、最大濃度の毒を撒くことだったのである。

泣きそうになりながら、グリホサートがどうやって植物を殺したのかを知りたがったロビンが言った。「私たちがしたことはわかってる。でもいったい何が起こったの？」。いつだって、誰よりも精神的苦痛を感じ、物事の不当さに苦しみ、それを正したがるのがロビンだった。

私は自分の足をじっと見つめた。2人とも泣くなんてつらすぎるからだ。ここの植物は私の味方であって、敵ではなかった。私は自分がしたことを正当化する理由を頭のなかに急いで浮かべた。実験の仕方を覚えたかったから。森の探偵になりたかったから。最終的には苗木を護ることになるのだから、これはいいことのための必要悪である。こんなことはバカげているという証拠を手に入れて、苗木が育ちやすくする別のやり方を研究するように政府に言えるから――。私は生き残ろうとがんばっているシンブルベリーを見た。だが、周りの植物がなくなって姿を現した弱々しい苗木の上に覆いかぶさっているその茎には葉がなく、かろうじて根元に黄色い葉がわずかにかたまって生えているだけだった。除草剤の毒は、野草や低木がタンパク質をつくるのに必要な酵素を標的としているので、鳥や動物には無害のはずだった。

だがキノコ類はしなびて死んでしまった。

私たちのお気に入りのアンズタケも。

私には、以前人工林で見た苗木に元気がなかったのは、土壌とつながることができなかったせいだという直感的な確信があった。そして、そのためには菌類が必要なのに違いなかった。菌類があったとしても、1年のうち9カ月は雪が降るここの苗木の成長は遅いだろう。それなのに私はロビンに、私たちがしようとしているのは植物を殺すことだ、と説明していた――そしてそのなかには、苗木の成長を助けると思われる菌類の宿主である低木も含まれていた。会社は狂ったように、ヘリコプターからこの州全体を包み込むようにグリホサートを撒いている。もしかしたら私たちの実験の結果は、この計画が彼らが考えているようなすばらしいものではないと示せるかもしれないのだ、と私は言った。

「この有り様を見たら、これがとんでもなくひどいことだって一目瞭然じゃないの?」とロビンが言った。自由生育がそれほどすばらしいものだと考える人が存在するなんて、あり得ないことに思えた。

その夜、テントに戻った私たちは、気分が悪すぎて夕食を摂る気にならなかった。私は私の寝袋のなかにうずくまり、ロビンはロビンのテントで無言だった。気分が悪いのが除草剤のせいなのか、それとも自分たちが植物にした仕打ちを後悔していたからなのかは、はっきりしなかった。

植物を殺すにはいちばん高濃度の除草剤が最も効果的、という実験の結果はアランをがっかりさせた。自分を慰めるかのように、このエビデンスからは、植物を殺すことが苗木の成長を助けるかどうかはわからない、とアランは言った。それが証明したのは単に、高用量の除草剤がいわゆる雑草を排除した、ということだけだ。後悔している暇はない。苗木と周囲の植物のあいだにある複雑な関係を解き明かすためには、まだまだしなければならない仕事が山ほどあった。

「雑草駆除」の実験のやり方を覚えた私に、除草剤の用量と手で下草を刈る方法をテストする、もっと大規模な仕事が来た。広葉樹であるシトカハンノキ、尖った葉をしたスコウラーズウィロー、樹皮の白いアメリカシラカバ、アスペンの吸枝、成長の早いハコヤナギなどを殺し、紫色の花を咲かせるヤナギラン、パイングラスの茂み、茎の先端に白い花をつけるシトカバレリアンを排除する。それらはつまり、植樹した大事な苗木――トゲトゲしたトウヒ、ヒョロヒョロしたロッジポールパイン、やわらかな針葉を持つダグラスファー――の成長を阻むかもしれない樹木や自生植物である。この3種の針葉樹、なかでもロッジポールパインは現在、ブリティッシュコロンビア州のほとんどすべての皆伐地に植樹されている。高く売れるし、丈夫で成長が早いからだ。そして、厄介な自生樹木を手っ取り早く抹殺して自由生育環境を達成すればするほど、人工林の管理に関する木材会社の責任を全うするのも早くなるというわけだった。

自由生育という方針が法制化されたことは、自生植物や広葉樹との全面戦争を意味していた。ロビンと私は嫌々ながら、落葉樹、低木、野草、シダ、その他、ブリティッシュコロンビア州の新しい森に棲む無防備な生き物たちを、斧や鋸で伐ったり、巻き枯らし［訳注：立木の状態で、鉈を使って樹皮と形成層の部分を環状に削り落として木を枯らす方法］したり、毒で殺したりする達人になっていた。そうした植物が、鳥たちの棲みかとなり、リスに食べ物を与え、シカを匿い、子グマの避難所になっていようが、土壌に栄養分を与え、侵食を防いでいようが関係なかった——とにかく排除するだけだ。針葉樹の苗木を植える場所をつくるためにすべて伐採され燃やされてしまったハンノキが、土壌に窒素をもたらしていたこと。束になったパイングラスが芽を出したばかりのダグラスファーのために日陰をつくり、それがなければ、裸にされた皆伐地に照りつける強烈な日差しのなかで苗木は干上がってしまうであろうこと。シャクナゲが、周りに木がないところでは複雑な林冠のあるところよりもずっと厳しい寒さから、針葉がトゲトゲした小さなトウヒの苗木を護っていること。それはみな、政府にとってはどうでもいいことだった。

そう、それは単純明快な考え方だった。競合を排除せよ。自生植物を殺すことによって日光、水、養分が使われなくなれば、高く売れる針葉樹がそれを吸い上げてレッドウッドと同じくらい早く成長するはずだ。ゼロサムゲーム。勝者がすべてを手にするのだ。

私は、戦う意義を見いだせない戦争で戦っている兵士だった。自分こそが問題の一部だという、以前にも感じた罪の意識が、新しい実験を始めた私を苛んだ。だが私には究極の目的があった——何が植樹された苗木を苦しめているのかを解明するために科学者になる、その方法を私は学びたかったのだ。

「喉が痛い」とロビンが言った。カムループスから200キロほど南、ケロウナに近いベルゴ・クリークのハンノキの森に除草剤を撒き終わり、ホテルに戻るところだった。暑さを避けるために私たちは朝の3時に起きていた。正午になれば、ビニール製の防護服を着るには暑すぎるだけでなく、除草剤は植物を枯らす前に蒸発してしまう。

「私も」と私は言った。

「除草剤かな？」

「違うよ。夏中使ってるんだから。熱性疲労かも」

クリニックの先生はやさしい人で、私たちが不安そうにしているのを見て、2人一緒に診察室に入れてくれた。「喉がすごく赤くなってるね」と先生がロビンに言った。「でもリンパ腺は腫れてない。何をしていたの？」

グリホサートを撒いていたのだ、と私が言うとロビンは私をじっと見た。先生が首をかしげて「マスクは着けてた？」と訊いた。

はい、と私が言うと、先生は見せてくれと言った。私がトラックから持ってきたマスクの、黒いプラスチックのキャップを取り外した先生が、おやおや、というように口笛を吹いた。「フィルターがないね」

「え？」と私は言って、こわごわと、フィルターが装着されているべきところに目をやった。私たちは一日中、グリホサートの霧を吸い込んでいたのである。ロビンはカウンターをぎゅっと摑み、私は脚がフラフラした。

「大丈夫、薬品で喉が焼けてるだけだよ。ミルクシェイクを飲みなさい。朝にはよくなってるよ」。ヨロヨロと診察室を出るとき、先生は安心させるようにロビンの肩をポンと叩き、私に向かってにっこりしたが、私もロビンと同じくらい動揺していた。ラージサイズのチョコレートシェイクを飲み干すころには私たちの喉はさっきよりひんやりし、翌朝には喉の痛みはなくなっていた。

それは8月末のことで、私たちの実験はこの日が最後だった。ロビンは数日後にはここを離れ、ブリティッシュコロンビア州南東部、母が育ったところに近いネルソンの町で1年生の臨時教師の仕事に就くことになっていて、ボーイフレンドのビルに会いたがっていた。その日、ロビンは私を見捨てはしなかったが、これがロビンの我慢の限界だった。その過ちの重大さを、2人とも金輪際忘れることはなかった。

さまざまな処理の仕方のうちの1種類を除いて針葉樹の生育は改善されず、当然ながら自生植物の多様性は低くなっていた。アメリカシラカバを排除すると、一部のダグラスファーの生育は改善されたが、枯れる数のほうがむしろ多かった——期待されたのとは逆の結果だ。アメリカシラカバは、切ったり除草剤を撒いたりして根にストレスがかかった結果、土壌にもともと存在するナラタケ属菌（*Armillaria*）という病原菌に抵抗できなかったのである。ナラタケ属菌はカバノキの根に感染し、そこから周囲の針葉樹の根に広がった。一方、対照群としてアメリカシラカバが手つかずのまま残され、針葉樹と混合で生育を続けた区画では、病原菌は土壌のなかで眠ったままだった。それはあたかも、ナラタケ属菌が、土中のほかの生物とのホメオスタシスを保ちつつ存在できる環境を生み出しているかのようだった。

こんな茶番劇を、私はいったいあとどれくらい続けられるのだろう？

そんなとき、運が回ってきた。

森林局に、造林研究員としての正規職員のポジションが空いたのだ。応募したのは私と、若い男性が4人。採用過程が厳格で公正なものであることを確実にするために、ブリティッシュコロンビア州の州都から数人の科学者が招かれた。その仕事が私のものになったとき、私はその幸運を信じられない思いだった。アランが私の直接の上司だった。

これで、私が重要と考える問いを問う自由が与えられたのだ。少なくとも、それが重要な問いであることを助成機関に納得させようと試みることができるのである。森がどんなふうに成長するのか、私が考えるところに基づいて、問題を解決するための実験ができるのだ――森の生態系を傷つけ、問題を悪化させるとしか思えない、政策ありきのやり方をテストするだけではなくて。伐採された森が回復するのを助けるのに役立つ科学的な実験を、私の経験に基づいて実施できるのである。除草剤散布の実験はもう終わりだ。今度こそ、苗木が菌類や土壌やほかの植物、樹木から何を手に入れる必要があるのかを、本当に解明することができるのだ。

私は、針葉樹の苗木が生き残るためには菌根菌とつながることが必要であるかどうかを調べるための研究助成金を獲得した。さらに工夫を加えて、自生植物がそのつながりをつくる手助けをしているかどうかも調べることにした——多様な植物のコミュニティのなかに植えた苗木と、ほかに何も生えていない土壌にそれだけを植えた苗木を比較することを提案したのである。私がこのプロジェクトを考案し、そのための助成金が獲得できた大きな理由は、南の隣国の林業でそのとき起きていたことにあった。当時、米国森林局は、森の分断化やニシアメリカフクロウなどの絶滅の危機に対する人々の懸念に押されて、その業務内容を変化させつつあり、科学者は、菌類、樹木、野生生物の保護を含む多様性維持が森の生産性において重要であることを認識し始めていたのである。

一つの生物種が単独で繁栄することは可能なのか？

苗木をほかの植物と混植すると、より健康な森ができるのか？　ほかの植物と一緒にかためて植えたほうが木は健康に育つのか、それとも、市松模様に区画を分けてたっぷり間隔をあけて植えるべきなのか？

こうした実験もまた、なぜ高山の亜高山モミの古木や、低地の堂々としたダグラスファーが、かたまって生えているのか、その正確な理由を知る助けになるかもしれなかった。針葉樹の隣に生えている自生植物が木と土壌のつながりをより強めるかどうかを解明するのにも役立つだろう。広葉樹や低木の隣に育つ針葉樹の根の先には、より色鮮やかな菌類がくっついているのだろうか。

私は自分の実験に、アメリカシラカバを使うことにした。なぜなら子どものころの経験から、アメリカシラカバが栄養たっぷりの腐植土をつくることを知っていたからだ。土を食べるのが癖だったころ、それがとてもおいしかったのと同じように、その腐植土は針葉樹の成長にも役立つものであるはずだった。私はまた、腐植土が、根を侵す病原菌の繁殖を防ぐらしいことにも興味を持っていた。だがアメリカシラカバは木材会社にとっては雑草でしかなかった。木材会社以外の人々にとっては、頑丈で水を通さない白い樹皮や、木陰をつくる葉や、爽やかな樹液を提供してくれる輝かしい存在だったのに。

それは簡単な実験のはずだった。

ところが始めてみてびっくりした。

私は、カラマツ、シーダー、ダグラスファーという利益の上がる3種類の木が、一緒に植えるアメリカシラカバの割合によってどのように生育するかを調べる実験を計画していた。この3種類を選んだのは、伐採されたことのない原生林に自生する木だからだ。長くて三つ編みにしたみたいなシーダーの葉、すべすべしたボトルブラシみたいなダグラスファーの枝葉、星みたいな形をして、秋には金色になり林床にパラパラと散るカラマツの針葉が、私は大好きだった。このころ、木材業界ではアメリカシラカバを最もたちの悪い競合種の一つと見なしていた――大切な針葉樹がその陰になり、成長の邪魔をすると思われていたからだ。だが、もしもアメリカシラカバの苗木が針葉樹の生育を助けるとしたら、どんな割合で交ざっているときにいちばん健康な森ができるのだろう? 私が選んだ3種類の針葉樹は、どこまでアメリカシラカバの日陰に覆われていても成長できるか、その程度が違っていた。星みたいな針葉のカラマツは日陰ではほとんど育たないし、三つ編みのシーダーは日陰にとても強く、ボトルブラシのダグラスファーはその中間だ。このことだけを見ても、3種類の針葉樹にとって最適なアメリカシラカバの混合率はそれぞれ異なるだろうことが示唆された。

私は、アメリカシラカバをまず一つの区画ではダグラスファーと組み合わせ、別の区画ではウエスタンレッドシーダーと、また別の区画ではウエスタンラーチ［訳注：カラマツの一種］と組み合わせるという実験計画を立てた。そこは皆伐のあとの植林に失敗した土地で、ロッジポールパインさえ根を下ろすことができなかったところだった。微妙に地勢が異なる場所でどんな反応があるかを調べるために、これと同じ実験を別の2箇所の皆伐地でも行うことにした。

2種類の樹木の組み合わせでは、その混合率をさまざまに変えて、針葉樹が単独で生育した場合と、いろいろな密度と比率でアメリカシラカバを一緒に植えた場合とで比較できるようにした。こうすれば、アメリカシラカバをある特定の割合で植えたほうが生育がいいだろうという私の直感を試すことができる。おそらくウエスタンラーチの場合はアメリカシラカバは少なく、シーダーの場合は多いほうがいいだろう。アメリカシラカバは土壌の養分を増やし、針葉樹にとっては菌根菌の供給源となるのではないかと私は思っていた。以前に行った実験でも、カバノキは何かしらの方法で、針葉樹がナラタケ病で枯れるのを防ぐということが示唆されていた。

その結果、全部で51種類の混合内容が、個々の区画に植樹されることになった。それを3箇所の皆伐地で行ったのである。

人工林のなかで何百日も過ごし、雑草を排除する実験で植物と苗木がどんなふうに一緒に育つかを目にしたあとだったので、私はなんとなく、木と草は周囲に生えている隣人との距離を――さらにその隣人が誰であるかを――認識できるような気がしていた。たとえば、大きく広がって窒素を固定するハンノキに挟まれたパインの苗木は、生い茂るヤナギランに覆われて身を縮めている苗木と比べて、その枝を大きく広げることができる。芽を出したばかりのトウヒは、ウィンターグリーンとオオバコには寄り添うようにしてすぐ近くで見事に成長するが、ハナウドのそばには近づかない。モミやシーダーは、カバノキにある程度覆われた状態が大好きだが、シンブルベリーに頭上を覆われると縮こまってしまう。一方、カラマツが最もよく育ち、根の病気で枯れる率がいちばん低いのは、アメリカシラカバが周囲にまばらに生えている場合である。植物がどうやって周囲の状況を認識しているのか、その具体的な方法は知らなかったが、経験上、実験のための植物混合は正確に行わなくてはならないことがわかっていた。木と木はきちんと間隔を測って植えなければならなかったし、実験を最大限の精度で行うためには、皆伐地は平地になければならなかった。ブリティッシュコロンビア州は主に山岳地帯なので、平地にある皆伐地を3箇所見つけるのは容易ではなかった。

根を観察し、針葉樹はアメリカシラカバの近くで育つほうが単独で育つよりも土壌とよりよくつながっているかどうかを確認する、という作業にできる限り備えるため、私は解剖顕微鏡と、菌根の特徴を識別する方法が書かれた本を買い、帰宅の途中に収集したアメリカシラカバやダグラスファーの根で練習した。物置部屋をオフィスにしたアパートの部屋に練習用のサンプルを持ち込む私を、ジーンはやれやれという顔で眺め、私が夕食をつくると約束した晩に鍋を焦がすのを見て私をからかった。2人とも料理には関心がなく、私の得意料理はチリ、ジーンはスパゲッティだった。私は窓のないオフィスに夜中まで籠もり、根の先を切断し、断面試料をつくり、それをスライドグラスに固定した。まもなく私は、ハルティッヒネット、かすがい連結、シスチジア、その他、菌類の種類を区別するのに役立つ菌根のさまざまな部位を識別できるようになった。

やわらかい針葉を持つダグラスファーにつく菌類の一部は、アメリカシラカバにつくのと同じもののように見えた。もしそれが本当なら、アメリカシラカバの菌根菌がダグラスファーの根の先に移動して異花受粉させたのかもしれない。同じ菌類の共有、あるいはそれらとの共生は、植樹されたばかりのダグラスファーの苗木の根が裸でいるのを防ぎ、もしかしたらそのおかげで、リロオエット山脈で私が見た、黄色くなった苗木に下された死刑宣告を受けずに済んでいるのかもしれない。なんらかの形でダグラスファーがアメリカシラカバを必要としているのだとしたら、アメリカシラカバはダグラスファーに有害であるという林業関係者の思い込みは間違っていることになる。

逆なのだ。

数カ月間探して、私は平地にある3箇所の皆伐地を見つけた。それはすべて政府の所有地にあった――おそらくは土壌の微生物相が整っていないために、パインの植樹に失敗した土地だ。そのなかの一つでは、違法に牛を放牧している牧場主に出くわした。その人は、植樹に失敗した皆伐地を実験場にするという私の計画に大声で抗議し、自分は長年この土地を開墾してきたのだからここを使う権利があると主張した。森林管理の研究者である私にはこの皆伐地を利用する権利があり、彼の行為は公共財産への不法侵入であるところちらが言い返したのが不満そうだった。

勘弁してよ！　まったく嫌になる。

実験のための植樹の準備にさらに数カ月がかかった。8万1600個の植樹スポットの地面にペンキで印をつける。でもその前にまず、3箇所の皆伐地のすべてで、根の病気に対処する必要があった。私たちは伐採された木の切り株、約2万本を引き抜かなければならなかった——ナラタケ病が死んだ木の根に感染し、生き残った木に寄生虫のように広がっていたからだ。感染したパイン約3万本が、枯れてしまったか、枯れかけているか、あまりにもひどい状態にあり、同じく感染したほかの自生植物と一緒に取り除かなければならなかった。林床は掘削の巻き添えになり、切り株の巨大な山、枯れた苗木、病気にかかった自生植物がブルドーザーで端に寄せられた。でもそのおかげで実験のための白紙の状態が整った。

その風景は、農場のようでもあり、犠牲者を引きずり出したあとの戦場のようでもあった。私に与えられた助成金には家畜脱出防止用の格子を設置する予算が含まれなかったので、私は偽の格子を試験場入り口の道にペンキで描いた。牛は脚を折るのを恐れて道に描かれた線を越えようとしないと聞いていたのだ。それが本当だったのは最初の数カ月間だけだった。翌年の夏、スタッフと私は炎天下に1カ月を費やして、正確な位置に、慎重に苗木を植えた。

数週間のうちに、苗木はすべて枯れてしまった。

私は呆然とした。これほどまでに完全な植樹の失敗は見たことがなかった。私は腐りかけた幹をチェックした。木を傷める葉焼けの跡も霜による潰瘍も見当たらない。根を掘り起こして家にある顕微鏡で調べたが、病原菌に侵されているという明らかな印はない。でもそれは私に、リロオエット山脈で見た、墓に埋められたみたいなトウヒの根を思い起こさせた。新しい根は一つも伸びておらず、暗い色の、枝分かれしていない、まっすぐ下に伸びる根だけしかない。実験場に戻ると、フサフサとしたカモガヤが生えていた。どうしてこれがこんなにたくさん生えたのだろうと不思議に思っているところに、牧場主が車でやって来た。「あんたの木、死んじまったな！」と、木の残骸に目を凝らしながら牧場主が言った。

「そうなの、どうしてだろう」

牧場主はその理由を知っていた。よく知っていた。牛を放牧する場所を奪われて激昂した牧場主は、皆伐地に草の種を蒔いたのだ。

スタッフと私は（ぶつぶつ文句を言いながら——文句を言ったのは主に私だが）、草を引き抜き、植樹をやり直した。だが今度も植樹は失敗だった——どんな割合で植えたものもすべて。最初に枯れたのは樹皮が白いアメリカシラカバ、次に星形の針葉のウエスタンラーチ、そしてやわらかいブラシみたいなダグラスファー、最後に三つ編みのシーダー。日光と水分不足に弱い順番のとおりだった。

翌年、3度目の挑戦。これも失敗。

4度目の植樹。

またしてもすべての苗木が枯れてしまった。実験場はまるで、何者も生きられないブラックホールのようだった。フサフサとした草だけが生い茂った。牛たちが姿を現し、私たちをせせら笑った。私は牛の糞を全部かき集めて牧場主のトラックの荷台に積みたいくらいだった。最初の年は、草が苗木の水分を奪ったのだろうと私は推測したが、同時に、土壌自体にも問題があったのではないかという嫌な予感もあった。私は早々に牧場主を責めたが、実は密かに、私があまりにも強引に試験場の準備をしたことで、林床を乱し、表土を削り取ってしまったことを知っていた。それも一因だったはずだ。

ダグラスファーとウエスタンラーチは、根の先端を外側から包み込む外生菌根菌としか共生関係を結ばない。一方草は、根の皮層細胞を通貫するアーバスキュラー菌根菌とだけ共生関係をつくる。苗木が必要とする種類の菌根菌が、厄介な草だけが好む種類の菌根菌に置き換えられてしまったがために、苗木は飢えて死んでしまったのだ。牧場主のおかげで、私の最も根本的な疑問が明らかになったことに私は気づいた――土中の正しい種類の菌とつながることが、木の健康には必要不可欠なのではないか?

5年目、私は再び植樹したが、今回は、隣接する森のアメリカシラカバとダグラスファーの根元の生きた土壌を集めた。そして、植樹する穴の3分の1に、1カップ分のその土を入れた。そこに植えた苗木を、別の3分の1の、表土を削がれた土中に隣の森からの土を加えずそのまま植えた苗木と比較するつもりだった。さらに、原生林から取った土に研究室で放射線を照射して殺菌したものを、残り3分の1の穴に入れた。こうすれば、土を移したことによる苗木の成長の改善は生きた菌がいるからなのか、あるいは土壌の化学組成が違うだけで十分なのかがわかるはずだ。5年間の試みのあと、私はもう一歩で何かを発見できそうな気がしていた。

翌年、実験場に行くと、原生林の土に植えた苗木は元気に育っていた。予想どおり、原生林の土を移植しなかった苗木と、土の移植はしたけれど放射線処理をして殺菌した土に植えた苗木は枯れていた。何年ものあいだ、彼らを——そして私たちを——悩ませてきたのと同じ恐ろしい運命を辿ったのだ。私は苗木のサンプルを掘り起こして、顕微鏡で観察するため自宅に持ち帰った。思ったとおり、枯れた苗木には新しい根は生えていなかった。だが原生林の土で育った苗木の根を見たとき、私は椅子から飛び上がった。

いい、いい

なんてこと！　その根は、さまざまな種類の菌類に見事に覆われていた。黄色、白、ピンク、紫、ベージュ、黒、灰色、クリーム色、何でもありだ。

やはり土が決め手だったのだ。

ジーンは、ダグラスファーの森と、乾燥した寒冷地でちっとも育たない苗木についてはもはやプロだった。私はジーンをつかまえて、これを見て、と言った。ジーンは眼鏡を外すと顕微鏡を覗き込み、そして「当たり！」と叫んだ。

私は有頂天だった。だが同時に、私はこれが始まりにすぎないことも知っていた。シマード山にはつい最近、原生林を破壊して巨大な皆伐地が姿を現したばかりだった。私は海岸線に沿って造られた新しい伐採道路を走った。私たちがむかし、おじいちゃんのハウスボートを停泊させていたところ。ジグスが落ちたトイレ小屋があったところ。ヘンリーおじいちゃんの水車と水路があったところ。それがいまでは、次から次へと続く皆伐地になってしまった。伐採と単一樹種植林と除草剤散布が、私が子ども時代を過ごした森をすっかり変えてしまっていたのだ。発見したことには興奮しながらも、私は情け容赦のない伐採に心が痛んだ。私には、立ち上がる責任があった。木と土壌のつながりを、土地を、私たちと森とのつながりを、弱めてしまうと思われる政策に逆らう責任が。

私はまた、政策や法の施行の裏には、宗教じみた熱狂があることも知っていた。お金がつくりだす熱狂だ。

実験場を去る日、私はその叡智を吸収するために森に立ち寄り、イーグル川沿いの古いアメリカシラカバに近づいた。植樹する穴に入れる土を収集したところだ。幅が広くてがっしりした、紙のように薄いピンとした樹皮に包まれた幹を手で撫でながら、私はお礼の言葉を囁いた。その秘密の一部を私に見せてくれたことに対して。私の実験を救ってくれたことに対して。

そして約束した。

木がどうやってほかの植物や昆虫、そして菌類を認識し、信号を送るのかを学ぶ、ということを。

土中の菌類が死んでしまい、菌根との共生関係が壊れてしまったこと――それこそが、私が最初に関わった人工林で小さな黄色いトウヒの苗木がなぜ枯れてしまったのか、その答えを握っているのだ。意図せずうっかり菌根菌を殺してしまえばやはり木は枯れるということもわかった。自生植物の腐植土をもらい、腐植土に含まれる菌類を人工林の土に戻したら木の成長に役立ったのだから。

遠くのほうでヘリコプターが除草剤を散布していた。アスペン、ハンノキ、カバノキを殺して、換金作物であるトウヒ、パイン、モミを育てるためだ。その音が私は大嫌いだった。やめさせなければ。

なかでも私は、ハンノキが目の敵にされるのが不思議でならなかった。なぜなら、ハンノキの根に棲む共生菌であるフランキアには独特の力があって、大気中の窒素を、低木が葉をつくるのに利用できる形に変えることができるからだ。秋にハンノキが落葉し、それが腐敗すると、窒素は土のなかに放出されて、パインがそれを根から吸収できるようになる。パインにとってはこうして形を変えた窒素が頼みの綱である――なぜならこのあたりの森は100年に一度火災で焼失し、窒素の多くは大気中に放出されるからだ。

だが、森林管理の方法の方向性を変えたければ、土壌の状態について、また木がほかの植物とどのようにしてつながり、信号を送るのかについて、もっともっと証拠が必要だった。アランは私に、技術を向上させるため大学に戻って修士号を取るよう勧めた。数カ月後にコーバリスにあるオレゴン州立大学の大学院で修士課程を始めることになった26歳の私は、ある実験をすることにした。ハンノキは本当に、政府が信じているようにパインを枯らすのか、それとも窒素を固定して土壌の質を改善し、パインの成長を助けるのか。

私は後者だと思っていた。

のちに、私の勘は自分で思っていたよりもずっと先見的だったとわかった。自由生育という方針に楯突こうという私の信念が役人たちを苛立たせるであろうことは私も承知していた——ただ、その苛立ちがどんなに激しいものであるかを、私はまるでわかっていなかったのだ。

6 ハンノキの湿原

ALDER SWALES

囚人護送車が到着するころには、私は本当にこれでいいのかと不安になっていた。白と黒の縞模様の服を着た20人の囚人が伐採道路によろめき立った。カムループスの北にある矯正施設に収容されている彼らの罪状は、殺人ではなく窃盗などだったとはいえ、荒くれ男たちであることはたしかだった。刑務官と、森林局の同僚の一人が、素早く男たちを並ばせた。ロビンと私は、200メートル上の皆伐地からそれを見下ろしていた。ロビンは1カ月以上前からずっと私のそばで、10年前に皆伐されてシトカハンノキがぎっしり生えた湿地に、修士号論文のための実験場を設置するのを手伝ってくれていた。

そこは、低木であるハンノキの存在がロッジポールパインの苗木の生育にどのように影響するかを検証しようという私の実験には、ぴったりの場所だった。ブリティッシュコロンビア州各地のハンノキは、ほとんどその存在が忘れ去られるほどに除草剤で排除されていた——そうすればパインの人工林を「自由生育」と呼べるというわけだった。何百万ドルもかかるこの大掛かりな絶滅計画は、それがパインの生育を助長するというエビデンスが皆無のまま、ハンノキの茂みが市場価値のある木の生育を阻み、あるいは枯らす恐れに対する反応——極端な反応——として実施されたのである。

ハンノキは、自生するロッジポールパインの森の低木層に育ち、1800年代に鉄道敷設や金の採掘のために入植した人々が起こした山火事のあとに氷河によってできた内陸高原の、広い範囲にわたって再生していた。1世紀後のいま、こうした森はフェラーバンチャ（先端に鋸のついたアームつきのトラクター）を使って皆伐され、不運なハンノキはタイヤで押しつぶされるか、パインと一緒に切断された。林冠層がなくなると、切断されたハンノキの切り株に太陽光が照りつけ、たくさんの新しい枝と葉が伸びた。水分も土壌の養分もたっぷり。ハンノキにとっては天国だった。ハンノキの群落は残った根からどんどん広がり、フサフサとしたハンノキの樹冠の下には、パイングラス、ヤナギラン、シンブルベリーが盛大に育った。車でそばを通る森林監督官には、ハンノキや下草の海のなかに生えているパインの苗木は溺れているように見えたかもしれない。修士号のための実験を始めるまでの数年間、私は多くの森のなかを走り、こうした人工林の内側がどんなふうになっているかを見てきていた。トラックを降り、道路に迫るハンノキの群落をかき分けてその内側に入る。いったんその緑色の壁を通り抜けると、大抵の場合そこにはパインが見事に育っていた。だが大量のハンノキをただ道路から見れば、たとえそのなかから多数のパインが頭を出していたとしても、除草剤を散布する、あるいは伐採機で文字どおり叩き切るのを正当化する理由としては十分だった。

でもいったい何のために？ ハンノキの排除が人工林の生育を改善しているかどうかは誰も知らないのである。私の実験は、その知識のギャップを埋めるためのものだった。私は、ハンノキやその他の植物との競争がパインに与える影響を数値化したかったのだ。さらに関心があったのは、自生の低木が実はパインと協力関係にあって、パインと土壌のつながりを強化し、健康な樹木のコミュニティをつくるのではないか、ということだった。

仮にハンノキがパインの生育を阻害するのだとしたら、どうやってそれが起こるのか。それを理解するためには、肩ほどの高さのハンノキを、完全に排除する区画を含め、さまざまな密度に減らす必要があった。そうすれば、近くに生えているハンノキの数がさまざまに異なる区画でのパインの生育を、競争相手なしに単独で生えている区画での生育と比較できる。私は単にハンノキを間引くのではなく、いったん根本まで伐って再び切り株から発芽させ、その数をコントロールすることにした。そうすれば、植樹しようとしている足首くらいの丈のパインの苗木には本当の競争相手ができる。同じ背の高さから競争を始めれば、同条件下での競争の結果がわかりやすい。この実験場が皆伐されるときに私がここにいたならば、実験のためのパインを植えると同時に新しく発芽したハンノキを間引けばそれでよかった。だが、私がここに来たときにはすでに、ハンノキの切り株から伸びた新芽は立派な低木に成長してしまっていた。自然は誰にでも公平だ。

囚人たちの仕事は、足首丈のものを除くすべてのハンノキを鉈で切り払うことだった。ハンノキの低木はそれぞれが、同じ切り株から芽を出したおよそ30本の幹の群落だ——バラの木が芽を出すのに似ているが、もっと密集している。さまざまな密度でハンノキを残すため、私は、どの群落は葉をつけてよくてどの群落は葉をつけてはいけないかを、茎の先端に除草剤を塗るかどうかで管理することにした。そうやって、ハンノキなし（すべての茎に除草剤を塗って枯らす）から、1ヘクタールあたり2400のハンノキ群落（除草剤をまったく使わずすべてのハンノキを残す）まで、ハンノキの密度を5種類設定した。中間の密度は3種類（1ヘクタールあたり600、1200、1600のハンノキ群落）を1区画ずつ設定した。

私はハンノキをすべて排除する処理をしたところを、さらに下草の密度が異なる区画に分けたかった。パイングラス、ヤナギラン、ハックルベリー、シンブルベリー、その他、それよりも目立たない十数種の草だ。そうすれば、ハンノキとの競争とは別に、下草との競争がパインの苗木の成長に与える影響を評価できる。最大の敵と見なされていたのはハンノキだったが、丈の短い植物もまたパインと競合関係にあるとされていた。不思議なことに、本当の意味での草本はヤナギランだけで、パイングラスは明らかにイネ科の植物だったし、ハックルベリーとシンブルベリーは低木に分類されたが、それらはみな膝丈より短かったので、私は全部をまとめて「草木層」と呼んだ。草木層との競争の影響を評価するため、私はハンノキなしの区画をさらに3種類に分けた。100％の草木層区画では、自然に生えている草木に手をつけない。50％草木層区画では自然に生えている草木を半分に減らす。そして0％草木層区画では草木をすべて排除する。そのそれぞれで、私はまずハンノキを伐って除草剤を塗り、それから除草剤を散布して指定された割合の草木を殺した。草木を完全に排除する区間では、低木、草本、イネ科の草、苔類など、目に入る植物すべてに除草剤を撒いて土壌を裸にした。

土壌を裸にするという極端な処理は、谷底に広がる農園を思い出させた。恐ろしい作戦ではあったが、私がこういう区画をつくったのには理由があった。1980年代にアメリカで雑草を研究していた科学者たちは、殺虫剤や化学肥料や高収量作物を農業に取り入れた「緑の革命」路線に沿って、そうした条件下で作物が最も早く育つと言っており、ブリティッシュコロンビア州政府は、それをそのまま真似ればパインの生育を最大限にできると信じていたのである。パインを豆と同じ方法で育てれば、パインはより早く生育するだろうからもっと広い範囲の森を伐採できる、という彼らの考え方を検証しなければ職務怠慢だ。その考え方を、その他のすべての条件下での生育状況と比べる必要があったのだ。私たちはこの、全部で7種類の処置方法——異なった密度でハンノキを残した4種類と、ハンノキはゼロで残す草木層の密度を変えた3種類——を、それぞれ3区画ずつつくった。1区画は20メートル四方の正方形で、合計21区画のすべてが、10ヘクタールの皆伐地のなかの1ヘクタール内に散らばっていた。

7種類の処置方法のそれぞれにパインを植えて、光、水、養分をめぐるハンノキおよび草木層との競争の——あるいは協調の——度合いを測定する。ハンノキが、おそらくは窒素を土壌に固定することによってどれだけパインの生育を助けるのか、そして、光、水、その他リン、カリウム、硫黄などの養分をパインとどれだけ奪い合うのかがわかるはずだった。また、草本性植物はパインにとって強力な競争相手なのか、それともなんらかの形でパインを保護しているのかもわかるだろう。私は、パイン、ハンノキ、そして草本性植物が取得する資源の量を記録することを目標としていた。さらに、ハンノキと草本性植物の量が異なる7種類の区画のそれぞれで、パインの生育速度とその生存率を検証するつもりだった。

ロビンと私は、山並みに広がるパインの森のトレイルを登ってくる囚人たちを眺めた。このときロビンは28歳、2つ下の私は26歳。ロビンは私に万事オーケーと言ってほしがっ

たが、実のところ私も神経質になっていた。タンクトップを着たロビンに私が「ねえ、その格好――」と言いかけると、

「そうね」と言って、ロビンは胸の大きく開いたタンクトップの上にランバージャック・シャツを羽織った。

囚人たちは私たちのほうに向かって歩きながらぶつぶつ不平を言い、罵り言葉を炸裂させた。ザケンじゃねえよ！　モクが吸いてえ！　そして大声で喚きながら鉄条網を乗り越えた。五重の鉄条網はピンと正確に張られていた。蹄鉄工の仕事を休んで、1週間かけてケリーが建てたその鉄条網フェンスは、牛を立ち入らせないためのもので、男たちのズボンの股を引っかけようとしていたわけではなかった。クソッ、ズボンが破けやがった！　筋肉、噛み煙草、長髪、強面。「見ろ、女だぜ！」と一人が叫んだ。「よぉお嬢ちゃん、俺と踊らない？」。腰を回しながら別の一人が言った。

私は刑務官に、低木を地面すれすれまで伐るようにと説明した。刑務官は黙って聞いていたが、それはとんでもない騒ぎが起こりかねない状況だった。刑務官が持っている武器といえば警棒だけなのだ。ロビンと私は彼らに仕事を任せ、その場から遠い実験場の端に退避した。

私たちのクリッパーと背負い型除草剤散布器は、私たちが置いたところにそのままあった。私は、ハンノキを完全に排除して土壌を丸裸にする、といういちばん極端な処置を施

す区画は、囚人を使わずロビンと私で準備しようと決めていた。いっさいの植物を可能な限り排除するために、ハンノキはすべて地面ぎりぎりまで伐り、幹は区画の脇に引きずり出して草を露出させた。伐った幹の天面には2・4－ジクロロフェノキシ酢酸を塗り、グリホサートを撒いて区画全体の草を殺した。草木層を50％残す処置のところでは、区画を市松模様に区切って区画の草の半分を殺した。処置をした土地は殺伐としていた。ロビンも私も植物を殺すのはいい気持ちがしなかったが、今回は、私の頭のなかにはもっとはっきりとした、より大きな目的があった。これら自生植物が、森林局の幹部たちの言うような殺し屋ではないということがわかれば、ブリティッシュコロンビア州全土で行われている時代錯誤な施策を考え直してもらえるかもしれない――。

私たちはゴム手袋を脱いで、最後に作業した丸裸の区画の脇で休憩した。私たちは朝の3時から働いていた――今回はフィルターをきちんと装着して。ロビンは、除草剤を撒く前に収穫したハックルベリー入りのマフィンを差し出した。手は洗ったし、座っていたのは除草剤がてかてか光る実験区画の外側ではあったけれど、私たちはビニール袋で手をカバーしてマフィンを食べた。

ロビンが「見て、野ネズミ」と言って、ピンク色の除草剤が滴っている葉の先を指差した。野ネズミはチョロチョロと走り回り、裁断された草の葉を、区画の縁に沿って私たちが積み上げたハンノキの枝の山に運んでいる。「ウサギもいる！」

この小さな生き物たちが、毒された草の葉を食べているのだということに、ロビンはまだ気づいていなかった。私の目にある光景が浮かんだ——彼らはこの恐ろしい草を巣穴にいる赤ん坊に与え、みんな土の下で死んでしまうのだ。

私は野ネズミに向かって走りながら「あっち行け！　それ食べちゃだめ！」と叫んだ。でも、野ネズミやウサギやジリスが草を食べるのを止めることなど、私たちにはできなかった。私たちがハンノキを殺したために彼らの生活は狂ってしまったのだ。ロビンと私は何もできずに顔を見合わせるばかりだった。実験結果の計測を一度もしていなくても、生態系に混乱が起きていることは明らかだった。

そのとき叫び声が聞こえた。私とロビンは、100メートル離れたところにある、残すハンノキの密度が高い区画に向かった。喚き声は徐々に、より大きくけたたましくなっていく。私たちは低木のなかを腹ばいになって進み、もっとよく見ようとした。

男たちは声を合わせて奇妙な雄叫びを上げていた。

囚人の反乱だった。立っている男たちは掛け声のリズムに合わせて股間を前に突き出している。幽霊も恐れをなすだろうほど怒り狂った男がその声を先導していた。深い傷跡のある別の男は切り株に座って、首の血管が浮き出るほどの大声を上げている。ゾッとするような無表情の痩せっぽちの男もいた。彼らは抵抗を示すために鉈を放り出していた。刑務官は囚人に立てと言い、ロビンと私は固唾を吞んだ。武器を持たない見張り役が2人、囚人が20人、それに私たち2人。何が起こってもおかしくなかった。

首謀者が静かになり、刑務官と森林局の同僚が囚人を一列にしてトレイルを歩かせ、護送車に乗せた。彼らが実験場にいたのはたったの2時間だった。

囚人たちが鉈でした作業を検分した私は吐きそうになった。私は彼らがハンノキを根元からきちんと伐って、発芽するハンノキの数をコントロールするために除草剤が塗りやすいよう、上を平らにしてくれるものと思っていたのだ。ところが伐られたハンノキはめちゃくちゃに叩き切られ、私の腿くらいの高さの、先端の尖った幹を残して樹冠を切り落としただけだった。引き裂かれた樹皮からは樹液が流れ出し、茶色い斑点のある幹を伝い落ちていた。若い枝はまるで槍みたいだった。シカのお腹に突き刺さってしまいそうな。

1週間後、囚人にやってもらいたかった伐採をロビンと私で終えたあと、残りの実験アシスタントが集合した。私の家族だ。黒髪をポニーテールにしたロビンは、パインの苗木が入った箱の横にシャベルを持ってしゃがみ、早く植えたがっていた。ジーンズとカウボーイブーツ姿で腰にツールベルトを下げたケリーはいかにもプロという様子で、牛が侵入しないように——付近の牧場主は放牧の許可を取っていた——ゲートをつくり、鉄条網をピンと張る準備万端だった。私とは家族も同様のジーンは、植樹される苗木の大きさと状態を査定する道具、キャリパーとメジャーテープを持っていた。母はクリップボードを持って切り株に腰掛け、わが子らがこうしているのがいかにもうれしいというようにニコニコしていた。四人たちからもらい受けたロビンと私の苛立ちは、母がそこにいるだけで霧消した。数週間後には父も来ることになっていた——母と父が鉢合わせしないように、うまく日程をずらして。

私の隣には、1月にオレゴン州立大学で知り合った、色が黒くて巻き毛のドーンがいた。森の伐採が長期的に土壌の生産性に与える影響について研究している教授の研究助手だった。ドーンは私に目をかけ、大学院の学生になるとはどういうことかの基本を教えてくれていた。スプレッドシートの使い方。ジョギングにいい場所。いちばんのパブ。「統計分析のコードはこうやって書くんだよ」と言って、私が長いこと知りたかったことを教えてくれた。私は彼がやって来るのを首を長くして待った。ドーンはすぐにみんなと打ち解け、林業の話をした。私は彼がそばにいるのがうれしくて気持ちがほかほかした。恋をしていたのだ。

「よくここまで準備したな、スージー」と、21の実験区画それぞれの四隅に立てた柱を見ながらドーンが言った。私は彼が早くも私を、家族が使う呼び名で呼んでくれたことがうれしかった。しゃべりながら彼は、私の背中の窪みに手を伸ばして軽く触れた。

ロビンは彼の注意を作業に戻そうと、それぞれの区画に7本ずつ7列のパインの苗木を、2・5メートルずつ離して植え、苗木を抜かなくてはできない計測のために犠牲にする余分な苗木を10本、その列と列のあいだに植えることを説明した。ドーンが有能であることはロビンにもわかっていたが、念には念を入れなければならなかったのだ。ドーンは少しも動じず、自分の作業の計画を説明して、最後をお気に入りのグルーチョ・マルクス〔訳注：アメリカの喜劇俳優〕の名言で締めくくった――「これが私の方針ですが、お気に召さなければ……まあほかのやり方もあります」。2人は笑いながら、さまざまな割合でハンノキが残っている21区画に1239本の苗木を植樹するために斜面を登っていった。

「私たちの出番よ」とジーンが母に言った。2人は、ロビンとドーンのあとに続くことになっていた。ジーンが植樹されたばかりのパインの苗木の列に近づき、金属製の標識がついた木の杭をそれぞれの苗木の横に打ち込んで、物差しで苗木の高さを、キャリパーで幹の直径を測ると、母がデータシートに数値を記入する。伐られたハンノキの根元から枝つきの燭台みたいに広がる若い枝の下で、パインの苗木の針葉は花束のようにまとまって揺れている。やがて苗木は、以前ここにあったのと同じくすらりとしたロッジポールパインに成長し、ロウソクに灯りをともしたようなふさふさした樹冠をつけるのだ。

「スージー、ゲートは掛け金つきとナシとどっちにする?」。実験場を囲むフェンスの、最後につくる部分に向かって歩きながらケリーが私に訊いた。どこに柱を立てればいいかと地面の凸凹を調べながら、こうしてケリーとちょっとのあいだ静かな時間を過ごせることが私をホッとさせた。ケリーの「なんでも屋カウボーイ」ができる仕事の長いリストにはフェンスづくりが加わっていた。ケリーは機械を使わずに柱を立てる穴を掘った――10代のころと変わらぬ情熱で没頭していたブルライディングで脱臼したにもかかわらず、彼の肩は逞しかった。ケリーがそのとき私の実験場の周囲につくってくれたフェンスは、その後何十年間もしっかりそこに立っていた。

「私は詳しくないけど、簡単なゲートでいいよ――ほら、Yの字になっていて、人はなんとか通れるけど牛は通れないやつ、あれで十分」と私は言った。

「ああ、それがいちばん簡単で安いしな」とケリーが言った。

「実験用の機器を持ち込むのに十分な幅があればいいの。半月くらいしたらパパと私が使う高圧反応容器とか」と言いながら、私はその大まかな大きさを示してみせた。だいたいウィニーおばあちゃんの、シンガー社製ポータブルミシンのケースくらいの大きさだ。

「外側の柱を立てる角度を、牛は通れないけどその高圧なんたらが通れるくらいにすりゃいいんだな？」とケリーが言ってにっこりすると、唇の下の傷跡が横に伸びた。「親父がここで牛と一緒にいるところが見たいな」

「楽しいと思うよ。機器は夜中に運び込むの」

「今日ここにいないのが残念だな」と小さな声でケリーが言った。13年もむかしの両親の離婚からまだ立ち直っていないのだ。

「ママがいるんだもん、ピリピリしちゃうわよ」

「来週の週末にウィリアムズ・レイク・スタンピードで会うよ。カーフロープピングとブルライディングに出るんだ」

「やったじゃん」と私は言って、すばらしいフェンスをつくってくれたことにお礼を言い、ティファニーによろしくね、と言った。私はまだティファニーに会ったことがなかったが、野性的な赤毛で、ツーステップ［訳注：カントリー・ミュージックに合わせて踊るダンス］が大の得意だと聞いていた。

ケリーは耳から耳まで届きそうなほどニンマリとうれしそうに笑って「サンキュー、伝えるよ」と言った。自分のした仕事が誇らしく、私がそれに感謝していることに感激した様子で、私に早く作業に戻れと合図しながら、シャベルを手に取るケリーはまだニコニコしていた。

ドーンはロビンと私が木を植えるのを手伝い、ジーンと母は標識杭を打ち込んでは苗木の最初のデータを収集した。「この辺の土地は俺らんとこよりずっと手つかずで人がいないな」と、あたりの景色を指して腕を広げるようにしながらドーンが言った。私は自分が育った土地が誇らしかった。「カナダに来て君とずっといられるといいな」。彼はしゃべり続けた。おしゃべりな人だった。早口で、怒濤のようにしゃべる。私はそれが大好きだった。私たちは一日中仕事をし、重労働はますます過酷さを増していった。夜になると、私は彼の肌の土臭い匂いを吸い込んだ。

ドーンが研究助手の仕事に戻る前の最後の日、ドーンと私は長さ30センチの、Tの字形の採土器で土壌を採集した。ドーンは採土器の先端を林床に差し込み、それからハンドルを引いて長い筒形の鉱質土層を取り出し、一つひとつサンプル用バッグに入れるやり方を教えてくれた。植物を全部殺した区画の土壌はバターみたいにやわらかかったが、植物がしっかり育っている区画の土を採集するのはものすごく大変だった。炭素をたっぷり含んだ生きた根が絡まり合って採土器の進入を阻み、地面に採土器を挿し込むためには、ハンドルの上に立って体重をかけなければならなかった。お昼になるころには私は身体中が痛み、ドーンが背中をさすってくれた。

ドーンが出発するとき私は泣いた。彼は、9月になったら戻ってきて苗木の最後の計測を手伝うから、と言った。そして2人でウェルス・グレー州立公園でカヌーに乗ろうと約束した。

数週間後、ロビンと私は、それぞれの区画の光、水、養分の量を計測するために実験場に戻った。生育を許されたハンノキは新芽を吹き、残された草木層は葉を茂らせていた――それらはどれくらいの光をパインの苗木から奪っているのか？　どれくらいの養分をそれらが吸収し、苗木にはどれくらい残されているのか？　ほかの植物が必要なだけの水分を使ったあとの土壌には、パインの根が吸い上げられる水分がどれくらい残っているのか？

土壌の水分量を測るのには中性子プローブを使った。名前が示すとおり、それは非常に危険なもので、爆弾起爆装置みたいに見える黄色い金属製のボックスのなかに、水分が土壌孔隙にどれだけしっかりと付着しているかを測るための、放射性の中性子源が入っていた。土中の水分が少なければ少ないほど水分は土壌孔隙に強く付着し、パインはそれを吸収しにくくなる。中性子プローブを使うとそれがわかるのだ。ハンノキ、パイン、草はいずれも光合成のために水が必要だが、そのなかでもハンノキは、大気中の窒素をアンモニウムに変換（固定）して自分が使えるようにするためのエネルギーをつくらなくてはならないので、水を最も必要とする。多大なエネルギーを消費するプロセスを完遂するために、ハンノキがいちばん多く水分を吸い上げるだろうと私は思った。それが私の直感だった。びっしりと密集した繊維状の根を持つ草本やイネ科の草も、おそらくはたくさん水を飲むはずだ。

ロビンと私は黄色いボックスを、土中1メートルまで掘って埋めたアルミニウム製の円筒の上に慎重に置いた。土中の水分量を計測するため、この円筒は各区画に埋めてあった。ハンノキは吸収する水が多ければ多いほど光合成速度が速まり、より多くのエネルギーを窒素固定のために使えるようになる。だが同時に、パインの苗木に残される水分は減る。相殺取引だ。

プローブのボックスのなかにはケーブルが巻かれていて、その先端には、中性子を放出する放射性の線源の入った検知管がつながっている。プランジャーを押すとケーブルがほどけ、検知管が円筒のなかに降りて、線源から高速中性子が放射され、土中の水分子と衝突する。減速して戻ってきた中性子の数を電子検知器が検知し、それが土壌水分量を示すのである。ボタンを押せばケーブルは、掃除機のコードが巻き取られるくらい素早くボックスに収納される。

「これがどういう仕組みになってるのか全然わからないけど、私、いつか子どもは生みたいからね」とロビンが言った。

私はプランジャーを押し下げてケーブルを円筒のなかに落とした。私は中性子プローブが大嫌いだった。古いし、重いし、ケーブルはベトベトしている。私のトラックのテールゲートに放射能注意の印があると、ほかの車を運転している人たちが変な目で見るのも嫌だった。でも何よりも、私は放射能が怖かったのだ。

21の区画で土壌水分を測るのには丸一日かかった。残りの夏のあいだ、私たちはこの計測作業を数回繰り返して、それぞれの区画、とくにハンノキをたくさん残した区画でどこまで土壌が乾燥するかを調べることになっていた。それは細心の注意を必要とする作業だった——計測器は運びにくいし、ケーブルは円筒のなかにちゃんと降りないことがあるし、円筒の上を塞ぐためにかぶせたプラスチックのコーヒーカップをリスが傾けてしまい、円筒のなかに水が溜まってしまっていることもあった。

その日、最後の円筒の作業中、この疲れる一日もこれで終わりだとホッとしながら、私は下を見て息を呑んだ。中性子源の入った検知管が裸のまま私たちの足元を這っていたのだ。おそらくは一つ前の円筒で計測をしたとき、ケーブルを固定する装置がうまく働かず、ケーブルが収納できなかったのである。私たちは放射能を浴びていた。

「スージー！」とロビンが叫んだ。

「やだ！」と私も大声を出した。私は黄色いボックスのボタンを押し、ケーブルと検知管はボックスのなかに収まった。

これはどれくらい危険なのだろう？　この機械を使う条件として私たちはカナダ原子力公社から、重要臓器の被曝量を測るため、線量測定用のフィルムバッジをシャツの胸ポケットにピンで留めつけるように指示されていた。足先はそれほど心配する必要はなかった。体積が小さいし内臓もないので、軟部組織にはほとんど被害がないからだ。

「大丈夫だと思うよ」と私は言って、バッジのことを説明した。

ロビンはビルに会えないのを寂しがっていた。感謝祭の日に、母の家でビルと結婚することになっているロビンにとって、この重大ミスはとどめの一撃だった。私はすぐにバッジを送ると約束した——私自身も心配だった。なにしろ放射線はがんの原因になるのだから。夕食のとき、ジーンは私たちの気をそらそうと、計測していた人工林に誤って放置された肥料を食べた牛のお腹が膨満し、おならとゲップが止まらなかった話をした。私はドーンへの手紙に私が怖がっていることを綿々と書いた。

　カナダ原子力公社から報告書が届くと、私はその結果を身動きもせずに見つめた。私たちの被曝量は、危険とされるしきい値よりはるかに低かった。間一髪だ。

　ロビンと私は、6月初旬から6月下旬まで、2週間おきに中性子プローブを使った土壌水分の測定を繰り返した。2週間ごとの計測値を使って、私は生育期における土壌水分の変化を分析した。はっきりとしたパターンが読み取れた。春、解けたばかりの雪が土壌孔隙を水で満たす。ハンノキが芽吹くかどうかは関係ない――2メートルの雪塊が解けたあとの土に含まれる水分は、どんなにハンノキが生い茂ろうが減ることはない。だが8月初旬になるころには、ハンノキが多い区画では土壌孔隙は乾いていた。ふさふさと生い茂るハンノキの葉は、開いた気孔からしきりに大量の水分を蒸散させ、使える水分のほとんどを使い切ってしまったのだ。一方、ハンノキを完全に排除した区画では、ハンノキの根が存在しない土壌の孔隙は夏のあいだずっと水が満ちたままだった。ああ、狂信的な競合種排除主義者は正しかったのかもしれない。夏の盛り、ハンノキはたしかに、パインの苗木が使える水をほとんど残さなかったように見えた。だが、ハンノキがない区画のパインは幹部の期待どおり、ハンノキがある区画のパインと比べてずっと成長が早いのか、そしてそういう区画のパインは、水分が余計に残っている季節に実際にその水分を使っているのか？　肝心の問題はそこだった。

この問いに答えるには、夏の盛りにパインの苗木にどれくらいの水分が実際に吸収されたかを測る必要があった。私は父に手伝ってもらうことにした。

私たちは、8月7日の夜中に町を出発した。ロビンと私が中性子プローブで行った計測によると、その日はハンノキが繁茂する区画の土壌はそれまでいちばん乾いていた。町から実験場までは車で2時間。長身で痩せ型の父は、再婚相手のマーリーンがつくった巨大なお弁当を抱えて私のトラックの助手席になんとか乗り込んだ。ハイウェイを走りながら、父は魔法瓶からコーヒーを注いでくれた。伐採道路に入ると、奥に進むにつれて周囲の森は暗くなり、父の表情が硬くなった。父は子どものころ、暗闇が怖かったのだ——ただしそのことで、何が起こるかわからない人里離れたメープル湖岸のハウスボートで何週間も過ごしたときも含め、私たちが家族で過ごす時間の楽しさに水を差すようなことは決してなかったけれど。私は、作業がしやすいように明るい照明を持ってきたから大丈夫、と言って父を安心させた。

道路と森の境い目に、平底船のフロートくらいの大きさのある高圧窒素ガスシリンダーが置いてあった。私は父に、苗木が昼間受けている水分不足のストレスが夜のあいだに解消されているかどうかを調べるためには、この調査を真夜中に行う必要があるのだと説明してあった。中性子プローブによる計測では土壌水分はたっぷりあったことから、植物をすべて排除する処置を施した区画のパインは、水分を吸収してしまうハンノキに囲まれて育っているパインよりもしっかり回復するだろうというのが私の想像だった。こうして夜中に計測したパインを正午に再び計測すれば、日中の暑さでパインにどれくらいのストレスがかかるかわかるのだ。昼と夜のいずれも水分が不足しているならば、その苗木は深刻な状態で、夏の終わりを待たずに枯れてしまう可能性さえあった。ほかに何も生えていない区画の苗木が、ハンノキに囲まれて育っている苗木より早く成長し始めているのもそれが理由かもしれない。

父は、握りこぶしくらいの大きさのヘッドランプのバンドを調節した。私が点灯モードを強にしてスイッチを入れると、その明るさに父は途端ににっこりした。同じように私もヘッドランプをつけ、2つの懐中電灯をオンにしてからトラックのライトを消した。私たちは顔を見合わせた。ヘッドランプと懐中電灯は深い暗闇には歯が立たなかった。「私にぴったりついてきてね」と私は言った。父は頷いた。

大きなガスシリンダーは重すぎて実験区画までの斜面を引き上げるのは無理なので、魔法瓶くらいの大きさのシリンダーにガスを移す必要があった。私は、大きなタンクと小さなシリンダーをつなぐチューブに大きなタンクから流れ込むガスの圧力をレギュレーターで下げる方法をやってみせた。レギュレーターがなければ、チューブも小さいタンクも、そしてもしかしたら私たち自身も木っ端微塵になってしまうだろう。私は、ミスをしたらどうしようという不安を押し隠した。

ガスを移し終えて、私たちは真っ暗な下生えのなかを歩き出した。ぴったりとくっついて歩いていたので肘と肘が何度もぶつかった。父はクマよけのエアホーンと小さな窒素ガスシリンダーを抱え、私は重さ10キロの高圧反応容器を持っていた。これを使って、苗木の木部――幹の中心にあって水を運ぶ維管束組織――の水圧を測るのだ。

ゲートをライトで照らして、「これ、ケリーがつくったの」と私は言った。

「ケリーが？」。父はいちばん上のワイヤーを引っ張ってそれがどれくらいきつく張られているかを確認し、それから高級家具に触れるかのようにその上に人差し指を滑らせた。「完璧じゃないか」。父はまるで自分の貧しかった子ども時代の埋め合わせをするかのように、ケリーには何もかも与えようと懸命に努めた。最高級のホッケー用具を買い与え、試合は見に行ったし、パワースケーティングの講習に通わせ、オールスターチームでプレーするのを応援した。カナダでたくさんの男の子たちがそうするように、ケリーにもこの氷上のスポーツを楽しんでもらいたかったのだ。

私たちは手探りで、ハンノキがいちばん多く残された区画と植物をすべて取り除いた区画の中間に計測ステーションをつくり、古い切り株の上にベニヤ板を平らに置いてその上に機材を並べた。父はマジックテープみたいにぴったり私にくっついていた。高圧反応容器が入っている重い金属製のスーツケースは、冷戦時代には爆弾でも入っていたのではな

樹齢の高いウエスタンレッドシーダーのマザーツリーの下に、アメリカツガ、ウツクシモミ（*amabilis fir*）、ハックルベリー、サーモンベリーが生える原生林。北米大陸西海岸の先住民のあいだでは、ウエスタンレッドシーダーは「生命の木」と呼ばれ、精神的にも文化的にも、また医療や環境面でも非常に重要な意味を持つ。木部は、トーテムポール、家を建てる厚板、丸木舟、櫂、曲げ木の箱などをつくるために大切であり、また樹皮や形成層は、籠、衣服、ロープ、帽子などをつくるのに使われる。ブリティッシュコロンビア州はウエスタンレッドシーダーを州の木に指定している。

パンケーキマッシュルーム（*Suillus lakei*）。外生菌根菌で、ダグラスファーとのみ共生する。子実体は食用になるが、とくに珍重されてはおらず、スープやシチューにして食べる。地面に落ちているのはダグラスファーの球果。手前に見える植物はクリーピング・ラズベリーとゴゼンタチバナ。ハイダ族はラズベリーとツルコケモモを混ぜて乾燥させる。

ダグラスファーのマザーツリー。樹齢約 500 年。厚くて深い溝の入った樹皮は火災から木を護り、大きな枝は、ミソサザイ、イスカ、リス、トガリネズミなどの鳥や野生動物の棲みかになる。先住民族の人々は、木材で薪や釣針をつくり、大枝で住居やスウェットロッジの床を覆った。

ウエスタンレッドシーダーのグランドマザーツリー。樹齢約1000年。縦に走る溝は、先住民によって樹皮が剝がされた跡。内樹皮は外樹皮から引き剝がされ、籠や敷物、衣服やロープなどをつくるのに使われた。樹皮を剝がす前に、人々は幹に手を置いて祈りを捧げ、収穫の許可を乞う。そうやって、木と深くつながるのである。剝がされる樹皮は最大で外周の1/3、長さ10メートルで、浅い傷をつくるが傷は回復する。

クヌギタケ属（ボンネットマッシュルーム）。クヌギタケ属は腐朽菌で、基本的に食用にはならない。

ベニテングタケ（*Amanita muscaria*）。ダグラスファー、アメリカシラカバ、パイン、オーク、トウヒほか、さまざまな樹種に外生菌根を形成する。子実体には向精神作用があり、有毒である場合がある。

ハイダ・グワイに生えているベイトウヒのマザーツリー。低木層ではアメリカツガの若木が朽ちかけた倒木の上で芽を出し、捕食動物、病原菌、干ばつから護られている。

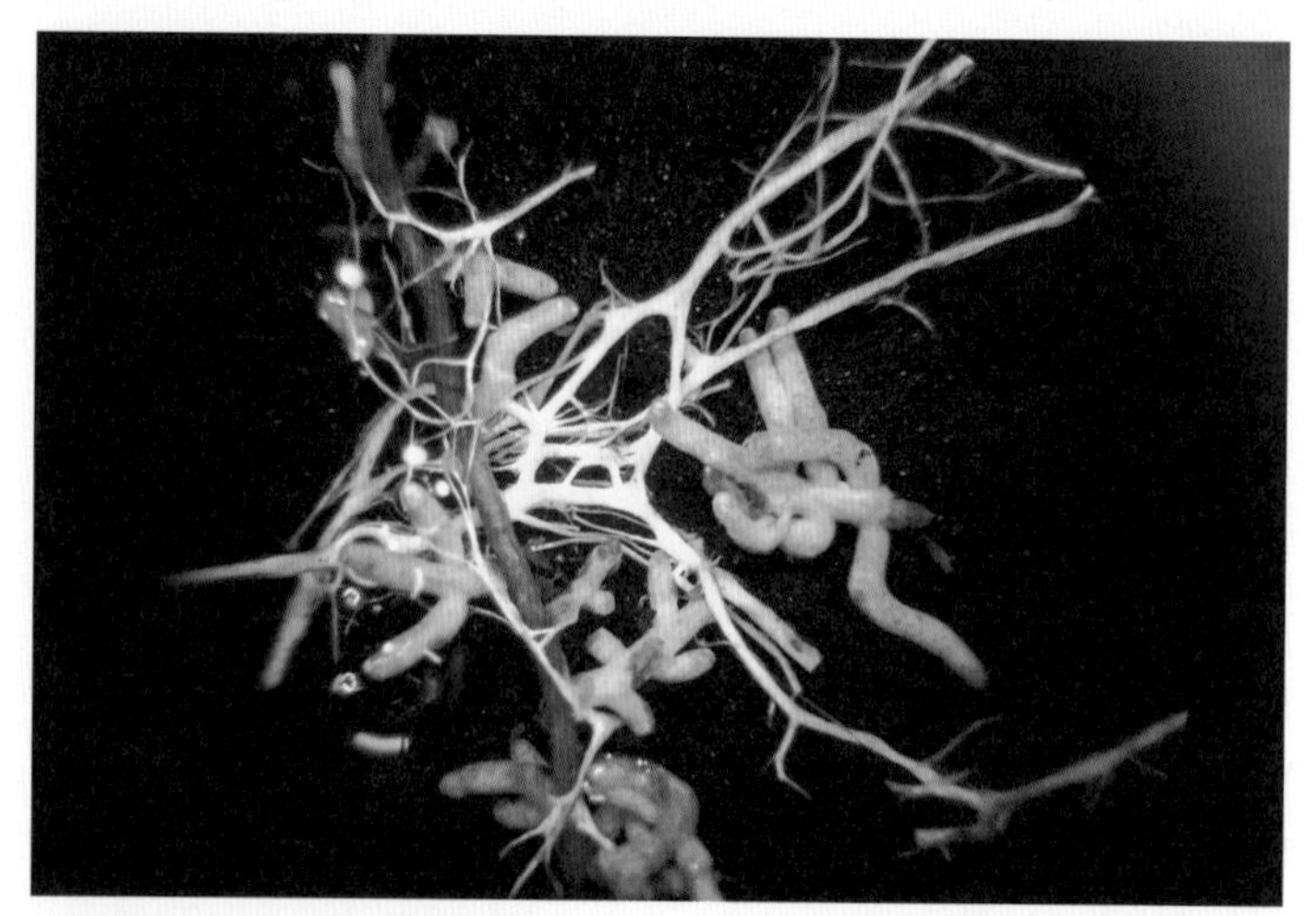

外生菌根菌がついている根の先端と根状菌糸束

キノボリイグチ（*Suillus spectabilis*）。外生菌根菌。白い菌鞘が木の根の先端を包み込み、羽状組織をつくっている。菌鞘は根の先端を損傷や病原菌から護り、菌糸体はここから伸びて土中の養分を探す。子実体は食べられるが、酸っぱくて刺激臭がある。

指先に見えるのは、林床をくねくねと走る菌糸体

太平洋沿岸の温帯雨林のウエスタンレッドシーダー。樹齢はおそらく500年ほど。ウエスタンレッドシーダーは、北米大陸西海岸の先住民文化の要である。衣服、道具、薬など、さまざまな重要アイテムに使われるが、ヨーロッパ人との接触が始まる前は、伐採されることはほとんどなく、自然に倒れた木を利用したり、生きた木の樹皮にイチイや鹿の角でできた楔を打ち込んで板状に剝がしたりした。

ウエスタンレッドシーダーのマザーツリーとその子どもたち。シーダーは種子から芽を出すこともあるが、垂れ下がったマザーツリーの枝が地面に触れたところから根を生やすこともある。しっかりと根づいた枝は、マザーツリーから分かれて独立した木となる。右側に見えているメープルは、レッドシーダーと一緒に生えることが多い。どちらも湿気の多い肥沃な土壌でよく育ち、アーバスキュラー菌根菌でつながっているためである。

いかと思わせた。開けるとそのなかは区切られていて、目盛り盤、つまみ、そして嘘発見器のような、またはスパイを感電でもさせそうな装置が入っている。「親父がこんなようなものを持ってたな」と父は言って、感心したようにヒューッと口笛を鳴らした。祖父がむかし住んでいた家の地下室は奇妙な機械でいっぱいだった。そのほとんどは、木材の伐り出しのために祖父が自作したものだった。

「あのハンノキがたくさんある区画に行って、印がついてるパインの苗木の側枝を切ってきて」と、ピンク色のテープが巻きつけてあるパインの苗木を懐中電灯で照らしながら私は父に言った。「主枝じゃなくて側枝だよ、主枝がなくちゃパインはどうやって上向きに育てばいいかわかんなくなっちゃうからね」

父は、まるで私が崖から飛び降りてと頼んだみたいな顔で私を見、それから「わかった」と小声で言った。

いまのところ父はかなり落ち着いた様子だったが、森のなかに――しかも真っ暗な森のなかに――潜む危険に対する父の幼少時からの恐怖心が強まって、パニックを起こしはしないかと私は心配だった。「私はここにいるから」と私は言って、ジーンに借りてきたウォークマンの電源を入れた。夜の闇にダイアー・ストレイツの「ウォーク・オブ・ライフ」が流れ、父の姿は上がったり下がったりするヘッドライトの光しか見えなくなった。私は、ここにいるからね、と呼びかけ続けた。まもなく父は、誇らしげにみずみずしい主枝を持って戻ってきた。

私はとにかくそれを受け取って、端から2・5センチのところまでの針葉と師部を剝ぎ取り、木部だけを残した。木部は、蒸散、つまり光合成中に針葉の気孔から水分が蒸気となって放出されることによって起きる水分不足に対応するために、木の根から枝の先へと水を運ぶ。日中は、蒸散による水分不足を補うための水分を根が乾燥した土中から吸い上げるのが難しいので、木部の水圧は低いはずである。だが夜間の木部の水圧はそれより高いはずだ——葉の気孔は閉まっているが根は土中の水分を吸い上げ続けており、木部には水分が充満して水は不足していないからだ。ところが日中の乾燥があまりにもひどいと、夜間に水分が補給し切れず、木部の細胞は真夜中でもまだ水を含んでいない可能性がある。

私は、周りを削いで最後に残った木部を、直径2センチのゴム製のストッパーの真ん中に穿った小さな穴に挿し込んだ。残りの枝と針葉はストッパーの下に逆さまにぶら下がった状態だ。そしてそのストッパーを高圧反応容器の、重いねじ留め式の蓋の中央に開いた直径2センチの穴に挿し、葉のついた残りの枝を、メイソンジャー［訳注：密閉できる広口のガラス瓶。容量は480〜700ミリリットルほどのものが多い］くらいの大きさの加圧室に押し込んで、容器の蓋をしっかりと締めた。パインの枝はまるで、ワインを入れる広口のカラフ［訳注：液体、とくにワインやコーヒーを供するためのガラス容器］のなかで上下逆さまにぶら下がっている盆栽みたいだった。ねじで締めた容器の蓋を照らすと、周りを剝いで裸にした木部が爪楊枝みたいにまっすぐ上に向かって飛び出しているのが見えて安心した。

私が窒素ガスの小型シリンダーにつながっているチューブを高圧反応容器にねじでしっかり取りつけ、つまみを回してガスの音を聞くのを、父はすっかり驚いたように眺めていた。切断された枝に私がかける圧力と、木部に含まれる水分の抵抗が同一になると、枝の先端に水の泡が現れる。苗木の水分が不足していればいるほど、水分は木部にしっかりとしがみつき、私はつまみを大きく回さなければならない。

水の泡が見えたら「出た！」と叫ぶのが父の役目だった。

興奮した父がものすごい大声で「出た！」と叫んだので私は飛び上がった。私はガスを止め、計器の針を見て驚いた――5本線。苗木は喉がカラカラで、夜のあいだにも完全には水分を回復していなかった。父はその枝を、たしかにハンノキの木立の真ん中で採集したと言った。

ハンノキは水分をほとんど吸収し、パインの苗木は乾いていた。ハンノキはおそらく、窒素をアンモニアに変換するのにものすごい量の水が必要なのだ、と私は説明した。土壌の計測データはまた、秋にハンノキの葉が古くなって分解されると多量の窒素を土壌に放出することを示していた。するとパインの根は、その放出された窒素を取り込める。「この苗木の針葉には窒素がたっぷり含まれてるはず」と私は言った。「喉は乾いてるけど」

「それって調べられるのか？」と父が訊いた。

私はこの枝の針葉を研究機関に送って窒素含有濃度を調べてもらうことにして、高圧反応容器の蓋を開け、父に標本の苗木を渡した。父はものの数秒で枝をビニール袋に入れた。父はいい技術者になるかも、と私は思い始めていた。

「次はどこの苗木を測る？」と父は、もう一度暗闇のなかに戻って行きたそうに言って、今度はすべてのハンノキを排除した区画から、ちゃんと側枝を持ってきた。水分不足の目盛りはゼロ。木部は水分をたっぷり含んでいた。ハンノキを排除した区画の苗木は、土壌水分が多いため、夜間に水分を回復していたのである。いまのところ苗木たちは、幹部たちの主張が正しいと言っていた——つまり、たしかにハンノキは夏のあいだ、パインに必要な水分を横取りしていたのだ。私は落胆すまいと努めた。私には、まさにそうした単純で近視眼的な結論の危険性に対処するための、もっと大きな問いがあったのだ。長期的な目で物を見、そこに窒素の必要性がもたらす複雑性が加わったとき、いったい何がわかるだろうか？

ロビンと私はその後3回、中性子プローブで土壌水分を計測した。そのたびに父と私もまた真夜中に実験場に行って、土壌水分の増減に苗木がどれくらいうまく反応しているかを調べた。

そうしてわかったことは私を驚かせた。

8月下旬になると中性子プローブによる計測の結果は、ハンノキが生い茂っている区画では再び土壌がたっぷり水分を含むようになったことを示したのだ。ハンノキをたくさん残す処置をした区画はすでに、すべての植物を排除した区画と同等の量の水が土壌に含まれていた。土壌孔隙は、晩夏に降った雨と朝露をたっぷり吸い込んだだけでなく、夜になると地下水でいっぱいになった。ハンノキの主根が地下の深いところから水を吸い上げ、それが側根から乾燥した表土に滲み出す、土壌水分の再配分と呼ばれる現象だ。水の移送である。

ほかの植物をすべて排除してパインの苗木だけを植えた土壌では、それとは違うことが起きていた。雨が降ると、水は地面の表面を流れ、それと一緒に小さな土壌粒子が流される。それを止める植物の葉や根がないために、シルト［訳注：沈泥。砂より小さく粘土より粗い砕屑物のこと］、粘土、そして腐植土の粒が川となって運ばれていく。8月下旬からその後の数カ月間、ハンノキが生い茂る区画の水分が増えるにつれ、裸の区画では逆に水分が失われていった。

父と私は高圧反応容器を使って、土壌水分の変化を苗木が感知しているかどうかを調べた。すると、土壌水分が増えるにつれて、ハンノキに囲まれたパインの苗木の水分不足は完全に解消されたことがわかったのだ。8月初旬のあの短い期間を除き、ハンノキが生い茂る区画のパインは、植物を排除した区画のパインと比較してとくに水不足ではなかった。

つまり、パインが自由に生育できるようにハンノキを排除しても、それによってパインが使える水分量が増えるのはほんの一瞬のことだったのだ。こうやってハンノキを殺すのはやりすぎであることが明らかになりつつあった。それだけではなく、土壌が失われるという副作用もあった。

次に私は光量を測った。ハンノキの茂る区画の苗木は、土壌を裸にした区画の苗木とほぼ同量の日光を受け取っており、ハンノキがないところでパインの成長が早いのは光の量が増えたからではなかった。それとは別に、考慮しなければならない重要な点があったのだ。ドーンが採集した土壌試料は、ハンノキを殺した結果、土壌の窒素が増えなくなったことを示していた――窒素を固定するフランキアという細菌が、ハンノキの根が枯れるとともにいなくなってしまったからである。窒素は、タンパク質、酵素、DNAなど、葉や光合成や進化が必要とするものをつくるために必要不可欠だ。窒素がなければ植物は成長できない。窒素はまた、温帯林の運命を決める最も重要な養分の一つである――なぜなら窒素は、森林火災で失われてしまうことが多々あるからだ。寒冷な気候だけでなく、窒素不足もまた、北国の森で木が生育しない原因であることがわかっている。

だが、ハンノキとそれに付随するフランキアが失われることによって、窒素が新たに固定――より正確に言えば、大気中の窒素がアンモニアに変換――されなくなる一方で、枯れた木の根や幹が分解されると、窒素以外の栄養分（リン、硫黄、カルシウム）が一時的に放出される。木の残骸が分解されるにつれて、ハンノキのタンパク質とDNAは無機化が進み、アンモニアと硝酸塩からなる無機態窒素化合物に変化する。このプロセスを通じて窒素はリサイクルされ、無機態窒素として放出されるのである。無機態窒素は土壌水分に溶解し、パインの苗木が使えるようになって、ほんの短い期間だがその成長を早める。だが1年ほど経ち、枯れたハンノキがとっくに分解され、無機化された窒素がパインの苗木や植物や微生物に消費されるか地下水に滲み出すかしてしまうと、植物のない土壌中の窒素の総量は、ハンノキが好きなように伸びている土壌と比べて激減したのである。ハンノキが分解されるとともにアンモニアおよび硝酸塩として一時的に放出された窒素は、すぐに消費されてしまい、その分の窒素を補充してくれるハンノキはもはや残されていなかった。行方不明になってしまったのだ。

最初の年の秋になるころ、ハンノキの分解中に一時的に増えた水分と養分のおかげで、植樹されたパインの苗木は、ハンノキが再び芽吹いている区画の苗木と比べて大きくなっていた。幹部の目にはそう映ったのだ。だがこれらの苗木はこのあともずっと元気に育つのだろうか？　それとも、迫り来る窒素不足が早晩苗木の成長を阻むのだろうか？　データを読むのは、まるで苗木の占星図を読むようでなんだか薄気味悪かった。

「ここが完全な森に成長するまで答えがわからないの？」とロビンが訊いた。

私にはよくわからなかった。私は読んだ論文について考えた。窒素を固定するハンノキなどの木によって養分が豊富になった土壌から、パインが窒素を受け取ることは明らかだった。パインの根――正確にはパインの根にコロニーをつくっている菌根菌――が窒素を土壌から吸収するのである。

私が不思議だったのは、ロッジポールパインの森の土台であるパインがなぜ、窒素の余り物を待たなければならないのか、ということだった。もっと賢い生き残りの術を編み出していて然るべきではないのか？

もしかしたら、いっさいの植物を排除した区画のパインの苗木は、枯れたハンノキの根や草の分解が終わったあとも、十分な窒素を確保できるのかもしれない。あるいは、もっと直接的に窒素を手に入れる方法がほかにあるのかもしれない。

いまのところ、私にわかるのはそこまでだった。

10月になると、私の手元には針葉に含まれる窒素に関するデータがあった。ハンノキに囲まれて育っているパインの針葉には窒素がたっぷり含まれ、ハンノキがないところの針葉には窒素が含まれていない。裸にされた土地の、枯れたハンノキの根に囲まれているパインは、分解された根が放出したリンとカルシウムをより多く吸収していたが、とくに窒素についてはは枯渇していた――新たに土壌に窒素が加えられないためだ。ハンノキが生い茂る区画の苗木は、夏の盛りに水不足で何本か枯れてしまったものの、それ以外は元気で、窒素と水分をたっぷり含み、ハンノキがないところの苗木と同等のスピードで成長していた。これはつまり、最も水分が不足する8月の数週間を除き、ハンノキは水分と窒素の両方を土壌に補充するということを意味しているように私には思えた。森が機能する仕組みは、自由生育政策が前提としている考え方よりも、はるかに複雑な様相を呈していたのである。

　森林局の幹部たちは、足りないもののデータしか見ていないのだ、と私は考えた。道端から眺めただけの、短期的なものの見方。本来ならパインの苗木が使えるべき資源を、ハンノキが横取りしていると思っているのである。

　だが一歩引いて、もっと長い期間、季節、状況を考慮した結果、それだけではないことがわかった。そのデータからは、豊かさという物語が明らかになったのだ。

　ハンノキをすべて排除した区画ではまた、野ネズミや野ウサギに直撃されて枯れてしまったパインの苗木がはるかに多かった。ロビンと私がその身の安全を心配した小動物たちは、伐採されたハンノキの枝を積み上げた山のなかですごい勢いで繁殖した。ほかに植物が何もない裸の土地に唯一残された植物であるパインの苗木は、まるで磁石のように小動物を惹きつけ、最初の年に野ネズミたちが嬉々としておいしい若枝を齧ったため、植樹した苗木のほとんどは茶色い突起だけになってしまったのである。ウサギの齧った跡は、ロビンと私が剪定鋏で切ったのと同じくらいきれいだった。その他、霜にやられた苗木もあった。針葉は短く、黄色くなって、やがて弱々しい死んだ幹だけが残った。日光で焼けてしまったものも多かった。通常なら周囲の植物が提供する、苗木を保護する日陰のないところでは、根元にその傷痕があった。夏が終わるころには、ハンノキという隣人を奪われた苗木の半数以上が枯れていた。裸の地面はまるで月面のように荒涼としていた。

一方、ハンノキに囲まれた苗木はそのほとんどが生き残っていた。植物のない区画で生き残った少数の苗木と比べると、その成長の速度はわずかにゆっくりではあったが、針葉は健康で深緑色をしていた。ハンノキを最大限に残した区画に植えた59本の苗木全部の容積量を足し上げると、成長の早いパインがほんの数本残っているだけの裸の区画の総容積量よりもずっと多かった。小さめの木がたくさんあるほうが、大きな木が少しあるよりも木材の総容積は大きかったのだ。

後年私は、毎年除草剤を撒いてハンノキやその他の植物が生えないようにした区画と比べ、ハンノキが生い茂る区画では土壌に窒素が補充され続けるのを目の当たりにした。15年経つとそこには、ハンノキを排除した区画の3倍の窒素が含まれていた。植物を排除するという処置は、短期的には得だった――水分、光、養分がほんのちょっとのあいだだけ増加した――が、長期的には固定される窒素が減少し、損だったのである。雑草の排除は、借金で借金を返すようなものだったのだ。

私は修士課程を終えるためにコーバリスに戻り、居心地のいいドーンの小さな家にそっと移り住んで彼と同棲を始めた。ドーンは使っていなかったベッドルームを改造して私の書斎にしてくれた。私たちは大学のキャンパスまで自転車で通い、正午になると田舎道をジョギングし、庭で食事するのが習慣になった。リンゴやハックルベリーを摘み、ドーンがパイを焼く。彼は友人たちとのディナーパーティでシチューをつくるためにトマトやスクウォッシュ［訳注：カボチャを含むウリ科の実を総じて英語ではsquashと呼ぶ］を植えていた。ディナーパーティでは、彼はおしゃべりだったけれどその穏やかな会話ぶりが、恥ずかしがり屋の私をリラックスさせてくれた。私は授業とデータづくりに集中し、ドーンは仕事をしながら料理をし、ワールドシリーズを観戦した。ドーンは土壌の検体を採集しているか、さもなければ検体を分析機器にかけたりデータを分析したり、彼が助手をしている教授の研究室を管理したりしていた。決まった日課を繰り返すことが好きで、それが私を安定させてくれた。検体を質量分析計にかけたり、土壌の保水容量を割り出したり、大量のデータをまとめて編集する方法も教えてくれた。9月の日々はゆっくりと過ぎ、爽やかな10月がやって来た。11月の激しい雨はやがて12月の雪となり、キャンパスにスキーで通えるほど積もった。私は夢中で研究した。ドーンは私がそうして必死で研究に没頭するのを嫌がらず、パインとハンノキの秘密を解き明かすための私の研究に関心を持った。週末になると私たちはカスケード山脈に出かけ、トレイルをハイキングしたりスキーをしたりした。太平洋岸北西部の、大学を中心としたこの町で、私はようやくくつろぐことができたし、彼も私と落ち着けたことを喜んだ。そのころの私たちの生活がどんなに気楽なものだったか、私たちはどちらも気づいていなかったと思う。

だが私のデータは、行く手に問題が待ちかまえていることを示していた。

ハンノキを排除したことで、変換された窒素が土壌に補充される量が減少することは明らかになっていた。植樹後1年を待たずに、ハンノキの排除が土壌の窒素量に与える影響は、パインの針葉に含まれる窒素濃度が低いことから明白だったのである。そのうえ、ハンノキがない区画のパインは成長のスピードが速かったとは言え、その半数以上が枯れてしまっていた。長期的に——この先数十年のことを考えると、土壌の窒素が減ったことで、残ったパインの生育速度が遅くなるのではないかというのが私の懸念だった。結局、あとでわかったことだが、これらハンノキなしの区画のパインはやがて極度な栄養不良に陥り、アメリカマツノキクイムシが繁殖して、残った木のほとんどが枯れてしまった。30年後には、ハンノキなしの区画に初めに植樹された苗木のうち、残っていたのはわずか10％だったのだ。

雑草除去主義者は、土壌から窒素が失われることによって長期的な影響があり、最終的には人工林が衰退するという点を見落とし続けた。こんなことを無視していいはずがないではないか？　ハンノキは土壌の養分の補充のために必要なのであって、長い目で見れば、パインの生育にとって有害ではなくむしろそれを補完するものである、ということを彼らに納得させせなければならなかった。ハンノキは単なるパインの競合相手ではなく、その成長を助けるものであるということを示す証拠がもっと必要だった。だが、ハンノキを排除することの影響――窒素固定、分解、無機化の減少――が、森の生産性の低下という形で表れるまでには何十年もかかるかもしれない。私はそんなに長くは待てなかった。それに、苗木は窒素の枯渇をほとんどたちどころに感知するように見えた。たった1年後にはすでに、裸の土地のパインの針葉に含まれる窒素は、ハンノキに囲まれたパインよりも少なかったのだ。ハンノキとパインのあいだには、もっと直接的なつながりがあるに違いなかった。

パインの苗木はいったいどうやって、そんなに迅速にハンノキから窒素を受け取るのだろう、と私は首をひねった。これまでの通念で言えば、変換された大気中の窒素はハンノキの葉に蓄えられ、秋の終わりが近づくにつれて葉が落ちて、虫たちの食物網によって分解される。大きなものがより小さなものを食べる、生き物のピラミッドだ。ミミズ、ナメクジ、カタツムリ、クモ、甲虫、ムカデ、トビムシ、ヤスデ、ヒメミミズ、クマムシ、ダニ、少脚類、カイアシ、細菌、原虫、回虫、アーキア、真菌、ウイルス、それらすべてが互いを貪り食うのである。小さじ1杯の土壌には、9000万匹の生物が棲んでいる。それらは葉を食べる際、どんどん葉を小さく噛みちぎる。そして、ちぎれた葉やお互いを食べ合いながら、余分な窒素を土壌孔隙に放出して、パインの根が使える、栄養たっぷりの窒素化合物のスープができるのである。だがこの分解と鉱化の過程においては、成長スピードが速い草が、パインより先に無機態窒素を取り込んでしまう。このことと、ハンノキと草に囲まれて育つパインの針葉に多量の窒素が含まれているという事実は辻褄が合わなかった。

あるゾッとするような研究によれば、根の先から伸びる菌根菌の菌糸は、土壌中に棲んで腐敗した落ち葉を食べるトビムシのお腹に侵入できる。菌糸はトビムシのお腹から直接窒素を吸い出して、それをパートナーである植物に渡す。もちろん、トビムシは悲惨な最期を遂げる。そうやって菌根菌はなんと、植物が受け取る窒素の4分の1をトビムシのお腹から調達するのである！

私は、それよりももっと直接的にハンノキからパインに窒素が運ばれる、菌類が関与している経路があるのではないだろうかと考えた。トビムシのような分解生物を仲介しない方法が。

私は数々の学術誌に目を通し、土壌科学者の話を聞き、菌類学の研究室にも行ってみた。そして、ストライエン・クリークに生えていたギンリョウソウモドキ――葉緑素を持たない白い植物――がモノトロポイド菌根という特別な菌根菌を持っていて、それがパインの根に付着し、光合成産物をパインから受け取ってギンリョウソウモドキに直接届けていたことを思い出した。まるでロビン・フッドみたいに。

それから探していたものが見つかった。大学の図書館で学術誌を何日も探し続けて、たまたま若いスウェーデン人の研究者、クリスティーナ・アーネブラントの新しい論文を見つけたのだ。彼女は、ハンノキとパインに共通する種類の菌根菌がハンノキをパインにつなげ、窒素を直接運ぶことを発見したばかりだった。私は驚愕し、急いで論文を読んだ。

パインは、土壌をまったく介さず、菌根菌を通して窒素をハンノキから受け取るのである！　それはまるでハンノキが、パイプラインを通じてパインに直接ビタミンを送っているかのようだった。菌根菌がハンノキの根にコロニーを形成すると、菌根菌の菌糸はパインの方向に伸びて2つの木を結ぶのである。

窒素は、裕福なハンノキから――なにしろハンノキは窒素をたっぷり持っているのだ――、そのつながりを通して貧しいパインへと、濃度勾配に従って流れるのだろう、と私は推測した。

私は書棚を走ってあとにして、玄関ホールの公衆電話からロビンに電話した。ロビンはネルソンに戻り、秋学期の1年生を教えていた。

「ちょっと待って」。ロビンは廊下を走らないようにと大声で生徒に言い、私は、菌根菌のおかげでパインはハンノキから窒素を受け取れるのだとまくしたてた。

「待って、待って、待って。菌根菌のパイプラインはどうしてその方法を知ってるの？　そもそも、ハンノキはなぜ窒素を送ろうとするの？」

「それは……」。ロビンは私を困らせるのが得意だ。「ハンノキは必要以上の窒素を持ってるからかも」

「それともパインはお返しにハンノキに何かあげるんじゃないかしら？」とロビンが言った。「切るわね！」

私は発信音を響かせる受話器を見つめ、それからオフィスでデータ処理をしているドーンのところに走っていき、ハンノキが菌類のネットワークでパインとつながって窒素を送れると書いてあるすごい論文を見つけた、と大声で言った。

「え？　何？　落ち着けよ」

画面に映ったプログラムが大量のデータを読み込んでいる、テレビほどの大きさのコンピューターが置かれたドーンのデスク脇の椅子に私は沈み込んだ。

そしていま読んできたことを事細かに話した。

「それは納得できる話だな」とドーンは言って、カリフォルニアの研究者による新しい論文のことを教えてくれた。同種類の菌根菌が、オレゴンホワイトオークとダグラスファーの根の両方にコロニーをつくり、研究者たちは、この2種類の木がつながっているのか、また2つのあいだを養分が移動しているかどうかを解明しようとしているというのだ。

私はバックパックのなかを引っかき回して、ドーンがつくったチョコチップクッキーを引っ張り出して食べた。おいしかった。2人でアイデアを交換し合いながら、私はジェット機みたいにエネルギーを燃焼していた。ハンノキのように窒素を固定する植物がパインのような木に窒素を送れるのだとしたら、森には私たちが思っているよりも豊富に窒素が存在するのかもしれない。

私たちは、これが農地にとって何を意味するかについてあれこれ話し合った。たとえば、もしも豆類がトウモロコシに窒素を送れるとしたら、作物を混合させて育てれば、化学肥料や除草剤で土壌を汚染させるのを止められるかもしれない。

私の頭はねじを巻いた時計のように忙しく動き、振り子が大きく揺れていた。ハンノキとパインに直接的なつながりがあると考えれば、ハンノキによって変換されたばかりの窒素の存在をパインがあれほどすぐに感知できることの説明がつくが、そのつながりとは菌根菌なのかもしれない。そのつながりがあるから、ハンノキがなくなったことがパインにはすぐにわかるのだ。ハンノキがどうやって窒素をパインに送るのか、そしてそれがどれくらい迅速に起きるのか、それを示すことができれば、ハンノキを排除することによって森の生産性が落ちるということを見せるために100年待たなくてもいい。私の頭のなかの時計の短針は進み、真夜中を指した。

「そうすればハンノキに除草剤を撒くのをやめさせられるかな?」と私は訊いた。

コンピューターの計算が終わり、ドーンはキーボードを叩いた。「スージー、残念だけど、それは疑わしいな。林業界は、早く、安く育つ材木を欲しがっていて、オレゴンコースト山脈のダグラスファーみたいに何百年もかかるんじゃなくて40年で育てる方法を完成させてるからね。もうずっと前からそうやって、レッドアルダーを除草剤で殺したあとに窒素肥料を混ぜて大儲けしてるんだよ」。ハンノキの一種であるレッドアルダーは、低木であるシトカアルダーとは異なる高木なので、固定する窒素の量は10倍だけれど、日光に関してはことさらに手強い競争相手として、殺すべき木の筆頭に挙げられるのである。

廊下を歩く音がして、学生の最後の一人が出ていった。私が実験で得た測定値は全体図の一部にすぎなかった。そこには、私たちにもまだ完全には見えていないものが欠けていた。つまり、ハンノキの根についている共生細菌と菌根菌、そしてその他の、土壌に棲む目には見えない生き物たちは、どうやってパインの生育を助けるのか、ということだ。またその数値からは全体像は見えてこなかった——資源をめぐる植物たちの関係は、勝者による独り占めではなく、持ちつ持たれつであり、わずかなものから多くを生み出して、長期的にバランスを保つのだということが。ドーンの言うとおりだった——政府やお金のことしか頭にない企業は、安くて手っ取り早い解決法と最終利益にばかり注目していたのだ。

私が肩を落としたのを見てドーンは、しっかりした理論を構築し、私のデータを使って闘えと言った。私は気を取り直した。ハンノキに除草剤を撒いてもパインの生育が改善されなかった実験結果はいくらでもあった。だが私が本当に必要としていたのは、ハンノキが逆にパインの育成を助けている、という証拠だった。

「俺、夏に君の実験場で検体を採っただろう？　ハンノキがどれくらい窒素を固定しているか、無機化した窒素のどれくらいがパインに辿り着いたか調べるためにさ」。ドーンはコンピューターの電源を落とした。「あのデータを使って長期予測を立てるつもりなんだ」。ドーンがその論文を発表すれば、2人でカナダに戻ったときに彼が仕事を見つけるのに役立つかもしれない。彼は、木の生育と窒素に関する私のデータを使ってFORECASTモデル［訳注：森林管理を重視した視点から森林生育と生態系力学を予測するモデル］を調節し、ハンノキの数の多少が長期的にパインの生育にどのように影響するかを予測しようとしていた。そして彼はすでに、レッドアルダーとダグラスファーをこのモデルに当てはめていた。それによれば、レッドアルダーが排除されたところでは、100年以内にダグラスファーの生育が衰退した。

「じゃあ、ハンノキがパインの生育を助けるかどうかがわかるデータはもうあるわけね」。再び興奮した声で私は言った。夕陽が壁をオレンジ色に染めていた。

家に帰るため、彼は自転車のヘルメットを手に取った。データは闘いの一部にすぎない。ハンノキを排除すると窒素は固定されなくなるかもしれないが、私たちには苗木の成長のデータが1年分あるだけだった。ドーンのモデルを当てはめても、長期的なデータがなければ説得力はない。

「森林局は結果を見せなきゃ納得しないよ」とドーンは言った。私の発見を公表したければそれが必要だった。

私は自分のヘルメットのストラップを留めた。彼が正しいことはわかっていた。

「でも私、話すの下手だもん」と私は言った。私は人前で話すのが死ぬほど怖かった。「プレゼンスライドがバラバラになっちゃって、即席でしゃべらなきゃならなくなる悪夢をよく見るの」。そういうことが一度あって、私は凍りついてしまって恥ずかしさで気を失いそうになったのだ。

「ああ、だから俺もずっと技術屋なんだ」とドーンが言った。「だけど変化を起こしたけりゃ隠れてるわけにいかないぜ」

私たちは自転車で家に帰った。冷たく透明な冬の空気のなかで、道路にせり出しているヒロハカエデの葉は鮮やかな金色、アカガシワは燃えるように赤かった。人通りのない道路に出ると、私はスピードを上げ、ドーンと並んで走った。私たちは、外のポーチに学生が溜まって本を読んだり会話に夢中になったりしているクラフツマン様式の家々の前を過ぎ、たくさんの男子学生がビールを飲んだりバレーボールに興じたりしている男子社交クラブの、高級車が並ぶ白い大きな建物の横を通った。学士号を取ったブリティッシュコロンビア大学では、こういう男子社交クラブも女子社交クラブも見たことがなかったので、このアメリカ的な文化の味は魅力的で、私は思わずぽかんと眺めずにはいられなかった。

死んだフクロネズミを避けて通りながら私は、ダニ、ナメクジ、カタツムリなどを食べるというその大切な役割を無視して、生ゴミやバーベキューのゴミを漁るフクロネズミを悪者扱いする人たちのことを、当のフクロネズミはどう思っただろう、と考えた。私たちは交差点で止まり、私はドーンに訊いた——もしも科学が金儲けの邪魔をしたら、企業はどうすると思う？

ドーンは肩をすくめた。「奴らは利益を護ってくれる政策を欲しがるだろう。君の話は説得力がなきゃいけないな」

ドーンはスピードを上げ、私は、いったいどうやったら変化を起こすのを手伝ってくれる人にこのことを伝えられるだろうかとあれこれ考えた。私が身につけた対立への対処方法といえば、対立から逃げることだったのだ。自分の意見を主張するのが私は苦手だった。講演などもってのほかだった。

「スージー、危ない！」とドーンが叫び、私は急ブレーキをかけた。私たちの目の前を車が横切り、すんでのところで私は助かった。

修士課程を終えるころには、私は地元の林業関係のカンファレンスで講演の経験を積んでいた。私は少しずつ人前で話をする技術を身につけ、しっかりスライドを用意してシンプルにデータを見せることから始めて話し方の練習をした。さらにそこからちょっと肩の力を抜く必要もあった——退屈に聞こえないように。さんざん失敗もした。たとえば、プレゼン中に罵り言葉を使って、若い女性のくせに言葉遣いが下品だと一部の男性に文句をつけられたこともある。だが、「人前で話す才能がある」と褒めてくれた著名な研究者もいた。才能なんかなかったが、その言葉には勇気づけられた。先は長かった。私には伝えるべきメッセージがあったけれど、どうすれば人を惹きつけるストーリーになるかがわからなかったのだ。

ドーンと私はカナダに戻った。私が29歳、彼が32歳のその秋、私たちはカムループス近郊の、キラキラ光るアスペンの木の下で結婚した。私が結婚を急いだわけではないが、ドーンがカナダに滞在できる期限が迫っていたのだ。いずれにしても、私は彼に夢中だったし、結婚しない理由はなかった。

私の花嫁付き添い人はロビン、ブライズメイドはジーンだった。ロビンとジーン、そして私は、シンプルなスカートと、それに合わせたブラウスを着た。私のブラウスは母が選んでくれた、アスペンの樹皮みたいなクリーム色がかった白、ロビンのブラウスは湖の岸辺に生えるガマの葉の色、そしてジーンのブラウスは水色の小さな花模様。母とウィニーおばあちゃんは紫色の服を着た。母はキュウリのサンドイッチをつくり、ウェディングケーキを焼いてくれた——シェリー酒たっぷりで、マジパン［訳注：粉末アーモンドと砂糖、卵白などを混ぜてペースト状にした洋菓子］でアイシングされたフルーツケーキだ。おばあちゃんは私の髪を編み込み三つ編みにして、カスミソウの花を留めつけてくれた。おばあちゃんはいつもと変わらず物静かだった。三つ編みを編み終わると、おばあちゃんは私のスカートを整えて、綺麗よ、と言った。私がおばあちゃんと同じくらいタフで、でもタフすぎないことを誇らしく思っているのを私は知っていた。おばあちゃんはこの5年前に、紅斑性狼瘡であわや死にかけたが、回復して大きな菜園をつくった。でも歳を取るにつれておばあちゃんは涙もろくなった。その日、ドーンの隣に自分の居場所を見つけた私を見ながら、おばあちゃんはかろうじて涙を堪えていた。

いまではロビンの夫となったビルは、自分のカメラでこっそり控えめに写真を撮っていたし、ジーンも結婚したばかりだった。父はマーリーンと一緒にやって来て、母と一緒に、ロビンとジーンと私が全員3年のあいだに結婚したのだからケリーももうすぐに違いない、と冗談を言った。「結婚式だらけね!」と、父と母のあいだの緊張をほぐすのが得意なマーリーンが言った。ドーンの両親は、悪天候にもかかわらず、はるばるセントルイスからやって来た。

ケリーはその週末仕事を休み、淡いブルーのズボンと、ウィニーおばあちゃんが編んだネイビーブルーのセーター、それにカウボーイブーツではない靴を履いておめかししていた。冬に備えて放牧していた牛たちを集め、スプリンクラーを撤収しなければならない忙しい時期だったが、来てくれたことがうれしかった。ティファニーも本当は来たくてたまらなかったのだが、おばあさんの具合が悪くて来られなかった。ケリーはメーブル湖で過ごしたころの笑顔で、意気揚々と大股で私のところにやって来た。ケリーには彼女もいたし、蹄鉄所を経営し、馬に跨がって牛追いもしていた。「おめでとう、スージー」と彼は私の耳元で囁いた。

式のあいだ、ベティおばさんがピアノを弾き、曲が「ヒア・カムズ・ザ・ブライド」になると、私たち17名は太陽の下に立った。ドーンと私は誓いの言葉を交わし、家族と抱き合い、そしてしばしじっと佇んだ。

それからまもなく、私はケリーがみなから離れ、木立で一人、ポケットに手を突っ込んで物思いに耽っているのに気づいた。静かなひとときを楽しんでいただけかもしれない。私たちは子どものころから、静寂がいかに心を慰めてくれるものであるかを知って育った。だが静寂はまた、ときには耳をつんざき、感情を抑え込み、問題を押し隠すものでもあった。ケリーは顔を上げて私ににっこりした——大丈夫、というしるしに。

ビルは、湖のそばで記念写真を撮りたがった。私が緑と紫のハイヒールでヨロヨロと歩いていると、ビルは霜に覆われた腐植土を指差しながら、「ハイヒールが泥に嵌まるよ」と私をからかった。「ご心配なく」と私は言って丸太に腰掛け、バックパックからハイキングブーツを引っ張り出した。

私たちはトレイルを歩いて湖岸まで行き、淡い日の光のなか、アスペンの下で笑顔の私たちの写真を撮るビルに、「足首から上を撮れよ」とケリーが言った。岸に沿って、湖は凍り始めていた。

私の生活のすべてが、背中に垂れる三つ編みのようにしっかりと一つにまとまっていた。

7 喧嘩

BAR FIGHT

恐怖で頭のなかを真っ白にしながら、私は演台に近づいた。明るい照明に照らされたカンファレンス会場は、短く刈り込んだ髪に野球帽をかぶった人たちで満杯だった。私は汗まみれのスライド投影機のリモコンを摑んだ。私の前に講演し、ラウンドアップという除草剤を使っての除草について宣伝したモンサントの社員に対する盛大な拍手がだんだん小さくなり、会場が静かになった。私の目には、枯れたアスペンに囲まれて自由生育政策のもとに育つロッジポールパイン、死んだカバノキに交ざって立つダグラスファー、周りにハックルベリーがないトウヒの画像がまだ鮮明に残っていた。私は、青い木綿のパンツと汗びっしょりの白いポロシャツを着てぶるぶる震えながら、3年前から一緒に仕事をしている森林局の研究助手バーブにネイビーのブレザーを借りてよかった、と思った。私たちは2人とも33歳で、背が高からず低からずという体格も似ていたが、人生経験はカバノキとダグラスファーくらい違っていた――バーブは3人のティーンエージャーの子どもを持つ賢い母親だったし、私はまだ研究に夢中だったのだ。

「本日はお招きありがとうございます」と私は話し始めた。マイクが甲高い音を立て、聴衆が顔をしかめた。森林監督官や森林局幹部の数人がノートを手に取り、若い女性たちは私をじっと見つめた。小声で周囲に何か囁く人もいた。後ろのほうに座っている男性が、聞こえないと叫んだ。モンサントの人は、自生植物を殺して「自由生育」の状態にすることが針葉樹の生存率を高める、あるいは生育を速めるかどうかについてはひと言も触れなかった。

私がブレザーのボタンをかけると、バーブが両手の親指を上げてオーケーと合図した。私たちは、ハンノキの実験について発表するために、カウボーイの町ウィリアムズ・レイクにいた。私は、大学の博士課程に在籍して落葉樹と針葉樹がどのように互いに影響し合うのかについて掘り下げた研究をしているコーバリスの街から、空路この町にやって来た。バーブは、ここから南東に300キロのところにあるカムループスから、緑色の公用ピックアップトラックで空港まで私を迎えに来てくれた。彼女の燃えるように赤い髪と、ディズニーのキャラクター入りの、彼女には小さすぎる子どものお下がりのピンク色のバックパックはすぐに見つかった。

ウィリアムズ・レイク・スタンピードの歴史を記す大きな白黒写真の前を大股で歩きながら、私はバーブに抱きついた。命がけで雄牛や荒馬の裸の背に跨がる逞しいカウボーイたちの写真の隣には、金、毛皮、牛を追って川や山のなかで若くして命を落とした男たちの写真もあった。私はバーブから、森林局で、私の実験の正確さを疑う会話が交わされていることを聞いていた。だが私がこのカンファレンスに飛びついたのは、ウィリアムズ・レイクにはケリーが住んでいて、彼と会えるチャンスだったからだ。私たちはパブで会うことにした。この2年ほど前に、ケリーとオンワード牧場でカウボーイ流の結婚式を挙げたティファニーも来てくれることを私は期待していた。2人はあちこちでロデオに参加するのと蹄鉄工の仕事が忙しく、私は政府の仕事で森林再生に関する大掛かりな研究プログラムを組み、ドーンは森林生態学のコンサルティングの会社を始めたが、休業して私と一緒に博士課程に戻っていた。

私は念入りに準備したスライドの最初の数枚を見せた。ふさふさと緑の葉をつけた一面のハンノキに続いて、それらを伐採したあとの茶色い切り株を見せると、みなの目が輝いた。私は練習によって声が震えるのを抑えられるようになっていた。そして、観客はみなキャベツだと思え、と言った父の言葉を思い出した。私はずらりと並んだキャベツを見回し、ちょっとのあいだバーブを見てから、緊張に引きつった声で言った――「今日お見せする研究はすべて、査読を経た論文として発表されています」

私のスライドを見て頷いているキャベツもいた。バーブはうれしそうだった。ドーンは家で博士課程の研究に勤しみ、パンを焼き、自転車で大学に通った。カムループスの町外れの森のなかに建てたログハウスで数年暮らしたあと、彼はすんなりとオレゴンでの大学生活に戻っていた。彼は森のなかの家は気に入っていたけれど、製紙工場で成り立つ小さな町の労働者階級のカルチャーにはうまく馴染めず、ジョギングしたり田舎道を自転車で走ったり、彼が私にデータ分析や自信をつける方法をアドバイスしたり、というコーバリスでの毎日に戻ったことを喜んでいた。

私は覚悟を決めて次のスライドを見せた。それは、ハンノキを全部あるいは一部排除しても、パインの成長はいっさい早まらなかったことを示すものだった。人工林が政府の定めた自由生育基準を満たすために、木材会社が何百万ドルもかけてハンノキを排除しても、木の生産性は上がらなかった。ハンノキが排除されて自由に生育できるはずのパインは、そのために大金を注ぎ込んだにもかかわらず、ハンノキに囲まれたパインと生育速度が変わらなかったのだ。

会場を気まずい静寂が包んだ。森林再生ワークショップで知り合った、若くて陽気な森林監督官のデイブは、スライドを指差しながら上司のほうに顔を近づけた。律儀に人工林からハンノキを排除していた彼らに向かって私は、ハンノキを排除する必要はまったくない、と言っていたのだ。私が修士課程で行った実験で唯一パインの成長が早まったのは、世界の終末を思わせる丸裸の区画だけだった。ありとあらゆる草木を一切合財取り除いたところだ。でも、低木の茂みがないところで、霜や日焼けで枯れたり、齧歯類の動物に食べられたりせずに生き残ったほんのわずかのパインは、たっぷりの日光と水、それに周囲の木の腐敗した残骸から放出される養分を貪った結果、ひょろ高く、枝は不自然に大きく、幹は大きく膨らんでいた。私は深呼吸をして説明を続けた。

「ハンノキだけを排除してもパインの役には立ちません。パインの成長を早めたければ、パイングラスも含めてすべての草木を排除しなければなりません」――徹底的に草木を排除した区画にまばらに立っている巨大な木のスライドを見せながら、そう私は言った。捻れた幹にポツポツとただれや潰瘍ができている異様な様相のパインを観て聴衆はざわめいた。ここにいる木材会社の人たちは、成長の早いこうした木は年輪が幅広く、節が大きくて、森林火災のあとに自然に再生してゆっくり成長する木とは非常に異なっているということを知っていた。それでも彼らは、植樹された木がこうした短所を乗り越えて成長し、次の収穫期である半世紀後には価値のある木になっていることを期待していたのだ。私のデータは、彼らの希望的観測に疑問を突きつけていた。私と同様、彼らもまた、通常の操業においてこのように完全に草木を排除した状態がつくれるものでないことはよくわかっていた――それほどの作業には費用がかかりすぎる。現実的に彼らができるのはせいぜい、ハンノキを一度伐採し、下草はそのままにしておくことであり、私のデータによればそれはまったく何の役にも立たないのである。だが彼らは自由生育という政策に縛られており、彼らの人工林から低木であるハンノキが排除されていなければ、罰金やもっとお金のかかる処置をさせられることになるのだった。その政策が、収穫後の公有林に健康で競合のない木を育てることを意図してつくられたものであることは私も理解していたが、その熱意のあまり政策立案者たちは、森というのは単に成長の早い木が集まっただけのものではないということを忘れてしまっていた。将来的な利潤のために自生植物を排除して初期段階での成長を早めるというやり方は、いい結果をもたらさなかった――誰にとっても。

換金作物となる巨大な木を育てようとする政策は、それがより健康な森をつくれないのであれば問題である、と私は指摘した。自分のメモに集中していた私は、聴いている幹部たちが腕組みをしているのに気づかなかった。「これを見るとおわかりのように、ハンノキを排除すれば、予想どおりパインが受け取る日光はある程度増えますし、盛夏の1週間ほどは水分も増えます。ですがその代償として、枯れた植物の山が分解され終われば、使える窒素が減ってしまいます。その結果、5年後の木の生育に関しては、ほとんど改善されていません」と私は言って、植物をすべて除去することが局地気候を極端にする――つまり地表が、日中は焼けるように熱く、夜間は凍りつくほど冷たくなるという測候所のデータに移った。グルグル回る風向計、雨水が溜まってひっくり返りそうなバケツ、伸びる鉄条網とセンサー、カチカチ音を立てるデータロガーが私のすぐ横にあるような気がして、私は再び口ごもった。一流カメラマンとして認められつつあったバーブが、私を励まそうとして私の写真を撮った。

手を挙げた人がいて、私はその人を指した。「それはあんたの特別な試験場だよね。実際の森はどうなんですか」とその人が訊いた。周囲の男性たちが頷いた。

「いい質問ですね」と私は興奮して答えた。「私は、通常の除草、つまり、ハンノキだけ伐採してそれ以外の草は残してある区画に植樹された木の生育状況を、除草をいっさいしていない対照区画の木とずっと比較しているんですが、何度も何度もこれと同じ結果が出ています。除草すると、自由生育基準はたしかに満たします——植樹した木のほうが周囲の草木よりも背が高いわけです。でも、除草剤を使おうが鋏で切ろうが、その区画が乾燥していようが雨が多かろうが、南にあろうが北にあろうが、植樹したのがパインだろうがトウヒだろうが、群落の生育が助長されることはありません——たしかに成長は早いですが。私が気になるのは、自由生育で育ったパインのうちの半数は、何かしらの感染や損傷があって、いずれは枯れてしまったり使い物にならなくなってしまったりするということなんです」

森林局の政策担当幹部のトップの一人が顔をしかめた。彼は、この実験について書いた私の論文が査読つき学術誌に掲載されたあとも、欠点を見つけるために私の同僚たちにそれを読ませていた。彼は「牧師」とあだ名されていた。自身が策定に携わった政策を、神の言葉のように盛んに説き勧めていたからだ——木の種類の構成を定め、それによって森全体の健康に影響を与える一連の政策である。彼の横には、バーブや私と同じ森林局のオフィスに勤める植生管理官のジョーがいた。バーブはそのオフィスで、私たちの実験の信憑性が議論されているのを漏れ聞いていた。突如、「牧師」とジョーが一緒にいるのは危険なことであるように思われた。

バーブが私に向かって頷いた。気を散らさないで、と言いたいのだ。私はさらに、100年後のパインの森は、土壌に窒素を固定するハンノキが存在しないところでは生産性が半分に落ちる、というドーンのシミュレーション予測を示した。そして、ハンノキが排除された森の成長力が、収穫するたびにさらに弱まっていくことも。パインが成長して健康な森をつくるためには、周囲のハンノキによって新たな窒素が供給されなければならず、伐採や火災といった攪乱の直後の、窒素が枯渇しているときにはとくにそれが必要であることをそのモデルは示していた。

若い女性が手を挙げて、私が指すのを待たずに質問した。「ハンノキを排除しても人工林の生産性が上がらず、むしろ生産性が下がるのなら、どうして私たちは大金を使ってハンノキに除草剤を撒いているんですか？」

会場には、椅子に座り直す音、囁き合う声が聞こえた。首の後ろの筋肉が緊張したが、私は話し続け、その女性に直接答えて言った——「自由生育政策は、その費用が正当化できるのかどうか、精査すべきだと思います。私は人工林の将来的な健康について懸念しています」。アランがここにいたらいいのに——彼が私の研究と私を応援してくれていることが私の支えだった。彼ならこういう質問に答えるのを助けてくれたはずだ。

「牧師」がジョーに何か言い、2人は笑った。2人はもはやキャベツではなかった。つけ上がったジョーが手を挙げて、私のプレゼンテーションは早計だと決めつけ、それからこう訊いた——「もっと慎重に、長期的なデータを待つべきじゃないんですかね？」

言い方は穏やかだったが、彼の立ち位置は明らかだった。ジョーは最初のころは私の研究を支持していたのだが、結果が明らかになるにつれて態度が変わった。彼は出世を狙っていて、お偉いさんのつくった政策に異論を唱えていては出世が望めなかったのだ。弱みを見せてはいけない、と私は自分に言い聞かせた。私の実験はまだ未完成だと同意してしまったら、私の言うことは無視されて何も変わらないだろう。バーブが身を乗り出し、私はそれに勇気づけられて彼の質問に真っ向から答えることにした。私はマイクに顔を近づけた。赤毛のバーブは顔をジョーのほうに向けて彼を睨みつけた。自分でもびっくりしながら、私は落ち着いて、長期的なデータがあればそれに越したことはないけれど、この実験だけでもすでに将来の予測は立つ、と反論した。苗木の段階で成長率が増加しないのに、あとになって生育が大きく改善される可能性は低いだろう。生産性の向上を期待すべきではない。私は続けて言った。「自由生育政策に応じてほかの植物を排除することは、人工林における若木の枯死率を上げ、長期的な成長を低下させる危険性を伴うように見えます。人工林の自生植物はそのまま残し、造林計画におけるそれ以外の弱点の改善に集中するのが、より慎重なアプローチではないでしょうか。植樹の時期、何を植えるか、植林地をどのように準備するか、そういったことですね」

何人かの男性が立ち上がって会場から出ていった。前列に座っている一人は大声で仲間と話し始めた。邪魔しないでくれと合図しようとしたが、彼は話すのをやめず、私はますます必死になった——子どものころ、道でホッケーをしたときみたいに。新しいやり方についていて私と話し合うことにつねに前向きなデイブは、邪魔をしている人に向かって眉をひそめた。

私はプレゼンテーションを中断してその人に、質問があるのかと訊きたい衝動を抑えた。内心私は萎縮していて、騒ぎを起こしたくなかったのだ。ウィニーおばあちゃんだったらどうするだろう？　きっと、断固として静かにプレゼンテーションを続けたはずだ。私の手は震えていたが、私は次のスライドに進み、ほかの植物で行った山のような実験について説明を続けた。厳密に言えば130件の実験だ。それらはすべて正確に反復され、無作為化され、しっかりした対照群があった。そしてすべてが同じ結論を示していた。

ヤナギを伐採したり除草剤で排除しても、トウヒの生育や生存率は改善されなかった。

ヤナギランを切ったり、除草したり、ヒツジに食べさせたりしても、トウヒとロッジポールパインの生産性は上がらなかった。

シンブルベリーは、切ってもヒツジに食べさせても、トウヒの成長を助けなかった。

アスペンを伐採しても、パインの幹周は大きくならなかった。

高地の人工林で、シャクナゲ、フォルスアザレア、ハックルベリーの群落を除草剤で排除したり、伐ったり、ヒツジに食べさせたりしても、トウヒの生育には何の変化もなかった。私はロビンがシャクナゲに除草剤を撒いたときのこと、私たちはその時点ですでにそれが時間の無駄であると察していたことを思い出していた。


標高が高いところの森林では、もともと木が生えていない場所で苗木を育てるために大金が投じられる。たしかに、お金にならない低木を排除したところでは、それが手つかずで残されたところよりも苗木の生存率は20％高かった――ただし、それは一時的なことにすぎなかった。亜高山帯という同一環境でシダを除草剤で枯らしても、トウヒの長期的な生存率は改善されなかったが、短期的に見ると、シダを排除しなかったところの苗木よりも25％背が高かったのである。幹部局員たちは、こうしたわずかな、ほんの一時的な成果に満足した。

「自生植物を排除し競合する相手がいなくなっても、多くの場合、植樹した木の生存や生育に改善が見られないのはなぜなのか、ずいぶん考えました」と私は続けた。「また、そうした木の多くが害虫や病原菌に侵され、むしろ状態が悪くなる理由についても考えました。まず一つには、私たちはこれらの自生植物を、針葉樹の競合相手として過大評価しているのではないかと思います。ほとんどの植林地では、自生植物は木の成長を妨げるほどの密度では生え替わりません。また自生植物は、胴枯病［訳注：果樹類、林木、木本類に発生する病気。病原菌が木の幹に寄生し、病患部から上部が枯れ、いわゆる「胴枯れ」症状になるため、胴枯病と呼ばれる］や過酷な天候から木を護っているのではないかと推察します。私たちは、短期的に成長が早まるのを期待して雑草を排除することに注力するのではなく、どうすれば長期的に森をより健全にできるのかを考えるべきだと思います」

眉毛をあまりにも徹底的に抜き続けたせいで生えてこなくなってしまった友人のことが頭に浮かんだが、それはここで紹介できる比喩ではなかった。

望みどおりの収穫を得ようとするあまり、私たちは新しい森をまるで農地のように扱ってしまっているのだ、と私は説明した。さらに、自由生育という規則は、どんな土地であろうとおかまいなく適用されていた。さまざまな地勢に大金がばら撒かれ、大概の場合は植物の多様性を低減させていたのである。

バーブと私はこうしたやり方を「ファストフード式林業」と呼んだ。森の生態系はさまざまなのに、そのすべてに一様の大雑把なやり方を適用するのは、同じハンバーガーを、ニューヨークだろうがニューデリーだろうがおかまいなく、あらゆる文化圏に届けるようなものだ。フィニング社のロゴのついた野球帽をかぶって3列目に座っている男性が、ニンジンの入った袋を取り出し、大きな音を立てて齧り始めた。そろそろコーヒーブレイクの時間だった。

「植物を排除するなんて木がおかしいです」と私は言った。何人かが笑った。いつものようにバーブが、私の拙い冗談に大笑いしたが、それ以外の聴衆は無表情だった。

幹部の一人が手を挙げた。「あんたはわれわれがそんなに懸念していない植物ばかり選んで実験してるじゃないか。その辺の木が大きな問題じゃないことはわれわれだってもう知ってるよ」。「牧師」は頷いていたが、彼も、手を挙げた人も、私が実験に使った植物が彼らの政策のターゲットとなることが多いのはわかっているのだ。「もっと競争力の強い、たとえばパイングラスとかアメリカシラカバなんかはどうなんだ?」

「いいご指摘ですね」と私は言った。「パイングラスは土壌から水分と養分を吸い上げるのが得意ですが、パイングラスを除草したり掘削機で根こそぎ掘り出したりしても、パインの苗木の生存率と成長率は20%ほどしか改善されないことがわかりました。そして、思いもかけなかった副作用があるんです――土壌が圧縮されて栄養分が減少してしまうんですね。それと、土壌の侵食が進んで菌根菌の多様性も減少します」

「私たちはパイングラスが生えているところには全部掘削機を使ってますよね。それは意味がないということですか？」と若い女性が訊いた。私は少しだけリラックスして会場を見回し、その女性の熱心な顔を見つけた。とび色の髪を頭のてっぺんでお団子にしている。その女性は、自分の周りに漂う重たい沈黙も気にならないようだった。いったい全体誰がこんなことを訊くのかと、「牧師」が振り返った。

「そうですね、私たちが得ているものと同時に何を失っているのか、もっとよく理解する必要がありますね」と私は言った。「もしかすると、人工林を改善するためには、林床を削り取るよりもいい方法があるかもしれません。土壌から有機物を奪い、ガチガチにしてしまうのは、長期的な森の健康にとってはいいことではありません。こういう処置を広範囲に施す前に、もっとちゃんとしたデータが必要です」

「スザンヌ、カバノキはどうなんだ？」。会場の後方から声がした。「自由生育政策の本当の対象はカバノキだよね」。それはビクトリアから来た科学者で、カバノキとアスペンが針葉樹の生育を邪魔しているのか、それとも助けているのかを解明しようとしていた。私と同様に彼もまた、植物を排除することが広い意味で生態系に与える影響に関心を持っていたが、ただし彼の立場はもっと政策寄りだった。

私はやっと、アメリカシラカバを含む植物群での実験結果に話を移した。「そうですね。アメリカシラカバを伐採したり除草剤で駆除したり巻き枯らししたりすると、ダグラスファーの幹周は大きくなります。ときには1・5倍になることもあります」。さまざまな処置の違いによるダグラスファーの生育反応を棒グラフにしたものを見せながら私は言った。誰かがブラインドに寄りかかると、一瞬、日の光が会場に差し込み、キャベツたちが身を乗り出した。私は新鮮な外の空気を吸いに外に走って出たいと思った。アメリカシラカバの話はしたかったのだが、それが厄介な問題を引き起こすことがわかっていたからだ。

ジョーが「牧師」に向かって頷き、スライドを指差した。彼はこれが見たかったのだ。

「ただし気をつけなければならないのは、アメリカシラカバを排除すればするほど、根の病気で枯れるダグラスファーが増えるということです」と私は言った。「伐採や巻き枯らしをすると、アメリカシラカバにはストレスがかかり、根が病原菌に感染しやすくなります。アメリカシラカバを伐採した途端、感染症はアメリカシラカバの根を圧倒し、ダグラスファーの根に広がって、アメリカシラカバ排除の処置をしていない森と比べて感染率は7倍になります。初期の成長を早めるのと引き換えに、長期的に見ると木の生存率が低くなるのではと私は懸念しています」

病理学者が、私の実験からは病気が森全体ではどのような動きを見せるのかはわからないのだから慎重に考えるべきだ、と口を挟んだ。病原菌ははっきりそれとわかる塊をつくる。それが地中のどこにあるかが正確にわからない限り、私が無作為に選んだ2つの試験区画——一つはアメリカシラカバを除去した区画、一つは対照区画——は、たまたま病原菌のある場所であったりなかったりする可能性がある。私がこうした結果を得たのは偶然で、選んだ場所が幸運だっただけかもしれない。つまり、このような行動反応はもっと広い範囲で調べる必要がある、というわけだった。この点については、私はすでに彼と個人的に議論したことがあった。私の実験は多数の区画で繰り返されており、その結果の信頼性については、互いの意見は一致していた。だから、彼がいまになってこうした疑念を差し挟んできたことに私は苛立った。

「そうですね」と、私はできるだけ素っ気なく言った。「でもこの実験は15回繰り返していますから、結果は信頼できると思います」。キャベツたちは病理学者のほうを向いて彼がさらに何か言うのを待ったが、病理学者は、この話題に関しては自分のほうが権威があると言いたげに小さく頭を横に振った。3列目の男性が、それに賛意を示すかのように大きな音を立ててニンジンを齧った。

私がプレゼンテーションを終えると、パラパラとまばらな拍手が起きた。現場で働く森林監督官たちは、私が見せた証拠と彼らが森林で目にしていることの一部が一致しているのを喜んでいたが、幹部たちは不平たらたらだった。彼らはおなじみの理屈で私の主張を疑問視し、アメリカシラカバのような「邪魔な木」を放っておいたら人工林は荒れ放題になってしまう、と弁明した。政策を改善しろと言うならもっと長期的なデータが必要だ、というわけだ。私がこんな実験をしたからと言って、彼らに政策を変える気が毛頭ないのはたしかだった。休憩時間になり、聴衆は散り散りになった。

人々は、金属っぽい味がするコーヒーを飲んだり、マフィンを食べたりしながら、数人ずつかたまって立ち話をしていた。私はスライドのトレイを床に落としてしまい、スライドが四方八方に散らばった。若い男性が一人、急いでやって来て拾うのを手伝ってくれたが、ほかの人たちは私のほうをちらりと見ると会話に戻った。私は震える手でコーヒーを注いだ。コーヒーが飲みたかったわけではないが、フィードバックを聞くためにその場に残らなければならなかったのだ。何人かの森林監督官が「よかったよ」と言った。デイブは、私の実験結果は頷けるものだけれど、低木はこれからも除去し続けないわけにはいかない、それが規則だから、と言った。幹部たちは熱心に何かを話し合っていた。誰も私に話しかけようとはしなかったし、なにしろ「牧師」がその場に君臨していた。バーブが私の横に来た――お礼を言われるのを待つのがどんなにつらく、屈辱的でさえあるかを彼女は知っていたのだ。私はどんなに調子がいいときでも人と気軽に会話するのは下手だったし、いまの私は内心ボロボロだった。とうとうバーブは私の腕を摑んで会場の外に出た。風が吹き抜け、1羽のカナダカケスが通り過ぎていった。

「嫌な奴ら!」とバーブが言った。「あなたのした仕事にせめて感謝くらいしたっていいじゃない。人間が森に何をしているのか理解しようとしてるんだから」

私はすっかり疲弊し切っていた。ロビンと一緒にハンノキに除草剤を撒いたあとに汗びっしょりの防護服を脱いだときのように。私の身体のすべての細胞が枯渇していた。嫌でたまらないけれど、でも大好きな仕事。バーブは駐車場の縁に生えている古いトウヒと、葉がゆらゆら揺れているアスペンの写真を撮った。低木層にはトウヒの若木が芽生えていた。とび色の髪をてっぺんでお団子にした若い女性が、私たちのところで足を止めて「ありがとう」と言った。政策はひと晩では変わらないだろうけれど、私の言ったことのほんの一部にでも、森の将来を憂慮する森林監督官が共感してくれたなら、ひょっとしたら変化が起きる可能性だってあるかもしれない。

薄暗いパブは、気の抜けたビールと牛の糞のにおいがした。擦り切れたカウボーイハットとブーツ姿のケリーはバーカウンターにいて、白髪交じりの牧場主ロイドと馬の取引をしていた。2人は、ワックスのかかった、使い込まれたカウンターに痩せた肘をつき、がに股の脚を大きく開いて自分の縄張りを主張していた。私はケリーの注意を引こうとしたが、ケリーはロイドとの軽口を楽しんでいた——長い間を取りながら話す、いつものケリーのリズムで。2人に近いところにいた私には、2人がアパルーサの種馬の値の交渉をしているのが聞こえたが、取引の成立までにはまだまだ時間がかかりそうだった。ケリーは私を無視できるだけ無視していた——子どものころ、私が彼にこっちを向いてもらいたかったときのように。

それが私を普段より苛立たせたのは、その日私に向けられた否定的な態度——のけ者にされたという感じ——のせいだった。バーブが、店の隅にある、半分いっぱいになった真鍮製の痰つぼを見ろ、と私をつついた。Tシャツと短パン姿の私たちは地元の人間ではないことが明らかで、カウボーイたちの視線を集めていた。なかの一人が、私がTシャツの上に引っ掛けたカンファレンスのロゴ入りジャケットをじっと見つめ、仲間に何か囁いて笑った。私は気にしなかった。私はケリーに会いたかったのだ——この1年会う機会がなかったのだから。馬の取引を中断して私に挨拶に来ようともしないケリーに、怒りが喉元にこみ上げた。ティファニーはいなかった。彼女がいたら、もっと気を遣えとケリーに言っていただろう。私が焦れているのを察したケリーは、あと2分、と合図をしてよこした。

5分後、私は帰りかけたが、バーブがビールをピッチャーで注文して店の隅のテーブルに座り、こっちへ来いと身ぶりをした。わかっていたことだが、ロイドとの取引はやがて行き詰まり、ケリーはピッチャーを持ってゆっくり歩いてきた。たんまり金を持っているロイドの奢りだと言う。がっしりした顎を思い切り緩めた笑顔のケリーに、私の憤りは消えてしまった。会えてうれしかった。私たちはしこたま飲み始めた。長い一日だった。

「最近ウェインおじさんに会った?」と私は訊いた。

「うん、オヤジさん、カリブー・キャトル・カンパニーの牛追いの仕事見つけてくれたよ」。そう言ってケリーが吐き出した濃い茶色の噛みタバコが見事に痰つぼに命中した。バーブは目を丸くして感嘆し、私は弟が誇らしかった。ケリーは人とは違い、魅力的で、ユニークだった。私はケリーのことが、そして彼が頑なに追い求めている古風な生き方が愛おしかった。雄牛に跨がり、タバコを噛み、牛の出産を手伝い、蹄鉄をつくる、前世からそのまま生まれ変わったみたいなカウボーイ。

「牧場に住んでるの?」

「ああ、ティファニーと、オンワード牧場の宿舎に住んでんだ。ミッションスクールの近くだよ。ほら、ガキ好きの神父がやってたインディアンの寄宿学校さ」。あのろくでなしたちが子どもたちにしたことへの嫌悪を剥き出しにして、ケリーが視線を落とした。それはカナダの恥ずべき歴史の一部だった。ケリーと私は実際に寄宿学校にいた子どもたちを知っていたし、そのせいで人生がめちゃめちゃになったたくさんの人をこの目で見てきていた。脱出できた人もなかにはいた――いまはハイダ・グワイで伝統的なシーダーのトーテムポールを彫る、友人のクラレンスのように。

ケリーの友人が数人バーに入ってきて、よお、と怒鳴り、大声で「明日俺んとこの馬に蹄鉄つけられる?」と言った。ケリーはその大きな手をひょいと振って、わかった、と合図した。

「ティファニーはどこ?」と私は訊いた。

「つわりなんだ」。ケリーがそれをものすごく誇らしく思っていることは隠しようがなかった。

「やだ、すごいじゃない！　おめでとう！」。私は飛び上がってケリーとハイタッチした。私の家族はハグはしないのだ。でも笑顔とハンドジェスチャーがあれば十分だった。

別のカウボーイとおしゃべりしていたロイドがやって来て、空だった私たちのビアマグにビールを注ぎ、私たちは乾杯した。私はビアマグを大きく動かしすぎてビールをこぼしてしまい、ロイドが注ぎ足してくれた。ケリーの口調がテキサスの人みたいにゆっくりになった。

「会議はどうだった？」。ちょっと怪しいろれつでケリーが訊いた。

バーブがすぐさま、「あの阿呆ども、女が話をするのが気に食わなかったみたい」と答えた。

「信じてもらえなかった」と私は小声で言った。とくに腹立たしかったのは、私が窒素と中性子プローブでの計測結果を見せたときに、ジョーが「牧師」のほうに身を寄せて何か言ったことだった。思い出しただけで私は身体がこわばった——私はいつもこうやって嫌なことから逃げるのだ。私の家族は感情的なことをあまり口にしなかった。私はバーカウンターにいるケリーの友人たちを見た。

「森林監督官の奴ら、家畜の扱いもわかってないぜ。すげえ大変なのによ、牛の群れを人工林からすぐ追い出せると思ってんだ、合図一つでよ。こっちは夜明けっから始めなきゃなんねえんだ」とケリーが言った。

私は笑った。パブ全体が宙に浮かび始めた。私はおぼつかない足取りでトイレに行き、むかしケリーと私が、両親の諍いから逃れるために自転車で森へ行き、古い切り株を子牛に見立てて投げ縄をして遊んだことを思い出した。そしてさらにビールを飲むために席に戻った。

「けどよ、雌牛を動かすことはできんだよ」とケリーが言った。私と同じくらい彼も酔っていた。「女みたいに扱えばよ」

聞き間違いかと思って、私は視点の定まらないケリーの目を見つめた。失礼なことを言われるとあまりにびっくりして、頭の中でその意味を変化させようとするのが私の常だった。その人はそんなことは本当は言わなかったのだ、というふりをして。または、言われたことをもっと温和に解釈して、本当は違うと思うことに同意することが多かった。でもこのとき、私は酔っ払いすぎていてそれができなかった。バーブは私と同じくらい酔っているに違いなかったが、私よりもしゃきっとしていた。

「どういう意味よ？」。紅潮した私の頬は燃えるようだった。店の反対側に置かれたジュークボックスから流れる曲が変わり、ウィリー・ネルソンがママと赤ん坊のことを歌うしゃがれ声が聞こえた。私は誰かがこの会話を止めて、これから起ころうとしていることから私を救い出してくれたらいいのにと思った。バーブがテーブルに手をついて立ち上がろうとし、椅子の脚が床をこする音を立てた。どうしよう、どうやって仲裁しよう、どうすれば私を落ち着かせることができるだろうかと慌てていたのかもしれない。バーのカウンターではロイドが面白がってニンマリし、バーテンダーに私たちのほうを指差して、もっとビールピッチャーを持っていくよう合図した。酒で私たちをさらにけしかけるために。

「雌牛は群れの真ん中にいんの。雌牛の仕事は子牛に乳を飲ませることだけ」。ケリーは、子牛に投げ縄を投げようとしているみたいに頭の上で手を回転させた。

「女の仕事は赤ん坊に乳をやることだけじゃないよ。冗談だよね？」。私はあまりにも酔っていて、世界中のあらゆる不正義を引き受けた喉が搾り出す、引きつった声の調子を弱めることさえしなかった。素面だったら私はこの言葉を無視していただろう。私を不快にさせようとして言ったのではないこともわかっただろう。馬

1990年代初頭、地元のロデオでカーフローピング競技に出場したケリー。子牛を投げ縄で捕らえ、馬から飛び降りて子牛を掴み、3本の脚をロープで縛る。

に跨がって過ごした長い1週間のあとで、ケリーは疲れをほぐそうとしていただけなのだ。だがそのときの私は、なんとしてもケリーを黙らせたかった。

ケリーがろれつの回らない声で続けた。「大事なのは去勢した雄牛なの。群れをコントロールするのは彼らなの」

「本気で言ってんの？」。私の前頭前皮質は完全に扁桃体に乗っ取られていた。胃酸が逆流し、私はビールのピッチャーを押しのけた。バーブがそれを持ち上げて慎重にバーに運び、まるで不登校児を引き渡すみたいに恭しく返却した。

ケリーは自分の牛についてほかにも何かぶつぶつ言った。

「女は何だって好きなことできるんだからね。なりたきゃ首相にだってなれんのよ！」。私は座っていた向きを変え、ケリーの後ろの鏡にぼんやりとした私の姿が映った。私が首相みたいに見えないのはたしかだった。いったい私は何を言っているの？

ケリーはそれから何か言ったが、私には彼が「は？」と言ったのしか聞こえなかった。何もかもがぼやっとして、テーブルの反対側のケリーの顔さえよく見えなかった。行くわよ、とバーブが言った。私はヨロヨロと立ち上がり、ジャケットを着ようとした。

「死んじまえ！」と私は叫び、片方の袖に腕を通しただけのジャケットを引きずりながら荒々しく出口に向かった。カウンターでウイスキーをがぶ飲みしているカウボーイたちがこちらを向き、なかの一人が低く口笛を吹いた。

ジュークボックスの音が大音響で流れるパブからよろめき出て消えていく私の背中に向かって、ケリーが何かを大声で喚いた。

飛行機でコーバリスに戻る私は生まれてこのかた最低の二日酔いだった。頭は痛み、唇はヒリヒリした。家に戻ると、私は濡らした布を目に当ててソファに倒れ込んだ。ドーンは私を抱きしめ、大丈夫、ケリーはこんなこと忘れるよ、と言った。

でも違った。ケリーと、そして局の幹部たちと私の冷戦が始まった。バーでの喧嘩が皮肉だったのは、それがまさに、私が博士論文のなかで追いかけていた、自然における協力関係についての問いに真っ向から挑戦するものだったからだ。森は主に競合関係で成り立っているのか、それとも協力関係がそれと同じくらい、いやひょっとするとそれ以上に重要なのではないのか?

森林の木を管理するにあたって、私たちは優位性と競争を強調する。農場の作物も、飼育場の家畜もだ。派閥間の協調ではなく、争いばかりを重視するのだ。林業においてこの優位性理論は、下刈り、スペーシング、間伐その他、重要性の高い木の成長を促進する作業を通して実践される。この理論があるおかげで、農業においては、多様な作物を育てるのではなく、高収量の単一作物の成長を促すために大金をかけて殺虫剤や化学肥料を撒き、遺伝子操作をすることが正当化されている。

私は、土地の管理の仕方について遠慮なく物を言うことが私の人生のいちばん重要な使命だと感じていた。でも私はすでに、責任ある立場にいる人にそのことを伝えようとし、そして派手に失敗したのだ。自分がどれほど容易に敗北を認め、バーでどれほど情けない喧嘩をしでかしたかを考えると、私はこの先どうすればいいのか見当がつかなかった。

そのあいだ、ブリティッシュコロンビア州では皆伐地が悪性の腫瘍みたいにどんどん広がり、森林監督官は戦争でもしているみたいに「雑草」を殺しまくっていた。環境保護活動家たちは立ち上がり、木に自分の体を鎖で縛りつけた。クラクワット・サウンドは皆伐反対運動の大々的な抗議行動の舞台となったが、私は、自分の研究に集中したほうがみんなの役に立てる、という結論に達した。

その夏、私は子ども時代を過ごした森に戻った。ケリーにはカードを送って謝ったが、返事は来なかった。ティファニーのお腹の子どもは順調だと母は言ったが、ケリーから連絡がないのはつらかった。もうすぐ私は伯母になるのだし、仲間に入りたかったのだ。でも私は、ケリーが機嫌を直してくれるのを待つことにした。せっつくのはやめよう。子どものころ、ケリーと私はよく、ダグラスファーの林冠の下で倒れたカバノキを使って要塞をつくりながら、何時間も黙って過ごしたものだった。それにケリーには、一人になれるたっぷりの時間と場所が必要だった。私たちは大丈夫だ。

だけど、ケリーはどうして返事にこんなに時間がかかっているんだろう、と、意気消沈した私は考えた。つながりを保ち、家族でいるために、なぜいつも私たちはこんなに苦労するのだろう?

8 放射能

RADIOACTIVE

バーブと私は、腰くらいの高さの日よけテント40個を、トラックの荷台から下ろした。「うわ、重たいねこれ」とバーブが言った。テントは1個が約5キロあって、コンクリートの中に埋め込まれる鉄筋を三脚のように組み立てたものに、円錐形に縫った遮光ネットがかぶせてあった。バーブの赤い髪を覆っている黄色いハンカチにはびっしりと蚊が止まっていて——なにしろ6月の半ばで蚊の最盛期だったのだ——、筋肉質な腕は日焼け止めと虫よけでつやつやしていた。バーブはいかにもしっかり者の外見と温かい心を持った人だった。私たちは、ブルー・リバーの南80キロのところにある鉄道の町バベンビーから、車で山を越え、私の博士論文のための実験を準備しに、アダムズ湖の北端にある皆伐地に来ていた。私がすることになっていた6つの実験のうち、これが断然いちばん重要だった。

切り株からはすでにアメリカシラカバの若木が芽生えていた。なかには周囲の森から飛んできた種から育ったアメリカシラカバもあり、それらは私たちが1年前に植えた針葉樹よりもずっと背が高く、倍の早さで成長していた。私が知りたかったのは、このアメリカシラカバはダグラスファーが生き残って成長するのに必要な資源を減らしているだけの単なる競合相手なのか、それとも、森全体が繁栄できるよう、森をよりいい状態にしている協力者なのか、ということだった。そしてこの、葉がふさふさとした自生植物がもしも隣人である針葉樹と協力し合っているのなら、その方法が知りたかった。こうした問いに答えるために私は、アメリカシラカバが、ダグラスファーから日光を遮り光合成によって養分をつくれなくするのと同時に、資源をダグラスファーに提供しているかどうか、それをテストしようとしていたのだ。自分が糖分をつくるために日光を奪っているアメリカシラカバは、背の低いダグラスファーの光合成が遅くなってしまう分を埋め合わせるために、自分のお宝を分け与えているのではないか？　いったいぜんたいどうやってダグラスファーは、森林監督官に言わせれば手強くて邪魔な競合相手であるアメリカシラカバに囲まれながら生き残り、しかも元気に育っているのか？　この実験はそれを解明するのに役立つはずだった。そして、もしもアメリカシラカバがその豊かな財産を――日光をたっぷり浴びて合成した大量の糖を——分け与えたのだとしたら、もしかしたらそれは地中の経路、つまりこの2種類の木を結ぶ菌根菌を通って日陰のダグラスファーに届けられたのかもしれない。群落全体をより健全にするために、アメリカシラカバがダグラスファーに協力したのかも。

「縫い物は苦手なんだ」。ゴワゴワした布地を針金で三脚に留めつけながら、私は小声で言った。

「だけどレンガ製のトイレみたいに頑丈にできてる」。エジプトのピラミッドみたいにずらりと並んだ三角錐を感心したように眺めながら、私をいじけさせまいとバーブが言った——「何があっても倒れないよ」

実際は、1カ月もてばよかった。1カ月あれば、ダグラスファーの光合成とそれによる糖質合成を抑制できる。厚い緑色の布地でできたテントは日光を95%遮り、薄手の黒い布のテントは50%遮るようになっていた。バーで喧嘩してから2カ月、ケリーからはいまだに連絡がなかったが、そのうちきっと連絡してくるよ、とバーブは言っていた。

バーブと私は、倒れた丸太を乗り越え、ヤナギランの群落のあいだを引きずって、皆伐地の向こうの、実験用の人工林までテントをなんとか運んだ。服のポケットは、テントをかぶせる苗木の状態をチェックするための、巻き尺、キャリパー、メモ帳でいっぱいだった。「0」「50」「95」のどれかが書かれた60枚の紙片が入っている紙袋に手を入れると、私は山高帽からウサギを引っ張り出すように、紙片の1枚を取り出した。こうやって、日光を遮る量を無作為に割り当てたのである。これは、日光の量のほかに、たとえば地下に泉があるといった、私が知らないなんらかの原因によって、ダグラスファーの反応に偏りが起きるのを防ぐためだった。取り出した紙片には「95」と書かれていた。私はダグラスファーの苗木に、厚い緑色の布地のテントをかぶせた。その前の年に、ダグラスファー1本とシーダー1本、そしてその近くに植えたアメリカシラカバ1本、という3本一組の苗木の、地中で絡み合う根を囲み込む形で深さ30センチのところまで円形に埋めたシートメタルの内側に鉄筋製の三脚を置くと、ダグラスファーにはほとんど日が当たらなくなった。3本組の囲いの縁を揺らしてみたが、シートメタルはしっかりと地中に埋まっていたので、私は鉄筋製の脚が地面に完全に固定されるまでテントを上から押し込んだ。それから私は錆で汚れたジーンズのポケットからしわくちゃの地図を取り出した。私は地図というものが大好きだった——地図は私を冒険と発見に導いてくれる。このとき取り出した地図には、オリンピックプールくらいの広さの土地のあちらこちらに私たちが植えた、3本組の苗木の位置60箇所が書き込まれていた。

ダグラスファーの苗木の3分の1には厚い緑色のテントを、3分の1には薄手の黒いテントをかぶせ、残りの3分の1には覆いをかけない、というのが私の計画だった。こうすれば、ほとんど日光が届かない日陰からほぼ完全な日向まで、ダグラスファーに届く日光量の勾配ができる。背の高いアメリカシラカバが陰を落とす自然の環境下で育つダグラスファーの若木が経験する、日の当たるところと当たらないところのいくつかのパターンを模擬的に再現しようとしたのだ。

自然に生えているアメリカシラカバは通常、皆伐の直後に種から生えるか切り株から芽吹くかするため、植樹される針葉樹よりも背が高い。だが、私の実験場のアメリカシラカバは、植樹したダグラスファーと高さが同じであるため、ダグラスファーが日陰にならない。だからテントを使って人工的に日陰をつくる必要があった。ただし、自然な環境と違ってテントは日陰をつくるだけで、土壌の水分や養分の量は同時に変化させない。だから、日陰による影響という要素を単独で、目に見えないほかの関係性による影響と切り離して特定することができるのである。

蚊の大群に辟易したバーブが、虫よけ帽――つば広のフェドーラ帽に目の細かいネットがついたもの――を取り出し、アメリカシラカバとダグラスファーが協力し合うかどうかの研究を森林局が許可するなんて運がいいわね、と言った。

私はにっこりして、「ほかの実験に紛れ込ませたのよ」と言った。私は、物議を醸しそうな実験を、もっと主流派の実験のなかにこっそり隠して研究費を申請するのが得意になっていた。

アメリカシラカバとダグラスファーが菌根菌を通じて糖を交換する、という可能性に私が興味を持ったきっかけは、1980年代初頭に、シェフィールド大学のデイヴィッド・リード教授と彼が指導する学生たちによる論文を読んだことだった。彼らは、パインの苗木が別の苗木に地中で炭素を送ることを発見したのである。リード教授は、研究室に設置した透明の箱のなかにパインを並べて植え、苗木の根に菌根菌を植えつけて、それらを地下に広がる菌類のネットワークでつないだ。そして、放射性炭素を使うことで、パインのうちの1本——送り手——が光合成でつくった糖を識別できるようにした。そのために彼は、パインの新芽を透明の箱のなかに密閉し、そのうちの1本について、空気中に自然に存在する二酸化炭素を放射性炭酸ガスで置き換えたのである。彼は数日間パインにそれを吸収させ、光合成によって放射性の糖に変換されるのを待った。それから博士は、ネットワークを通じて送り手のパインから受け手のパインに送られる放射性粒子が写ることを期待しつつ、箱の側面に写真用フィルムを固定した。フィルムを現像すると、そこには放射能を帯びた粒子がパインからパインへと移動した経路が写っていた。それは地下の菌類のネットワークを通って移動していたのだ。

私はこれと同じことを、研究室ではなく実際の森でも検出できないだろうかと考えた。もしかしたら、1本の木の根から別の木の根に糖が送られるかもしれない。仮にそうだとして、リード教授の実験が示したように、投入された放射性炭素は同種の木と木のあいだに限って移動するのかもしれない。でもひょっとして、交ざって生えている種類の異なる木──自然界ではそれが普通である──のあいだを放射性炭素が移動するとしたら？

もしも炭素が種類の違う木と木のあいだを移動するのだとしたら、それは進化論的なパラドックスを提示することになる──木というものは、協調ではなく競合し合うことで進化してきたとこれまで考えられてきたのだから。とはいえ、私の仮説は大いにあり得ることのように私には思えた。なぜなら、木が自分のニーズを満たすために自分が属する群落を健全に保てたほうが、その木にとっても得だというのは理に適っていたからだ。森林局の人たちにどう思われるかは心配だったが、私はその可能性を忘れることができなかった。リード教授の実験における送り手のパインは、受け手の苗木に炭素を送り、受け手が日陰にあるときのほうがその量が多かったが、受け手が炭素を送り返すかどうかはわからなかった。送り手の木が、自分が送ったのと同等の量の炭素を隣の木からお返しに受け取ったとしたら、その相互関係は均衡を保っており、どちらかだけが得しているのではないということになる。だが、リード教授の実験の結果からは、これは決してわからない──なぜなら教授が放射性炭素を吸わせた苗木は1本だけで、受け手の苗木が逆方向に同等量の炭素を送り返したかどうかを調べるためのトレーサー〔訳注：物質の動きを調べるために加えられる目印となる物質〕は添加しなかったからだ。もしも片方がより多くを得たとしたら、それはその木が成長するのに十分な量なのだろうか？　そうだとしたら、生態系の進化において協調は競合ほど重要でない、という従来の仮説が疑われることになるかもしれない。

私は、メープル湖の湖岸に生えるアメリカシラカバとダグラスファーが、研究室のパインと同じように地下の菌根菌でつながり、菌糸を通してメッセージをやり取りしているところを想像するようになった。ちょうど、このほんの数年前、1989年に発明されたワールド・ワイド・ウェブを使っての会話のように。想像のなかで、メッセージは炭素でできていた。私は植物生理学の授業を思い出し、アメリカシラカバの葉が光合成を行って空気中の二酸化炭素と土壌中の水分を結合させ、光エネルギーを化学エネルギー（糖）に変換するところを想像した。光合成という能力を持つ葉は化学エネルギーの発生源であり、生命を動かす原動力である。糖——炭素環が水素・酸素と結合したもの——は葉の細胞と樹液のなかに蓄積し、それから、あたかも血液が動脈に押し流されるように葉脈に運ばれ、葉から今度は、師部の栄養輸送細胞に移動する。師部は木の幹を包み込む毛布のような組織で、樹皮の下にあり、葉から根の先へと続く通り道をつくる。甘い樹液が師部の最上部の師細胞を満たすと、隣接する師細胞とのあいだに浸透勾配が生じる。一方、土壌から根が吸い上げた水分は、幹のいちばん内側にあって根から葉までを結ぶ維管束組織、木部を通って上向きに移動し、浸透作用によって師部の最上部の師細胞に引き込まれ、連結している周囲の師細胞の細胞内溶液と釣り合いが取れるように濃度を低下させる。細胞内の圧力、膨圧の上昇によって、光合成産物はなめらかに連鎖する師細胞のなかを下方に押し下げられ、最終的に根に到達する。芽や種子といった木の地上部分と同様にエネルギーを必要とする根は、こうして運ばれた糖をたっぷり貯蔵する（葉は光合成のソース組織、根はシンク組織という）。根の細胞はすぐに糖を分解し、その一部を隣接する根の細胞に水と一緒に移動させて膨圧を低下させる。糖を含んだ水が根の細胞の一つから別の細胞に移動することは、ソース・シンク勾配において独自の役割を果たす――それによって細胞内溶液が、根から葉へ、また木の最上部からいちばん下へと移動する、圧流と呼ばれるプロセスが生まれるからだ。それはちょうど、血液が骨髄（ソース組織）から血管へ、そして細胞（シンク組織）へと送り出されて必要な酸素を届けるようなものだ。葉が光合成によって糖を合成してソース強度を高め続け、根が輸送された糖を分解し、より多くの根細胞をつくってシンク強度を高め続ける限り、糖溶液は圧流によって、ソース・シンク勾配に沿って葉から根へと移動し続けるのだ。

バーブと私は、斜面のもっと下のほうの、残りの3本組があるところにテントを運んだ。この実験はイチかバチかだった――森のなかで地下のネットワークが形成されるのかどうかはまだわかっていなかったし、異なる樹種間となればなおのことだったのだから。地下のネットワークが、木と木が協力し合い糖を交換し合うための経路になるなどという考えは、それ以上に突飛なものだった。だが、森で育った私には、協力し合うことの利点がいやと言うほどわかっていた。鬱蒼と木の生い茂るシマード山の斜面をハイキングし、ケリーと一緒に木登りしたりシェルターを建てたりした経験があったからだ。

糖を載せて走る想像上の列車、その終点は木の根ではなかった。光合成産物は、木の根の先端から、パートナーである菌根菌に渡されるのだと読んだことがあった——あたかも貨車からトラックへと積荷が降ろされるように。根細胞を包み込み、そこから細い糸となって土中に伸びる真菌細胞は糖でいっぱいになる。すると、土中から吸い上げられた水が糖を受け取った真菌細胞に集まり、周囲の真菌細胞の糖濃度と平衡を保とうとする——葉や師部でしたのと同じように。水の流入によって圧力が高まると、糖を含む溶液は木の根を包み込む一連の真菌細胞に広がり、それから菌糸を通って土中に発散される。蛇口の水が、一連の連結したホースを通って流れ出るように。糖の一部は四方に散開して土中に伸びる菌糸が増えるのを助け、それによってより多くの水分と養分が集められ、木に運ばれることになる。

私の実験計画は、アメリカシラカバを放射性同位体炭素14で標識化して光合成産物がダグラスファーに移動するのを辿り、同時にダグラスファーは安定同位体炭素13で標識化してその光合成産物がアメリカシラカバに移動するのを追跡する、というものだった。こうすれば、炭素がアメリカシラカバからダグラスファーに渡されているかどうかだけでなく、逆の方向、つまりダグラスファーからアメリカシラカバにも移動しているかどうかがわかる——2車線の道路を行き交うトラックのように。それぞれの同位体がそれぞれの苗木にどれくらい溜まったかを計測すれば、アメリカシラカバがダグラスファーに与えるもののほうがダグラスファーから受け取るものよりも多いかどうかも計算できる。そして、木々は単に光を奪い合う競合関係にあるだけなのか、それとももっと洗練された協働関係にあるのかもわかる。木々は互いに緊密に同調し合い、コミュニティ全体の機能に従ってその行動の仕方を変える、という私の直感が正しいかどうかがわかるのだ。

1週間後、苗木をチェックした私の興奮は、ケリーのことを絶え間なく心配していた私にとってはいい気分転換だった。苗木はすくすくと育ち、足首までの高さしかなかったものが膝くらいの高さになっていた。3本組を一つずつチェックしていくバーブと私は、芳しい香りを放ちやわらかな斑の影を落とす苗木たちに迎えられた。小さな木々はしっかりと生きていた。「何か秘密を教えてくれそうだね」。幹ががっしりしたダグラスファーの枝を引っ張りながら私は呟いた。ボトルブラシみたいな針葉は、隣に立つアメリカシラカバの、ギザギザした形のやわらかな葉にすでに届いていた。アメリカシラカバの涼しい木陰では、強い日差しから繊細な葉緑体を護られたシーダーが生き生きと輝いていたが、アメリカシラカバの葉が届かないところにあるシーダーは、葉緑素の損傷を防ぐために赤くなっていた。3本の木はとても近いところに立っていて、まるで一つの物語を共有しているかのようだった——始まりと、中間と、終わりがある物語を。

なぜアメリカシラカバとダグラスファーの隣にシーダーを植えたのか、とバーブが訊いた。

シーダーは、アメリカシラカバやダグラスファーとは菌根菌のネットワークを形成することができない。その理由は簡単だ。シーダーが共生するのはアーバスキュラー菌根菌で、アメリカシラカバとダグラスファーが共生する外生菌根菌とは共生できないのである。もしもシーダーの根が、ダグラスファーまたはアメリカシラカバが生成した糖を少しでも手に入れたとしたら、それはダグラスファーまたはアメリカシラカバの根から地中に漏れ出したものだということになる。私はシーダーを対照群として植え、地中に漏れ出す炭素の量と、アメリカシラカバとダグラスファーをつなぐ外生菌根菌のネットワークを通して運ばれる炭素の量を把握しようとしたのだった。

車のバッテリーくらいの大きさで、中身が見える樽形の測定チャンバーがついている携帯用赤外線ガス分析計を使って、バーブと私は、かぶせたテントが狙いどおりにダグラスファーの苗木の光合成速度を遅くしているかどうかを調べた。テントをかぶせなかったダグラスファーの針葉を測定チャンバーに閉じ込める。閉じ込められても針葉は光合成をやめないが、大気中の二酸化炭素の代わりに、その小さな機械のなかの空気を使わざるを得ない。つまりガス分析計は、光合成の速度を計測するのである。

透明のプラスチックでできた測定チャンバーに太陽光が射し込み、メーターの針が揺れた。ダグラスファーの針葉はチャンバーのなかの二酸化炭素を貪欲に吸収し、分析計は、ダグラスファーが最大限のスピードで光合成をしていることを示していた。バーブがその数値を書き留め、私たちは次の3本組がある場所に移動した。そこのダグラスファーはすっかり陰になり、5%の日光しか届いていない。測定チャンバーをテントの下に苦労して入れ、ダグラスファーの針葉の上にかぶせると、私はホッとしてため息をついた。テントは機能していた。日光を遮断されたダグラスファーの光合成速度は、太陽光に照らされたダグラスファーのわずか4分の1だったのである。また、テントの生地は目が粗くて空気の流れを遮らず、気温を変化させなかったことにも安心した——気温は光合成速度に影響しかねないからだ。次の3本組に走る。こちらは黒いテントがかぶせてあった。半分陰になった苗木の光合成の速度は、前の2つの中間だった。

ダグラスファーを次々にチェックしていくと、それが決まったパターンであることが確認できた。次に私たちはアメリカシラカバを調べた。日光を遮るもののないアメリカシラカバは、完全な日向のダグラスファーの苗木の2倍の速度で光合成を行っていた。緑色のテントで覆った濃い日陰のなかのダグラスファーと比べれば8倍の速度で、このことは、ソース組織とシンク組織のあいだに大きな勾配があることを立証していた。この2種類の木が菌根のネットワークでつながっており、リード教授が考えたとおり、両者を結ぶ菌糸のなかをその勾配に従って炭素が流れるのだとしたら、アメリカシラカバの葉で光合成によってつくられた糖の余剰分は、ダグラスファーの根に流れるはずだ。ソース組織であるアメリカシラカバの葉から、シンク組織であるダグラスファーの根へ。私は興奮してデータの数字を調べた。テントがつくる陰が濃ければ濃いほど、アメリカシラカバからダグラスファーへ、ソース組織とシンク組織間の勾配は大きかった。

その日の作業を終え、私たちはガス分析計をトラックに積んだ。テールゲートに腰掛けたまま、私はやり残した作業がないかもう一度チェックした。バーブは、二酸化炭素濃度、水分量、酸素濃度、針葉への日光の照射量、そして計測チャンバー内の空気の温度を記録していた。私は、スウェーデンの若い研究者クリスティーナ・アーネブラントが研究室で行った実験で、アメリカシラカバは菌根でつながったパインに窒素を送ることがわかったという論文を思い出し、翌日、アメリカシラカバとダグラスファーのサンプルを集めに戻った。窒素濃度を調べるためだ。

2週間後、分析の結果が届いた。アメリカシラカバの葉に含まれる窒素の濃度はダグラスファーの2倍だった。これを見れば、アメリカシラカバの光合成速度がダグラスファーよりも速いことが納得できた(窒素は葉緑素の主成分である)だけでなく、この2種類の木のあいだには、窒素のソースとシンクという傾きが存在するということを意味していた。クリスティーナの論文にあった、窒素を固定するハンノキと固定しないパインのように。

炭素がアメリカシラカバからダグラスファーに流れるためには、この、窒素をめぐるソース・シンク関係が、炭素のソース・シンク関係と同様に重要なのではないだろうか、と私は考えた。もしかしたら、この2つの元素のそれぞれに存在するソースとシンクという傾きは関係し合っているのかもしれない。たとえば炭素は、まるごとの糖分子に入ったまま菌類というパイプラインを通って運ばれるのではなく、葉や種子のなかで糖がバラバラの元素（炭素、水素、水）に分解され、自由になった炭素は土壌から吸い上げられた窒素と結合してアミノ酸（最終的にはタンパク質の生成に使われる単純な有機化合物）をつくるのかもしれない。こうしてつくられたアミノ酸と、残った糖がネットワークで運ばれる。アメリカシラカバは炭素と窒素――糖のなかの炭素と、アミノ酸のなかの窒素と炭素――のどちらもダグラスファーよりたくさん持っているので、ダグラスファーからお返しに受け取るよりも多くの食べ物をダグラスファーに送ることができるのだ。

テントをかぶせたダグラスファーの成長が遅くなるのを待つ1カ月間は、とても長く感じられた。私はジーンとステイン川沿いをハイキングして過ごし、アスキング・ロックに行ったり、冷たい水に足を浸したりした。ほかの実験のために、スタッフと一緒に木の計測をする日も多かった。そしてケリーからの電話はなかったかと留守電をチェックした。父はケリーもティファニーも元気だと言ったが、私は本人から連絡が欲しかった。ゆっくりと日々が過ぎていくなか、私は、アメリカシラカバとダグラスファーの光合成速度の差が開いていく様子を想像した。1週間。2週間。3週間が過ぎた。濃い日陰のダグラスファーの生理機能は、もはや真冬の蠅みたいにゆっくりになっているに違いなかった。7月半ば、

4週間の待機期間が終わり、アメリカシラカバとダグラスファーのあいだにどんなやり取りがあったかを調べるときがとうとうやって来た。

私は、大学の研究員で、木を同位炭素で標識する達人、ダン・デュラール博士とともに実験場に戻った。彼はまた、コーバリスでの私の隣人でもあった。ダンが終えたばかりの環境保護庁のプロジェクトでは、木を放射性同位体炭素14で標識し、その同位体炭素の半分は地中に——根、土壌、菌根菌その他の微生物のなかに——運ばれ蓄積されたことがわかった。環境保護庁は、地球温暖化を緩和するためには森林においてどのように炭素を蓄積するのが最良の方法かを理解するために、この情報を必要としていたのだ。それは1990年代初頭のことで、私はすでにオレゴン州立大学で昼休みに開かれるセミナーで気候変動のことを聞き、どんな破壊的状況が予測されているかを知って愕然としていた。カナダに戻ってこの話をしたが、森林局の幹部は信じてくれなかった。

実験場でまず最初にしたことはテントの設営だった。なにしろとてつもない大きさの蚊が飛び回っていたのだ。大気中には蚊だけでなく、ブヨ、アブ、ヌカカなどが無数に飛び交っていて、息を吸うごとに虫が飛び込んできた。私たちは、実験機器を組み立て、検体の検査をするためにテーブルを運び込んで作業台に転用した。トラックまでシリンジとガソリンタンクを取りに走り、テントに戻って入り口のジッパーを閉めるあいだに、私の顔は虫刺されでいっぱいになった。テントが立ち、実験機器の準備ができたときはうれしかった。この避難所がなかったら、私たちは虫に殺されていただろう。テントがあったおかげで、ようやくなんとか生き延びたのだ。

苗木を標識するには6日かかる予定だった。3本組を1日に10組ずつ。3本組のそれぞれについて、まず、ゴミ袋サイズの透明のビニール袋を、1枚はアメリカシラカバに、1枚はダグラスファーにかぶせる。次に、半数の3本組では、アメリカシラカバにかぶせたビニール袋に同位体炭素14を含ませた二酸化炭素、ダグラスファーにかぶせたビニール袋に同位体炭素13を含ませた二酸化炭素を注入する。これらは光合成により、2時間ほどで吸収される。こうすることで、2種類の木のあいだを双方向に移動する炭素を検知できる。炭素13と炭素14はいずれも炭素12の同位体だが、原子量が12ではなく13と14であるため、わずかに重い。ただしこれらは自然界では非常に稀少なので、炭素12が光合成と糖の輸送においてどのように振る舞うのかを追跡するトレーサーとして使うことができるのだ。残り半数の3本組では注入する炭素同位体を逆にする。つまり、アメリカシラカバには炭素13を、ダグラスファーには炭素14を吸収させるのである。これは、アメリカシラカバとダグラスファーには2つの同位体を見分けることができ、それが光合成による吸収量と相手の木への転送量に影響を与える可能性を考えてのことだった。もしも2種類の同位体の質量のわずかな違いを木が検知することができるならば、それぞれの同位体の転送の相対量を計算し、その微妙な差を修正して、日光を遮ることが炭素の移動量に与える影響を検出するのを邪魔しないようにできる。

　ダンと私は、ダグラスファーがアメリカシラカバから受け取る炭素同位体に、2時間の吸収時間のあとでビニール袋を取り外した際に空気中に逃げる二酸化炭素が混ざらないようにしなくてはいけない、と話し合った。私は菌根のネットワークを通じて運ばれるものにあまりにも集中していたため、空中を漂う可能性がある極めて微量の同位体のことなどあまり気にしていなかった。それに、対照群としてシーダーがあり、空中および土壌を介して転送される炭素の両方を吸収するはずなので、全部でどれだけの炭素が誤って放出されたかはわかるはずだった。

　だがダンは、それでは不十分だと言い張った。ビニール袋を取り外す前に、吸収されずに残っている標識された二酸化炭素を吸引して閉じ込めればいい。そうすれば空気を介する転送はほぼ排除できる。

　さんざん計画を練った後、私は早く私の苗木を標識したくてウズウズしていた。これは私がこれまでに行ったなかでいちばん大胆な実験であり、森に対する私たちの考え方を変える大きな可能性を秘めていた。だが同時に、何も結果が得られない可能性もあった。まるで私はいまにもパラシュートを着けて飛行機から飛び降りようとしているかのような気分で、もしかしたら着地点はイースター島かもしれなかったのだ。アドレナリンが溢れて私はピリピリしていた。この結果が出たら、たとえそのときまでにケリーから連絡がなくても、会ってケリーに見せるつもりだった。ケリーとティファニーに会いに行こう。バーでの喧嘩なんかどうでもいい。

翌日、テントのなかで、苗木を炭素13で標識するために考案した方法をテストした。私が専門の業者から買った純度99%の13C標識ガスは、トウモロコシくらいの大きさのガスボンベ2本に入って郵便で送られてきた。ガスボンベは1本が1000ドルで、2本で予算の20%を占めた。ガスボンベから13C標識ガスを抽出する練習のために、ダンは1本にレギュレーターを装着し、それから1メートルのゴム管をガスの噴出口に固定した。ソーセージ型の風船を膨らませるときのように、ガスをチューブにゆっくり充填するのである。チューブにガスが充満した状態になったら、大きなシリンジに13C標識ガスを50ミリリットル抜き取って、それを苗木にかぶせたビニール袋に注入し、苗木は光合成によってガスを吸収して、もしかしたら同位体の一部が菌根菌経由で隣の木に運ばれるかもしれない、というわけだ。私の役目は、ダンがボンベの栓を開けたときにチューブの端がしっかり固定されているのを確認することだった。

「いい?」。作業台に覆いかぶさるようにし、眉から汗を滴らせながらダンが言った。

「いいよ」と私は答え、緊張しながらチューブを固定しているクランプを締めつけた。大学時代の化学の実験はまあまあ得意だったが、山奥でこんな化学物質を扱うのは死ぬほど怖かった。

ダンがレギュレーターのレバーを回した。

「シューシュー言ってるのは何？」と私は訊いた。チューブが地面で蛇みたいにくねくねしていた――1000ドル分の標識ガスをその先端から噴き出しながら。私が留めつけたクランプが、ガスの圧力で外れたのだ。私はチューブに結び目をつくったが、すでにガスは全部噴き出してしまったあとだった。

ダンは唖然としていた。私はまるで明王朝の花瓶を落として割ってしまったみたいな顔でダンを見た。

2本買っておいて助かった。

私たちは標識ガスをビニール袋に注入するやり方を完璧になるまで練習し、そしていよいよ苗木を標識する日がやって来た。皆伐地の気温は高く、ビニール製の防護服のなかはもっと暑かった。炭素14は放射性なので、私は被曝するのが心配で、レインスーツを着て呼吸器を着け、大きなプラスチック製のゴーグルをかけ、手にはゴム手袋をしてその端をガムテープで袖に固定していた。ダンは呆れて私を見た。彼は普通の実験白衣を着ただけだった――炭素14はこういう使い方をしても危険ではないことを知っていたのだ。同位体粒子が発するエネルギーは非常に低くて、せいぜい皮膚の層一つを貫くのがやっとなのである。ゴム手袋をしていれば済む話なのだ。炭素14でいちばん怖いのは、もしもそれが体内に入り、たとえば肺のなかに付着してしまうと、長期間そこに留まるということだ。なにしろ半減期は5730年（プラスマイナス40年）なのである。一方炭素13は安定同位体で放射性はなく、心配は不要だった。

最初の3本組で、私はダグラスファーにかぶせてあったテントを外し、トマト栽培用のトレリスを、ダグラスファーとアメリカシラカバの苗木を覆うように立てた。シーダーにはかぶせなかった。トレリスは標識用のビニール袋を支え、木が標識ガスを吸収するあいだ、ビニール袋が膨らんだままでいるようにするためのフレームの役割を果たした。

トレリスを立て終わり、最初の苗木を植えてからこの1年間、計画を練り、待ちわびてきた瞬間のための準備が整った。アメリカシラカバとダグラスファーは炭素をやり取りするのか、地下のネットワークを通じてコミュニケーションを取り合うのかを調べるのだ。それは決定的な分岐点であるように思えた——森が存続するためには木々の協力関係が重要である、という私の直感が正しいかどうか。そしてもしもそれが正しければ、私には、自生植物の大規模な排除という狂気の沙汰を止める責任があった。私たちは、最初のトレリスの上から、オウムの籠の上にカーテンをかけるみたいに気密仕様のビニール袋をかぶせ、アメリカシラカバとダグラスファーをそれぞれ完全に覆った。ビニール袋の下端は、苗木の幹を囲むトレリスの脚に沿ってガムテープで密閉し、空気が漏れないことをたしかめた。最後のガムテープ片を貼る直前に、ダンはビニール袋のなかに手を入れて、放射性重炭酸ナトリウム入りの冷凍バイアル瓶をテープで貼りつけた。そして慎重に、ビニール袋の注入口に挿し込んだ大きなガラス製のシリンジから、凍った放射性の溶液のなかに乳酸を注入した。シリンジのプランジャーを挿し込むと、乳酸の溶液はゆっくりと凍ったバイアル瓶のなかに落ち、アメリカシラカバの苗木に光合成によって吸収させる放射性炭素14が放出された。

一方、私はテントのなかで、トウモロコシ大のガスボンベから50ミリリットルの炭素13をシリンジに移し、ダグラスファーにかぶせた袋に注入する準備をした。ダンが炭素14を注入しているあいだ、私は、ものすごい汗で拭いても拭いても曇るゴーグルを掛けたまま、3本組から3本組へヨタヨタと移動しては炭素13を注入した。蚊とハエが埃のように群がった。ダンは、液体窒素のなかで凍っている放射性物質のバイアル瓶が置いてある作業台と3本組の苗木のあいだを素早く行き来した。1本1本、作業台で炭素13をシリンジに移し替えては次の3本組までノロノロと歩いていく私の作業は、ダンより時間がかかった。

標識用炭素ガスを苗木に2時間吸収させたあと、私たちは残留している可能性のある同位体を吸引し、ビニール袋を外した。わずかにガスが残っている可能性があったとしても、それはすぐに風に乗って大気中に運ばれていった。

ビニール袋を外し終わるとダンは、飛び交う虫の大群を避けるためにテントに走って戻った。私も彼のすぐあとを懸命に追って、テントの入り口のジッパーを閉め、扉を閉めて、ビニールの防護服を脱ぎ捨てた。ダンは外科医みたいにゴム手袋を脱いで、使用済み用具用のゴミ袋に捨てた。私たちは顔を見合わせた。「やったね!」と私は叫んだ。「どうかな」とダンが言った。まだ苗木をガイガーカウンターでチェックする作業が残っている。

そうだった。私は再びビニールの防護服を着てゴム手袋をはめ、ガイガーカウンターを摑んでいちばん近い3本組のところに急いで戻った。風が出てきていて、アメリカシラカバの苗木の葉はくるくる回る葉柄の周りで揺れ、ダグラスファーは風の吹く方向にじっとなびいていた。湖の向こう側では嵐雲がヒトヨタケみたいに盛り上がっていた。私の前をリスが横切り、切り株の上で見物を始めた。

私は炭素14で標識したアメリカシラカバの葉にガイガーカウンターを近づけ、息を殺した――反応はあるだろうか? もしも反応がなければ、私たちがした作業はすべて無駄だったことになる。アメリカシラカバが放射性の炭素14を吸収していなかったら、次にそれを隣のダグラスファーに転送できるかどうかも知りようがない。不安そうな顔をしたダンが隣に来た。

私はガイガーカウンターのスイッチを入れた。センサーがパチパチと音を立てた。ダンの顔がパッと明るくなった。計測器の針が大きく右に振れ、強い放射線を示した。

「よし、うまくいったな」とホッとしたようにダンが言った。

「隣のダグラスファーは反応するかな?」と私は訊いた。

「しないだろう。標識を始めてからまだほんの数時間だからな」と彼は言った。結果の判断は慎重にするよう訓練されているのだ。リード教授の研究によれば、地下でアメリカシラカバからダグラスファーに放射性物質が転送されるには、数日かかる可能性が高かった。そして放射性物質が転送されたとしても、その量はおそらくガイガーカウンターの検出限界以下で、研究室で検体を分析するまで待たなければならないだろう。

でも、いまガイガーカウンターでチェックしたって別に困らないではないか？　分析をするより先に計測をして、ダグラスファーの針葉に私たちの求める答えがあるかどうか、その手掛かりを摑もうとして何が悪いだろう。私は落ち着こうと努めた。ダンが正しいに決まってる――植物の標識についてダンより詳しい人はほとんどいないのだ。

だけど、かまうもんか――お金のかかることじゃない。私は本能に従って、近くにあるダグラスファーの苗木のところに行って跪いた。ダンは仕方なく私についてきて、私の肩越しに覗き込んだ。私たちは針葉の樹脂の刺すような香りを吸い込み、その瞬間私は、何年間もの苦労や落胆を忘れた。私はセンサーの先を手で払い、信号を遮るものがないことを確認した。決定的瞬間だ。指揮者はオーケストラに手で合図をし、楽団員が楽器をかまえた。ダグラスファーの幹のほうに耳を傾けて、私はガイガーカウンターのセンサーを針葉に近づけた。

私の手首が軽く上に振れて、ガイガーカウンターのセンサーがかすかにパチパチと音を立て、計測器の針が少しだけ動いた。弦楽器、木管楽器、金管楽器と打楽器――すべての音が一緒になって私の耳を満たした。強烈で魅惑的なハーモニーを奏でるアレグロの楽章。私は有頂天で、神経を集中させ、夢中だった。小さな私のアメリカシラカバとダグラスファーの上を渡っていく風に身体を持ち上げられたみたいだった。私は、私よりもずっと大きな何かの一部だった。ダンに目をやると、ぽかんと口を開けていた。

「ダン！」。私は叫んだ。「いまの聞いた？」

ダンはガイガーカウンターをじっと見つめた。彼は心の底からこの標識がうまくいくことを願っていたが、ダグラスファーから聞こえてきた音は彼の期待をはるかに超えていた。私たちは、アメリカシラカバとダグラスファーの会話を聞いていたのだ。

完璧だ！

炭素14については放射能検知能力がより高いシンチレーションカウンターで、炭素13に関しては質量分析計で、この組織試料をきちんと分析するまでは、たしかなことは言えなかった。それらの機器を使えば、標識された光合成産物のうちのどれくらいの量がアメリカシラカバとダグラスファーのあいだを行き来したか、その正確な量がわかるのだ。とは言うものの、この最初の手掛かりに、ダンは目を輝かせた。私はと言えば有頂天で、恍惚とし、笑顔になるのを抑えることができなかった。私は万歳して「やった！」と叫んだ。心の奥では2人とも、私たちなりに、この2種類の木のあいだで何か奇跡的なことが起きているのを見つけたのがわかっていた。想像を絶する何かが起きているのだ。それはまるで、歴史を変えることになる秘密の会話を無線で傍受したみたいだった。

私は手に汗をかきながら3本組のなかのシーダーに近づいた。私にはもう答えはわかっていた。私はガイガーカウンターのセンサーを、三つ編みの葉の上に走らせた。

反応なし。シーダーは独自の世界、アーバスキュラー菌根の世界にいるのだ。完璧だ。同位体の全量が苗木から苗木に転送されるのにどれくらいの時間がかかるかはわからなかったので、私は6日間待つことにした。それだけあれば、送り手側の木の根から、菌類を介して隣の苗木の組織にもっと同位体が移動するのに十分だ。私は地面に座り込み、ダンも私の横に座った。膝の上に実験機器を載せたまま、風は穏やかになり、1羽のマキバドリが鳴いていた。その瞬間、仕事をめぐる失望感も挫折も、ケリーと喧嘩したことに対する悲嘆や自己嫌悪の苦しさも消えてしまった。私はダンの肩に腕を回して囁いた――「私たち、すごいこと見つけちゃったね」

6日間待ったあと、私たちは苗木を掘り起こした。アメリカシラカバ、ダグラスファー、それにシーダーの根はものすごく大きく張っていて、互いに絡まり合い、そして菌根菌に覆われていた。「ジリスの大群に荒らされたみたいだね」。木を抜き終わると私は言った。私たちはそれぞれの木の根と枝を別々に袋に入れ、蚊よけのテントと間に合わせの作業台を片づけた。

車でその場を去りながら私は、苗木たちがどれほど互いにつながり合い、コミュニケーションを取り合っているのかを教えてくれるはずの、その一画を振り返って見た。1羽のワタリガラスが頭上を飛び、低い声で鳴いた。私は、この実験をした土地の所有者であるインクラポーマック族の人々が、ワタリガラスを変化の象徴としていることを思い出した。

翌日、私は冷却器に入れた検体をビクトリアに運んだ。指定された検査施設で検体を粉末状に粉砕し、それをカリフォルニア州立大学デービス校の研究室に送って、それぞれの検体に含まれる炭素14と炭素13の量を測定してもらうのである。放射能を帯びた検体を粉にする作業は、ドラフトチャンバーのなかで行った——ガラスの窓がついた特殊な戸棚のような装置で、上部には排気装置がついており、放射性粒子があればそこから吸い出されてどこかほかの部屋に安全に送られ、そこで適切に収集・廃棄されるのである。検体の組織を粉砕するのは、退屈で、かつ注意の要る作業だった。コーヒーポットくらいの大きさの金属製の粉砕機は、ドラフトチャンバーのなかに入れなければならない——粉塵を吸引して放射能を検査場にばら撒くのを防ぐため、そして私自身が粉塵まみれになったりそれを吸い込んだりするのを防ぐためだ。

1日め、私は検査場に朝8時に着くと、白衣を着て安全ゴーグルをかけ、防塵マスクをしっかり固定して、粉砕機に根の検体を入れ、ドラフトチャンバーで作業を始めた。数時間、私は検体をできるだけ細かく粉砕し続けた。午後5時になると、その日粉砕した検体を箱に詰めた。ドラフトチャンバー、作業台、床を掃除して、ガイガーカウンターでそれらの表面をチェックして放射性粒子が残っていないことを確認し、手を洗ってから建物を出た。ホテルに戻るとシャワーを浴び、隣のパブでハンバーガーを食べ、ベッドに倒れ込むとテレビをつけたまま眠ってしまった。それから4日間、目覚まし時計を朝6時にかけて、毎日それを繰り返した。

すべての検体を粉砕するには、1日10時間作業して5日かかった。最終日、ドラフトチャンバーに掃除機をかけながら防塵マスクをいじっているうちに、鼻を覆う上の部分に金属片がついていることに気がついた。それを横から押すようにすると、驚いたことにマスクは私の鼻にぴったりと密着した。私は青ざめた。私はそれまで、防塵マスクを正しく装着していなかったのだ。

私はマスクをむしり取って、内側を薄く覆う粉塵の膜を見つめた。鼻のなかからも粉塵の膜が出てきて、私は気絶しそうになった。私は細かく砕いた粒子を吸い込んでいたのだ。信じられない思いで、私は検査室の椅子に腰を下ろした。

犯した過ちをなかったことにはできない。起きてしまったことは起きてしまったのだ。

ダンに電話すると、肺に入った粉塵はおそらくないだろう、よく身体を洗えば大丈夫だ、と言った。彼の言葉が正しいことを私は願った。私は洗眼場へ行き、目、鼻、口をすすいだ。そして実験用具をすべて片づけ、残りの検体をカリフォルニアに送る箱に詰めた。

数カ月後、私はオレゴン州立大学で、カリフォルニアの研究所から送られてきた同位体のデータを高速処理していた。私の窓なしの狭いオフィスは、以前は昆虫の飼育場だった部屋を転用した隠れ家みたいなところで、天井の加熱灯はとうのむかしに回線が切られ、機能しないガス栓が白いタイルの壁から突き出していた。ドーンは自分の学位論文を書いていた。それはブリティッシュコロンビア州のなかの、オレゴン州ほどの大きさの地域において、皆伐が森林組成と炭素貯蔵に与える影響を検証するもので、まもなく、皆伐によってかつてないほどのスピードで二酸化炭素が大気中に放出されていることがわかった。データ分析、ジョギング、そしてほかの大学院生たちと一緒にお酒を飲むことが私たちの世界のすべてだった。

同位体のデータを分析していないときは、私は顕微鏡分析用の実験室で、ダグラスファーとアメリカシラカバの苗木の根の先端に菌根ができているかを調べた。それは温室で行う別の実験で、私は山の実験場から持ってきた土でアメリカシラカバとダグラスファーの苗木を育てていた。別々の植木鉢で1本ずつ育てた苗と、一つの植木鉢で一緒に育てたものがあった。8カ月間、水をやりながら観察したあと、私は1本ずつ育てた苗木を掘り起こして根の先を顕微鏡で調べた。一部の根の先には、胞子と菌糸がうまく感染して菌根をつくっていた。アメリカシラカバとダグラスファーは別々に育てられたにもかかわらず、根についた菌根菌は同じ種類のものだった。しかも1種類ではなく5種類。それらの菌類は、そこから生える子実体とともに多岐にわたっていた。

不気味な半透明の黒っぽい菌糸を伸ばすフィアロセファラは、アメリカシラカバとダグラスファーの両方の根の内側と外側についていた。

真っ黒な菌鞘がうっすらと根の先っぽを覆い、ハリネズミの針みたいに丈夫な菌糸が生えているセノコッカム。

なめらかな茶色の菌鞘をまとうウィルコキシナは、繊細なベージュ色のキノコの傘から透明の菌糸を伸ばしている。

チャイボタケは根端がクリーム色で、白い縁取りのある硬くて茶色い子実体が地面に扇のように広がっている。

キツネタケは小さいけれどもたくさんあって、目立たない根端と真っ白な菌糸からつるつるした茶褐色のキノコが生えている。

アメリカシラカバとダグラスファーを一緒に育てた鉢を調べる番になると、私は期待で顔が熱くなった。それまでの研究では、異なった種類の木を一緒に育てた場合、それぞれを単独で育てたときにはどちらの木にも存在しないさまざまな種類の菌根菌が見つかることがわかっていた。あたかもそれらの菌根菌は、菌糸のネットワークを通じて送られる炭素を提供し合うことで互いを励まし、成長をけしかけているかのようだった。

アメリカシラカバと一緒の鉢で育てたダグラスファーの根を顕微鏡で見たとき、私は実験室のスツールから危うく転げ落ちるところだった。まるでキッチンの床を拭くモップの糸みたいに太い根がたっぷり生えていたのだ。さらに驚いたのは、その根にコロニーをつくっている菌類の、熱帯林の木に負けないほどの多様さだった。それればかりか、新しい2種類の菌根菌がダグラスファーとアメリカシラカバの両方についていた。一つはチチタケ属で、そのクリームがかった白い菌鞘は、チチタケ属特有の、キノコの傘のひだから滴る牛乳みたいな液体と同じ色だった。そしてもう一つはセイヨウショウロ属で、まるまるした金色の菌の塊が根の先端を覆い、地中には黒い、ペリゴールトリュフに似たトリュフができていたのである。

私は、博士課程の指導教員であるデヴィッド・ペリーのオフィスに走っていった。デヴィッドはコンピューターに顔を近づけて仕事をしていたが、顔を上げると、長い白髪の頭に老眼鏡を押し上げた。彼のデスクには何十年ものあいだに蓄積されてきた書類の山が積み上げられていて、ほんのわずかの隙間もなかった。私は、アメリカシラカバと一緒に育ったダグラスファーの根はまるで飾りのついたクリスマスツリーみたいだ、と大声で言った。そして、単独で育ったダグラスファーは菌根菌がもっと少ない、と。

「やったな！」と言ってデヴィッドは飛び上がり、私たちはハイタッチした。2種類を一緒に育てた鉢の色とりどりの菌類について私が描写し、根がどんなに大きいかを興奮して身ぶりで説明するのを、彼は頷きながら聞いた。彼は、ダグラスファーとポンデローサパインに共通する菌類を見たことはあったが、それが2つの木をつないだり養分を転送したりしているのかどうかは知らなかったのだ。この実験の結果は、アメリカシラカバとダグラスファーが強力で複雑なネットワークでつながり合う可能性があることを示していた。でももっと大事なのは、野外実験で得られた同位体データの分析結果から私が想像したとおり、木々がネットワークでつながって互いにコミュニケーションを取っているのかどうか、それがまもなく明らかになろうとしているのが私たちにはわかっていた、ということだ。デヴィッドはデスクからスコッチウイスキーのボトルを取り出し、2個のビーカーに、1オンスのウイスキーを注いだ。彼は、自分の学生が最初の驚くべき発見をするところを見るのが大好きだった。私はダグラスファーとアメリカシラカバが、ペルシャ絨毯のようにすばらしいネットワークを織りなす様を想像した。

このとき見つかった、アメリカシラカバとダグラスファーに共通する7種類の菌類は、この2つの樹種が共有する数十種の菌類のほんの一部であることがのちにわかった。私が予想したとおり、シーダーにコロニーをつくるのはアーバスキュラー菌根菌だけで、アメリカシラカバとダグラスファーをつなぐネットワークにシーダーは含まれていなかった。

炭素転送に関するデータが研究所から届くと、私は息を呑んだ。決定的だ。それは科学的な証明だった。実験はあらゆる変数を考慮していた。私は窓のないオフィスで一人、分析結果を精査した。データのカラムを上へ下へと追う私の頰が熱くなった。アメリカシラカバとダグラスファーが吸収した炭素13と炭素14の量を比較し、またダグラスファーに当たる日光を遮ったことが吸収量に影響したかどうかを見るために、私は統計的解析を行った。何度も何度も数字を照合して確認した。信じられなかった。アメリカシラカバとダグラスファーは、ネットワークを通じて光合成した炭素を交換し合っていたのだ。さらに驚くべきことに、ダグラスファーがアメリカシラカバから受け取る炭素のほうが、お返しにダグラスファーからアメリカシラカバに送られる炭素よりもはるかに多かった。

アメリカシラカバが「悪魔の雑草」だなんてとんでもない。アメリカシラカバは気前よくダグラスファーに資源を分け与えていたのである。

それは圧倒的な量だった——ダグラスファーが種子をつくって生殖するのに十分な量だ。だが私が仰天したのは、日光を遮ったことによる影響だった。アメリカシラカバは、日光を遮れば遮るほど、より多くの炭素をダグラスファーに提供していた。アメリカシラカバはダグラスファーに足並みを揃えて協力していたのである。

私は、間違いのないように何度も何度も分析を繰り返した。

だがそのデータは、どうやって分析しても同じ結果を示した——アメリカシラカバとダグラスファーは炭素を交換し合っていたのだ。2つの木はコミュニケーションを取り合っていた。アメリカシラカバは、ダグラスファーが必要とするものを検知し、それに沿って行動するのである。それだけではない。ダグラスファーもまたアメリカシラカバに炭素を送っていることがわかった。まるで互酬性（レシプロシティ）というものが彼らの日常的な関係性の一部であるかのように。

木々は互いにつながり、協力し合っていたのだ。

私は激しく動揺し、オフィスのタイル張りの壁に寄りかかって、何が起きているのかを理解しようとした——まるで地面が音を立てて揺れているみたいだった。エネルギーとリソースを共有しているということは、木々が一つのシステムとして協働しているということである。知覚し、反応する、知性を持ったシステムとして。

深呼吸しよう。考えて、吸収して、消化しなければ——。私はケリーに電話したいと思ったが、私たちの関係はまだ膠着したままだった。そのうち話せるようになるだろう。

単独で育つ木の根は元気がなかった。木々は互いを必要としているのだ。

私は、競合し合う木々が相互に与える影響に関する論文の山を見直した。その隣には、木が互いに助け合っていることを論じる論文の山が徐々に積み上がっていた——研究者たちの主張が真っ二つに割れていることが苛立たしくて集めた論文だ。セミナーでも喧嘩が起きた。どちらの言い分にも正しいところはあったが、複雑な木々の相互関係の全体像はいまだ明らかになっていなかった。意見の相違があるにもかかわらず、自生植物の見境ない排除は継続しており、そのために森の多様性は犠牲になり続けていた。私には選択肢があった。このデータ全部を幹部に見せて、彼らが私を抑え込もうとする危険を冒すか、あるいはこのまま研究室にとどまって、私が発見したことをいつか誰かが使ってくれるのを願うか。

オフィスの固定電話が鳴った。

ここにかかってくる電話が私宛てであることはめったになかったが、私は電話に出るためにデスクを離れた。

受話器を取る。

どこか遠くから、ティファニーの泣き声が、それから彼女が「スージー、ケリーが死んじゃった」と言うのが聞こえた。

私は受話器を耳に押し当てたままデスクの端を掴んだ。

ティファニーの言葉は途切れ途切れだった。スプリンクラーヘッドを交換して……トラクターを納屋のすぐ横に戻して……ギアをパーキングに入れたままエンジンをかけっぱなしにして……納屋の扉の下をくぐって……納屋の扉が崩れて……トラックとのあいだに挟まって……。

私は固まったままそれを聞いた。

ケリーには虫の知らせがあったのだとティファニーは言った。つい先週の金曜日、ケリーは高山から低地の牧草地へと牛の群れを追っていた。牧草は凍り、川には氷が張って、牛たちは11月の霧のなかで身を寄せ合っていた。霧のなかに、こちらに近づいてくるカウボーイの姿が見えた。ケリーは喜んだ——彼一人で、自分の馬とボーダーコリーのニッパーの助けを借りて50頭の牛を追うのは大仕事だったからだ。

よく見るとそれは古くからの友人で、くたびれたカウボーイハットをケリーに向かって軽く上げて挨拶し、白髪交じりの口ひげの口元がにっこりした。軽々と鞍に跨がり、長い脚は暖かな革のズボンに包まれていた。

ケリーは突如身震いした。

彼はそのカウボーイを知っていた。だが、そのカウボーイは前の年に死んでいたのだ。年老いたカウボーイはケリーに手招きし、ケリーは彼についていった。死んだカウボーイはゆっくりと、流れる霧のなかを馬で進む。信じられない思いでケリーは自分の馬を蹴り、追いつこうとした。カウボーイは振り向いて、ケリーがついてきていることをたしかめた。

姿を現したときと同じように唐突に、年老いたカウボーイは霧のなかに消えた。

ケリーは怯えていたのだという。ティファニーが泣き出した。「病院で彼の横に座ってたの。身体が冷たくなってて……。どうして私を置いていけるの?」。3カ月後には2人のあいだに子どもが生まれることになっていた。

電話のあと、私には何も聞こえなくなった——まるであらゆる音が止まってしまったかのように。時間が崩壊した。体の震えが止まらなかった。ドーンはどこかで野球をしているはずだったが、どこにいるのかわからなかった。私は呆然としたまま家に帰った。電話をかけなければならない——母、父、姉、祖父母。でも私はドーンが帰るのを待ち、彼の助けを借りて一人ひとりに知らせた。そのたびにショックが再び蘇った。何度も、何度も、顔を殴られているみたいに。

翌日、私はカムループスに飛んだ。まるで古い無声映画のなかにいるみたいに、私は感覚が麻痺していた。

葬儀は厳しい寒さのなかで行われた。アスペンは葉が落ち、ダグラスファーの樹冠は雪のなかでうなだれていた。ティファニーは、お腹のなかで育っている息子を抱きかかえるようにしていた。その肌は磁器のように白く、その表情は悲嘆に暮れつつも穏やかだった。私はティファニーの近くに行き、ただそばについていてやりたかったけれど、母と父の相手をするので忙しかった。同じく妊娠6カ月のロビンは、ビルとティファニーと一緒に礼拝堂の後ろのほうにいた。集まったケリーの友人たちは、カウボーイハットで目元を隠し、ケリーがどんなにいいやつだったかを、一緒に過ごした時間のことを語った。私たちが生まれるずっと前からそこにあり、私たちが死んでもずっとここにあるであろう信者席の木材は、私たちの誰一人として敵わないほど堅実で、私たちはただその厳粛さを受け入れることしかできなかった。冷たくなったケリーは質素なパイン材の棺に横たわっていた。私は息ができなかった。額に口づけしたかったけれど、身体を曲げることができない。私は痛恨の念でいっぱいだった。もう償うことはできない。仲直りすることも決してないのだ。酒に酔った怒りと誤解の末の残酷な捨てぜりふが、私たちが最後に交わした言葉になった。

姉と弟の絆は、永遠に失われてしまった。

9 お互いさま

QUID PRO QUO

悲しみは波のように襲ってきた。涙。後悔。怒り。ドーンはまだアメリカで論文を仕上げていたので、私は独りだった。コーバリスで隣人だったメアリーが電話で私を慰め、こういう痛みが癒えるには時間がかかるものだと言った。彼女のやさしさはうれしかったが、私の悲しみがやわらぐことはなかった。研究に集中できなかったので、私はクロスカントリースキーに出かけた。昼も夜も。長くて苦しいスキー行脚。私は自分を責めたが、それをするのは森のなかだった――苦悶しつつも私はどこかで、森にならば私を癒やすことができるかもしれないと知っていたのだ。

最悪のことが起きると人は、以前なら怖かったことが怖くなくなったりする。些細なこと。生死に関わらないこと。私は研究に没頭した――修復できないことへの絶望感を覆い隠し、弟とのあいだには永遠に失われてしまったつながりを、木々とのつながりのなかに見つけようとしたのかもしれない。ケリーが死んでしまったからなのか、ケリーが死んでしまったのになのかは定かでないけれど、私は実験の結果を論文として発表しようと決めた。デイブやダンや、私の博士審査委員会の面々に励まされて、私は論文を『ネイチャー』誌に送った。

1週間後、編集者から通知が来た。論文は却下された。

批評された点は簡単に訂正できることに思われたし、だめでもともとだと思った私は、論文を修正して再投稿した。投げても投げても岸に戻ってくる流木を、メーブル湖に繰り返し投げたときみたいに。ケリーと一緒に手づくりのいかだを、次の日も川の探検に出かけられるよう補修し続けたみたいに。

修正した論文は、1997年8月号の『ネイチャー』誌の表紙を飾る特集記事として掲載された。表紙には、ジーンが撮影した、ブルー・リバー近郊のアメリカシラカバとダグラスファーの成熟した森の写真が使われていた。私は驚愕した。私の論文が、ミバエのゲノム解明のニュースを抑えて表紙になったのだ。『ネイチャー』誌は同時に、デイヴィッド・リード教授に私の論文の批評を依頼し、私の論文と一緒に掲載していた。リード教授の批評にはこう書かれていた。「シマードらによる研究は、こうした複雑な問題の解明に実地で取り組んだものであり、温帯林において、相当量の炭素——すべての生態系のエネルギー通貨——が共生菌の菌糸を通って1本の木から別の木へ、一つの種から別の種へと流れることを、初めて明白に示したものだ。北半球の陸地の多くは、大気中の二酸化炭素の主要な吸収源である森林に覆われており、森林における炭素の収支に関するこうした理解は非常に重要である」

『ネイチャー』誌は私の発見を「ウッド・ワイド・ウェブ」と呼び、そこから一気に状況が進展した。報道関係者からの電話が鳴りやまず、Eメールが殺到した。私も同僚も、『ネイチャー』誌がもたらした注目に呆然とした。ある夜、私のなかの何かが堰を切り、私は声を上げて泣いた。それは私の家族があまりしないことだった。私はそれまで、自分の悲しみを隠していた——両親が安心して悲しみを表に出せるように。だがそのとき、私はもはや涙を堪えることができず、涙が枯れるまで泣いた。ロンドンの「タイムズ」紙から、続いて「ハリファックス・ヘラルド」紙から電話があると、私は気を取り直した。フランスの報道機関からも問い合わせがあり、中国からはしわだらけの封書が届いた。

こうして世界が注目しているのだから、森林局も気がつくだろう。

私はケリーを救えなかったけれど、何か救えるものがあるかもしれなかった。

ある日の午後、アランが私のオフィスの入り口に寄りかかって立った。冬はなかなか終わらず、私は落ち込んでいた。国際的に報道されたにもかかわらず、『ネイチャー』誌の論文が森林局の政策を変えることはなく、私は次に何に注力したらいいのかわからずにいた。アランは、こんなところにいないで森に戻って気持ちを整理すればいい、と言った。気が晴れたら、お役人を森に連れて行って、この研究が何を意味するのかを見せてやろう、と。私は車のキーを摑み、混合植樹の実験場に向かった。いつか牧場主が牧草の種を蒔いて私の実験を妨害しようとしたところだ。

私はイーグル・リバーでトランスカナダハイウェイからそれ、ピックアップトラックのエンジンを切った。砂利道を覆う泥にはタイヤの跡がなく、秋以降ここに来たのは私が初めてであることがわかった。私は以前、苗木の元気を取り戻すために根元の土を集めたアメリカシラカバのところに行った。携帯電話を出してロビンに電話しようとしたが、電波が入らなかった。ロビンもティファニーも、数週間後が予定日だった。私は自分の子どもが欲しかったが、ドーンはまだコーバリスで論文を書いていて、ウィリアムズ・レイク・スタンピードの初めに予定されている、ケリーの追悼式の日が締め切りだった。それはかえって好都合だった――ドーンとカウボーイはまるで水と油だったから。

私は電話するのを諦めて、クルーザーベストとベアスプレーを摑み、最後の1キロを徒歩で進んだ。本物の何かを感じるために、私は刺すような湿った空気を肺に吸い込みたかった。木々のあいだを歩き、花々の蜜の香りを嗅ぎ、その存在を感じ、そして彼らに知らせたかった——私はここにいて、彼らの声を聴いているよ、と。

実験場に隣接する原生林の、30センチほど積もった雪のなかを私は歩いた。レインパンツが重たかった。雲が薄くかかり、かすかな日の光が私を招いた。クリーム色の地衣類が木々の枝から下がっていた——いまもティファニーのクローゼットにかかったままの、ケリーの白いシャツのように。この森の奥深くに、私は博士号取得のための2つ目の野外実験場を設営してあった。ダグラスファーを5本ずつ20箇所、いずれも頭上に木々が鬱蒼と生い茂るところに植えて、苗木が日陰で生き残れるのかどうか、どれくらいの期間枯れずにいられるかを検証しようとしたのである。5本組のうちの半分は、苗木の根が古木の菌根ネットワークと自由に絡み合えるようになっていた。残りの10組は、5本の苗木を囲んで地中1メートルの深さまで金属シートを埋め込み、苗木の根が年寄りの木々と断絶されるようにした——ウッド・ワイド・ウェブの実験で、ダグラスファー、アメリカシラカバ、シーダーの3本組にしたのと同じように。ただし、今回植えたのは林冠の下陰で、しかもダグラスファーだけだった。皆伐されていない森のなかでは、ダグラスファーの苗木が周囲の古木と相互につながり合い、情報をやり取りし合う可能性はさらに高かった。

そこでは、新しく芽吹いた木々は親木の近くにかたまって生き残ろうとする。

樹齢100年を超える古い木々の菌根ネットワークにつながることができるかどうかが

生死を分ける。

古木がその寿命を終え、倒れてできる間隙を若い木が埋めることができるように、年長の木が若い木を支え育てる――新しい世代が幸先いいスタートを切れるように。そこが深い木陰に覆われた場所であることを考えると、小さなダグラスファーの苗木にとってそうした大きな木は、私が皆伐地で標識した3本組のダグラスファーにとってのアメリカシラカバよりも、はるかに潤沢な炭素の供給源になるだろうと私は推測した。それはナイアガラの滝と小川のせせらぎほどの違いだ。原生林の守り人としての役割に相応しく、炭素の送り手と受け手にはこの場合、非常に大きなソース・シンク勾配があるのである。

森の奥深くに植えたダグラスファーの5本組の一つ目は、枯れていないのは1本だけで、その弱々しい、黄色くなった枝の先だけがかろうじて、積もった雪の上に顔を覗かせていた。私はこの実験がとても気に入っていたが、どうやら結果は壊滅的だった。喉がこわばり、心臓が痛んだ。氷のように冷たい雨が林冠から降り注ぎ、私の首を流れた。雪の重みで垂れ下がるシーダーの大枝は、魚の白骨を思わせた。湿った腐植土のなかに芽を出したアメリカミズバショウのほのかな色合いも、あたりの蒼白さを変えはしなかった。

寒さに震えながら、私は生き残った苗木の雪を払った。まだほんの苗木なのに、それは枯れかかっていた。死んだ根が地下に閉じ込められているほかの4本の、黒くなった幹からも氷晶を払い落とした。あたりを手探りすると、5本の苗木を囲んで私が埋めた金属シートが見つかった。苗木と周囲の古木から隔絶させるためにしたことだった——それをすれば死んでしまうだろうという推測をテストするために。この日の当たらない、暗い林冠の下でこそ、家族とのつながりが何よりも重要なのだ。

手描きの地図を確認しながら、私は霧のなかを次の5本組まで歩いた。雪のなかから緑色の幹の一団が顔を出している。この5本の苗木の周りには金属シートは埋めず、年寄りの木たちの豊かな菌類ネットワークとつながれるようにしてあった。夏以降、5本とも背丈が1センチ伸び、どれも新しい頂芽をつけていた。私は、幹の温かさのおかげでここだけ少ない積雪をかき、深さ数センチの腐植土を剝がし取った。そこには、ルネッサンス絵画のように色鮮やかな菌根菌が有機層にびっしりと広がっていた。私は突如気持ちが軽くなり、希望を感じた。苗木の根の1本を露出させ、黒いショウロの菌糸束を辿ると、それは数メートル離れた巨大なダグラスファーにつながっていた。それとは別の根は、鮮やかな黄色の菌根菌ピロデルマ属に覆われており、そのふくよかな黄色い菌糸束を辿るとアメリカシラカバの古木に辿り着いた。私はびっくりして座り込んだ。この小さな苗木は、成熟したダグラスファーとアメリカシラカバの両方の、豊かな菌根ネットワークに組み込まれていたのだ。

私は帽子を引っ張って耳を隠した。菌根ネットワークはまさに、苗木の生命を支えているように見えた。苗木の小さな針葉は、わずかな光のなかではわずかな光合成しか行えず、生えたばかりの根はほんの少ししか土中から養分を取り込めない。古い木々はそれを補うために、糖またはアミノ酸を、逞しい菌類の塊を通して送り込んでいるのだろうか。それとも古木たちは、自分の多様性に富んだ菌根菌を苗木に植えつけて、ほかからの助けがなくても土粒子に固く結合した養分を吸収できるようにしているだけなのだろうか。

私は別の苗木の根元を掘り、その根に、さらに数種類の菌根菌を見つけた。そのときまでには、この森には100種類以上の菌根菌が棲んでいることを私は知っていた。そのうち約半数は、アメリカシラカバとダグラスファーの両方に棲んで多様なネットワークをつくっていた。複雑に織り上げられたカーペットのように。残りの半数は、アメリカシラカバとダグラスファーのどちらか一方にだけ棲んでいた。後者は、それぞれその種に固有のニッチ（生態的地位）を持っていると考えられていた。腐植土からリンを取り出すのが得意なものもあれば、老木から窒素を獲得するのがうまいものもあった。地中深いところから水を吸い上げるもの、浅い層を水源にするもの。春に活発なものも秋に活発なものもあった。腐植土を分解したり窒素を変換したり病気を治したりといった、ほかの仕事をする細菌の燃料になる高エネルギーの滲出物をつくるものもあれば、仕事があまりエネルギーを必要としないので滲出物が少ないものもあった。アメリカシラカバとつながっているのを見たことがある菌根菌、ピロデルマ属のつややかな光沢は、それが炭素をたっぷり含んでおり、発光性の細菌、蛍光性シュードモナスのバイオフィルムを支えていることを示唆していた。蛍光性シュードモナスの抗体は、病原菌であるオニナラタケの成長を阻害することができる。セイヨウシショウロは、実は窒素を固定するバチルスという細菌の宿主で、アメリカシラカバの葉がダグラスファーの針葉よりもはるかに多くの窒素を含んでいることもそれで説明がついた。

だが、菌根菌の大部分については、それが果たす機能を私たちはほとんど何も知らなかった。わかっていたのは、古い森には人工林と比べて菌類の種類が多く、老木ととくに関係が深い菌類は、厚くて肉づきがよく、頑健で、土壌中の、なかなか手の届かない部分にあるリソースを取り込める、ということだった。そうした菌類は、腐植土や鉱物粒子の強固な複合体に何百年ものあいだしっかりとしがみついていた必須養分を解き放つのだ——フィロケイ酸塩鉱物の上に隔離され、金網のようにつながった炭素環のなかに結合していた、ずっとむかしの窒素やリンの原子を。

何年ものあいだ、四季を通じてキノコを採集してきたダンと私は、原生林には原生林だけの特別な菌類があることを突き止めていた。そのなかには、とくに雨の多い季節や雨の多い年にしか生えないものや、たった一度しか見たことがないものがあった。かと思えば、乾燥した季節にだけ生えるものも、季節を問わずに生えてくるものもあった。私たちはまた、植樹されて数年の森から何百年も経っている森まで、さまざまな森でアメリカシラカバとダグラスファーの根を掘り返して、そのDNAを分析し、遺伝子ライブラリーに照らして菌類の種類を特定した。

カナダツガとトウヒがダグラスファーとアメリカシラカバの下に交ざって生えている、森の奥のほうまで入ると、私は雪の衣を脱ぎ捨てようとしている1本の若木の前で足を止めた。凍った雪の塊を全部払い落としてやると、そのしなやかな幹がゆっくりと立ち上がった。私たちは立ち直れるようにできてるんだ、と私は思った。1本の倒木の上に、カナダツガの苗木が一列に並んで生えている。メーブル湖でもこれと同じものを見たことがあった。これは苗木にとってはさまざまな利点があるのだろう、と私は考えた――土壌病原体を避けたり、太陽光に一段近づいたり。カナダツガの苗木の根は、朽ちていく倒木の上や下に伸び、倒木のゴツゴツした根や、四方八方に広がるハシバミやシトカナナカマドやフォールスボックスの根茎を包み込んでいた――同じ町に住む、仲睦まじい住民のように。これらはおそらく、共有する外生菌根のネットワークですべてつながっていた。ウエスタンレッドシーダーやイチイ、それにシダやエンレイソウ――これらがアーバスキュラー菌根菌と共生することを私はすでに知っていた――も、おそらくはネットワークを形成しているだろう。なめらかなアーバスキュラー菌根のネットワークが、外生菌根のネットワークとはまったく別に存在するのだ。菌根ネットワークは別々かもしれないが、この森の植物はすべて、互いにつながり合っていた。

アメリカシラカバとダグラスファーがつながってコミュニケーションを取り合っている

ことはわかっていたが、アメリカシラカバがダグラスファーに与える炭素のほうが、お返しに受け取る炭素よりもつねに多い、というのは辻褄が合わなかった。それが普通の状態ならば、ダグラスファーはいずれアメリカシラカバの生気を奪い取ってしまうだろう。

ダグラスファーはその一生のあいだに、受け取るよりも多くの炭素をアメリカシラカバに与える時期があるのだろうか？　もしかすると、森が十分に成熟してダグラスファーが自然にアメリカシラカバよりも大きくなると、ダグラスファーからアメリカシラカバへと炭素の移転が起きるのかもしれない。

縞模様に差し込む日の光を辿り、私は隣接する皆伐地との境界に出た。そこには博士号取得のための3つ目の実験場があった。以前牧場主が、腹いせに草の種を蒔いたところだ。下草に覆われているにもかかわらず、幸運にもこの小さな一角では木がよく育っており、5年経った若木はすでに私より背が高かった。私はアメリカシラカバの1本の根元にかがみ込んだ。その木は、地面から頭を出している厚いプラスチックの板に囲まれている。それは根系を封じ込めるために地中1メートルのところまで埋めた壁の一部だった。森のなかで金属シートを使ってしたのと同じ仕掛けだ。ただしここでは、数本の苗木をまとめてその周りに壁をつくるのではなく、小さな森のように碁盤の目状に植樹した64本の苗木を、1本ずつバラバラに囲んであった。プラスチック板はまだしっかりと無傷のままそこにあり、この先何年も壊れそうになかった。私はそこで、アメリカシラカバがその幼少時代を通じてダグラスファーを支援し続けるかどうか、そして、いずれダグラスファーがお返しをする日が来るかどうかを調べていた。ダグラスファーがお返しをするとしたら、それは早春や晩春の、アメリカシラカバに葉がない季節かもしれない。そしてその量は、ダグラスファーがゆっくりと自然に成長期に差し掛かり、アメリカシラカバよりも大きくなるにつれて増えていくのではないか。

その解明のために、私はこの、木の周りに溝を掘って壁で区切った区画と、64本のアメリカシラカバとダグラスファーに手をつけず、一つに織り連なった状態のままにした近隣の区画を比較しようとしていた。溝を掘る作業はまるで、切り株でできた古い街の遺跡を発掘しているみたいだった。バーブと私は、深さ1メートルの溝を掘るために、小型掘削機を持っている人を一人と、シャベルで作業する若い女性4人を雇った。四方に広がる根系を爪で引っかき、花こう岩を押し出し、8列の苗木に沿って、最後の1列の外側を含めて9本の溝を掘る。それからそれと直角の方向にも9本の溝を掘って溝が十字に交差するようにした。迷路のような溝と溝のあいだに、それぞれ1本ずつ木が植わっている64個の土の島ができた。私たちはその島の周りをプラスチックの板で囲み、根系と菌根が通過できないようにしたあと、溝を土で埋め戻して、プラスチック板の先端が地表からほんの少し出ているだけにした。完璧な8×8の碁盤の目が地下に隠されたわけだ。

この区画のダグラスファーは本当に、根が自由に隣接する木の根と絡み合える区画の木よりも小さいだろうか？　苗木の1本は枯れて、赤くなった針葉が雪のなかで古くなった血の滴のように見えた。私はそのカサカサした幹を掴んで地面から引き抜いた。腐りかけた根の先はゾッとするような黒い菌糸がまとわりついていた――根状菌糸束だ。私は折りたたみ式のナイフを開き、幹の根元の樹皮を削り取って木部を露出させた。そこには雪のように真っ白な菌糸の塊があって、その木が枯れたのがオニナラタケという病原菌のせいであることが確認できた。私はプラスチックで区切られた区画を、ほかにも枯れた木がないか調べた。植えたダグラスファーの3分の1は枯れていた。

溝を掘らなかった区画では全部の木が生きていて、たしかに大きさもこちらのほうが大きかった。ワタリガラスの翼が音を立てて通り過ぎ、つんざくような列車の警笛が響く。私はキャリパーとノートを取り出して、両方の区画の、アメリカシラカバとダグラスファーの幹の直径をすべて計測した。太陽が山の向こうに沈むと、ずぶ濡れの私は寒さに震えながらトラックに戻り、エンジンをかけ、ヒーターの出力を最大限にして、薄れていく光のなか、計算機でデータの処理をした。

思ったとおりだった。周囲のアメリカシラカバとつながっているダグラスファーはどれも生きているだけでなく、溝で仕切られたダグラスファーよりも大きかったのである。一方、アメリカシラカバは、ダグラスファーと親密な関係にあってもその影響は受けず、消耗したりもしていなかった。炭素の一部をダグラスファーに送ってもアメリカシラカバは干からびてはおらず、つまり自分自身の生命力を犠牲にすることなしに、ダグラスファーの生き残りと成長を促進するのに十分な炭素を与えていたのだ。

アメリカシラカバは、ダグラスファーがそれ以上炭素を必要としなくなると、それを感知して養分の栓を閉めることができるのだろうか？　そして、アメリカシラカバもまたダグラスファーから得るものがあるのではないか――ダグラスファーがアメリカシラカバから炭素を受け取るのとは違う時期に、何か別の方法、この単純な計測では明らかにならない形で――という私の疑問は依然として残った。ダグラスファーにはナラタケ病の気配もなかった。アメリカシラカバに囲まれて育つことが、ダグラスファーを病気から護っているらしいことは、ほかの多くの実験でも目にしていた。私は、森林局で夏のあいだ私の野外アシスタントを務めたロンダに、蛍光性シュードモナスについて行った私の調査を修士課程の研究課題として継続するよう説得した――光を放つその細菌がオニナラタケと敵対関係にあることを私は発見していたのである。ロンダは、木の成長を助ける細菌の豊富さを各種の林型で比較し、アメリカシラカバの群落には、ダグラスファーの群落の4倍の細菌がいることを明らかにしていた。その理由はおそらく、アメリカシラカバの根と菌根菌は、より光合成速度が速いおかげで、ダグラスファーよりもたくさんの食べ物を細菌に提供できるからだった。ロンダはまた、ダグラスファーとアメリカシラカバが混在している群落では、ダグラスファーにもアメリカシラカバと同じだけの細菌がついていることを発見した。それはあたかも、2つが親密に混ざり合っているときには、炭素の豊富なアメリカシラカバからダグラスファーへ、微細な細菌が伝播するかのようだった。

その春、ドーンが1000キロ離れたコーバリスで学位論文を仕上げているあいだ、私はカムループスのログハウスのわが家に一人で住み、森のなかで過ごした。ドーンがそこにいたら、パイングラスやアルニカのあいだを一緒に歩き、これからどうするのかを整理し、子どものことを決められただろう。ドーンがいれば、菜園の土をすき返したり、テーブルの上の書類を片づけたり、キッチンを掃除したり、おいしい料理をつくることも忘れなかっただろう。だが私はそうしたことをする代わりに実験に逃避し、草原と呼ぶに近い、木に覆われていない乾燥したサバンナや、山地のパインの森を徘徊し、どの木が生き残っているか、元気に育っているかを調べた。くしゃくしゃの髪で、地図や齧ったリンゴの芯を入れた空のコーヒーカップが助手席に散らばる車で山奥を走った——交換手に留守電メッセージの有無を確認しながら。

4月、ティファニーが生んだ男の子は、マシュー・ケリー・チャールズと名づけられた。その2週間後、ロビンとビルのあいだに女の子が生まれ、2人はその子をケリー・ローズ・エリザベスと名づけた。2人にとっては3歳になるオリバーに続く2人目の子どもだった。私の新しい甥と姪はどちらも、その名前のなかに亡くなった私の弟を抱いていた。私はマシューにはベビーベッドを、ケリー・ローズにはレースのドレスを贈った。次第に日が長くなり、土壌は温かくなって、私は再び、一人でも心穏やかでいられるようになっていた。

6月のある日、散らかったオフィスに戻ると、積み上がった論文の山が火災防止の規則に違反すると書かれた違反切符があった。犯人のバーブが大笑いしながら姿を現した。切符の下には『ネイチャー』誌の編集者からの書面があった。イギリスの研究所から論評が届いたという。編集者は、私にそれを読ませ、掲載する価値があるかどうかについて意見を聞きたがっていた。

批判の1点目は、私が検知した、土中を通過してシーダーに移った炭素の量（アメリカシラカバとダグラスファーのあいだの菌根ネットワークを通って転送される炭素量の5分の1）は非常に多く、菌根ネットワークを通って移動する炭素の量が見劣りするほどである、したがって菌根ネットワークは転送経路として重要とは言えない、というものだった。私は返答の最初の数行をタイプしながらバーブに説明し、私の統計的検定によれば、土中を移動する炭素の量は菌類のネットワークを通って移動する量より単に少ないだけでなく、統計的に有意に少ないのに、その事実に彼らは気づいていないのだと伝えた。それに、コミュニケーションの経路は一つだけではない、ということを私ははっきり書いていた。

2つ目の批判点は、ダグラスファーからアメリカシラカバに転送された炭素の量はあまりにも少なくて（アメリカシラカバからダグラスファーに送られる炭素の10分の1）、これはおそらく機械がデータを読み誤ったのであり、したがって転送が双方向に起きているとは言えない、というものだった。「だってこっちの実験で双方向の伝達を実証してるのに」と、実地での実験を研究室で再現した実験をバーブに見せながら私は言った。

3つ目の批判は、標識用のビニール袋に炭素13を注入したことで苗木は二酸化炭素を過剰に吸収しており、そのため光合成速度が早まって根に糖が充満したのだ、というものだった。そうだとすると、本来自然に周囲の木に移動するよりも多くの炭素が移動して当然だというのだ。彼らの批判は、植物細胞に入り込む炭素を質量分析計がより検知しやすくするために、私がかなりの量の炭素13を使ったことに向けられていた。だが炭素14については、私はそれとは違うやり方をしていた——シンチレーションカウンターは同位体を非常に敏感に検出するので、炭素14のパルスが弱くても十分だからだ。私はバーブの助けを借りて、野外実験で私が使った二酸化炭素の用量は、苗木の各部位への炭素の分布にも移動する炭素の量にも影響を及ぼさないということを示した、博士課程で行った実験室での実験結果を探し出した。

最後の批判点を読んで、私は血が出るほど唇を噛んだ。私の実験の苗木は、競合し合うのではなく純粋に協力し合っているとは言えないと言うのだ。でも私は論文に、2つの木の関係は多面的で、アメリカシラカバは、光を求めて競合しながら同時に炭素を共有することで協力している、と書いていた。競合関係がいっさい存在しないとは言っていない。

彼らは私の書いたことを事実誤認したのであり、私の研究結果の否定を目的としているかのような彼らの批評に私は激怒した。私は反論を書き上げ、この批評には掲載の価値はない、と結論した。バーブが、関連する私の論文と一緒にそれをマニラ封筒に入れ、郵便室に持っていった。1週間経たないうちに『ネイチャー』誌から、批評は掲載しないことにした、という返事が来た。

ところがそれが大間違いだったのだ。

1カ月と経たないうちに、オーストラリアの会議で、私の論文を批判した研究所の人による基調講演を聞いたという仕事関係の知人からEメールが届いた。私はこのことも気にかけなかった——科学というものは、専門家同士の相互評価の上に成り立つものだからだ。学者というのは尊大に振る舞うのが大好きだし、私は自分を学者というよりも科学者だと思っていた。それに彼らはおそらく、アーバスキュラー菌根菌が棲み、花々や草同士の炭素交換が起こらないイギリスの草原と、私が実験をした、外生菌根だらけで炭素がリュージュに乗ったみたいに行き来する、うっとりするような森を混同しているのだろう、と私は言った。違う、と知人は言った。それは私に対する、公然たる攻撃だった。その後、別の知人から、フロリダで行われたある講演についてのEメールが届いた。やれやれ——我ながら甘かったことに気づいた私は思った。あの批判には、もっと率直に返答すべきだったのだ。アランは以前、論文の発表は諸刃の剣だと言ったことがあった。ドーンは、批判の声が聞こえても気にするな、とアドバイスをくれた。もっといいのは、返答を公表することだ――たしかに彼の言うとおりだったが、私はどちらのアドバイスにも従うことができなかった。私は自分に、そのうち状況は収まるだろうと言い聞かせた。私はクタクタだったし、バカ正直すぎて、起こっている事態の重要性を理解することも、批判への返答を公表することもできなかったのだ。まもなく最初のグループが、私の論文に対する批判点を詳細に述べた論文を発表した。

ほどなくして、私の論文とそれに対する反論を並列して引用し、批判を対等な立場で扱う新しい論文が発表されるようになった。私の研究に影が差し始めた。ドーンは、解決の方法は明確だと言った。くよくよしていないで書けばいい。「わかってる」――もじもじしながら私は言った。私が行き詰まっているのを見たデイブは、反論に対する反論を書いて『*Trends in Ecology and Evolution*』誌上で発表した。ほかにも助けてくれる人がいた。

何事が起こっているのかを私が理解するのには長い時間がかかったが、やがて、私はイギリスで起こっているちょっとした科学論争に加わってしまったらしいことがわかった。研究室での実験でデイヴィッド・リード教授が目にした、パインの個体から個体に移動する炭素は、自然の環境のなかでは意味があるのか、と疑問を呈した論文があり、それが引き起こしたさまざまな論議のなかに、進化における共生関係の重要性に関するものが含まれていたのである。議論の的になっていたのは、森を形づくるのが主に競争関係なのか、という疑問だった――それこそが自然淘汰の中核を成しているという認識に基づいて、長いあいだ信奉されてきた思い込みである。アーバスキュラー菌根と共生する植物を使ってイギリスの研究室で行われた実験の結果は、菌類のネットワークを通じた炭素の移動は重要でないということを示唆していた。ところが、突如どこからともなく現れた私の研究結果は、それとは違うことを提示していた。私は嵐のただなかに足を踏み入れてしまったのだ。やがて私は批判に対する反論を2つの論文として発表したが、そのときにはすでに、私が博士課程で発見したことは疑問視されてしまっていた。

数年後、ある学術会議で論文を発表した際に、私はその場にいた、最初の批評を書いた教授に近づいた。誤解を解こうと思ったのだ。彼はほかの人との会話に没頭していて、私は話しかけられるタイミングを待ちながらその場をウロウロした。私が彼の視界に入ったかどうかはわからないが、どう考えても見えたはずだ。だが、彼は私のほうを見ようとはしなかった。さんざん待った挙げ句、私は踵を返した――この戦いは私にはあまり関係がなくて、私よりずっと前から戦争を繰り広げてきた科学者たちのものなのだ、という事実を受け入れざるを得なかった。私は単に、カナダから来て、すでに燃えている炎を煽った小娘にすぎなかったのだ。私は花々の咲き乱れるイギリスの草原のことは何も知らなかったし、彼らは、まるで大聖堂みたいなカナダの森のことは何も知らなかった。

だが、批判に対する私自身の反論を1年以内に発表しなかったのは失敗だった。学者のあいだでは、それは自分の過ちを認めるに等しかったのだ。新しい論文のなかで、私の論文の引用に続いてそれに対する反論が引用され、私の学術的貢献が否定されているのを読むたびに、私の胸は引き裂かれた。何とかして立ち直らなければならなかった。だが私は森林局の職員であり、私の研究がその使命にとってどんな重要性を持つかは明らかでなく、私が研究を続ける明白な必要性も、そのための資金もなかった。私の研究の成果について役所の同僚たちに講義をする機会はなかったし、私は学術的な議論に参加することもなかった。逃げ腰になり、身を隠したのだ。私は子どもが欲しかったし、ドーンと過ごし、心安らかに、自分自身をもう一度好きになれる時間が欲しかった。追悼の時間が必要だった。何かもっと、あまり緊張しなくていい仕事がしたかった私は、森が抱える別の問題——夏も冬も気温が異常に高くなりつつあるなか、虫や病気による木の損害が増えつつあるという問題——に注意を向けることにした。

だが、私の博士審査委員会のメンバーの一人で、オカナガン・カレッジの教授でもあるメラニー・ジョーンズ博士は、この問題を放ってはおかなかった。博士はこの問題を非常に気にかけていたのだ。私の博士論文の共著者でもあった彼女は、それに対する批判にきちんと答え、議論に決着をつけたがっていた。博士は研究助成金を申請し、私たちは、リーニーという学生とともに、『ネイチャー』誌に掲載された私の実験を繰り返した。今回は、夏の一度だけでなく、春と秋にも同位体を注入して、炭素転送の方向が季節によって変化するかどうかを調べた。私が実験した夏とは逆で、ダグラスファーが成長期にありアメリカシラカバには葉がない春と秋に、ダグラスファーがアメリカシラカバに与える炭素のほうが多いかどうかをたしかめるためだ。

最初の標識は、ダグラスファーは新芽が出て針葉を伸ばし始めているけれども、アメリカシラカバのほうはまだ葉をつけていない早春に行った。この季節、ダグラスファーが糖のソース組織でアメリカシラカバがシンク組織だった。2度目の標識は、『ネイチャー』誌に掲載された実験と同じく、アメリカシラカバには糖を含んだ葉がたっぷりと茂り、ダグラスファーは日陰で成長が遅くなる真夏に行われた。この場合、結果は前回と同じになり、ソースとシンクの勾配に従って、炭素はアメリカシラカバからダグラスファーに動くはずだった。3度目の標識は、ダグラスファーの幹周と根はまだ成長を続け、アメリカシラカバの葉が黄色くなって光合成をやめる秋に行った。この場合はやはりアメリカシラカバがソース、ダグラスファーがシンクである。

私たちの直感は正しかった。3つの木のあいだを炭素が移動する方向は、生育期によって変化したのである。アメリカシラカバがダグラスファーに送る炭素のほうが多い夏と違い、春と秋にはダグラスファーがアメリカシラカバに送る炭素のほうが多いのだ。季節とともに変化する2種間の炭素のこうしたやり取りは、木々が洗練された交換パターンを持っていて、年間を通して均衡を保っている可能性を示唆していた。

アメリカシラカバとダグラスファーは、それぞれ同じだけ相手からの恩恵を受けているのだ。

お互いさま、なのである。

ダグラスファーはアメリカシラカバの炭素を奪っているだけではなくて、夏の前後にはそれを送り返しているのだった。この2種の木は、ソース・シンクの関係性の勾配の大きさと方向の変化に従って、交互に炭素を送り合っていた。そうやって仲よく共存しているのだ。菌根ネットワークの動態がだんだんわかり始めた。菌類と細菌のネットワークに一緒につながることによって、アメリカシラカバとダグラスファーは、相手より大きくなって影を落とすようになってさえ、リソースを分け合っていた。この相互依存という秘法が、彼らを健康かつ生産的に保っていたのである。

だが私はさらに、こうした考え方を実際の人工林で長期的に試験する必要があった。重要なのは、基礎科学を現実的な状況に応用し、森林管理官がその管理方法をどのように変えればいいか理解できるようにすることだった――木を植える間隔や、植林、下草刈り、間伐の時期などだ。森の舞踏のさまざまな側面を説明するために、私はさまざまな森での数十の実験をデザインした――コミュニティとしての森の機能が、いかにその土地や気候や樹種間の密度の差に依存し、木の樹齢や状態がどれくらい関係しているか、などをたしかめる実験だ。

私の実験は、アメリカシラカバとダグラスファーのあいだに、背が高いか低いか、若木か老木か、また土地の種類——肥沃か痩せているか、乾いているか湿っているか——などによって異なる競合関係と協力関係の強さを、そしてこの2つの木が長期的にはどのように協力し合い、あるいは邪魔し合うのかを数値化した。その結果からは、どういうサイズの木が最も競争あるいは協力し合うのか、いちばん問題があるのがどういう土地であるかがわかり、下草刈りをそうした要素のあるところに集中させることができた。別の実験では、アメリカシラカバとダグラスファーはどれくらい離れていても競合あるいは協力するのか、それが場所の条件によってどのように違うのかを検証し、森林管理官が、針葉樹の周りを局地的に、ごく少数のアメリカシラカバだけを取り除く処置を施せるようにした。さらに別の実験では、背の高いアメリカシラカバをさまざまな密度になるように均等に間伐して、低木層の背の低い針葉樹がどのように反応するかを調べた。

元気がないダグラスファーの周りのアメリカシラカバを選択的に排除するさまざまな方法も試し、クリッパーで1本ずつ伐る方法や、除草剤を撒く方法、樹皮に食い込む鎖を巻きつける方法などを比較した。

ダグラスファー、ウエスタンラーチ、ウエスタンレッドシーダー、トウヒなど、針葉樹の樹種によってアメリカシラカバとの関係性が異なるかどうかも調べた。答えはイエスだった。さまざまな種類の実験場で、それぞれの樹種が、異なった程度と異なった方法でアメリカシラカバと協力したり競合したりしていた。その土地を知ることが非常に重要だったのだ。

これらの実験が始まってから、いままでは20年から30年が経っているが、植えた木々はまだ若く、これからどうなっていくかはわからない。森で行われる実験はゆっくりとしたもので、科学者の寿命はあまりに短い。未来を占う方法の一つに、コンピューターモデルを使ってこの先100年のあいだに森がどのように成長するかを予測するというものがある。それは私たちに未来を垣間見せ、私たちがいなくなったずっとあとにどんなふうになっているかを想像させてくれる。

ドーンは博士課程を終えて戻り、私と一緒にカムループスの森で暮らしていた。森林管理コンサルティングの仕事のためにオフィスを借り、さまざまな森林管理の手法が木の成長にどのように影響するかを分析したり予測したりしていた。私はドーンに、100年後、ダグラスファーだけの森で育った場合と、アメリカシラカバとの混合林で育った場合とで、ダグラスファーの生産性がどう違うかを予測するモデルをつくってくれないかと言った。私は何年もかけて集めた山のような論文を渡し、ドーンはそれを徹底的に調べて必要なデータを取り出した。木の成長の速度と樹高、どれくらいの生物量が葉、枝、幹に割り振られているか、群落の密集度、細胞組織に蓄積された窒素量。葉の光合成速度と枯れる速度。ドーンはこうした情報を使って慎重に彼の予測モデルを調整し、可能な限り正確に森の変化を再現できるよう、ゆっくりと微調整を加えた。

いよいよモデルを走らせる日、私は森林局のオフィスから彼のオフィスに行った。ドーンは私が座れるように書類の山を椅子から下ろし、キーボードを叩いた。コンピューターコードの緑色の文字が画面を流れ、グラフが現れた。「君が考えたとおりだよ」と彼が指差した棒グラフは、皆伐によってアメリカシラカバを排除するのは、長期的な森の生産性に悪影響を及ぼすことを証明していた。その数字は、伐採と下草刈りを100年ごとに繰り返すたびに、森林の生育率が低下していくことを示していたのである。アメリカシラカバという相棒がおらず、そこに棲んでいる微生物が固定した窒素が菌根ネットワークで運ばれることも、細菌が根の病気を防いでくれることもない、純粋にダグラスファーだけの森の生育率は、アメリカシラカバとの混合林における生育率の半分まで低下していた。その一方でアメリカシラカバは、ダグラスファーなしでも生産性は落ちなかった。このモデルによれば、アメリカシラカバはダグラスファーにはいっさい依存していなかったのだ。「でも絶対ほかの形で依存してると思うよ」と私は言って、ドーンに身体を寄せてキスをした。

木々は実際に土壌や互いとのつながりに依存している、という画期的な発見を果たした私だったが、私が本当にいちばんしたかったのは、ケリーと話をし、心を通じ合わせ、2人のあいだの傷を癒やすことだった。私は、小さかったころに祖父母の家の庭で一緒にハックルベリーを摘んだときのことを思い出した。ケリーは、ハックルベリーの実が2粒入ったバケツに虫が入り込んだことにご立腹で、パニックになりながら「こいちゅ追い出してよおじいちゃん」と泣きついた。おばあちゃんの菜園で、いちばん大きく育ったトマトを持って立っているケリー。浮き桟橋から、ヤナギの枝でつくった釣り竿でヒメハヤを釣ったときのこと。焼けつくような夏の日、アロー湖の冷たい水のなかで、浮かんでいる丸太を滑り台にして遊んだこと。ノース・トンプソン・リバーをカヌーで渡り、トウモロコシ畑やハコヤナギのなかを自転車で走ったこと。

翌年の春、私は菜園をつくった。

ただの菜園ではない。ケリーが死んだときに私が発見していたことに基づく菜園だ。植物が資源を共有し合い、互いに肩を寄せ合うことができる菜園。一つひとつほかと切り離されて並んで植えられるのではなく、交ざり合い、コミュニケーションを取り合い、互いに慈しみ合える菜園である。ネイティブアメリカンが編み出した「三姉妹」のテクニックに従って、私はトウモロコシ、スクウォッシュ、そしてマメを、そのすべての成長を促し合う仲間として植えた。

それまで私はいつも、わが家の小さな菜園の土に、それぞれの野菜を1列ずつ植えていた。でもその年、私は養分たっぷりの土を30センチくらい離して盛り土にし、陶芸家がするようにそれぞれの真ん中を凹ませてボウル状にし、水が流れ出ないようにした——ウィニーおばあちゃんが教えてくれたように。そして全部の盛り土に、三姉妹の種を一つずつ植え、毎日水をやった。1週間後、黒い土のなかから小さな子葉が顔を出した。

ほとんどの樹種に外生菌根菌が棲んでいるのと違い、菜園の植物は大抵アーバスキュラー菌根菌と共生している。外生菌根菌には何千種類もあるのに対して、アーバスキュラー菌根菌は世界中にせいぜい200種ほどしかない。アーバスキュラー菌根菌はゼネラリストだ。つまり、自然界に存在する数少ないアーバスキュラー菌根菌は、菜園のほとんどの野菜の根にコロニーをつくり、それらをつなぐことができるのである。トウモロコシ、スクウォッシュ、マメ、エンドウ、トマト、タマネギ、ニンジン、ナス、レタス、ニンニク、ジャガイモ、サツマイモ等々。

発芽して数週間のうちに、私が植えた苗の根には菌根ができ、つながり合っていた。マメの茎を引き抜くと、根に沿って窒素を固定する細菌の入った小さな白い根粒ができている。窒素を変換して、トウモロコシとスクウォッシュと共有している盛り土にそれを加えているのだ。トウモロコシはそのお返しに、マメが伝い登る骨組みを提供する。スクウォッシュには根覆いの役割があって、土壌の湿度を保ち、雑草と害虫の数を抑える。

私の菜園で、菌根ネットワークはどんな役割を果たしているのだろう、と私は想像した

——窒素を固定するマメからはトウモロコシとスクウォッシュに窒素を運び、長身で日光をたっぷり浴びるトウモロコシからは、陰になっているマメとスクウォッシュに炭素を転送し、スクウォッシュが溜めた水分を喉の渇いたトウモロコシとマメに送っているところを。

私の野菜は元気に育った。

許されるのを感じた。

私は、わが家を囲む森のなかのトレイルを整え始めた。動物たちの足跡がつくった小道に沿って歩きながら、私はやわらかな苔に覆われた日の当たらない空き地や、カバノキが密生する湿った窪地、根が腐って開いた穴にウサギが棲んでいる草深い斜面、とても古い木と、その近くにかたまって生えている若木の一群などに詳しくなった。何千匹ものアリが蠢く、小型テントほどの大きさの蟻塚の前で立ち止まり、一列縦隊になって進むアリを眺めてから、針葉や地衣類が流れる小川を飛び越えて、パインの古木に続く小道を歩き出す。

私はダグラスファーによる土壌水分移送に関する新しい実験を思いついた。土中深く根を下ろすダグラスファーは、まだ根が浅い苗木が水分を補給して日中元気でいられるよう、夜のあいだに水分を地表近いところに上昇させるのではないかと考えたのだ。ダグラスファーが菌根ネットワークを通じて水分を拡散させているかどうかを検証した人はいるだろうか？　もしかするとダグラスファーは、水が不足している仲間に水を分け与えることで、群落の全体性を保っているのかもしれない。

植物には互いの強みと弱みがわかり、実に優雅に与え合い、受け取り合って、見事にバランスの取れた状態をつくり出す。菜園というシンプルな美しさのなかにもそのバランスを見いだすことができる。そして複雑なアリ社会のなかにも。複雑さのなかに、互いを結びつけ合う行動のなかに、すべてが一つになった全体のなかに、美しさがある。これは私たち自身にも言えることだ——一人でする行動のなかにも、他者とともにする行動のなかにも。私たちの根や組織もまた、交じり合い、絡み合って、互いに近づいては離れ、そうしてそれを無数のさりげない瞬間に繰り返す。

電話が鳴り、私はキッチンのテーブルから立ち上がった。私は、ダグラスファーとポンデローサパインの森や、グレーがかったピンク色の野バラや黄色いバルサムルートが咲く草原に囲まれて立つ、私のログハウスをこよなく愛していた。目の端に、カンムリキツツキが窓の向こうを横切り、ダグラスファーの枝に止まるのが見えた。キツツキに見つめられながら、私は受話器を取り、カナダ放送協会（ＣＢＣ）の記者の声に耳を傾けた。明日、ラジオ番組でインタビューさせてもらえますか？　キツツキが首をかしげた。私は論文への批判のことを考えた。きっとそのことについて訊かれるだろう。キツツキが、削岩機も顔負けの勢いでくちばしを木に叩きつけた。キツツキと木は互いを必要としながらその彫刻をつくっていた。欠けた木の破片が飛んできて窓に当たった。なぜ批判をそんなに気にするのだろう？　私は森のためにこの研究をしたのであって、学者の傲慢な思い上がりからではない。研究の結果は公表された。そろそろ私が口を開くときだ。

木はキツツキの攻撃にはびくともせず、風雨にさらされた樹皮とキツツキのくちばしは、まるで入り組んだぜんまい仕掛けのようだった。

「はい」と私は答えた。

10 石に絵を描く

PAINTING ROCKS

11月。ロッキー山脈は雪に覆われていた。

私は一人でアシニボイン山の山奥にスキーに出かけ、途中、人の手がついていないヒーリーパスに立ち寄った。亜高山モミは雪と氷塊で折れ曲がり、アメリカマツノキクイムシと気候変動が原因のさび病にやられたホワイトバークパインは、白骨でできた花束みたいに枯れた枝を広げていた。私は妊娠3カ月だった。ドーンが博士論文を書いていたために離ればなれで暮らした1年間、ケリーが死んだあとの長い夜、またおそらくは私たちが味わった寂しさのせいで、無言のうちに私たちはある事実に気づいたのだ——私は36歳、ドーンは39歳で、子どもをつくるときがきた、ということに。アシニボイン山にスキーに出かけたのは、子どもを授かったことを祝うためだった。

その渓谷では、アメリカマツノキクイムシが猛威を振るっていた。大発生は4年前の1992年、そこから北西にあるスパトシッチ・プラトー・ワイルダーネス州立公園が発端だった。冬期の気温が数度上がり、1年でいちばん寒い月の気温が零下30度を切らなくなったために、キクイムシの幼虫がパインの老木の厚い師部のなかですくすくと育ったのだ。この土地のロッジポールパインはアメリカマツノキクイムシと共進化し、約100年ごとに自然に枯れて次の世代が育つスペースを提供してきた。木が枯れれば、当然のことながらそれは燃料となって溜まっていき、落雷によって、あるいは人の手によって森林火災が起こる。炎はパインの種子を樹脂たっぷりの球果から放出し、1000年前からある根系を刺激してアスペンを発芽させ、その湿った葉が若い森の耐火性を高める。渓谷を舐め回した炎は、アスペンの密集した湿地で下火になり、のちにはさまざまな年齢の森がモザイクのように残されて、森林火災は起きにくくなるのである。ところが19世紀の後半、ヨーロッパからの入植者たちは、金脈を求めてモザイク状の森を焼き尽くし、このバランスを破壊してしまった。新しく植樹されたパインの森が広大な土地を覆った。その画一性はその後、人為的な火災抑制と、アスペンが利益率を損ねないように散布された除草剤のおかげでさらに進んだ。こうしてパインの樹齢が100年に達し、気候が温暖化すると、キクイムシの数は爆発的に増加し、あたりは血が流れる川のように真っ赤になった。

ホワイトバークパインの枯れ木のあいだを、小道を辿り、落石や木の周りの雪の溶けた部分を避けて新しいスキー跡をつけながら夢中で滑る私の肺に、清浄な空気が流れ込んだ。ドーンは家で揺りかごをつくっていた。私たちは2人とも充足感に満たされていた。だが、山頂に挟まれた鞍部の中ほどで立ち止まり、新雪についた足跡を調べた私は背筋が寒くなった。足跡は小皿ほどの大きさで、爪跡は数センチの深さがあった。

オオカミだ。一人でスキーをしている人間はいいカモである。

私は山道を越えてその場から離れたが、すぐに道を見失った。ぐるっと円を描いて元のところに戻ってきてしまった私は、自分がさっきつけたばかりの、舞い散る雪のなかですでに凍っているスキーの跡を見て震え上がった。

新しいオオカミの足跡に覆われている。

おそらく3匹だ。私を探しているのだろうか?

私は本能的に下に向かって滑り続けた。私の背後には、山頂の下の椀状の窪みに、金色の針葉がすでに落ちて裸になったアルパインラーチがかたまって生えていた。ここまで降りてくると、亜高山モミは集団で小さな木立をつくり、斜面を下るにつれてその数が増えていった。15キロの荷物を背負ってのスキーは脚に負担だったが、数十グラムの金塊くらいの大きさしかない私の赤ん坊にバランスを崩されることはなかった。私は凍ったでこぼこの斜面で身体を安定させるために、腰のベルトをきつく締め、一つひとつゆっくりと回転しながら斜面を滑った。

峡谷を迂回し、急斜面を避けるために、家に戻る前に大きく東に進まなければならなかった。木と木の間隔が狭かったので見通しが悪く、まもなくまたしても進路から外れた私は、コンパスで自分の位置をチェックした。自分の位置を把握して主ルートに戻れなければ、恐ろしいことになる。

恐怖感が、私が持ち続けている苛立ちを思い出させた。森は知性を持っている——森には周囲の状況を知覚しコミュニケーションを取り合う能力がある——という証拠は増え続けていたが、私は政府と闘う気にはなれなかった。彼らは私を無視するか、最悪、植物が感覚を持っていると私が言うのを笑うことだろう。だめだ、私は妊娠しているのだから、おとなしくして、この世でいちばん大切な私の子どもを護らなければ。CBCラジオのインタビューは、地域の植物学者や環境保護活動家たちに加え、私と考え方を共有する若干名の森林監督官の関心を引きはしたが、州都からはなんの反応もなかった。議員たちからはEメールの1通も届かず、私はインタビューなどに応じても無駄だったのではないかと思った。ついでに言えばカンファレンスで話すこともだ。公の場に出るという意味では、私にできることはすでに全部やっていたし、いま失敗すれば失うものが大きすぎた。

100メートルほど滑ると、先にそこを通ったスキーヤーのつけた跡があった。その上を、オオカミの足跡が三度横切っていた。群れは少なくとも5匹になっている。

ケリーは、牛を追っているときにオオカミがついてきたというエピソードをたくさん持っていた。

私はさらに進んだ。ロッジポールパインがまばらになり、背も低くなっていた。将来味わうことがわかっている追悼の悲しみを表す特別な言葉があって然るべきだ。10年後には、ブリティッシュコロンビア州の森林面積全体の約3分の1にあたる1800万ヘクタールの、成熟したパインの森が枯れてしまうだろう。キクイムシは、アメリカのオレゴン州からイエローストーン国立公園まで、ホワイトバークパイン、ウエスタンホワイトパイン、ポンデローサパインを食べ尽くしながら進み、やがてカナダの北方林のあちらこちらでポンデローサパインとジャックパインのハイブリッドを食べ始めるだろう。彼らは北米大陸全体に蔓延してカリフォルニア州とほぼ同等の面積を侵し、有史以来最大規模の昆虫の大量発生となって、同時にそれは将来的に壊滅的な森林火災につながる燃料となる。キクイムシはまた、人工林にも群がっていた――周囲のカバノキやアスペンが排除された、成長の早いパインの人工林はことさらだ。

私は葉のないアスペンの木立ちを抜けた。オオカミの足跡が、湯気を立てる尿で溶けていた。濃いオレンジがかった黄色。私は本道からそれないようにしながら、狭い谷間を抜けた。アドレナリンのおかげでリュックが軽く感じられた。オオカミたちはどこか前方にいたが、その姿は見えず、気配だけが残されていた。

オオカミの足跡は、北に向かうメインのトレイルにまっすぐに向かっており、私はそれを見て突然落ち着きを取り戻した。オオカミは私を追っているのではなく、私を谷から導き出しているのだ。目の前が開け、私のいるトレイルは南に向かうトレイルと合流した。私はそちらに方向を変え、オオカミたちの足跡は出し抜けに北に向かった。森のなかに消える足跡の上を、一陣の風が吹き抜けた。

まるでオオカミたちがさよならを言ったかのように。

私は雪のなかで、弟のために、オオカミたちに宿った弟の魂のために、キャンドルを灯した。高く逞しく聳え立ち、しっかりと亜高山モミを見守るロッジポールパインの樹冠が、私に影を落とした。渓谷の岩と、凍った樹冠と、オオカミの群れが一つになったここに、私はいつまでもいたかった。太陽が花こう岩の山頂の向こうに昇り、私は顔をそちらに向けた。いつまでもここにいたいと思いながら、私はサンドイッチを取り出した。私は森に歓迎されているのを感じた。私には欠けているものは何一つなく、純粋で、汚れなく、心安らかだった。

食べながら私は、なぜ木々は――このアスペンとパインは――周囲の木に炭素（または窒素）を提供する菌根菌を助けるのだろう、と考えた。自分と同種の個体、なかでも遺伝子系統が同じ個体とリソースを共有することが有益であるのは明らかに思えた。樹木はその種子のほとんどを、重力、風、変わり者の鳥やリスの力を借りて、周囲の小さな範囲内に拡散する。つまり、ごく近いところに生えている木の多くは親戚なのである。この草原の縁にかたまって生えているパインはおそらく同じ遺伝子系統を持つ一族であり、遠くの父親の木から飛んできた花粉によって遺伝子が多様化したと考えられる。「親」である木と周囲の木は遺伝子の一部を共有しており、親木は、子孫である稚樹に炭素を分け与えてその生存率を高めることで、自分の遺伝子を確実に後世に伝えようとしているのだ。その後の研究で、一つのパインの木立ちの少なくとも半数は根が接合していて、大きな木から小さな木に炭素が提供されることがわかっている。血は水よりも濃いのである。生態学的選択の観点から見れば、これは完全に理に適っている。ダーウィンの言うとおりだ。

だが私の実験は、一族とは無縁の、まったく異なった種の個体にも炭素の一部が移動することを示していた。アメリカシラカバからダグラスファーへ、そしてまたアメリカシラカバへ。私は樹皮に日差しが降り注ぐ白いアスペンに目をやり、この木もまた、その下に生えている亜高山モミに炭素を送っているのではないかと考えた。そしてその逆に、亜高山モミからアスペンへも。ゼネラリストである菌根菌は、生き残りの確率を高めるために、さまざまな種類の木に投資しており、万が一炭素の一部が自分の一族以外の個体に移動しても、それは一族に炭素を送るのに付随して起きる損失にすぎない、という可能性も考えられる。でも私の実験の結果はそうではなかった。炭素の移動パターンは単なる偶然的なものではなく、ご馳走を運ぶことに伴うあいにくの結果というわけでもない、というエビデンスを木々は提供していたのだ。そこにはとても重要な理由があった。実験の結果は繰り返し繰り返し、炭素はソースである木からシンクである木へと――裕福な木から貧乏な木へと――移動するのであり、どこへ、どれくらいの炭素が動くかを、木はある程度コントロールできるということを示していたのである。

節くれだったコロラドビャクシンの枝にいるリスがキーキー言いながら、私がサンドイッチのかけらを投げるのを待っていた。リスはパインのてっぺんにいるハイイロホシガラスを見張っている――ハイイロホシガラスはおそらく、ホワイトバークパインの種子をくちばしにくわえていることだろう。栄養たっぷりのその種子を同じく狙っているワタリガラスがしゃがれ声で鳴く。ホワイトバークパインがその重たい種子をばら撒くためには、これら全部の生き物が、さらにハイイログマを含むもっとたくさんの動物が必要だ。だがパインの古木はなぜ、自分がうまく繁殖できるかどうかを、鳥や動物といった存在に託すのだろうか――動物たちはただ、食べ物としてその種に関心があるだけなのに。年寄りの木の生命が次の世代に受け継がれるためには、発芽してその子孫となる種子が少なくとも数個は残らなくてはならないわけだが、十分な数の種子が残るとなぜ信じられるのだろうか？　それは、たとえ種子を運んでくれるこうした動物たちの一部が、山火事やことのほかに厳しい冬の寒さで死んでしまったとしても、ほかの動物たちが種を運んでくれるだろうからだ。同様に、木が、ヌメリイグチ属やフウセンタケ属といった、多種の木と共生する菌類のネットワークに炭素を渡すのはなぜなのだろう？　菌類は自分とは無関係の木に炭素を運んでしまうかもしれないのに――たとえばパインから、その下に生える亜高山モミへと。

私がリスにパンの耳を投げると、ワタリガラスとハイイロホシガラスがそれを狙って急降下した。尻尾をピクピクさせながら、リスは切り株から勢いよく走っていった。ホワイトバークパインの老木は、自分の種子を拡散させるために、1種類の動物に限らず鳥にもリスにも喜んで種を食べさせる。それと同様に、木々はさまざまな種類の菌根菌と共生して互いにつながり合うネットワークをつくり、どれか一つがなくなっても困らないように多様な菌類からさまざまなものを受け取れるようになっている。これらはいずれも、種の進化において有利なことであるに違いなかった。

もしかすると、菌類の生殖速度が非常に速いということがもっと重要なのかもしれない。菌類は生活環が短いので、火災、風、気候といった環境の急速な変化に対して、頑健で長命な樹木よりも迅速に順応できる。最も古いコロラドビャクシンの樹齢は約1500年、いちばん古いホワイトバークパインは1300年で、前者はユタ州、後者はアイダホ州にある。一方、このあたりの木は、最初の球果と種子をつけるまでに数十年かかるし、その後もたまにしか実を結ばないが、共生する菌類のネットワークは雨が降るたびに子実体をつけて胞子をつくるので、年に数回、遺伝的組み換えが起こる可能性がある。もしかすると、生活環の短い菌類は、変化と不確実性に対応するために木が速やかに環境に適合する術を提供しているのかもしれない。気候変動に伴う土壌温度の上昇や乾燥に適応できる次世代の木が繁殖するのを待たずとも、樹木と共生関係にある菌根菌はもっとずっと早く進化して、ますます堅く土粒子に固定された資源を獲得できるのかもしれない。ヌメリイグチ、ヤマドリタケ、フウセンタケといった菌類は、アメリカマツノキクイムシの大発生をもたらした冬の温暖化への対応が早く、木が抵抗力を維持するために養分と水分を土中から集め続けるのを助けているのかもしれない。

　サンドイッチのパンの耳をめぐる戦いに勝ったワタリガラスは、ハイイロホシガラスの脇を、羽根を撒き散らしガーガーと鳴きながら弧を描いて飛んでいった。リスはのろますぎて、鳥のくちばしから餌を奪うなんてできっこない。ホワイトバークパインの種が欲しければ、鳥がいったんそれを埋めたあとに地面を掘り起こさなければならないだろう。あるいは、パインの枝で乾きかけているキノコを食べるかだ。ワタリガラスやハイイロホシガラスが棲んでいる土地で、彼らが見過ごしたホワイトバークパインの種だけに餌を頼らなければならないとしたら、リスが長生きできる見込みはない。同様にキノコにしてみても、胞子を鳥の脚や羽にくっつけたり上昇気流に乗せたりするのは、別の宿主を見つけてコロニーをつくるための両面作戦である。

菌類は、自分の成長と生存に必要な量以上の炭素をある木から獲得した場合、その余剰分を、ネットワークでつながり炭素を必要としている別の木に提供することができる。そうすることで、炭素供給源の品揃えが充実する――必要なリソースを確保するための保険である。夏の盛りに裕福なアスペンがつくった炭素を貧しいパインに運んでおけば、2種類の健康な宿主――光合成炭素の供給源――が確保できるのだ。万が一、何か悪いことが起きて片ほうが死んでしまっても大丈夫なように。株式市場が暴落したときのために、株だけでなく公債にも投資しておくようなものだ。そうすれば、ネットワークでつながった木の1本が――たとえばパインがアメリカマツノキクイムシにやられて――枯れてしまっても、少なくとも菌類は、必要とするエネルギーをアスペンから入手できる。こうして複数の樹種からより安全に炭素を獲得できれば、困難な状況が起きても生き残れる可能性が高まるのだ。菌類はおそらく、少なくとも1種類の炭素源が生きてさえいれば、宿主の樹種が何であろうと気にしない。多様な植物コミュニティに投資するのは、1種類のみの植物に投資するよりもリスクが低い戦術だ。ストレスの多い環境であればあるほど、複数の樹種と共生できる菌類のほうが繁栄するのである。

私はヒップベルトでリュックのバランスを取り、身も心も軽やかに、ブライアント・クリークに沿って南に続く道への分岐点に向かった。

我ながら鋭い閃きに興奮しながらも、何となくまだ腑に落ちないことがあった。私は、もっと大きな、互いに作用し合う生物種の一群——植物、動物、菌類や細菌がつくるコミュニティ全体に思いを馳せた。蛍光性シュードモナスがアメリカシラカバと共生する菌根菌に働きかけ、ナラタケ病に罹るダグラスファーを減らすのは、生態学的選択で説明がつくかもしれない。ではこの生態学的選択は、さまざまな生物の集団についても当てはまるのだろうか？ つまり、それぞれの生物種がある秩序をもって複雑なコミュニティを構成し、それがその集団全体の適応度を促進させる、ということだ。人間社会にギルドがあるように、多様な生物種からなるギルドが存在するのだろうか？ 子どもを育てるには村全体が必要なのと同じように、複数の樹種がつながり合って互いに助け合うネットワーク。そうしたギルドにはズルをする者がいないとは限らないが、厳密な「お返し」のルールに従って行動するならば、この仕組みはうまくいくはずだ——アメリカシラカバとダグラスファーが相互依存の原則に基づいて互いに炭素を交換し、季節ごとにその炭素転送の方向を変化させたように。お互いさま。だが、長期的に見た場合はどうだろう？ たとえば、ダグラスファーが最終的にアメリカシラカバより樹高が高くなったら？ お互いさまのルールは変化するのだろうか？ そしてそこには、歳を取るにつれてより複雑に変化する人間の対人関係と何か共通点があるだろうか？（私の子育てを手伝ってくれたジーンが遠くに越してしまったら、私はどうやってその借りを返したらいい？） 将来のことがわからないのに、2種類の木が長期にわたって炭素のやり取りを続けるのはなぜなのだろう、と私は考えた。

私は、ハンノキの人工林で実験を行ったときの囚人たちのことを思い返した。刑務官も現場監督も武器を持っていなかったのだから、囚人には逃げることが可能だった。森との境界をちらちら見ていた囚人はいまにも逃走しそうに見えた。囚人が一人で逃げると決めれば、それは囚人仲間に対する裏切りであり、彼ら全員を刑期延長の危険にさらす。純粋に、ただ自分のことだけを考えれば、あの神経を尖らせた囚人は自由を求めて逃げたかもしれない。だが一方、彼がほかの囚人との協調を選び、ほかの囚人たちも同様にすれば、彼らの刑期は素行のよさを理由に短縮されるかもしれないのだ。ただし彼らには、自分の行動がどんな結果を招くかは知りようがなく、それが典型的な「囚人のジレンマ」を生む。逃げたほうが賢明に思われるのだが、最終的には、囚人は本能的に協調を選ぶ。実験によれば、集団においては、たとえ他者を裏切ることが個人により大きな報酬をもたらす場合でも、人はたいてい協調を選ぶ、ということが繰り返し示されている。

もしかしたら、アメリカシラカバとダグラスファー、そしてオニナラタケと蛍光性シュードモナスは、自分一人がいい思いをするのを諦めてでも、長い目で見れば集団と協力するほうが得である、という囚人のジレンマに陥っているのかもしれない。ダグラスファーはナラタケ病に罹る危険性が高いので、アメリカシラカバなしには生き残れないし、アメリカシラカバはダグラスファーなしには長生きはできない――窒素が溜まりすぎて土壌が酸性になり、アメリカシラカバの生気が奪われるからだ。そうなったとき、蛍光性シュードモナスという小さな細菌は2つの役割を果たす――木々にナラタケ病が広がるのを阻止する化合物を産生して、コミュニティのエネルギー源である炭素がなくならないようにし、菌根ネットワークが吐き出す二酸化炭素を使って窒素を変換するのである。このような生態学的選択は、個別の生物種に起きているのだろうか、それとも生物種の集団として起きているのだろうか？

オオカミは、森と雪、そして山々との関係性のなかで繁栄する。森のなかで食べ物とねぐらを見つけ、子どもたちを護り、ヘラジカやヤギやクマやホワイトバークパインと関わり合って、多様性のあるコミュニティを形成する。コミュニティのメンバーは、共に進化し、学び、一つの全体としてつながり合っている。考えに気を取られていた私は、発信機つきの首輪をつけたオオカミを追跡している2人組の生物学者にあわや衝突するところだった。2人はそのオオカミの群れをよく知っていた――群れのリーダーは歳取ったメスの母オオカミだった。

私は彼らに、なぜオオカミを追跡しているのか尋ねた。追跡の責任者は細身で風焼けし、黒髪を後ろで束ねた女性で、山頂の影が伸びていくなか、カリブーの個体数の減少を食い止めるために公園内のオオカミを処分しろという圧力があるのだと話してくれた。話しながらサングラスを額の上に押し上げた彼女の顔からは、強烈な知性が溢れ出ていた。彼女のアシスタントは若い男性で、ジーンもたじろぐような荷物を背負い、無線受信機をいじっていた。

「皆伐のせいよ」と私は彼女の目を見て言った。ヤナギやハンノキの若芽はヘラジカの好物で、そのためヘラジカの数が増え、オオカミを引き寄せる。問題は、ヘラジカを追うオオカミが同時にカリブーも殺すことだった。カリブーは、生息地の喪失と人間との接触が原因で、急激に減少中なのだった。スキーの上で身体の位置を変え、雪崩ビーコンのスイッチがオンになっているかを確認しながら彼女は頷いた。

「そうなの、皆伐地では雪がものすごく深く積もるから、カリブーはオオカミから走って逃げられないのよ」。そう言って彼女は、母オオカミが去っていったトレイルのほうを見た。そして、キクイムシにやられて枯れたパインが回収されるとともに、皆伐地はどんどん増えていたのだ。

「行かないと見失うよ」とアシスタントが、追跡装置に目を凝らし、リュックの胸ベルトをきつくしながら言った。女性が目を細めて行く手を見た。

「じゃあね」と彼女が言って、私はその揺るぎない熱意に感心しながら別れを告げた。2人の姿は、現れたときと同様、流れるようにパインの木立ちに消えていき、私は、ここでは人は何の跡形も残さずに姿を消すことが可能なのだということを思い出した。正午を過ぎていた。モタモタしていては、車に戻る前に暗くなってしまう。

ブライアント・クリーク沿いのトレイルはスムーズでなだらかな下り坂で、背中に日を浴びつつ雪崩跡をあとにしながら私は、オオカミ研究の2人がトレイルを踏み固めておいてくれたのがありがたかった。車に着いたのは、堆積岩でできた山の向こう側で、ピンクと紫の縞模様だった空が黒く変わったころだった。

生態系というのは人間の社会とよく似ている——関係性でできている、という意味で。関係性が強ければ強いほど、その生態系は回復力が強い。そして、この世界の生態系は個々の生き物によって構成されているものであるから、生態系には変化する力がある。私たち生き物は環境に適応し、遺伝子は進化し、私たちは経験から学ぶことができるのだ。一つの生態系はつねに変化している。なぜならその構成要素——木、菌類、人間——は絶え間なく、互いと、そして周囲の環境と、反応し合っているからだ。共進化に成功し、生産的な社会として成功できるかどうかは、ほかの個体、ほかの生物種とのつながりの強さ次第なのである。その結果としての適合と進化から生まれる行動様式が、私たちの生存、成長、繁栄を助けてくれる。

オオカミ、カリブー、木、菌類からなる生態系がつくり出す生物多様性は、木管楽器や金管楽器や打楽器や弦楽器の演奏者がオーケストラとしてまとまって、交響曲を奏でるようなものだと思えばいい。それはニューロンと軸索と神経伝達物質で構成される私たちの脳が思考や思いやりを生み出すようなものでもあるし、兄弟姉妹が手を取り合って、病気や死による心の傷を乗り越えるようなもの、と言ってもいい。全体は、それを構成する個々の部分を足し合わせたものよりも大きくなる。森の多様な生物は、オーケストラのミュージシャンのように、会話やフィードバックや思い出や過去の失敗を通じて成長する家族のメンバーのように、結束して、混沌とした予測のつかない世界のなかでもわずかなリソースを活用して繁栄できるのだ。この結束によって森の生態系は、包括的で、何があってもしなやかに立ち直れるものになる。森は複雑で、自己組織力を持っている。知性と呼ぶのが相応しい特徴を備えているのだ。森の生態系は人間社会と同じようにこうした知性の要素を備えている、と認めれば、木々はじっと動かず、単純で平面的でありきたりなもの、という古い概念を捨て去ることができる。そうした古い概念がこれまで、森の急速な搾取を正当化するのに役立ってきたのであり、それが、森林における将来的な生物の存在を危険にさらしてきたのである。

オオカミも、私の菜園の三姉妹も、私には間違った森林管理のやり方に立ち向かうことができる、ということを私に示していた。もしかしたら、私がもっと大胆になれば、私の子どもは無事に、いや元気いっぱいに成長するかもしれない。私の血管を満たす希望が、この子のなかにも満ちるかもしれない。

私は、母オオカミに、そして彼女を追う生物学者に勇気をもらった。

オオカミの群れの存在が感じられた。

ケリーが私についていてくれることも。

不安と怖れが少しだけ軽くなり、私はもっと前に出ようと思うようになった。私の研究が指し示している変化を実際に起こす手助けがしたくなったのだ。『ネイチャー』誌に掲載された論文については、いまもジャーナリストからの問い合わせが続いていた。オンタリオ州の女性からは、「人類のために本当にすべき研究」をしてくれてありがとう、と書かれた手紙が届き、カリフォルニア州の水不足を心配する母親からの手紙には、私から「希望のメッセージ」をもらったと書かれていた。私はこれらの手紙を手にしたまま、私の子どものためにここでやめるわけにはいかないと思った。この先何世代もの、すべての子どもたちのために。私には、これまでの生態学の理論に、そしておそらくは森林政策に、異議を唱えられるだけの証拠があった。私の手には、変化の小さな種子があったのだ。


数カ月後、一人の記者からオフィスに電話があった。私は自分が妊娠中で、いつ生まれてもおかしくないことに触れ、私たちは、体重を25キロ増やすのはなんと簡単なことかとジョークを言って笑った。まだ笑っている私にその記者が、除草剤を撒くという作業について私の実験結果からは何が言えるか、と訊いた。「これは書かないでほしいけど、ここだけの話、森林監督官は一生懸命やってるけど、石に絵を描く［訳注：無駄なことの喩え］ほうがまだマシよ」と私は声高に答えた。記者はありがとうと言い、記事は2日ほどで掲載される、とつけ加えた。

気になった私がえっちらおっちらとアランのオフィスまで行き、石に絵を描くほうがマシだとコメントしたことを話すと、アランは顔をしかめ、「そりゃ絶対書かれるな」と深刻な声で言った。

「だって書かないでって言ったのよ」と私は言ったが、突如後悔の念でいっぱいになった。小さな足が私のお腹を蹴り、息を呑んだ私に、アランが座れと合図した。アランはそれから1時間、記者に電話をかけ続け、ようやくのことでトロントにいる彼女をつかまえた。あのコメントが記事になれば政府を怒らせ、私は職を失うかもしれない、とアランは説明した。記者はなんの約束もしてくれなかった。私は自分の軽率さに恥じ入ったが、母親になることについて話しながら彼女が、森の複雑さについての私のメッセージに影を投げかけるようなコメントを私から引き出したということに、裏切られたようにも感じていた。さらにひどいことに、災難を阻止しようとするという面倒な立場にアランを置いてしまった。

その日の夕方、近所のトレイルを歩きながら、ドーンは私をなんとか安心させようとした。新しく芽吹いたハコヤナギが葉を閉じる時刻だった。春の芽吹きとともに赤ん坊が生まれてくれればと思っていたが、私はすでに予定日を2週間過ぎており、サスカトゥーンベリーの茂みは白い花が満開だった。「彼女は信用できる環境ジャーナリストだよ。書いたものを読んだことがある」。隣の家の飼い犬に棒を投げてやりながらドーンが言った。私は彼を信じたかった。「君はもっと大事なことを考えないと」。もう一つの変化として、私は自分の研究結果をもっと広く、多くの人に伝えようと決めていた。そのせいで私の子どもが傷つくようなことにはしないつもりだったが、子どもを護るというのはまた、闘う覚悟を決めた母親になるということでもあった。セントルイスから遊びに来ることになっているドーンの両親の話をしながら、私たちは日の当たるバルサムルートのところで折り返して家に向かった。

夜、お風呂に入ると脚のムズムズが収まり、私は頭のなかを空っぽにすることができた。ドーンは暖炉に火を入れて野球の試合を観始め、私は心配することは何もないと自分に言い聞かせながら床に就いた。真夜中、お腹に輪ゴムがはまったような筋肉の緊張で目が覚めたが、私はお腹をさすって赤ん坊をなだめ、再び眠った。

翌朝、細長いキッチンの横の玄関ドアの前で、私は身をかがめて朝刊を拾い上げ、パイングラスの草むらの向こうの、秋に植えた紫と黄色のクロッカスの花に目をやった。そして「バンクーバー・サン」紙を広げた。「雑草木は森林にとって不可欠なものであることが研究で示される」という見出しに続いて、記事のリードのなかに、石に絵を描くほうがマシ、という私のコメントが載っていた。

丸太でできた壁が、熱せられた歩道から立ち上る陽炎のようにふにゃふにゃと歪んだ。ドーンが私をじっと見つめ、1羽のハシボソキツツキが窓に衝突した。ドーンはトーストの最後の一片を口に放り込むと勢いよく立ち上がった。彼は私の引きつった顔を見て、それから素早く新聞の見出しを見た。そして私を木製のベンチに連れて行って座らせ、私の手から新聞を取って、「みんなすぐ忘れるさ」と言った。

「紅茶を全部飲んじゃいたいわ」と私は言った。「全部飲んだほうがいいと思う?」

「そうだ、それがいい」とドーンが言った。ドーンの存在がその場に安心感を与えてくれた。

2度目の陣痛が来ると、彼は私の荷物を摑み、私を立たせた。

ハナはその12時間後に誕生した。

11 ミス・シラカバ

MISS BIRCH

「石に絵を描くほうがマシ」発言は、ブリティッシュコロンビア州都ビクトリアにちょっとした騒動を巻き起こした。私は人づてにそう聞いたのだった——なぜなら幹部たちが激怒していたころ、私は産休中だったからだ。彼らが（想像するに）私の処遇について議論していたとき、私はハナを育んでいた。ハナのふさふさした黒髪と、何もかもを記録しようとするかのような瞳はドーンにそっくりで、私たち3人をしっかりと結びつけていた。

私の度胸に喜んだ研究仲間の一人から、オメデトウ、というEメールと絵を描いた石が積み上げられている写真が送られてきた。

別の同僚は、自分で絵を描いた石を送ってくれた。

ブリティッシュコロンビア大学でセミナーを開いてくれ、と言ってきた型破りなポスドクもいた。どうやら私はこの界隈ではちょっとした英雄になっているらしかった——自分では、そんな気分にはまるでなれなかったけれど。

その新聞記事のおかげで私は森林局の職を失うかもしれず、また『ネイチャー』誌に掲載された論文についても再び注目が集まった。私はCBCラジオの「デイブレイク」と「クウィークス・アンド・クウァークス」という番組のインタビューを受け、ビクトリアの「タイムズ・コロニスト」紙とトロントの「グローブ・アンド・メール」紙に記事が載った。ハナは、眠っているとき以外はつねに私が腰に抱きかかえており、電話で記者と話している私の一挙手一投足が伝わっていた。ハナは文字どおりつねに私の隣にいたので、彼女の機嫌を損ねないように私は慎重かつ簡潔に話さざるを得ず、私はいくつものインタビューをこなすうちに段々と、大胆かつ怖いもの知らずになっていった。

不思議なことに、ハナへの授乳でろくに眠れずクタクタだったにもかかわらず、朝になると私は気分が落ち着き寛容な気持ちになっていた。私はハナの育児に全身全霊を注ぎ、やがて絵を描いた石のことはほとんど考えなくなった。ドーンは朝食にスコティッシュオーツのオートミールをつくってから、コンサルティング会社の仕事場に出かけた。私はスリングに入って眠っているハナを胸元に抱き抱えて森のトレイルを何時間も歩いた——

ダグラスファーやポンデローサパインやアスペンの木立ちの下に群れ咲いている、バター・アンド・エッグという名前の黄色い花や、うつむいた紫と茶色の花を咲かせるチョコレートリリーの中を。どういうわけか私には、どうすればいいのかがわかっていた。わかるのだ。私は毎日、ハナが目を覚ます前にどれだけ遠くまで歩けるかを試した。ずっと山の上のほうの草原まで行けることもあった——そこには湿地に囲まれた湖があり、マキバドリが鋭いメロディを奏で、ハゴロモガラスはガマの茎に止まってさえずり、ムジルリツグミはパインの針葉を編んで巣をかけていた。午後、家に戻ると、私はハナを古いダグラスファーの木陰に寝かせた。籠型のベッドは、そこに芽を出した苗木くらいの背の高さだった。マミジロコガラやマツノキヒワが、絡み合ったウォーターバーチの茂みのなかで日々の営みに勤しみ、ピーチクパーチクとさえずるなか、私はダグラスファーの幹に寄りかかって娘と一緒にウトウトした。マスコミのインタビューはうまくいった。騒動は次第に下火になり、私の日常は静かさを取り戻していった。

一つだけ例外は、ハナが3カ月のときのことだ。私は研究予算の諮問に応じるために呼び出された。ほかの研究者もブリティッシュコロンビア州各地から呼ばれていた。私たちはそれぞれ5分ずつ与えられ、翌年の研究予算の正当性を説明することになっていた。私はかなり野心的な一連のプロジェクトを計画していた。その朝、私はまるで自分が生まれたての赤ん坊みたいな気がした——再び人前に出るのが不安だったし、マスコミでの取り上げられ方への反感があるのではないかと思ったのだ。ハナは2時間おきに母乳を飲んでいたので、私のプレゼンテーションのあいだ眠っていてくれるように、その前に講堂の後ろのほうで乳を飲ませた。バーブは暗がりのなかで私と一緒に立っていた。審査委員会の男性陣は、鉛筆の芯を尖らせ、黄色いリーガルパッドを用意して最前列に座っていた。私の順番が来る直前にハナが泣き出したので、私はもう一度授乳した。

私の名が呼ばれた。ハナはしっかりと私にしがみついていたが、私はまるでヘラジカの脚からクズリを引き剝がすようにハナの身体を引き離してバーブの腕に預け、急いで座席の通路を前方に向かった。舞台に上がると私はスライドを使って説明を始めたが、すぐに審査委員会の男性陣が何かに驚いてざわつき始めた。足元に目を落とす人、書類をめくる人、卓上計算機を床に落とす人。私が着ていたぶかぶかの紫色のブラウスに目をやるとそこには、まるでペアの泉のように、濡れた染みが広がっていた。「いやだ」と私は呟いた。顔が火照り、つくり笑顔は鉄条網張りのフェンスのようにこわばって、その場で死んでしまいたかった。年長の審査員が大きく咳をした。私の父もきっと同じように混乱し、ショックを受けたことだろう──父の世代には、母乳で子どもを育てるのは一般的ではなかったのだ。女性審査員もまた狼狽して口をぽかんと開けた。私は大急ぎで説明を終えると、逃げるようにしてバーブと一緒に講堂の後方から外に出た。日の光のなか、私たちは真っ青だったが、動ずることを知らない母親であるバーブが突然笑い始めて止まらず、とうとう私も一緒に笑い出した。1カ月後、研究予算が承認された。申請額よりは少なかったが、研究を継続するには十分だった。

ハナが8カ月になると、私は職場に復帰した。ずっと家で子育てに専念するかどうかさんざん迷った挙げ句だったが、私は研究を続けたかったし、ドーンと私の生活には私の収入が必要だった。ハナのお守りをしてくれるデビーは信頼できたが、初めて大事な娘を——藤色のカバーオールに包まれ、まだ赤ん坊特有の、輪ゴムをはめたみたいなぷよぷよの手首をして私の呼吸とぴったり合わせて呼吸をしている、この世でいちばん大切な娘をデビーに預けたとき、ハナはまるで私に裏切られたという顔で私を見た。抱いていた胸から無理やり引き離すと、ハナは泣き喚き、私にしがみつこうとした。私は外に出てドアを閉めた。そしてその場でその泣き声を聞きながら、あえぐように息をした。世界がばらばらになったような気がした。

私はいったい何をしているのだろう？　お役所のオフィスで窓から外を眺めるのは、かわいい娘を誰かに預けてまでする価値があることなのだろうか？　だが1週間もすると気持ちが楽になった。さらに1週間後には新しい日常にも慣れ、私は自分の研究を徐々に思い出した。早く先を続けなければ。時間が経つにつれて私は、自分の発見を森林局の幹部や森林監督官に伝えるのが私の義務だという思いが強くなっていた。

アランと私は、彼が発案した企画を再開することにした。2日間の会議と実地調査を開催し、広葉樹と針葉樹の競合関係について、ブリティッシュコロンビア州で現在わかっていることを総括する、というものだ。森林局の幹部、森林監督官、科学者など30数名を招待し、自由生育という政策について、また雑木を排除することが若木の生存と成長を助けているかどうかについての議論を促すためだった。

会議の初日、私はプレゼン用のスライドをもう一度チェックし、もうすぐ1歳半になろうとして体重も11キロになったハナに、保育所に持たせるための特別大きなお弁当をつくった――ミルク瓶3本、スライスしたアボカド、サイコロ状に切ったチキン、チーズスティック、そしてイチゴのヨーグルト。私はソワソワして怒りっぽくなり、ハナも何かいつもと違うのがわかっていた。ドーンが出勤前に、ハナを保育所へ、私を大学に送ってくれた。

まず初めにアランが歓迎の挨拶をし、2日間のスケジュールを説明した。同僚たちは、海岸沿いの肥沃な氾濫原から、トウヒがゆっくり育つ亜北方の人工林、高地の亜高山モミの森、ロッキー・マウンテン・トレンチのパインの森まで、さまざまな種類の森での皆伐と雑木排除の実施例を紹介した。私は、会場最前列の2つの丸テーブルが州都から来た幹部たちで満席なのを見て緊張した。各地区の森林監督官たちはその後ろのテーブルに、そして科学者たちは、自分の自立性を保とうとするかのようにもっと後方にバラバラに座っていた。アランはいつも、共通した目的のために研究者を協力させようとするのは、猫の群れを同じ方向に進ませようとするようなものだと言っていた。私はいちばん最後に、次の日の現地視察の現場となる山地生態系に関する私の研究に絞って話すことになっていた。プレゼンテーションのなかには、並外れて鬱蒼と生い茂るシンブルベリーとヤナギランの茂みを除草剤で排除した結果、針葉樹の生育が劇的に改善した例もあったものの、ほとんどの場合は生育の改善はまったく見られないか、あってもわずかだった。

北部出身の、鋭くて慎重な研究員のテレサは、プレゼンテーションのなかで、自分の実験場では、アスペンを数本残してもトウヒの成長の妨げにはならず、アスペンは霜によるダメージから針葉樹を護るのに役立った、と言った。幹部のほうを見ながらたたみかけるようにしゃべるテレサを、長身で早口の森林監督官リックが遮り、テレサが見せたスライドの1枚には、雑木を排除した区画に並外れて大きな木が数本生えていたと指摘した。数十本の小さな木のなかに立っている巨木は、自由生育という政策のもとで、少なくとも短期的には非常に大きな木が育つ可能性がある証拠だと言うのである。私と一緒の時期に修士号と博士号を取った友人のデイブが、後方からテレサの発表に同調する発言をし、広葉樹を完全に排除してもその恩恵を受ける針葉樹はごく一部で、ほとんどは小さいままだし、頭上にアスペンがあるときよりも霜によるダメージを受けやすいので、排除の必要はない、と言った。さらに、そうした機械的な雑木の排除は生物多様性の減少という大きな代償を伴う、つまり自由生育は包括的な政策には適さない、とも言ったが、木の伐採のあとにブルージョイント・グラスがはびこる北部の森の一部では、針葉樹の生育を助ける場合もあることを認めた。

私の発表の番になると、私はいくつかの実験の結果を見せ、通常は排除の対象になる植物の多くは、植樹された針葉樹にほとんど被害を与えず、仮に与えたとしてもそれは思ったよりも少ない、と説明した。ほとんどの伐採地では、植樹された針葉樹は自生植物——ヤナギラン、パイングラス、ヤナギなど——が生えていても、それらが排除された場合と変わらず生育した。アメリカシラカバがダグラスファーに与える影響は複雑で、木立ちの密集度、土壌の肥沃度、植樹前の準備、植樹された苗の状態、その森にもともとどれくらいナラタケ病菌がいるか、などに左右される。ダグラスファーがどう反応するかはそれぞれの人工林の状態や歴史によるので、その土地その土地の森を理解することが必要なのだ。私は、ある特定の条件下で、根の病気を最小限に抑え生物多様性を維持しつつ針葉樹がよく生育するためには、アメリカシラカバを何本まで残しても大丈夫かを示すデータを見せた。私の実験は綿密なものだったが、私が若かったのと同様に、その実験結果は若すぎた。同僚たちは、私の実験結果と自分の実験の結果が一致しているところがあると頷いた。私は楽観的な気持ちで最後のスライドまで説明を続けた。

ハンノキやムクロジなどの低木は、窒素を固定する共生菌の宿主になれるので針葉樹にとってはありがたい存在である、と私は説明した。鳥に食べ物を、人間に薬を、土壌には炭素を提供する役割を担っていることは言うまでもなく――と心のなかで思いながら。それらは土壌の侵食や火災を防ぎ、森が居心地のいい場所になるのにもひと役買っているのだ。最前列のテーブルに座っている幹部たちは初めのうち黙って聞いていたが、やがて私は彼らが眉をひそめているのに気づいた。60代の上級監督官が私の言葉を遮って「君のデータは、自生植物が針葉樹の邪魔をしていないことを証明するには未熟すぎるな」と言ったので私はますます狼狽した。

その隣のテーブルに座っていた、緑色の野球帽を目深にかぶった若い森林監督官が、私の実験は自分の森の植物に起きていることと一致しない、と言った。そして年長の男性陣の賛意を求めるかのように、彼らを横目でちらりと見た。「牧師」はここまで無言で、同じテーブルの参加者たちが書類をまとめて退席の準備をするなかでじっと座っていた。まあいいや、と私は思った。私のプレゼンが終わり、アランが締めの挨拶をし、科学者たちは早くビールを飲みたそうだった。政策立案者たちは一緒にテーブルを離れ、ひとしきり規制の話をしてから表情をやわらげて、デイブとテレサのあとについてパブのほうに向かっていった。黙ってメモを取りながら私の話を聞いていた森林監督官の一人が仲間に向かって「これは役に立つな。伐らなくていい木は伐りたくないからな」と言ったのが聞こえ、私は少し慰められた。

ドーンと、チャイルドシートのハナが私を待っていた。ハナは私がキスすると歓声を上げた。私はドーンの隣に倒れ込むように座って頭を仰け反らせ、呻き声を上げた。「ああ、やんなっちゃう。私以外の研究者のデータはよかったけど、お役人は私の結果は信じないのよ」

いつでも私より楽観的なドーンは、一緒に森に行って木を見れば状況はきっと好転するよ、と請け合った。

翌日、私は状態が異なるダグラスファーの人工林を3箇所見せることになっていた。それはいわば「いい例、悪い例、醜い例［訳注：映画『続・夕陽のガンマン』の主題歌「The Good, The Bad and The Ugly」をもじっている］」で、それぞれが、異なった地域の皆伐地で種子から自然に生えたアメリカシラカバの自然変動のあり方を示していた。一つは、低密度のアメリカシラカバが皆伐のあとに自然に種から生えたところで、大部分の人工林に当てはまった。残りの2つは稀な例で、たくさんの種子が、根づく場所を見つけ、芽を出して密生しているところと、反対にアメリカシラカバがほとんど生えなかったところだ。これらの人工林はまだ若く、植樹されてから約10年経ったところで、通常であれば、自由生育の政策に準じて雑木の排除が行われるころだった。私がその3箇所を選んだのは、アメリカシラカバは大抵の場合、その政策の前提にあるほどの競争力はなく、つまり森林監督官たちは現地の状態にそぐわない介入を行っているのだということを伝えるためだった。少数のアメリカシラカバによる脅威を過大評価すれば予想外の結果を招きかねず、将来的に、生物多様性の低下によって生産性が下がり、木々の健康が損なわれ、森林火災を拡大させる可能性がある。結局のところ、森の発達におけるこの早い段階で私たちが何をするかが、将来的に森が回復力を持てるかどうかを決めるのである。子どもを育てるのと同じなのだ。

私の持論を、森のなかで、木々に囲まれたところで直に見せれば、自然界で起きていることにより適切に対応するためには政策の調整が必要だとわかってもらえるのではないかと私は思っていた。なぜなら私たちは全員、森を愛しているということだけは共通していたのだから。アランと私はその日のためにぴかぴかの大型SUVのレンタカーを借りていて、カムループスから川沿いに北に向かう車の隊列を先導した。後部座席には森林監督官のリックと「牧師」が乗っていた。ジーンとバーブは森林局のトラックでしんがりについた。客のもてなしがうまいアランは、ブリティッシュコロンビア州の木材の収穫率や、皆伐後に適切な森林再生がされなかったために未収穫となっている森のことを苦もなく話題にし、3人は誰が次の研究資金集めを仕切るのだろうかと盛んに議論していたが、私はずっと黙っていた。それに私は2人目の子どもを身ごもって数カ月めで、つわりがあったのだ。私は地図やメモを読んでいるふりをした。リックは轟くような笑い声を交えながら、北部の森で行われたお気に入りの実験の話をしていた。下草に成長を阻まれてトウヒが枯れてしまったその実験を、彼は自分の森林整備の方針の拠り所としていたのだ。ブラックコットンウッドが生えている砂州やダグラスファーが生えているがれ場の脇を高速で走り過ぎながら、「牧師」は、一定の密度を超えた森の間伐の話をしていた。その密度というのは、彼と予測モデルの技師とが、木にとって有害だろうと考えた数字であり、間伐することでより画一的な森林をつくり、木はより早く、予測どおりに育つはずだった。私はその会話に割って入ることができなかった――私の言いたいことは森に言ってもらおう。

イースト・バリア・レイクのちょっと手前の、100年前からそこにあるダグラスファーとアメリカシラカバの木立ちのところで私たちは車を停めた。私は自分のことをコヨーテみたいなトリックスターだとも「The Good, The Bad and The Ugly」という歌のなかの口笛吹きだとも思ったことはなかったが、この現地視察で完全に反逆者とされてしまうのではと不安だった。

でも、樹高約35メートルのダグラスファーと、それよりも背が低く、ふさふさと葉をつけた枝をダグラスファーの樹冠の隙間に伸ばしているアメリカシラカバに囲まれた円丘に立つと、古い森は静けさに満ちて寛容に感じられた。地面が空いているところには、年長のアメリカシラカバの子孫が数箇所にかたまって生えていた。男性陣はガヤガヤと、冗談を言い合いながらコーヒーを飲んだ。テレサはシルスイキツツキを指差し、樹洞営巣する鳥の話をリックと始めた。がに股のアランは別のお偉いさんの隣に立って、スコットランドの密集したトウヒの人工林は、鳥の生息環境を改善するためにもともとのオークの森に戻すべきだという話をしていた。つねに相手と共通の話題を探しているアランは、アメリカシラカバの空洞にいるフクロウを指差し、ここのアメリカシラカバはイギリス諸島のオークのようなものだ、と言った。前日の緊張感はほとんど感じられなかったが、「牧師」は寒いとぼやいた。ジーンとバーブは、一団の先頭に立ってトレイルの草を払うためにクリッパーを準備してあった。

「まず初めに、私たちのデータによればこの混合林は、針葉樹のみの森よりも総木材生産量が多いということを申し上げたいと思います」と私は言った。「ここのダグラスファーの体積は、ダグラスファーのみの森よりも少ないですが、それぞれの生育はこちらのほうが早く、アメリカシラカバの体積をダグラスファーの体積に加えると、この人工林の総木材体積は、ダグラスファーのみの森より約25％多くなります。その理由の一つは、アメリカシラカバが窒素不足の針葉樹に窒素をたっぷり提供するからです。また、アメリカシラカバはダグラスファーをナラタケ病から護ります。ナラタケ病は、仮に木を枯らさなかったとしてもその成長を遅らせます」

「いや、それはそうかもしれないが、はっきり言ってアメリカシラカバには市場価値はないからな」とリックが言った。私の首の神経がピクッとした。「牧師」は、フクロウと彼らの棲みかの必要性について歓談したことを思い出しもせず、「古いアメリカシラカバはどうせほとんど腐っているしな」とつけ加えた。テレサとデイブは黙って立っていた。アメリカシラカバのツーバイフォー材の現在の市場価格が低いこと、また実際に腐っているものが多いこともわかっていたからだ。

「以前の市場のことですよね」とアランが、まるで飛び込み台の端で待ちかまえていたように会話に飛んで入った。「市場は変化しています。アメリカシラカバの市場価格はいずれ上がりますよ」。アランの自信に満ちた言葉を聞いて私は緊張が解けた。「アメリカシラカバはここでとても簡単に育ちます。自然に育とうとするものの生育を阻止して、しかもそのために大金を使うのは意味がありません。それよりも、アメリカシラカバ材の市場を形成するほうがいいのではないでしょうか。そうすれば、アメリカシラカバの床材や家具をつくる工芸品産業ができ、スウェーデンから輸入しなくてよくなります。ロッジポールパインのことを考えてみてください――20年前にはロッジポールパインは雑木と呼ばれていましたが、いまではロッジポールパインはいちばん利益が上がる商材です」。風で先駆種［訳注：植生が遷移する過程の初期段階でみられる植物種］の葉がサラサラと音を立てた。それはやわらかく前傾して淡い緑色の矢のようだった。

「俺たちのカバ材なんて誰も買わんよ」とリックが言った。「古すぎて、腐って捻れてるから製材機に通すわけにもいかん。それに市場を独占してるスウェーデンのカバ材には勝てんよ」

「たしかにそのとおりです」と私は答えた。彼の言うことが正しいのはわかっていた。「でも私は、アメリカシラカバの苗木を異なった密度まで間引く実験をしているんです。幹を

1本ずつ見て、いちばんまっすぐなものだけを選んで残します。腐っていたり曲がっていたりするものは、枯れるのを待たずに排除します。そういうふうに森を管理すれば、まっすぐで硬いアメリカシラカバが、針葉樹の4分の1の期間で育ちます」

「でも古いアメリカシラカバを運び出すのに金がかかりすぎるよ」と、緑の野球帽をかぶった若い森林監督官が言った。針葉樹を伐採したあとに、アメリカシラカバが林床に放置されて腐っていくのはそれが理由なのだ。テレサは頷き、私もそれが本当であることを知っていた。でも私はこの問題に彼らとともに取り組み、古い幹の一部をどうしたら利用できるか、それと同時に、どうしたら自然に再生するアメリカシラカバを育てながら森全体を健康に保てるかについて話し合いたかったのだ。なぜ「牧師」は黙っているのだろう？

「政府が奨励金を出すのはどうでしょう？」とアランが言った。「木材会社には古いアメリカシラカバを無償で提供する。そして、新しい人工林には木材用のアメリカシラカバの若木を植えることを許可し、スザンヌが開発中の選抜法を使って管理する」。アランは、薪を取りに来た人が残していったアメリカシラカバのひとかたまりを拾って「牧師」に渡し、いまでもその木には価値があることを示してみせた。デイブは足先でアンズタケをつつき、このあたりに住んでいる人たちは政府の目には入らない形でアメリカシラカバに依存しているのだ、と言った。

「針葉樹にはもう市場があるんだ」と、薪を見ながら今日初めて「牧師」が口を開き、それからそれを放り投げた。

研究熱心で繊細な病原菌の専門家が、ハチミツ色のキノコが生えているアメリカシラカバの倒木をひっくり返し、紙のように薄い樹皮を剥がすと、やわらかくて脆い、湿った木の内部が見えた。彼はキノコを摘み取り、発光性の菌糸体が木部に入り込んでいるところを指差した。みなが周りを囲んだ。アメリカシラカバは、樹齢50年ほどになり寿命が近づくと、ホテイナラタケ（*Armillaria sinapina*）に感染しやすくなり、多くの個体の幹と根が感染の危険にさらされる。ホテイナラタケはオニナラタケ（*Armillaria ostoyae*）に似ているが、感染するのは針葉樹よりも主にカバノキのような広葉樹だ。どちらもこうした森に自然に棲息し、自然遷移を促し、異種性を増大させる。木を枯らすことで、ほかの植物が生えて植生の多様性を増大させるスペースをつくるのである。だがオニナラタケは、市場で人気が高い、成長の早い針葉樹を主に枯らすので、森林監督官たちはそれを悪者扱いする。皆伐地でアメリカシラカバとアスペンを排除すると、状況はさらに悪化する——新しい切り株がオニナラタケの豊富な栄養源となり、植樹された針葉樹の苗木が感染する可能性が高まるのだ。またアメリカシラカバを殺せば、有益な微生物が減り、針葉樹の感染に対する抵抗力も弱くなる。一方ホテイナラタケは、通常は商材となる針葉樹は感染させないのであまり脅威と見なされない。だがホテイナラタケは、結局はアメリカシラカバを枯らす。歳取ったアメリカシラカバの内部が腐敗すると、葉が黄色くなり、枝が落ち、虫やさまざまな菌類が入り込んで残された糖を貪り食う。キツツキたちは虫を食べ、ちょうどいい場所を見つければ木に穴を開けてそこで卵を産む。寿命の長い針葉樹は新しくできたスペースに枝を伸ばし、日光と雨をわが物にし、放出された養分を吸い上げる。「菌類がアメリカシラカバを殺し、できた空隙がほかの生物種の棲みかとなって多様性が増す。それがこういう森の自然な遷移なんだよ」と病理学者が言い、男たちは感心した様子だった。

「アメリカシラカバは、若いときは針葉樹より光合成速度が速く、より多くの糖を根に送るので、いずれは大量の糖が土壌に溜まります。もしも炭素貯蔵量を増やして気候変動を遅らせるための森林管理を始めるなら、アメリカシラカバはいい選択肢です」と私が続けて言った。1羽のゴールドフィンチが斑模様のアメリカシラカバの小枝に止まり、房になった種をつついた。種はパラパラと地面に落ちた。

「気候変動？　そんなことまで気にしなくていい」と誰かが言った。たしかに、地球の気候変動についてはまだわかっていないことがあまりに多く、私たちはキクイムシの大量発生と冬の気温の上昇とをなかなか結びつけて考えられずにいた。不確定要素が多すぎるため、政府は、気候についてのこの新たな警鐘に真剣に対処することを義務づけてはいなかったのだ。

「でも環境保護庁は気にすべきだと言っていますよ」と、われながら自信に溢れた声に驚きながら私は言った。「将来の予測を見たことがあるんです。気候変動は近い将来、何よりも大きな脅威になります。アメリカシラカバやアスペンを急いで育てて、炭素をもっと、火事があっても安全な土のなかに戻さなければなりません」。さらに私は続けて、カナダではほとんど毎年、化石燃料を燃やすよりも多くの炭素が森林火災によって失われており、森林火災のリスクを減らすために、針葉樹林に代えて混合樹林の土地を増やす計画を立てるべきであること、またアメリカシラカバとアスペンの葉は針葉樹と比べて水分を多く含み樹脂が少ないので、この2つを帯状に植えて防火帯にすべきだと説明した。

「ここじゃ気候変動なんて起きてないよ」。野球帽の森林監督官が反論した。「だってこの夏はいままでいちばん気温が低くて雨が多いんだぜ」

「そうですね。体感できないことを信じるのは難しいですよね。でも、気候モデルを見ると驚きますよ」。私はアイスホッケーのスティックの形みたいに手を動かして、大気中の二酸化炭素濃度が1950年代以降いかに急激に増加しているかを示しながらそう言った。

「あんたアメリカシラカバが好きなんだね」と野球帽が言った。

「ええ、そうかもしれませんね」と私は気まずく笑った。

「次に行こう」と「牧師」が言った。そして何事かをリックに囁いた。2人がその場から離れると、ほかの人は鳥が群れをなすように2人のあとに続き、私は寒風のなかでセーターのジッパーを上げた。

野球帽が、私の代わりに大型SUVに乗ってもいいかと訊いた。「牧師」たちが乗っているからだ。いま思えば情けないが、私は大喜びで「いいですよ」と答え、アランを見棄てることが彼の気に障らなければいいがと思いながらジーンとバーブの車に乗った。「よくやってるじゃない」――私の腕に軽く触れながらジーンは言ったが、その表情は自信なさげだった。

「これからが大変よ」と、一行を先導して走りながらバーブが言った。

「最初の人工林のアメリカシラカバを見たら大騒ぎになるよね」と私は彼女に同意して言った。草が野火で燃えるように、私の神経が熱くなった。

でも彼らはこの人工林の存在を知っているのだから、それを話題にしないわけにはいかなかった。

一行は、アメリカシラカバが密生し、不揃いなダグラスファーがその下に生えているところに着いた。ここが私の言う「醜い例」だった。この人工林は初めからやり方が間違っていた。アメリカシラカバを伐採した会社が地面をズタズタにしてしまったことで、皮肉にもそこは、晩秋に空中を浮遊する羽のついた種子にとって理想的な苗床になってしまったのだ。次に、植樹を担当した森林監督官は、もっと南の気候に適したダグラスファーの苗木を植えるよう指示した。その結果、ダグラスファーの生育は絶望的で、「雑木」であるアメリカシラカバが再び生い茂るという最悪の状況になった。アメリカシラカバは高さ

3メートルに育ち、一方、植樹されたダグラスファーは霜に耐えることができずに枯れかかっていた。どう考えてもそれは、アメリカシラカバが競争に勝ったという極端な例だった。でもこの場所の視察は2部に分かれていて、後半では私の言いたいことが伝わるはずだった。道路を挟んで反対側に、ダグラスファーを自由生育させるためにアメリカシラカバをすべて伐採した場所があるのだが、そこでもダグラスファーは小さくて黄ばんでおり、政策目標を達成するためにアメリカシラカバを排除しても問題は解決しない、ということを示していたのだ。

アメリカシラカバが密生しているところを歩きながら、私は自分のアイデアが見当違いだったことに気づいた。現地視察は何から何まで大失敗に終わろうとしていた。

「ほらな？　明らかにアメリカシラカバが針葉樹を枯らしてるよな」。元気のないダグラスファーの苗木を見つけたリックが言った。緑の野球帽の森林監督官はほとんど有頂天だった。

「日光と成長の関係を示す私のモデルによれば、このダグラスファーは2、3年で枯れてしまうでしょう」とデイブが言った。私は年を追ってデイブが大好きになっていたし、彼はただ正直に自分のデータについて話しているだけだった。だが、道路の反対側の森を歩いて、アメリカシラカバを排除してもやはりもうすぐ枯れてしまうであろうダグラスファーを見せる前にそれを言うのは早すぎた。私はデイブの首を絞めてやりたかった。

「そうですね。でも私が言いたいのは、こういう森は非常に稀だということです」と私は、道路の反対側の、アメリカシラカバがすべて排除されたところに一行を先導しながら反論した。アメリカシラカバを排除しても、ダグラスファーの健康度には何の違いもなかった——ダグラスファーに元気がないのは、植樹した場所が間違っていたからなのだ。「こういう森をつくってしまうのを防ぐのは簡単です。もっとその土地に適した苗木を植え、植樹のタイミングがアメリカシラカバの種子の飛散時期と重ならないようにすればいいんです。このあと、もっと上手に土地を整備し、もっと植樹するに適した苗を選んだ結果、ことはまったく違う結果になった人工林をお見せします」。私はイライラしていたが、現地視察は、解決方法が最後に明確になるようにデザインされていた。

私たちは次に「悪い例」に移動した。アメリカシラカバを根元から伐り、切り株に除草剤を含ませて自由生育の基準を満たした森だ。ダグラスファーの単純林は、アメリカシラカバやシーダーの森が広がる山腹で、草原にそこだけ芝生を植えたように目立っていた。

ジーンは、枯れたアメリカシラカバの切り株に紙吹雪を撒くみたいに青い絵の具を塗ったところまで走っていき、根の病気のせいで黄色っぽくなったダグラスファーの苗木を指差した。なかには健康なダグラスファーもあったが、1割は完全に枯死していて、ギザギザした灰色の枝だけになっていた。アメリカシラカバが伐採されると、ストレスを受けている根がオニナラタケに感染し、アメリカシラカバの根と絡まり合っているダグラスファーの根にもそれが広がったのだ。ダグラスファー、ロッジポールパイン、そしてウエスタンラーチは、人工林に植える樹種として圧倒的に人気だったが、皮肉にもそれらはこうした感染が最も起こりやすい。リックと「牧師」は元気のないダグラスファーの脇を通り過ぎて、健康な個体の30センチほどの幹を指差し、ほとんどの人工林では病気は発生しない、と言った。病理学者は、アメリカシラカバの幹を地衣類が覆っている方角を指して「52度以北にはナラタケ菌はいないよ」と言った。つまり、ブリティッシュコロンビア州の北半分ではナラタケ病は問題にならないのだ――リックが判断の基準にしている土地である。

私の乗ったゴムボートは浸水しかけていた。

アランがカラーグラフを配り、彼の行った樹種試験の一つでは、アメリカシラカバを伐らなかったにもかかわらず、ダグラスファーの樹高がここと比べて優に2倍に育ったことを示した。みながカラフルな図を検証しているあいだに、アランは「あとは頼む」というように私を見た。私は、アメリカシラカバの根に棲む、窒素を固定するバチルス菌について、また、抗生物質を産生して近くのダグラスファーの病原菌感染を減少させる、蛍光性シュードモナスについて話した。有益な細菌と共生する健康なアメリカシラカバを残しておくことで、ダグラスファーはより健全に育成する可能性がある、と私は言った――集団予防接種のようなものだ。「蛍光性シュードモナスのエネルギー源は、アメリカシラカバとダグラスファーのあいだを炭素が行き来する際に菌根ネットワークから漏れる炭素です」――緑の野球帽の森林監督官の忍び笑いに気を取られながらも私はなんとかそう言って、さらに続けた。「ダグラスファーを解放するために何本かのアメリカシラカバを外科的に排除するのはいいですが、ほとんどのアメリカシラカバを残したほうが感染が抑えられるんです」

リックがグループの中央に割り込みながら、1968年に始まった研究によれば、ナラタケ病を減らすには、皆伐のあとに感染した木の根を掘り出してからダグラスファーを植えるのが最良の方法だ、と横槍を入れた。私は以前、彼と2人だけで人工林の視察をしたことがあった。そのときの彼は雑木の排除について盛んに議論したがり、科学文献をしきりに引用した。実際の木を見ることよりも文献の引用に熱心だというのは、私にはおかしなことに思えた。私は苛立ちを抑えようとした。彼の言うとおり、抜根は標準的に行われる作業だったし、それによって病気が減少するという証拠もたっぷりあった。でも私たちはその代わりになる方法を探す必要があるのだ、と私は説明した――なぜなら抜根は土壌を締め固め、自生植物や微生物を殺してしまうからだ。「それに費用も高くつきますし」と私は言った。

「それはそうだが、それがいちばん信頼できる方法だよ」と病理学者がとどめを刺した。

カエルが鳴くみたいな同意の声が上がり、私はやがて生まれるハナの妹がストレスホルモンを浴びるのを感じた。

ダグラスファーとアメリカシラカバが完璧なバランスで美しく交ざり合っている、「いい例」である森に着いたころには、リックの我慢は限界を超えていた。この一画は、アメリカシラカバとダグラスファーがいかに互いに助け合い、複雑なバランスを保っているかを示しており、季節や年月を経て2つの樹種がそこに至る過程を辛抱強く見守りさえすればいいのだ。しかし、私にはその説明すらさせてもらえなかった。リックは腹を立てており、政策立案者たちも機嫌が悪くなっていた。

リックは私の研究の結果を疑っていたのかもしれないし、ひょっとすると自分のやり方の欠陥に気づき始めていたのかもしれない。たしかに、場合によっては選択的な雑木の排除は必要だったが、ほとんどの人工林では、大規模な広葉樹の排除は正当化のしようがないのである。だがリックには、私ごときに自分の計画をぶち壊させる気はなかった。彼は私から数十センチのところまで近づいてきた。私は彼がものすごく長身であることに気づき、本能的にお腹に腕を回した。低木の茂みを見回して仲間を探したが、みんな散り散りになっていた。アランは私たちの話し声が届かないところでデイブと話し込んでいた。森林監督官というのはいつだって、木だの、木の芽や樹皮や針葉だのに気を取られているものだ。バーブとジーンは美しいアメリカシラカバの横で凍りついていた。

「なあ、ミス・シラカバさんよ」とリックが言った。「あんたは自分が専門家のつもりかい?」

私は自分のいないところでそう呼ばれているのは知っていた。一部の人たちは、陰ではもっとひどいあだ名を私につけていた。

それからリックが怒りを爆発させた。「森の仕組みなんかあんたは何もわかってない！」

赤ん坊が初めて動くのを感じ、私は気が遠くなりかけた。

「俺たちがここの雑草を残して木を枯らすと思ったら甘いぜ！」と彼は怒鳴った。

私は口を開けたが言葉が出てこなかった。アメリカコガラが1羽、アメリカシラカバの枝で翼を膨らませた。その周りで黄色いくちばしが3つ、貝殻のように口を開けたが、食べ物をねだるその声も私には聞こえなかった。それまでに聞いたことのある、率直に物を言う女性に対するさまざまな悪口——私自身の家族さえそういう発言をすることはあった——が頭に浮かんだ。そうした女性たちに陰で浴びせられる批判は、たとえそれが冗談めかしての発言であったとしても、私を深く傷つけた。ウィニーおばあちゃんはもの静かな人だったが、彼女が冷笑的な言葉を避けるために黙っていたのは、おそらくそのほうが楽だったからだ。私は男性の批判を買うまいと決心していたのにこのざまだった。バーブは目を満月みたいにまん丸にし、ジーンはいまにも大声で叫び出しそうだった。

男性たちが私を取り囲み、道に迷ってオオカミに囲まれたときよりも近いところまで近づいてきて、私は後退りした。

アランが私の横に来て、「もう行きますよ」と言った。バーブが急いで私のところに来て、小声で「何よちょっと！」と言った。私は負け犬みたいにすごすごと逃げ出したかった。

ツィツィツィ……とアメリカコガラが鳴いた。危険は去った。現地視察は終わったのだ。

その晩、私はデイブを空港まで送り、私たちの子どものこと、ハドソンベイ・マウンテンにある彼の山小屋のこと、もうすぐ始まるスキーナ川のサケの遡上のことを話題にした。山のなかの、シーダー、アメリカシラカバ、ダグラスファーが混じり合って密生している森から、私たちは1時間かけてくねくねと山道を降り、川に沿って開けた、乾いたダグラスファーの単純林に出るとスピードを上げた。この2つの種類の違う森の菌根ネットワークはどんなふうになっているのだろう、と私は考えた。鬱蒼として湿度が高く、複数の樹種が同じ樹齢を持つ森——すべての木を燃やし尽くした熾烈な火災のあとで再生したためだ——には、特定の樹種としか共生しない菌や、さまざまな樹種と共生する何百種類という菌類によって、すばらしく複雑なネットワークが構成されていた。そのなかには、異なった種類の木を結んでいるものも、同じ樹種の個体だけを結ぶものもあるのではないか、と私は想像した。乾燥した低地に出ると森は明るくなり、生えているのはダグラスファーだけになる。森の低木層だけに頻繁な火災が起きて空き地ができ、厚い樹皮を持つ古木がそこに種子を落として、周期的に次の世代のダグラスファーが集団で生えるこうした森の地中のネットワーク地図は、先ほどの森とどこが違うだろうか。この乾いた土地にむかしから立っている原生木は、新しい稚樹が根づくのを助けているように見えるが、それには菌根ネットワークもひと役買っているのかもしれない。乾燥した土壌のなかでは菌類が、古木から若い木に炭素を、そしてもしかしたら水を運ぶパイプの役割を果たしているのかもしれない――私が博士号取得のための実験を行った湿度の高い森で、アメリカシラカバからダグラスファーへと炭素が運ばれたように。

この乾燥した森は、地下のネットワークの地図をつくるには理想的な場所であるように思われた。同種の木々がつながっている可能性のほうが、湿度の高い混合樹林で樹種の異なる木々がつながっている可能性よりもずっと高いからだ。ほぼダグラスファーしか生えていないこの単純林には、ショウロのように、ダグラスファーとしか共生しない菌根菌が圧倒的に多く、ダグラスファーとだけの高度に共進化した関係性を築いているはずだ。ダグラスファーの稚樹はこの単一種の菌根菌によって古木につながっているのだ――惑星の周りを軌道に沿って回る衛星のように。特定の宿主とだけ共生する1種類の菌類が1種類の木だけをつないでいるネットワークのほうが、いろいろな木と共生する複数の菌がいろいろな種類の木をつないでいるネットワークよりも地図にしやすいはずだ。いつか私が乾燥したダグラスファーの森の地下の地図をつくってもいいかもしれない――単純で鮮明な、わかりやすい地図を。手始めとしては、アメリカシラカバとダグラスファーのあいだの炭素のやりとりを追った混合樹林よりもやりやすいはずだ。

デイブは、ある学術誌に却下された私の論文の修正を手伝うと言ってくれた。査読者の一人は、「木々を眺めながら森のなかを踊り回るだけの人の論文を掲載するわけにはいかない」とコメントしていた。そのコメントには傷ついたが、私はそうした軽蔑的な批判を聞き流すのがうまくなっていた。やがて私たちは、カムループス湖の東端にある、バンチグラスとキンポウゲに囲まれた滑走路に着いた。デイブは空港のチェックインカウンターとオレンジ色のビニール張りの椅子がある待合室、そして荷物置き場を素早く見回し、自分が住んでいるスミザーズの空港より小さいと言って笑った。

埃だらけの私たちの姿が映る窓の近くでマフィンを食べながらあれこれ話していると、突然デイブが「今日のこと、リックと話したよ。君は森林局でいちばん優秀な研究者の一人だと言ってやった」と言った。

私は泣きそうなのを気づかれまいとした。「リックはなんて?」と私は訊いたが、本当はその答えを知りたくなかった。

「同意はしなかった」――デイブはまっすぐに私を見つめたが、私はカウボーイがコーヒーを注文するのを見ていた。

「少なくとも正直ね」と、笑いながら私は言った。

「あいつら、どうして君のこととなるとむきになるのかわからないよ」とデイブが言った。

私にもわからなかった。批判されるのが嫌なのか、それとも女の話は聞けないのか。明らかに彼らはまだ私の「石に絵を描くほうがマシ」発言に腹を立てていた。デイブの便の案内があり、彼は私をぎゅっと抱きしめると姿を消した。

さらに悪いことに、森林局の人事部にある私についてのファイルには、私がそうコメントしたインタビューに対する戒告の書面が加えられていた。部長の一人は、政府の政策に反対する発言をしたことで、政府の監視機関である「ブリティッシュコロンビア州林業従事者連盟」が私を除名するかもしれないと言った。彼にとってそれは倫理に背く行為だったのだ。政府の森林監督官たちは私の研究に対する監視の目を強め、お偉いさんたちは私の論文の一つを、学術誌に掲載されたあとになって私の同僚に読ませた。新しい取り組みからは除外されているような気がした。私の研究はいっさい前に進まな

ナヴァ（左、1歳）とハナ（3歳）。2001年、ログハウスのわが家の前で。

くなった。あるときは、私の論文の一つを出版するのに割り振られていた予算を撤回すると脅され、アランが幹部たちと電話会議を開いた。私はスピーカーフォンで会議に参加し、私が要請したのは、この地方での雑木排除の効果に関する論文を出版するのに必要な最低限の金額であることを説明した。

「金額じゃない。君の論文が報告している結果が問題なんだよ」という言葉が電話から聞こえた。

「でも私の研究結果は、政府の研究者だけでなく外部の科学者によっても徹底的な査読を受けています」と引きつった声で私は言った。アランは、1万ドルかかってでも研究の成果を世に出す価値はあるし、この10年のあいだに実験そのものに注ぎ込まれた大金に比べれば安いものだと主張した。彼は断固として譲らず、最後には幹部も、私の論文を出版することにしぶしぶ同意した。

こうした闘いの渦中、大きくなっていくお腹をベビーベッドに押しつけ、眠っているハナを見守りながら、いったいどうしてこんなことになったんだろう、と私は毎晩考えた。同僚たちの目の前で怒鳴られたことに対する怒りと屈辱感。私は心の底から森を愛していたし、自分の研究に誇りを持っていた。それなのに、私には厄介者の烙印が押されていたのだ。

科学者たちも私の研究には懐疑的だった。樹木間の相互作用で重要なのは競争だけだ、という思い込みはものすごく強固で、論文を学術誌に投稿したときには、ありもしない間違いを見つけるために私の実験を一つひとつバラバラにされているような気がした。もしかしたらこれは普通のことで、私の経験が浅かっただけなのかもしれない。でも、植物同士が交わすコミュニケーションにネットワークがどのように影響するかという謎を解こうと長年努力してきた著名な科学者たちを差し置いて、私の論文が『ネイチャー』誌に掲載されたということが、彼らにとっては不愉快だったのだと思わずにはいられなかった。

現地視察の5カ月後に生まれた娘ナヴァは、たちまち周りの大騒ぎを驚いたように見回した。私はナヴァをベビーキャリアに入れて前に抱きかかえ、ハナをベビー用バックパックで背負って、ジーンを途中で拾い、サバンナのなかを、アオカケスやサボテンの花を探しながらハイキングした。さんざんこき下ろされた、398ページという書籍並みの長さがある私の研究論文は出版され、あっという間に1000部が売れた。あとになって一人の森林管理官がそのとき買った1冊を見せてくれた。表紙はボロボロになり、彼が気に入ったページにはいろいろな色の付箋が貼ってあった。これは自分のバイブルだ、と彼は言った。

ナヴァが8カ月になると私は職場に復帰したが、アランには悪い前兆が見えており、新しい仕事を探したほうがいいと私に言った。新しく政権の座についた保守政党は、革新的な科学研究を縮小すると同時に公務員を削減しており、研究者はできることなら辞職するようにと勧められていたのだ。

ブリティッシュコロンビア大学時代のポスドク仲間で、いまでは教授になっている型破りな友人からまもなく連絡があり、近いうちに教授のポストに空きが出ると教えてくれた。私は自分が大学の終身教授［訳注：テニュアトラック制度といい、大学が若手研究者を一定の期間採用し、経験を積ませた後、実績が上がれば終身雇用する］になるなどと想像したこともなかったが、採用検討委員会のメンバーの一人がカムループスまで詳しい話をしに来て、競争に勝つためにはあといくつか論文を発表したほうがいいと言った。そのときハナは3歳、ナヴァが1歳で、私はクタクタだった。ナヴァは乳離れはしていたけれどまだ私がずっと腰に抱えていたし、ハナは子犬みたいにやんちゃないたずらっ子だった。私は森のなかのわが家や、夕方の森のトレイルの散歩や、自分の子どものように大事に育てた何百という実験場が大好きだった。それに私は41歳になっていた。これから教授になるには歳を取りすぎていないだろうか？

それでも私はとにかく応募した。ドーンは応募には賛成してくれたが、バンクーバーに住むのは嫌だと言った。とはいえドーンは、私の職場があったから住んでいたカムループスでの暮らしが気に入っていたわけでもなかった。母が育ったナカスプの町から遠くない、コロンビア川沿いに佇むネルソンという小さな町を初めて見たときから、彼はそこに住みたがっていたのだ。豊かな森に囲まれた小さなその町には、ゆっくりとした時間が流れ、住民は教養があってリベラルで芸術的だった。私は彼の気持ちが理解できた——魅力たっぷりな町なのだ。どっちみち私の肉親のほとんどがいまではネルソンに住んでいたし、娘たちは母——娘たちにとってはジューンバグおばあちゃん——や、ロビンおばちゃんとビルおじちゃん、いとこのケリー・ローズとオリバーとマシュー・ケリーの近くで暮らせる。ただ、ネルソンはとても小さいし辺鄙なところにあって、私たちにできる仕事はなかった。それにネルソンではもう私の研究は続けられないだろう。そんなことはとても考えられなかった。100人の応募者から採用検討委員会が選んだ最終候補リストに残った私は、冬のさなか、嫌なら断ればいいと自分に言い聞かせながら、バンクーバーでの面接に向かった。

数カ月後、ドーンと娘たちと私は、ネルソンに住む母を訪ねていた。かろうじて道路を覆う雪がなくなり、湖の氷がようやく溶けたところだった。クーテネイ湖ではこの春初めて湖に出たヨットがジグザグに進み、並木道の路肩に並ぶセッコウボクは新しい葉をつけていた。ドーンが物欲しげにため息をついた。コカニー通りをジューンバグおばあちゃんの家に向かう途中、ハナはいとこたちとのイースターエッグ探しに大はしゃぎし、2歳になったばかりでハナの大興奮の理由が理解できないナヴァも、ハナの横で笑っていた。母はクレヨンと塗り絵の本を持って玄関の前に立っていた。灰色の長毛で前足に指が6本ずつあるフィドルパフという名の猫が、芝生を横切る蝶を追いかけ回している。階段を駆け上がるハナにナヴァが、そのあとにフィドルパフが続いた。私がラップトップを開くと、大学から採用通知が届いていた。

母は即座に、引き受けろと言った。突如として現実のこととなったその可能性に私は心そそられ、うれしくて元気が出た。でもドーンはそれまでの言葉を繰り返した――彼は生まれ育ったセントルイスが嫌で逃げ出したのであり、再び工場やパン屋や高速道路や地下鉄や、びっしり並んで立つ家や高層ビルに囲まれ、木があるいちばん近いところと言えば街なかの公園、という暮らしに戻るのは気が進まなかったのだ。でも私は仕事をクビになりそうなのだし、彼はカムループスに住むのもあまり気に入っていないのだから、ひょっとしたらしばらく都会に住むというのが私たちにとっては必要な冒険なのかもしれない、と私は言った。それに迫りくる家計の心配もなくなる。

娘たちが母と家のなかにいるあいだ、私とドーンは母の庭のリンゴの木の下に立ち、彼が何度も繰り返す「バンクーバーに住む気はないよ」という言葉をめぐって言い争った。彼は、ハイキングやスキーができるコカニー・グレイシャーのほうを指差し、自分はこのためにカナダに来たのだ、と言った。「自分に自信があれば、君にこの仕事は必要ないよ」とドーンは言った。「2人ならここでなんとかやっていけるさ」

私は山に目をやった。シーダーがアメリカハリブキやミズバショウに木陰をつくり、森の地面から立ち上る甘い有機物の香りが鼻をくすぐり、新鮮な湧き水が髪をやわらかくし、切り株からハックルベリーが生え、カンアオイがあちらこちらにかたまって咲くところ。古い森が徐々に皆伐され、ダグラスファーやパインやトウヒが整然と植樹されつつあるところ。

「でもこんなチャンスは二度とないよ」と言う私には、大学からの仕事のオファーが排水口に吸い込まれる前にシンクをグルグル回転しているところが目に浮かんだ。ドーンが求めていたのは、医者や弁護士や税理士になれという周囲の期待から離れ、スキーのゲレンデの近くでのんびり暮らすことだった。彼の母親や叔母が、彼の兄弟や従兄弟たちを人に紹介するときに必ずその職業を言い添える一方で、ドーンは彼の父親と釣りや野球の話をした。私がドーンと知り合ったとき彼は29歳で、そのころからすでに山に引っ込んで暮らしたいと言っていた。だが、森を理解する探究にあまりにも夢中だった私は、彼の言葉を真面目に取らず、それが単なる話のタネ以上のものだとは思ってもみなかったのだ。

私は開いたダグラスファーの球果から三つ股の苞葉を1枚剝がし、羽のついた種子が収まっていた、赤いハート形の窪みに指を滑らせた。母の庭の花壇には、子葉から種皮が落ちたばかりのダグラスファーの実生があった。このおチビちゃんの樹皮が厚くしわくちゃになるのは100年先のことだ。

「私だってネルソンは大好きだよ」と私は言った。でも私は教授の職が欲しかった――もかにはなくなるのだから。どういう結論に達したとしても、私たちのどちらかには不満が残る。それに、もしも私がこの仕事をこなせなかったら？　バンクーバーはドーンが心配するとおりのひどいところかもしれない。娘たちや結婚生活に負担をかけすぎることも心配だった。

「お金なんか大して要らないさ。森のなかで暮らせばいいよ」とドーンが言った。私は、ビクトリア様式の黄色い2階建ての母の家の、積もった雪が滑り落ちるように急な傾斜を持たせた屋根に、それから細い道を隔てた隣人の家の庭に目をやり、隣人に私たちの声が聞こえていないかと心配した。ドーンが大声を出しすぎているような気がしたのだ。

「でも私の研究はどうするの？　まだまだ知りたいことがいっぱいあるのに」と、野球の球を投げるように球果を群れ咲いた花のなかに投げ込みながら私は言った。

「子どもを育てるにはネルソンのほうがいいよ」と言ったドーンの唇が引きつっていた。それ以前にそういうドーンを見たのは、大学院に戻るかどうかで議論したときの一度だけだった。

私たちは、オール・シーズンズ・カフェという高級レストランで夕食を摂った。私はソックアイサーモンを頼んだ。ドーンは何かベジタリアン用のメニューを選び、私たちは目を合わせるのを避けていた——私が「娘たちとできるいろんな楽しいことを考えてみてよ」と言うまでは。

ドーンはプレートを脇にどかして私を正面から見つめた。「ああ、楽しいだろうさ。街を抜けて森に行くまでに2時間。夢に見ていた静かなハイキングコースに着くころには、もうそこは人で溢れてるんだ」。私は彼が何を言っているのかわからなかった。私が学部生としてバンクーバーに住んでいたころは、ハイキングやスキーに出かけてもそんなに混んでいたことはなかった。

「そんなにひどくないよ」

「セントルイスにはこんな自然はなかったんだ」

「夏休みはネルソンに来ればいいじゃない」

「俺は主夫になる気はないよ」とドーンが言うと、隣のテーブルの客がこちらを見た。

「私がいるんだから、あなたが全部しなくていいのよ」と、大声になるまいと引きつった声で私は言った。

「いや、俺は大学教授の職がどんなもんか知ってる。オレゴン州立大学の教授たちが仕事に人生乗っ取られるのを見てきたからな。君のことはわかってる。君は仕事漬けになるよ。そして俺が子どもたちの面倒を見ることになる。バンクーバーで十分な仕事があるかわからないからな」と彼が言った。データのモデリングと分析という業界で、ドーンの専門分野は市場が小さく、クライアントは非常に特殊な人たちだったし、彼はバンクーバーには知り合いがほとんどいなかった。大きなコンサルティング会社に勤めるという選択肢もあったが、長年一人で仕事をしてきたあとで誰かの部下になるのは気が進まなかった。彼はそれまでもずっと、山に入ってする仕事に対して私ほど強烈な関心を持っていたわけではなかった。それはまさに彼が都会育ちだったからなのかもしれないし、もしかしたら、自宅の仕事場でコンピューター上に何かをつくるということのほうにより強い関心があったからなのかもしれない。理由がなんであったにしろ、その瞬間、私たちはまるで2つの違う惑星から来たみたいだった。

翌日、私たちはネルソンの外れの、クーテネイ川を見下ろすところに売りに出ている土地を見に行った。あるカップルが森を切り拓いた土地で、眼下に川の流れる光景が広々と広がり、空に聳えるカラマツの針葉は鮮やかな緑色で、高さ40メートルのダグラスファーの森は深く鬱蒼としていた。将来的に家を建てるために木を伐った空き地に乳母車があり、テントのなかから、髪がくしゃくしゃの若い女性が、腰に赤ん坊を抱きかかえ、よちよち歩きの子どもの手を引いて現れた。2人はここに家を建てるつもりだったのだが、テントには暖房も水道もなく、女性はその夢を諦めたのだった。彼女の夫が敷地のなかを案内してくれた。ハナとナヴァの手を引いて倒木を乗り越え、茂みのなかをくぐり抜けて、私たちはカラマツの木の下に座った。ドーンと土地の持ち主がお金の話をしている横で、私は、ここはとても美しいけれど住むのは不可能だと思った。ここに住んだら私たちは一日中、木を切ったり野菜を育てたりすることになる。しかも2人とも仕事はないのだ。私たちは、暮らし方やお金のこと、それぞれの選択肢が何を意味するのかについて言い争いを続けながら、娘たちをレイクサイド・パークに連れて行ったり、ベイカー・ストリートをぶらぶらして画廊や本屋に立ち寄ったり、ウェイツ・ニュースのカウンターでアイスクリームを食べたりした。何十年も前、私が子どもだったころに、ウィニーおばあちゃんがそこでアイスクリームを買ってくれたのだ。

数日後、リンゴの木の下に娘たちと座っていると、「わかった、2年やってみよう。俺にはそれが我慢の限界だ」とドーンが言った。

私はドーンを抱きしめ、ハナは母のところに走っていきながら叫んだ――「マンニューバーにお引っ越しだって！」

私たちは覚悟を決めて新生活に飛び込んだ。もう森林局の言いなりにならなくていいのだ。研究費を集めれば、そのなかで何をしても自由なのである。森に存在する関係性に関する根本的な研究課題に取り組むこともできる――研究の矛先は、木と木を結ぶつながりとコミュニケーションから、森の知性についてのもっと包括的な理解へと深まっていた。

私は2002年の秋に最初の授業を教えたが、そのときはまだ、カムループスからバンクーバーまで片道380キロの距離を通勤していた。バンクーバーの狭苦しい家の契約が済み、森のなかの丸太小屋のわが家が売れるのを待っていたのだ。ハナが生まれてから初めて、週のうち二晩を独りで過ごすことになった私は、もやいを解かれた舟みたいに感じた。でもひと晩中私一人の時間があり、赤ん坊を連れずに散歩したり、本を開くと同時に寝てしまわずに読書ができたり、カーステレオでジュエルを聴いても誰にも文句を言われなかったりするのはうれしかった。そしてハロウィーンの日に、私たちはトラックに荷物を積んでバンクーバーの新しい家に引っ越した。ハナは4歳、ナヴァは2歳になっていた。ハナはライオンの衣装がたいそうお気に入りだったし、ナヴァには子牛の衣装を着せた。荷物を解く間もなく、私たちは新しい家の近所を歩いた。ハナは生まれて初めて、ピロケースを持ち、たくさんの子どもたちの真似をして、近所の家の玄関に走っていっては「トリック・オア・トリート!」(いたずらか、お菓子か)と叫んだ。ログハウスに住んでいたときは、お隣さんが遠すぎたしハナは小さすぎたのだ。ナヴァは私の腕のなかでまあるくなり、頭を私の肩に預けていた。その夜、娘たちは、最上階にある寝室で、荷物に囲まれた毛布を巣にして眠った。ドーンと私は、下の階の部屋の壁に映る木の葉の影を眺め、歩道から聞こえてくる足音を聞いた。サイレンの音が近づき、飛行機が屋根のすぐ上をかすめるように降下した。いったい自分は何を始めてしまったんだろう、と私は思った。

その夏、森林局幹部は森林の再生政策を改変し、ブリティッシュコロンビア州全土で、散布する除草剤の量を半分に減らした。私にはついぞ公式な連絡はなかったが、のちになって私は、この変更の多くは私の研究の結果に基づくものであったことを知った。

テニュアトラック制度で雇われた准教授としての最初の数年間は、私の人生で最もつらい日々だった。講義し、研究費を申請し、研究プログラムを構築し、大学院生を入学させ、学術誌を編集し、論文を書く日々に私は忙殺された。失敗するわけにはいかなかった。大学の先輩が教えてくれたところによれば、私の前にいた女性教授は、子どもが生まれたあとに十分な数の論文を書かなかったので終身雇用を却下されたとのことだった。私はこれまでとはまったく違う一連の心配事を抱え込んだのだ。

ドーンと私は毎朝7時に子どもたちを起こして支度させ、保育所と学校に送り届けた。私は午後5時まで全力で仕事をし、夕食後に子どもたちと遊び、夜中の2時まで次の日の講義の準備をしてからベッドに倒れ込み、起きてそれを最初から繰り返した。私のエネルギーは枯渇し、風邪をひいてばかりいて、頭がボーッとしている日も多かった。それ以外のことはドーンの担当だった——娘たちを迎えに行き、食料を買い、夕食をつくり、その合間に仕事をする。彼は自分が想像していた以上に主夫だった。政府が森林に関する研究への経済的支援を削減したため、データ分析や予測モデルを走らせる仕事をドーンが見つけるのは困難だった。彼のクライアントの一部はカムループスの森林局の人で、私たちがカムループスに住んでいないために逃した案件もいくつかあった。彼は都会の喧騒に苛立ち、一人で田舎道をサイクリングすることが多くなった。

ドーンは朝のうちパソコンで仕事をし、いろいろな支払いの心配をし、午後になると娘たちをよくメープル・グローブのプールに連れて行った。そしてそのあいだ私は、講義の準備をし、論文を書いた。ドーンには面白い仕事が舞い込むこともあった。たとえば、アメリカマツノキクイムシの大量発生が森林管理の方法の違いによってどのような影響を受けるかをモデルで予測するという仕事だ。でもそれだけでは足りなかった。それに、娘たちを都会で育てることの難しさも彼が言ったとおりだった。娘たちから目を離すわけにはいかなかったし、家の横の森で勝手に遊ばせておく代わりに、器械体操や自転車の合宿に送り迎えしなければならなかった。ドーンは娘たちと凧揚げやサイクリングに出かけたり、水族館やサイエンス・ワールドに連れて行ったりし、スラッシー［訳注：味をつけた液体を凍らせてつくる飲み物］やホットドッグを買い与えた。週末になると私たちは、トレーラーバイクで街のなかを走ったり、ビーチでのんびりしたり、友人たちとピクニックしたり、雨が降っていてもブランコに乗れる公園を見つけたりした。でも、約束の2年を1年超過して私が終身在職権を得ると、私たちの関係はさらにぎくしゃくしたものになった。

その一方で私はと言えば、一つの問いが別の問いにつながり、次々に新しいことを発見していた。研究助成金もあったし、学生もいたし、優秀教員として表彰もされた。でも、森の言語と知性の解明に向けて私の研究プログラムが次から次へと成功を重ねていく一方で、結婚生活はそれとは逆の方向に進み、私とドーンの会話は途切れがちな、刺々しいものになっていった。ある晩、バンクーバーの街とドーンが抱えている不満をめぐって喧嘩したあと、私はネルソンに越してもいいと言った。授業があるときは、週のあいだは教員用住宅に泊まり、週末は家に戻って、週が明けたらまたバンクーバーに戻る。片道9時間だ。

それはつらい妥協だったけれど、娘たちを寝かしつけながら頭のなかに浮かんだ、地下に広がるネットワークの空想は実を結びつつあった。私と学生たちは、ダグラスファーの古木から近くの小さな苗木に水、窒素、炭素が送られて、苗木が生き残るのを助けていることを突き止めた。年長の木の陰になっている苗木は、菌根によるつながりを通して受け取るこうした補助に依存しているのではないか——以前私が立てたこの仮説を証明する証拠が見つかりつつあったのだ。原生林に存在する地下のネットワークは、私が想像したよりもはるかに豊かで複雑だったが、一方で大規模な皆伐地のそれは単純でまばらであるということも発見した。皆伐地が大きければ大きいほど、地下のネットワークは脆弱なものになっていくようだった。

だが、秋になったらハナとナヴァはネルソンにいて私はバンクーバーにいる、と考えるのは耐え難かった。私は些細なことに苛立った——野外研究のシーズンに向けた準備や、論文の査読の依頼や、助成機関に提出する年度末の報告書の準備。ある日の仕事のあと、私は急いで娘たちを学童保育に迎えに行き、渋滞する車を縫ってダウンタウンの額装店に行き——上質皮紙に描かれたメープルの葉とパイングラスの絵を額装したのだ——それか

私 45 歳、ナヴァ 5 歳、ドーン 48 歳、ハナ 7 歳。2005 年夏、バンクーバーのわが家で。私はこの直前にブリティッシュコロンビア大学で准教授としての終身在職権を得た。

ら夕食のために家に急いだ。ハナが「お腹が空いた」と言ってむずかり、ナヴァもそれに追随した。私は静かにしなさいと言ったが2人はいっそう大きな金切り声を上げた。「やめなさい！」と私は叫び、車を路肩に寄せてブレーキを踏んだ。額装した絵が後部座席の後ろに当たってガラスが割れた。娘たちは驚き、私は恐怖におののきながら、怪我をさせなかったことをたしかめた。私は2人をチャイルドシートから下ろし、道端に座って泣いた。火がついたように目が熱かった。ハナとナヴァは泣きながら私の首に腕を回し、私は2人を思い切り抱きしめた。ハナが泣くのをやめるとナヴァも泣きやんだ。ハナは鼻をグスグスさせながら、私の髪を後ろに引いて「大丈夫だよママ」と言った。

私はガラスにヒビが入った額装した絵を額装店に持ち帰り、うっかり落としてしまったと言った。直ったという電話が来たとき、私はメープルの葉とパイングラスは新しいガラスで額装し直されているものと思ったが、割れたガラス片は組み合わされ、パズルのように元どおりになっていた。そっちのほうがいい、と私は思った。

すべては年寄りの顔のように複雑にひび割れ、永遠に変わってしまった。

離ればなれで暮らしながら大学で教えることへの不安で頭をいっぱいにしながらネルソンに越そうとしている最中に、ダンと私は、原生林の地下に広がる迷宮を地図にするための研究費を獲得した。解き明かすべき問いは、この菌類のネットワークはどんな構造になっているのか、そのパターンは自然が持つ知性を説明できるのか、ということだった。

どうしたら、森をめちゃくちゃにすることなく、若い木々の成長を助けることができるのだろう?

12 片道9時間

NINE-HOUR COMMUTE

私は路肩が広くなっているところに車を寄せて急ブレーキを踏み、ベストを摑んだ。万が一クマがいたときのために大声を出しながら伐採道路を横切り、昼前の太陽に後ろから照らされて巨大なバッタみたいに見える、材木を積んだトラックにあわやぶつかりそうになった。

アドレナリンが耳のなかで脈を打った。探していたものがやっと見つかったのだ――小川から頂上まで、さまざまな樹齢のダグラスファーに一面を覆われている丘の斜面。いちばん古い巨木は高さ35メートルくらいありそうで、その枝には、針葉と腐植土が積もった日陰の地面に数年ごとに種子の雨を降らせるほどのパワーがありそうだった。その種から発芽した若い木々は、まるで学校の校庭にいる子どもたちみたいだ。年齢の異なる苗木や若木の集団が、聳え立つ教師に注意深く見守られながらあちらこちらに散らばっている。道路から見る限り、木々の樹冠の高低差は、マンハッタンのスカイライン並みに複雑に見えた。

私はがれ場の土手を這い降り、岩塊の上でちょっと止まって息を整えてから溝を飛び越えた。純粋にダグラスファーだけの、菌根ネットワークの地図をつくるのに最適な森だ。私が指導する初めての大学院生ブレンダンは、2007年に、ショウロという菌根菌がその1種類だけでダグラスファーの根の半分近くを覆っていることを示す修士論文を学術誌に発表していた。残りの半分には、およそ60種類の菌類があちらこちらに共生していたが、ショウロは単独で、菌根からなるネットワークの主要な骨格を形づくっていたのだ。若い木にも古い木と同様にショウロがコロニーを形成しており、このことは、若いダグラスファーが先輩の木の下で成長するのを菌根ネットワークが助けているのかどうか、ショウロのネットワークは、森が活力を取り戻し、何があっても持ち堪えて再生し続けるための鍵なのか、それを突き止めようとする私の研究には欠かすことのできない点だった。しかも科学者たちはすでに、ショウロのDNAの中枢部分の解析を終えており、ジェネット(genet)と呼ばれる菌類の個体——一つの遺伝子を共有する、人間で言えば一人の個人

――を識別することが可能になったことで、どの個体の菌糸がどの木とどの木をつないでいるかをマッピングするのに必要不可欠な要素が揃っていた。この森に棲んでいるショウロ以外の菌類については、こうした解析はまだ行われていなかった。これは、森の木々がどれくらいの範囲でつながっているのかを把握するためには理想的な仕組みだった。そのつながりのなかで、若いダグラスファーは古いダグラスファーに棲む菌類を活用できるのだというのが私の推測だった。私は草をかき分け、大きな音を立てて流れる小川に出ると、こちら側の岸を蹴って反対側の岸に両足で飛び移った。「やったー」と叫ぶ私の声が、流れる川の音をかき消し、山の急斜面に小さくこだました。

小川の近くの木々は葉が密生してどっしりと太く、斜面のいちばん上の木は葉がまばらで背も低かった。花こう岩の斜面を水がトボガン［訳注：木製で舵のないそり］みたいに流れ落ちるので、上のほうでは土壌は乾燥しているはずだった。上方の乾いたところにあるネットワークの構造を、下のほうの湿度の高い森のそれと比較すれば、水がより貴重である上方のネットワークのほうがより密度が高くつながりが豊富で、苗木の成長により必要不可欠な存在であるかどうかがわかる。そこでは、苗木がうまく成長できるかどうかは、古木の主根が、花こう岩の深いところから吸い上げた水をたっぷり含んでいる菌糸体から水を受け取れるかどうかにかかっているのではないだろうか。土壌が湿っているところと比べ、土壌が乾燥しているところの苗木にとっては、長老の木たちの菌糸ネットワークとつながることにはより差し迫った必要性があり、彼らはそうやって喉の渇きを癒やし、そこで成長するための足場を得るのではないだろうか。

小川に沿って歩きながら、私は腐植土にクマの足跡がないかをチェックした。獣道にはクマの糞は見当たらなかったけれど、血のように赤いアカクキミズキの茂みの葉が自然に揺れるのは別として、少しでもおかしな動きがないかと私は目を光らせた。山頂に向かって森の斜面を登り始めると、20メートルほどのところにあった最初の古木の周りを、稚樹がナヴァのフラフープみたいに取り囲んでいた。私はT字形の成長錐を取り出して樹齢を調べながら、成長錘のハンドルがオレンジ色でよかったと思った——生い茂るシンブルベリーの葉はディナープレート並みの大きさで、物を落としたら飲み込まれて見えなくなってしまいそうだったからだ。私は抽出棒の先端を、ゴツゴツした樹皮の溝の、肩ぐらいの高さのところに当てて幹の中心まで差し込み、縞模様になっている木の内側の断面を採集した。

私は抜き出したコア〔訳注：円柱形のサンプル〕を検証し、ゆっくりとその木の樹齢を数えて10年分ごとに印をつけた。282歳。それからその周りの、高さも太さもバラバラな十数本についてもサンプルを抜き取って調べると、それらの樹齢は、5歳のものから最初の木と同じく数百年にわたるものまでさまざまだった。このあたりの森は数十年に一度くらい、夏の降雨量が少なく燃料になるものがたっぷりあるとき——老木の小枝や針葉が落ちて林床に積もり、鬱蒼とした下草が古くなって乾燥し、かたまって生えているダグラスファーの稚樹が、水分に富むアスペンやアメリカシラカバを窒息させているようなとき――に火災が起きる。たった一つの火花が原因で森のあちらこちらが燃え、古い木々は大概生き残るが、低木層はきれいに焼けてしまうのだ。火災が林床を焼き尽くしたのが、たまたま球果がたくさんできた年であれば、たくさんの種子が発芽することになる。

私は採集した木のコアをカラフルなストローに収納し、両端にマスキングテープで蓋をして、それぞれがどの木のものであるかわかるようラベルを貼った。大学の研究室の顕微鏡で、樹齢と1年ごとの成長量を再確認するためだ。そうすれば、それぞれの年の成長量を、該当する年の年間降雨量と気温の記録と比較できる。私は移植ごての端を親指で触ってそれがしっかり尖っていることを確認してから、最初に見つけた古木の根元から伸びている太い根をそれを使って辿り、根が次第に細くなって指くらいの太さになったところで林床に切り込みを入れて錆茶色の丸いキノコを探した――地下にできるキノコ、ショウロである。新しい落ち葉と粗腐植［訳注：落葉や落ちた枝が一部分解した表面層］を突き抜けて移植ごてが腐植層を切り開くと、その下にびっしり粒子が詰まった鉱物層が現れた。腐植層から滴り出る水と風化した粘土が溜まり、木の根と菌根が養分を漁りに来るところだ。

それから30分、蚊におでこを刺され、小枝の上についた膝を痛めながら、私はケーキ屋で売っているくらいの大きさのトリュフ（ショウロ）を見つけた。それは腐植層と鉱物質

ブリティッシュコロンビア州南部、太平洋沿岸の温帯雨林にある、ダグラスファーのマザーツリー。樹齢100年。付近にはダグラスファー、アメリカツガ、ウエスタンレッドシーダーなどが生え、低木層にはネフロレピス・エクサルタータ［訳注：シダの一種］やハックルベリーが生い茂る。太平洋沿岸北西部の先住民はネフロレピス・エクサルタータの葉を、炉穴を保護するために敷いたり、貯蔵食物を包んだり、床や寝床に敷いたりして利用する。春には地下茎を掘り起こし、焼いて皮を剝いて食べる。ハックルベリーの赤い実は、川魚を釣る餌にしたり、乾燥させ、潰して固形にしたり、搾った果汁を食欲増進や口内洗浄に使ったりした。

ハイダ・グワイのヤコン川沿いに、アメリカツガとトウヒの若木に囲まれて立つベイトウヒのマザーツリー。若木の一部は朽ちていく倒木の上に生え、捕食動物、病原菌、干ばつから護られている。ハイダ族、トリンギット族、ツィムシアン族その他西海岸の先住民族は、トウヒの根から水を通さない帽子や籠をつくり、内樹皮をそのまま食べたり、乾かしたものをベリー類と一緒に食べたりする。生の若い葉はビタミンCを豊富に含む。

柄の根元から白い菌糸体が伸びるヌメリイグチ属のキノコ（*Suillus lakei*）。森の地下に広がって付近の木々を結ぶ菌糸から生えた子実体である。木は光合成によって生成した糖を菌類に提供し、お返しに、菌類が土壌から集めた養分を受け取る。

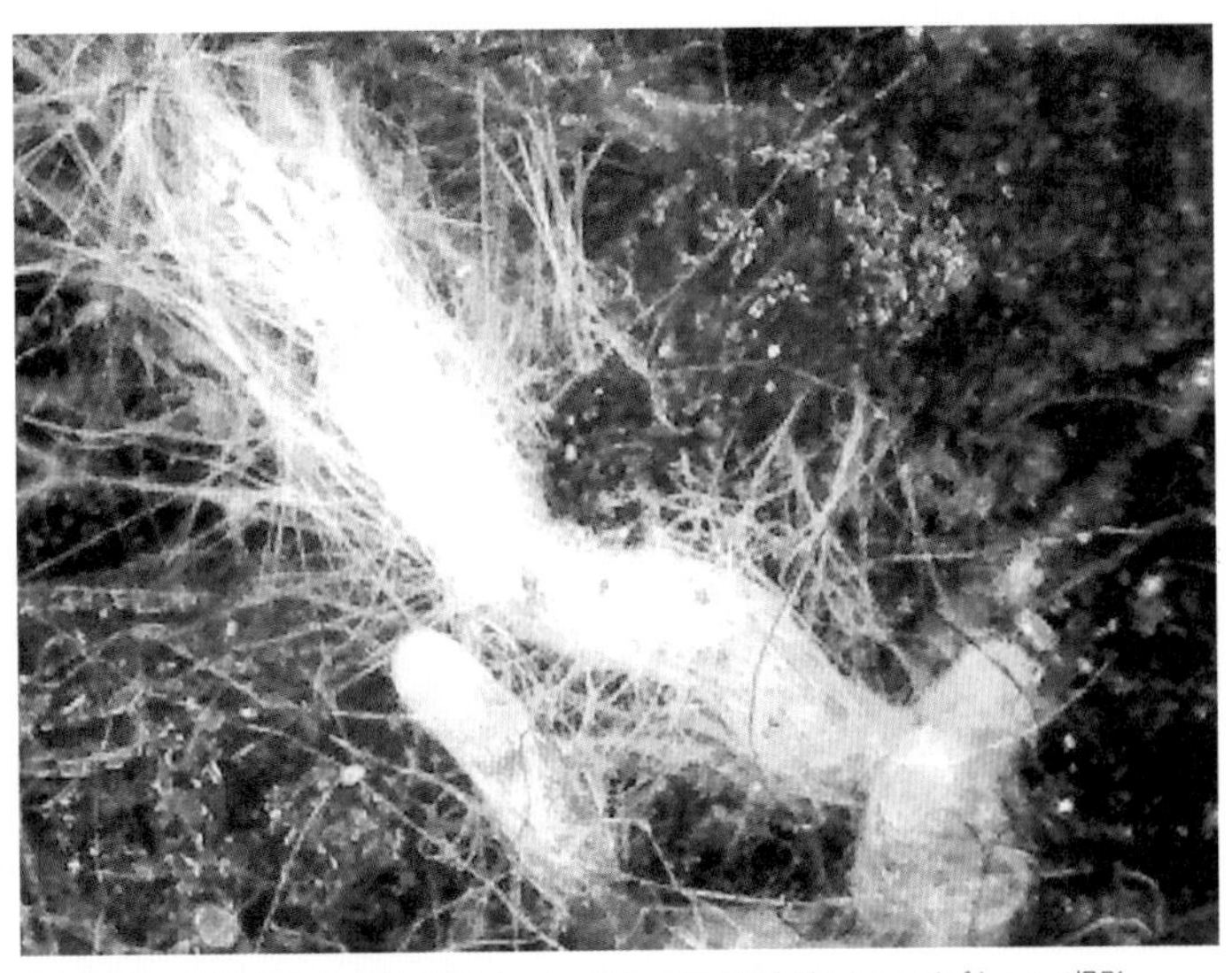

外生菌根菌の先端から伸びる無数の菌糸体。オークリッジ国立研究所のミニライゾトロンで撮影。

クロクマの母グマと２匹の子グマ

ハクトウワシ

ウエスタンレッドシーダー

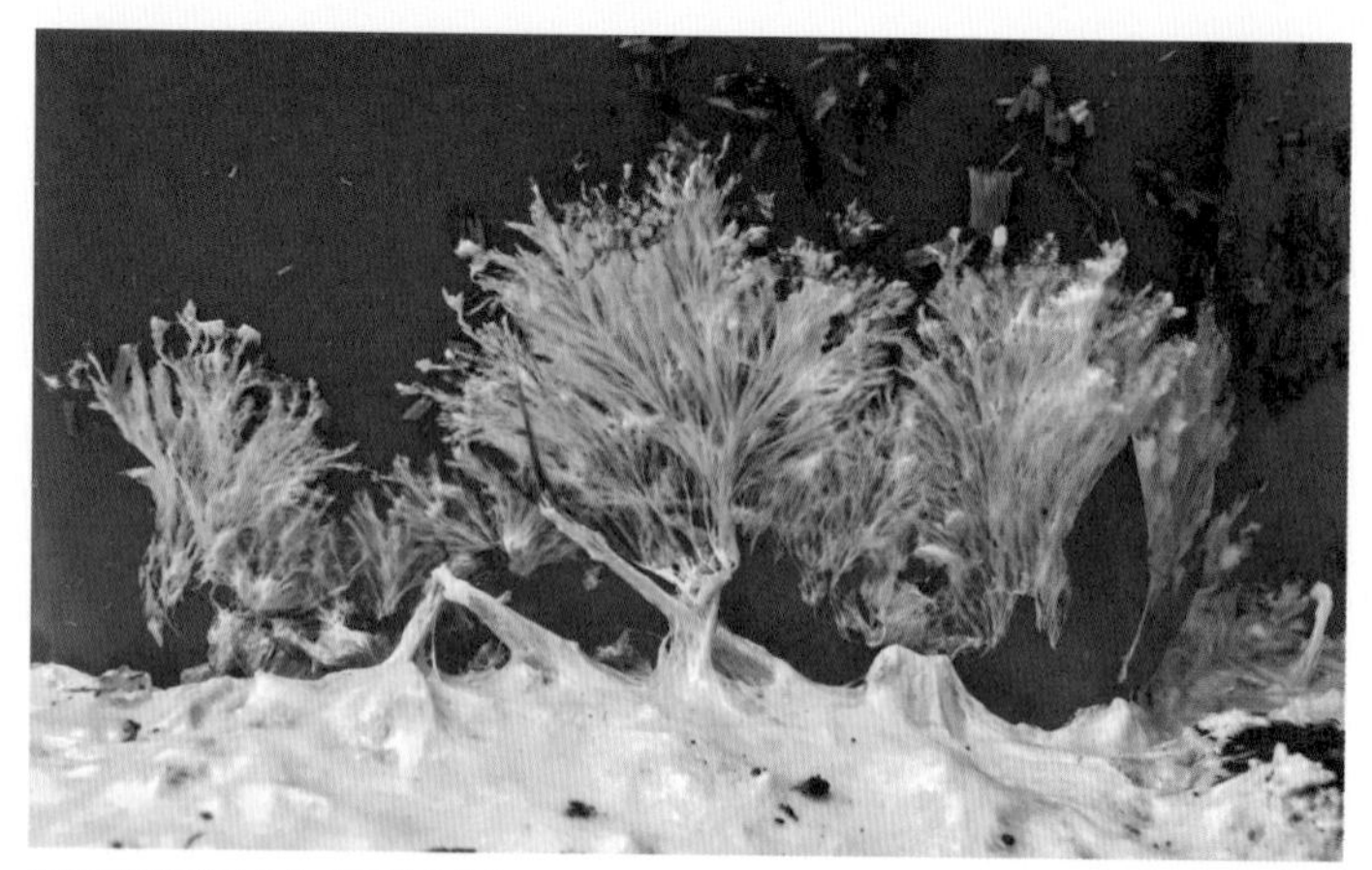
外生菌根菌の塊から伸びる根状菌糸束

土壌断面の上層部に広がる外生菌根菌のネットワーク

ブリティッシュコロンビア州バンクーバーのスタンレーパークにある、ウエスタンレッドシーダーのマザーツリー。樹齢 1000 年。縦に残っている傷跡は、先住民が伝統的な手法で樹皮を剝ぎ取ったことによるもので、このような木は「文化的に改変された木（CMT）」と呼ばれる。

ウエスタンレッドシーダーのマザーツリーを背にする著者

土壌のちょうど中間にあり、有機質の塊を削り落とすと、顎ひげのような黒い菌糸がその一端から木の根につながっていた。別のふっくらした菌糸を反対の方向に辿ると、白くて半透明のエゾノチチコグサの花みたいに見えるひとかたまりの根端があった。ハナのお絵描きセットから借りてきた、毛が細くてやわらかいブラシは、根端をきれいに掃除するのにぴったりだった。とりわけ目立っている根端があって、私は、服の裾のほつれた糸を引くようにそっとそれを引っ張ってみた。すると、手の長さくらい離れたところにある幼樹がかすかに揺れた。私は古い木と、もう一度、今度はもっと強く引っ張ると、幼樹は抵抗するように背を反らせた。私は古い木と、それからその陰にある小さな幼樹を見た。ショウロが古い木と幼樹をつないでいたのだ。

近くの大きな枝が揺れ、黄色い蝶がヒラヒラと草原を飛んでいった。風向きが変わった。木立ちを縁取る草むらに目をやると、葉が揺れている。私は、クマやコヨーテや鳥たちがたむろする森の辺縁に目を凝らしたが、何かが動く気配はなかった。

古木から、さっきとは別の根を辿ると、もう一つショウロが見つかった。そしてもう一つ。私はそれぞれを鼻に近づけて、胞子と子実体と生命の誕生の、ちょっとカビ臭い土の香りを吸い込んだ。ショウロのそれぞれから伸びている黒いもじゃもじゃのひげみたいな菌糸を辿ると、さまざまな樹齢の若木、そして小さな幼樹の根につながっていた。こうして一つずつ掘り起こすたびに、ネットワークの枠組みが少しずつ姿を現した――この古い木は、周りに生えている次世代の若木のすべてとつながっていた。後日、もう一人の大学院生ケヴィンがあらためてこの場所に戻り、ほぼすべてのショウロと木のDNAを解析した。その結果、ほとんどの木がショウロの菌糸体によってつながり、一帯でいちばん古くて大きな木は、近くに生えている若い木のほぼすべてとつながっていることがわかった。あるものは47本の木とつながっており、そのなかには20メートル離れている木もあった。木は隣の木々とつながり、森全体がつながっていることがわかったのだ——ショウロだけで。私たちは2010年にこの研究結果を発表し、その後さらに2つの、より詳細な論文を発表した。もしも私たちに、ショウロ以外の60種類の菌類がどうやってダグラスファー同士をつないでいるかをマッピングすることができたなら、そこにはもっとずっと厚みのある模様と、深く重なり合うレイヤーがあり、さらに複雑に縫い合わされた織物が浮かび上がっただろう。言うまでもなく、草や低木をつなぐ独立したネットワークを構築している可能性のあるアーバスキュラー菌根菌がその地図に割って入れば、さらに新たな要素が加わっただろう。さらに、エリコイド菌根菌はハックルベリーだけをそのネットワークでつなぎ、ラン菌根も独自のネットワークをつくっているのである。

湿った倒木に寄りかかるようにして、リスが集めた種が積まれていたので、私は前年の球果が残ってはいないかと樹冠を見上げた。ダグラスファーは散発的に、数年ごとの気候の変化に同調して球果をつける。種子は夏のあいだに、開いた球果から風や重力で地面に落ちたり、リスや鳥に運ばれたりして撒き散らされ、ミネラルや炭や一部分解された林床の堆積物からなる、温かな地面の上で発芽する。いろいろな種が交ざった床土が火事で焼けたところはとりわけ、発芽するのに都合がいい。

枝のあいだから、鷹が頭上を旋回するのが見えた。森に独りでいることはめったになく、私はちょっと不安になった。でもそよ風の心地よさに安心して、私は作業を続けた。スイスアーミーナイフのいちばん細い先端を使って、米粒ほどの大きさしかない実生を掘り起こす。露出した茎の根元を引っ張ると、古い腐植土のなかから幼根の1本がするりと抜け出た。それはまるで陶磁器の破片のようで、私は、三輪車から落ちて父に抱きかかえられたロビンの、ギザギザの切り傷から覗いていた真っ白な脛骨を思い出した。この勇敢な根っこは、成長中の骨と同じくらい脆弱で、地中の鉱物粒子のなかに隠れてその長い菌糸で巨木の根とつながっている、菌類ネットワークに生化学的シグナルを送ることで生き残る。するると、古木と共生する菌糸体は枝のように広がってそのシグナルに応答し、生えたばかりの実生の根をうまく操って、やがて完全に古木の菌類ネットワークと結合できるように、やわらかな根を杉綾模様のように成長させるのである。

しゃがんだまま、私は拡大鏡で幼根を観察し、泥がこびりついた爪でその小さな根を2つに割ろうとした。もしかしたらお見合いに成功し、皮層細胞を包み込んでいる菌糸体があるかもしれないと思ったのだ。だが私の爪の不器用なこと！　私は身体の向きを変えて太陽の光が手のひらに当たるようにし、細胞と細胞のあいだに何か見えはしないかと、裂かれた根を懸命に観察した。菌類は、根との共生を始める際に根細胞を包み込んで、ハルティッヒネットと呼ばれる格子状のものをつくる。それはミツロウのような色だったり、海水やバラの花びらのような色だったりする。菌類は、古木が持っている巨大な菌糸体から得た栄養分を、このハルティッヒネットを通して苗木に届ける。すると苗木はそのお返しに、ほんのわずかだけれど大切な、光合成炭素を菌類に提供するのだ。

　この小さな実生の根は、私が根こそぎ引き抜くまで、そこにいい具合に育っていた。生命力に富む古い木々は、炭素と窒素の小包みを、水を媒介して発芽した胚芽に送り、生えつつある幼根と子葉（最初に生える葉）にエネルギーと窒素と水を提供するのだ。それによって失われるものなど古木にとってはなんでもない――彼らにはたっぷり蓄えがあるのだから。木々は、古い世代と若い世代がゆっくりだけれども途切れることなく分かち合い、試練に耐え、生き続けるとはどういうことかを物語っている。私の娘たちのたしかな存在が私を安定させてくれたのと同じように。こうしてひととき離ればなれで暮らすのにも耐えられる強さが私にはある、と私は自分に言い聞かせた。それにあと1年経てば長期有給休暇がもらえる。そうしたらまた娘たちのお弁当をつくってやれるのだ――焼いた手羽元やキュウリのスライスやスマイルの形にカットしたオレンジを詰めて。ゴーカートのつくり方や花の植え方も教えてやれるし、ナヴァと私はまた一緒に本を読める――交代で、子ブタのマーシーの絵本のページをめくりながら。でも、そのうっとりするような1年がやって来るまでは、私は毎週末に山を越えて2人の暮らしを吸収しに帰るのだ。タイムラプス撮影の母親業だ。

新しく発芽した種子の幼根にハルティッヒネットがしっかりとつくられ、子葉による光合成の微々たる量を補うために古い木々が養分を送り込むようになると、菌類は新しい菌糸を伸ばして土壌中の水と養分を探すことが可能になる。実生の小さな幹の先にもっと葉がつけば、自分で光合成した糖を菌糸に与えられるようになり、菌類はさらに遠くの土壌の隙間まで伸びていく。こうしてしっかりした基盤ができ、株の取引みたいに物事が円滑に進み始めると、成長中の根は、まるで菌糸のジャケットを着たみたいに根を包みこむ菌鞘に養分を分け与えることができるようになり、そこからさらに新しい菌糸が土のなかに伸びるのだ。

ブリティッシュコロンビア州ネルソンの近くでハックルベリーを摘むハナ（右、8歳）とケリー・ローズ（10歳）。2006年。トウヒと亜高山モミがうまく再生している森。切り株の高さと焦げ跡からは、この森が冬に伐採され、倒木などの残骸が燃やされたことがわかる。

菌鞘が厚ければ厚いほど、そして根が栄養を提供できる菌糸の数が多ければ多いほど、菌糸はより広範囲にわたって土壌鉱物を包み込み、土粒子からより多くの養分を手に入れてそれを木の根に送り返すことができる。根が菌類を成長させ、菌類が根を成長させ、再び根が菌類を成長させる——こうしてパートナーたちが正のフィードバックを繰り返すことで木が生まれ、1立方フィート［訳注：1辺の長さが約30センチの立方体］の土壌中に160キロメートル分の菌糸がぎっしりと詰め込まれるのである。動脈や静脈や毛細血管からなる人間の心臓血管系のような生命体。引き抜いた小さな木の芽の2つを髪に巻き込んで、私はさらに斜面を上に向かった。

パキッ、と何かが折れる音がした。

私はクマよけスプレーをベルトのホルスターから取り出して、サスカトゥーンベリーの茂みの方角を見つめながらオレンジ色の安全弁に指をかけた。サラサラと葉が音を立てる枝を手前に引いた私は安堵のため息をついた。そこにあったのは、クマの毛皮みたいに真っ黒に焼け焦げた切り株だった。ああやれやれ、と私は思った——朝早くから運転して疲れていたんだわ。

厚い樹皮を持つ年長の木の枝の下をくぐり、あちらこちらに若い木が生えている下草の多い森の間隙を抜け、ひょろっとした若木の茂みをかき分けるようにして、私は木々のあいだを歩き続けた。私の頭のなかを、大学院生が集めたデータが加算器の数字みたいに駆け巡った。ここにある若い木々は、古い木の陰でその巨大な菌糸体につながり、自分で栄養をつくるのに十分な葉と根が育つまでのあいだ、そこから養分を受け取ることで生命のスタートを切ったのだ。私が指導教員をしていた別の大学院生フランソワが、成熟したダグラスファーの周りに植え、古木の菌類ネットワークにつながれるようにした種は、それぞれ袋に入れて別々に育てられ、土壌孔隙から水分しか受け取れないようにした種と比べて、生存率が高かった。

　この森の若い木々は、年長の木々のネットワークのなかで成長しているのだ。

　私は切り株に腰掛けてたっぷりと水を飲み、屋根釘ほどの大きさしかない実生がかたまって生えているのに気づいた。地下に広がるネットワークは、なぜ苗木が何年も、ときには何十年も日陰で生き続けられるのかを説明してくれる。こうした原生林が自己再生できるのは、親が子どもの自立を助けているからなのだ。そうしていずれは若い木々が森でいちばん高い木となり、養分の補充が必要な木を助けるようになるのである。

　太陽は頭の真上にあり、私はブラックベリー端末で時間を確認した。ネルソンまではまだあと４７６キロある。夜中の12時までに家に着くためには、ここを4時には出なければならない。私がこのおしゃれな端末を買ったのはジーンに勧められたからだった――ジーンはそれにブルーベリーというニックネームをつけた――が、おかげで私の生活は一変した。車で移動している時間が長くなったので、それはどうしても必要だったのだ。私はE

メールをチェックした。申請した研究費のうちの一つは却下されたが、乾燥した内陸のダグラスファーの森を皆伐することが菌根ネットワークの全体性にどのような影響を与えるかを調べるための研究費は承認されていた。やった！と私は思った。研究内容の言い回しや予算を何週間も考えた努力が報われたのだ。私はこの小さな機械にすっかり感心していた――インターネットが私と世界をしっかりつなげてくれることに。

この森もまた、インターネットのようなものだった――ワールド・ワイド・ウェブ。ただし、コンピューターがケーブルや電波でつながっているのとは違い、森の木々をつないでいるのは菌根菌なのだ。森はまるで、中心点の周りをサテライトが囲むシステムのようだった。古い大きな木がいちばん大きなコミュニケーションのハブ、小さな木はそれほど忙しくないノードであり、それらが菌類によってつながってメッセージをやり取りしているのである。1997年に私の論文が『ネイチャー』誌に掲載されたとき、同誌はそれを「ウッド・ワイド・ウェブ」と呼んだが、それは私が想像したよりもはるかに先見性のある表現だったのだ。当時私にわかっていたのは、アメリカシラカバとダグラスファーが単純な菌根のネットワークを通じて炭素をやり取りしているということだけだった。ところがこの森は、もっと豊かな物語を私に見せてくれていた。古い木と若い木はハブとノードで、菌根菌によって複雑なパターンで相互につながり合い、それが森全体を再生させる力となっていたのである。

朽ちた木に開いた穴から群れ飛んできたカリバチに刺された私は、防弾チョッキみたいに重いクルーザーベストを着たまま、エスカレーターみたいに急な斜面を駆け上り、頂上でドサッと腰を下ろして、刺されたところに水筒を押しつけた。丘の頂上では、古くて大きな木と木の間隔はもっと空いていて、若い木の数も少なくまばらだった。水が足りないのだ。シンブルベリーやハックルベリーの姿もなく、代わりにあるのは束になったパイングラスの長い葉や、絹のようなルピナスの花、それにところどころに生えているムクロジの茂みだった。ルピナスとムクロジは窒素を固定する植物で、この成長の遅い木立ちに窒素を提供していた。南向きの斜面は乾燥してはいたけれど植物のコミュニティは無傷で、私が車を停めたあたりで見かけたような侵入雑草も見当たらなかった。その森は乾燥したグレートベースンの北端にあったが、それより南は木が育つには乾燥しすぎていて、もともとはバンチグラスの育つ草原だった。ところが、こうした草原はあとから入ってきた雑草に侵害され、その場合、菌根のネットワークはもともとからある草の生命力を奪うのだった。たとえば、畜牛が拡散したヤグルマギクは、草の蘖（ひこばえ）の菌根を利用してその根からリンを盗む。ヤグルマギクの菌根菌は、アメリカシラカバやダグラスファーの菌根菌のように草が元気に育つのを助けるどころか、人間による家畜の放牧に端を発した植物の衰退に拍車をかけているのだ。ヤグルマギクの菌根菌はおそらく、自生していた草に毒物あるいは感染症を送りつけてとどめを刺すか、あるいはその活力を奪い取って枯渇させることで、もともとあった草原の状態を悪化させる。ボディ・スナッチャー［訳注：人間の体内に侵入して肉体を乗っ取る謎の生き物］が体内に侵入するように。ヨーロッパ人がアメリカを植民地化したように。

私は成長錘を使って、丘の頂上の古い木の数本からコアを採集した。いちばん古い木は302歳、いちばん若いのが227歳。この、最も大きくて古い木々がこの森の長老たちだった。その厚い樹皮は、丘の下のほうの、湿度の高いところの木々よりも、焼け焦げた痕が目立っていた。ここはより気温が高く、乾燥していて、落雷を磁石のように引きつけるからだ。樹齢に大きな幅があるのはそれが理由だった。私はもう一度携帯電話をチェックした。2時。あと1時間したらドーンがハナとナヴァを学校に迎えに行く時間だ。

私は移植ごてで地面を掘った。小川のそばの古い木と同じように、この丘の頂上の木々もまた、ショウロや菌根塊（菌根の一群が菌膜に包まれたもの）、そしてそこから流れ星のように伸びる金色の菌糸に彩られていた。この場所の木や菌類もまた、密接なネットワークでつながっていた。低地の木と比べ、土壌が乾燥し、木にかかるストレスが大きいところのほうがコネクションは密だった。なるほど、それはもっともなことだ！　丘の頂上では、木は菌根により多くのものを与えるのだ――なぜならそのお返しとして、菌からより多くを受け取る必要があるのだから。

私は、高さが少なくとも25メートルはあり、クジラの肋骨のように枝を広げた老木に寄りかかった。北側の樹冠線に沿って実生が三日月状に芽生え、針葉をクモの脚のように広げている。私はそのうちの1本をナイフで掘り起こした。根の先から菌糸が伸び、私はカリバチに刺されたこともすっかり忘れてうっとりした。家に帰ってからもっとよく観察できるように、私は実生とそのやわらかな菌根をノートに挟んだ。でも私にはすでにわかっていたのだ——この小さな実生たちは、古木のネットワークにつながって、夏、いちばん乾燥している時期を乗り越えるのに十分な水分を受け取っているのだということが。私と私の学生たちはすでに、根の深い木々がハイドローリック・リフト［訳注：土壌水分の再配分］によって夜間に水分を地表に近いところに運び、根の浅い植物に分け与えることで、日照りが長く続いても森の全体性が損なわれないようにするということを突き止めていたのである。

そうしたつながりがなければ、8月の暑さのなかで実生は葉が赤くなり、幹の根元の部分が焼けてたちまち枯れてしまい、雪が降るころには跡形もなくなってしまう。こうした新米の木にとって、危機的状況のなかで使える資源がわずかに増えるかどうかが生死を、勝つか負けるかを分けるのだ。だがいったん実生の根と菌根が、土壌粒を水の膜がしっかり覆っている迷路のような土壌孔隙に届けば、実生は成長のギアを一段上げて根を生やす。こうして成長の機会を阻まれず自由に育った根系は、苗床園の発泡スチロールの筒のなかで育てられた太っちょの苗木よりもずっと強靭な回復力を持っている。植林のために苗床園で育てられた苗木は、水分と養分があまりにもたっぷり与えられていて、菌類と共生して土とつながるために十分な根を生やすことができない、いや、その必要がない。太い針葉は熱い8月の太陽の下でたっぷりの水分を必要とするが、根はまるで檻に閉じ込められたような育ち方をするので、皆伐地の土壌が乾いてひび割れても、年長の木に助けを求めることができないのである。

私は木の北側の、実生が三日月状に生えているところから古木に戻った。その樹冠の真下の地面は裸で、草も生えていない。実生は1本もない。樹冠は葉がものすごく密生しているため、雨と日光をほとんど遮ってしまうし、根がものすごく太いのでほとんどの養分と水分を吸い上げてしまうのだ。だがあとになってフランソワは、樹冠の端の、いちばん外側まで広がった枝の先から雨水が滴り落ちるライン、すなわち樹冠線に沿って、ドーナツ状のスイートスポットがあり、そこでは元気に育つ実生があるということを発見した。古い木に養分を奪われて餓死しない程度に古木からは距離があり、遠すぎてあいだにある草原の草に必要な養分を奪われることもない位置だ。

私は樹冠の反対側の端——南向きの、太陽が照りつけるところ——にかがみ込んで、がれ場に続く下り斜面を眺めた。そこはあまりにも暑くて乾いていて、菌根のネットワークにさえ、実生が熱にやられてしまうのを救うことはできなかった。たとえば砂漠のような極度に過酷な環境では、さすがの菌類といえども木を生かすことができない場合もあるのだ。1本の古い倒木が、いまにも割れた岩の上を滑り落ちそうな角度で横たわり、最近露出したばかりの心材と、白い菌類を列になって運んでいる甲虫や蟻が見えた。爪痕があった。クマだ、と私は思った。少なくとも数日前についたものだ。倒木の北側の、その長さに沿ってわずかな日陰があるところにダグラスファーの実生が並んで生え、その列が林床まで届いていた。日陰であることによるわずかな利点は、失われる水分が若干少なく、土壌粒を包む水の膜がほんの少しだけ厚いということで、その差が苗木の生死を分けるのである。扇状に広がった白い菌糸体は、古い木とつながって木部の湿度を保っているのだろうか、と私は考えた。これらの苗木が枯れていないのは唯一、菌類がどこかから水を運んでいるからだろうと思ったのだ。

皮膚が焼けるようだったので、私は日陰に戻ってカリバチに刺されたところをチェックした。重曹で湿布をつくる方法を娘たちに教えなければ。私は腰を下ろし、三日月状に生えた実生に菌根ネットワークを通じて養分を送っている古木に寄りかかった。実生の葉が午後の空気のなかでふるふると震えた。

古木は森の母親だ。

これらのハブはマザーツリーなのだ。

いや、ダグラスファーはそれぞれが、雄である花粉錐と雌である種子錐の両方をつくるのだから、マザーツリーでありファーザーツリーでもある。

でも……私にはそれは母親であるように感じられたのだ。若者の面倒を見る年長者。そう、マザーツリーだ。マザーツリーが森を一つにつないでいるのだ。

中心にあるマザーツリーを実生や若木が囲み、さまざまな色や重さを持つさまざまな種類の菌糸がそれらを幾重にもつなぎ、強靱で複雑なネットワークを形成している。私はノートと鉛筆を取り出して、地図を描いた――マザーツリー、若木、幼木。そしてそのあいだを線でつないだ。そのスケッチから、ニューラルネットワークのように見える図が浮かび上がった――人間の脳のニューロンのように、なかにはほかよりも多くのものと結ばれているノードがある。

なんということだろう。

もしも菌根ネットワークがニューラルネットワークを模しているとしたら、木々のあいだを移動している分子は神経伝達物質だ。木から木へと伝わる信号は、ニューロン間を伝わる電気化学信号――それによって私たちは思考したり意思を伝達したりできるのだが――と同じくらい鮮明なものなのかもしれない。私たちが自分の考えや気分を認識するように、木が周囲の木々を認識しているなどということがあり得るだろうか？　しかも、会話する2人の人間と同じように、木と木のあいだの相互作用が2本を取り巻く環境に影響を与えるなどということが？　木は人間と同じくらいの素早さで周囲を認識できるのだろうか？　人間がするのと同じように、伝達し合う信号に基づいて絶えず状況を判断し、調整し、制御することが可能なのだろうか？　ドーンが「スージー」と言うときの抑揚と表情を見れば、どういう意味でそれを言っているかが私にはわかるように、もしかすると木々は、同じくらい繊細に、相手に同調しながら互いに関係し合っているのかもしれない。私たちの脳のニューロンと同様の正確さで。この世界を理解するために。私は、炭素同位体を使って行った実験の結果に基づいて簡単な計算をした。転送される炭素と窒素の量を比較すると、その比率は、グルタミン酸塩というアミノ酸の分子に含まれるそれぞれの量の比率に驚くほど似ていることに私は気づいた。私たちの実験では、グルタミン酸塩が運ぶ炭素と窒素を計測したわけではなかったが、ほかの研究者によって、アミノ酸そのものが菌根ネットワークのなかを移動することは実証されていた。

私はブラックベリー端末で急いで検索した。グルタミン酸塩は人間の脳内で最も豊富な神経伝達物質で、ほかの神経伝達物質がつくられる土台になる。その量は、含まれる窒素に対する炭素の比率がわずかに高いセロトニン以上に多いのだ。

隣の小丘の周りを鷹が旋回した――さらに2羽が加わって、ところどころにがれ場のある森にその影を落とす。菌根ネットワークは実際のところ、私たちのニューラルネットワークとどれくらい似ているのだろう？　たしかに、ネットワークの形状や、そのネットワークを通じてノードからノードに微分子が送られるという点は似ているかもしれない。だがシナプスはどうだろう――ニューラルネットワークにおいて信号が伝達されるには、シナプスがあることが必須であるはずだ。そして、木にとってもまた、近隣の木にストレスがかかっているか健康かを検知するためにはシナプスが重要なのではないだろうか。人間の脳内で、神経伝達物質がシナプス間隙を越えて一つのニューロンから別のニューロンに信号を伝えるのと同じように、もしかすると菌根の内部でも、菌類の皮膚と植物の皮膜が接合するシナプスを越えて信号が拡散されているのかもしれない。

菌根ネットワークのなかでも、私たちの脳で起こっているのと同じように、情報がシナプスを越えて送られているのだろうか？　アミノ酸、水、ホルモン、防御シグナル、他感物質（毒）、その他の代謝産物が、菌類の皮膜と植物の皮膜のあいだにあるシナプスを越えるということはすでにわかっていた。ほかの木から菌根ネットワークを通ってやって来る分子はみな、同じくシナプスを通って送られるのかもしれない。

私はいいところに気づいたのかもしれなかった。ニューラルネットワークと菌根ネットワークは共に、シナプスを通過させて情報分子を送るのだ。分子は単に隣り合う植物細胞の隔壁やびっしり並んだ真菌細胞の隔壁孔を通って伝わるだけでなく、異なった植物の根や異なった菌根の先端にあるシナプスを越えても伝わるのである。シナプスに化学物質が放出されると、その情報は、電気化学的なソース・シンク勾配に沿って、人間の神経系のメカニズムに似た形で菌類の根の先端から先端へと運ばれるに違いない。菌根ネットワークのなかでは、人間のニューラルネットワークで起こっているのと同じ基本的なプロセスが起こっているように私には思われた――私たちが、問題を解決したり、重要な決断をしたり、人との関係を調整したりするときに閃きをくれるあのプロセスが。もしかするとどちらのネットワークからも、つながりとコミュニケーションと結束が生まれるのかもしれない。

植物が、神経系に似た生理機能を使って周囲の環境を認識するということは、すでに広く認められた事実だった。植物の葉、茎、根は、周りの状況を感知し理解して、それに合わせて自らの生理機能——成長率、養分を集める能力、光合成速度、水分の蒸散を防ぐための気孔閉鎖など——を変化させる。そして菌糸もまた、周囲の環境を認識し、自らの構造や生理機能を変化させるのだ。親と子、娘たちとドーンと私が変化に順応して新しいやり方を覚え、試練に耐える方法を見つけ出すように。今夜はわが家だ。母親として。

ラテン語の動詞 intelligere は、理解する、気づく、という意味だ。

インテリジェンス。知性。

菌根ネットワークには、知性と呼べるものの特徴があるのかもしれない。

森のニューラルネットワークのハブにはマザーツリーがあり、もっと小さい木々にとっての中心的な役割を果たしていた——ハナとナヴァの幸福にとって私がそうであるように。

ずいぶん時間が経ったので私は立ち上がった。寄りかかっていた温かな木から離れたくはなかったけれど、でも私は息苦しいほどに高揚し、この思いつきにすっかり興奮していた。私はマザーツリーを家族のように感じ、マザーツリーが私を受け入れ、こうした洞察

マザーツリー（ダグラスファー）

を与えてくれたことに感謝した。私は森から大きな運搬道路に出る小道があるのを思い出して小丘の頂上まで行き、ほぼそちらの方角に向かっている、シカが踏み敷いたトレイルを歩いた。頑丈なショウロの菌糸と、繊細なウィルコキシナの扇状に広がる細い菌糸、そして、この森に棲む何百種類もの菌類は、獲得し、輸送し、伝達する独特の構造と能力を持っていた。その長い菌糸は大切なものを探し出し、巻きひげのような指をそれに巻きつける。化学伝達物質は、このような菌類の幹線道路をはじめとするさまざまな経路を通って伝わるに違いない——富めるものと貧しいもののあいだにある、ソース・シンク勾配に従って。

私が歩いているトレイルは別のトレイルと合流した。ほつれた糸がロープに組み込まれるように。菌根ネットワークが複雑な構造をしていることは知っていた——幹線道路みたいな太い菌糸の束の周りに、細い道路みたいな微細な菌糸が網のように広がっている。太い菌糸自体も、たくさんの菌糸が撚り合わさり、その外側に皮膜が形成されたものだ。化学伝達物質は、パイプラインを水が流れるようにこうした菌糸のなかを通って伝わるのである。

トレイルが広くなり、さらに何度か方向を変えると、細い小道が前方に見えてくる。ショウロのような菌類がつくる太いパイプラインは長距離間の情報伝達に向いているし、ウィルコキシナのような菌類の扇状に広がる細い菌糸は迅速な反応が得意なはずだ。化学物質を素早く転送して、迅速な成長と変化を引き起こすことができるのだ。ウィニーおばあちゃんがアルツハイマー病と診断されたとき、私は人間の脳の可塑性を高くしたり低くしたりする原因について読んだことがあった。もしかすると、長距離を結ぶショウロは、私たちの脳内で、反復し、不要なものを排除し、退行することから生まれ、長期記憶をつくる脳細胞同士の強いつながりに似ているのかもしれない。そしてそれよりも細く、成長が速くて豊富なウィルコキシナの菌糸は、新しい環境に菌根ネットワークが順応するのを助けるのかもしれない。それは人間が新しい状況に対して柔軟に反応できる能力にも似ていた——おばあちゃんが失いつつあった能力に。

ウィニーおばあちゃんはまだ長期記憶はなくしていなかった。服を着なければいけない、ということはわかるのだが、暑くなったらシャツを何枚着たらいいのか、ブラジャーのホックは前で留めるのか後ろで留めるのかが思い出せないのだ。ショウロの菌糸が、養分が溶け込んだ水を遠くまで運ぶのと同じように、服を着る、というおばあちゃんの記憶は、生まれてからずっと使われてきた脳の経路によるものだからだ。でも、素早く状況に適応する能力や短期記憶は、シナプスが失われるとともに低下していた――まるで、ウィルコキシナが木のためにつくる菌糸にあたる脳内のコネクションが失われていくように。

マザーツリーから伸びる太くて複雑な菌糸は、次の世代の実生に大量の養分を効率よく転送できるに違いない。一方、細くて広範囲に広がる菌糸はきっと、芽生えたばかりの実生が、差し迫った緊急のニーズ――たとえばことのほか暑い日にどうやって水分の供給源を見つけるか――に対応できるよう調整を助けるのだ。それは、波打つような、積極的かつ順応性の高いやり方で成長中の若木に必要なものを与える、いわば流動的知性なのである。

新たに承認された研究は、複雑な菌根ネットワークが皆伐によってバラバラになってしまうことをやがて明らかにした。マザーツリーがなくなった森からはその尊厳が失われてしまうのだ。それでも数年経つと、森はゆっくりと新たなネットワークを組織し始める。ただしマザーツリーの牽引力がないので、新しい森のネットワークは以前と同じにはならない。皆伐と気候変動がこれだけ広がってしまってはなおのことだ。木に蓄えられている炭素、また土壌と菌糸と木の根に蓄えられている残り半分の炭素は、気化して大気中に放出され、気候変動に拍車を掛けるかもしれない。するとどうなるのか?

それは、私たちが生きるうえで何よりも重要な問いではないのか?

私は1本の巨大な木に辿り着いた。城壁のような木。幹に劣らぬ太さの枝が地面近くまで伸びている。それは周囲の木々よりも格段に大きく、古かった。すべてのマザーツリーの母親であるかのように。森林監督官はこういう木を「ウルフツリー」と呼ぶ——ほかの木よりもずば抜けて古く、大きく、樹冠が大きく広がった木である。災害を独り生き残ってきた木。何百年ものあいだ、ほかの木々が次々と屈していった森林火災を、彼女は生き抜いたのだ。私はたくさんの幼木をかき分けるようにしてその木の枝の広がりの端まで近づき、球果を一つ拾い上げた。おそらくはリスが齧ったのだろう、苞鱗は白い胞子まみれだった。この木は、ヨーロッパ人が上陸するはるか以前、この土地にセクウェップム族の人々が暮らしていたころに生まれた。当時先住民族の人々は、狩りの獲物の棲みかをつくったり、貴重な自生植物の成長を促したり、あるいは近隣部族との物資の交換に使う道をつくるために定期的に森を燃やしたが、燃えるものが多すぎないように留意したため、炎が強すぎてこの木の厚い樹皮が完全に燃えてしまうことはなかった。この木のコアを採集すれば、年輪は20年かそこらの間隔で炭化し、シマウマの模様みたいになっているに違いなかった。私はその木の耐久力に、何百年という年月をかけてつくり上げてきたそのリズムに感嘆した。好きでそうしたのでも、ぜいたくでもなく、ただ生き残るために。樹皮に反射する日の光が眩しかった。日が沈もうとしていた。

なんとすばらしいのだろう。

私はトレイルに戻り、マザーツリーについての考察をできるだけ早く論文にしようと自分に言い聞かせながら、小道に出る前の最後のカーブを曲がった。

道端の、ほんの2メートルしか離れていないところに、クマのぬいぐるみくらいの大きさの子グマが2頭、紫色のヒエンソウとピンク色のホテイランのあいだからこちらを覗いていた。1頭は茶色、もう1頭は黒で、おとなしく私を見つめている。その後ろに、黒い毛皮の母グマがいた。母グマが唸り声を上げ、3頭はハックルベリーとアメリカシラカバの

わが家のフォルクスワーゲンのワゴン車で移動中に仕事をする著者、47歳

茂みのなかへと走っていった——呆然としている私に触れもせず、私一人を残して。

私は急いで小道に出ると、広い運搬道路まで走った——彼らは今日一日ずっと私のそばにいたのだろうか、と考えながら。

モナシー山脈を越える私はヘアピンカーブをノロノロと走った。日が暮れかけていた。前の車のテールライトが大きく揺れた。

脚だ。私のトラックと同じくらい背の高い脚。ヘラジカだ。

疲労のせいで私の反射神経は鈍くなっていたが、私はハンドルを大きく左に切り、それから速度を落とした。ヘラジカとすれ違いざまに、私はフロントガラス越しにヘラジカの目を真正面から覗き込んだ。そしてヘラジカは暗闇に消えた。歳を重ねたその目は何もかもお見通しだった。こんな生活を私が続けられっこないことも。

ネルソンの家に着いたのは午前2時だった。私はまるで小型トラックに轢かれたみたいにクタクタだった。ハナの部屋に忍び込んでおでこにキスすると、ハナは少しだけ身体を動かした。私はナヴァのベッドに潜り込んだ。バンクーバーから持ってきたナヴァのベッドは、2人で寝るには窮屈だった。両手でナヴァの手を包み込むと、その指は間違いなく先週より長くなっている気がした。ナヴァは私の手を握り返した。

思ったとおり私にひと息つかせてくれた2008年の長期有給休暇中に、私はマザーツリーという概念についての論文を2本発表した。だが秋学期には職場に戻り、再び片道9時間の通勤が始まった。娘たちは学校に行き、ダンスをし、ドーンは2人の面倒を見たりスキーに行ったり、ときどきコンピューターによるモデリングの仕事を見つけた。私はますます疲弊し、ドーンと私の喧嘩の回数は増えていった。

私の研究室は忙しく、私は研究費の獲得に奔走し、論文を書いた。自由生育という政策の問題について引き続き取り組み、授業でも取り上げ、2010年には、自由生育環境にあるロッジポールパインの人工林が気候温暖化によって危機にさらされていることを示す論文を2本書いた。ジーンがデータ集めを手伝ってくれ、ドーンがそれを分析した結果、ブリティッシュコロンビア州のロッジポールパインの半数以上が、虫や病気、その他干ばつストレスなどの問題によって枯れかけていることがわかったのだ。4分の1を上回る人工林が、期待される供給量を満たせない状況だった。

ロッジポールパインについての論文をとある州政府のカンファレンスで発表してまもない2010年8月末、恒例の調査合宿から車で家に向かう途中、ガソリンスタンドに立ち寄ってアイフォンをチェックすると、森林局の幹部からメッセージが入っていた。そこには、50種類の有害物質の一つであるこぶ病菌による感染を計測するために私たちが使った方法が時代遅れだと書かれていた。こぶ病菌による枝の感染は、幹から4センチではなく2センチ以内に起こらなければ致命的とは見なされなくなったのだという。4センチ離れていれば問題はなく、2センチなら問題だということが突如わかった、というのはなんとも奇妙だった。彼らはそれを、私たちが論文を発表した途端に発見したのである。だが、ほかの研究者による独自の調査が、ロッジポールパインの人工林の大部分は健全な状態にないということを裏づけていた。でもいちばん腹が立ったのは、むかしから評判が高く、私も尊敬していたし私たちのサンプルの選び方を承認してくれた政府の統計学者からのEメールで、私たちの調査は再現回数が不十分だというものだった。

バンクーバーとネルソンのあいだの山間部を行き来し、甲虫が木を枯らした皆伐地が疥癬のように広がっていくのを目撃しながら、政府の林業政策に対する私の怒りは激しくなっていった。私はノーザン・ブリティッシュ・コロンビア大学の研究仲間であるキャシー・ルイス博士とともに、「バンクーバー・サン」紙に「われわれの森を護るために新しい政策が必要とされている」と題した論説を書いた。私たちは延々と広がる皆伐地にハイライトを当て、それがどのように「地勢の複雑性を低減させ、水の循環過程、炭素フラックス［訳注：大気、海洋、森林など、炭素を貯蔵する各炭素プール間の炭素の移動量のこと］、生物種の移動といった広範な生態学的過程に影響を与えるか」について述べた。1種類のみの木が植樹された若い単純森が、虫や病気や非生物的環境要因によって衰退していることにも触れ、気候変動によってそれはさらに悪化するだろうとも書いた。森林科学に与えられる予算が大幅に削減されたことで、ブリティッシュコロンビア州には、森林の実態を把握して適切な対応を取る能力がなくなっていた。記事の最後は、ブリティッシュコロンビア州の環境と経済を復活させるための政策変更を求める呼びかけで締めくくった。そしてもう1本、この問題を解決する方法を提案する論説も書いた。

1本目の論説が掲載された朝、私は家にいて、州都からの批判を想像しながらリビングルームを行ったり来たりしていた。疲れてはいたが、私はやる気満々だった。その日一日、100人におよぶ林業従事者から新聞の論説に対する賛同意見が寄せられた。そのうちの一人は、「ブリティッシュコロンビア州の不都合な真実を、見事に、正確に描いてくれたキャシーとスザンヌに感謝したい」と言った。私は森林・土地・天然資源管理省に、州の研究費を元どおりにしてくれと嘆願し、数十人の研究仲間の署名を集めた。ブリティッシュコロンビア大学の名誉教授は「すばらしい」と言ってくれたが、署名してくれる教授はほとんどいなかった。

週末、わが家で過ごす私は眠れなかった。車で山を越えていたある日、私の車はシカにぶつかった。別の日には車の発電機が零下20度で機能しなくなり、私は惰力だけで山を下ってかろうじて修理工場に辿り着いた。

ある日曜日の夜遅く、大学に戻るために運転していた私は、バックミラーに映る私の目の下にくっきりとくまができているのを見て、もうこれ以上は無理だ、と思い知った。ドーンの我慢も限界に達していた。私は通勤のストレスに飲み込まれていたし、ドーンは私が諦めようとしないことにますます不満を募らせていた。「パパとママはあなたたちが心の底から大好きよ。でも、パパとママは別れることにしたの」。２０１２年7月20日、14歳と12歳になったハナとナヴァに、私はリビングルームでそう告げた。ドーンの顔は青ざめ、私は低く身をかがめた。壊したくはなかった。呆然として座っているハナと、何が起きているかわからずに姉を見つめているナヴァを護ってやりたかった。

ドーンは背筋をまっすぐにして座り、「楽しいさ。2人とももう一つずつ寝室が持てるんだよ！」と言った。それを聞いたハナの顔が明るくなり、ダブルベッドが欲しいと言った。ナヴァはハナを見て、ソファの上で1、2回身を弾ませた。

母の助けと幸運が重なり、ドーンの家から遠くないところに築１００年の小さな家がちょうど売りに出て、娘たちと私はまもなくそこに引っ越すことができた。私たちはナヴァの部屋をロビンエッグブルー、ハナの部屋をクリーム色、2階にあるナヴァの寝室の小さなバルコニーはライムグリーンに塗って、夜になるとそこに座って湖の向こう側の山並みを眺めた。私は娘たちをしっかり抱きしめてその子どもらしい匂いを吸い込んだ。山の空気が一日を洗い流すそのバルコニーで眠ってしまうこともあった。娘たちを離婚で傷つけたくはなかったが、長い目で見れば、元気な母親と幸福な父親がいるほうが2人のためにはいいことがわかっていた。真夏がやって来るころ、気温の上昇と日照りで森は脆くなり、ブリティッシュコロンビア州全土で森林火災が起きて、煙が谷を覆った。

13 コア・サンプリング

CORE SAMPLING

「時間はたっぷりあるわ。山頂まで行って暗くなるまでに戻ってくるのには十分」。オレゴン州にあるタム・マッカーサー・リムの砂利敷のトレイルを歩き始めながらメアリーが言った。

午後の日が高かった。私はまだ「メアリーとの時間」に慣れていなかった。クリームを入れたコーヒーを飲み、丹念に地図を調べてハイキングの計画を立てる。私は何事も大急ぎでするのに慣れてしまっていたのだ――ほんの短いトレッキングに出かけるにも、娘たちや食べ物やいろいろな荷物を車に積んで。でも今日は、お昼用にメアリーの菜園のトマトとキュウリを摘んでからのゆっくりした出発だった。メアリーはトレイルを隅から隅まで知っていて、お気に入りの景色が見えるところまでどれくらいかかるかも、だからどれくらいスクウォッシュやマメの世話をする時間があるかもわかっていた。

「JITだわ」。午後2時にトレイルの起点に着くと、メアリーはにっこりしながら言った。JITというのはジャスト・イン・タイム（ちょうどいい時間）という意味で、私たちの冒険にはそれがとても大切だった。メアリーは、そこが自分の庭であるかのようにトレイルを闊歩した。擦り切れたブーツの靴紐を補強し、ぼろぼろのファニーパックを腰につけ、麦わら帽子の紐を顎の下で結んだメアリーは、燃えた木のあいだに立っている古いパインの木のように悠然とし、最新式のバックパックを見せびらかしながらすでに下山途中の若いハイカーたちのことは気にも留めなかった。玄武岩でできた山の高台までの高低差は300メートル。風雨にさらされて傷んだ木々の上をハゲワシが飛んでいた。こんなトレイルで、メアリーと2人だけで午後を過ごせるなんて素敵だ――最高だ。メアリーともっと過ごしたかった。私はそっとメアリーの肩に手をかけ、「日没までには峰に着けるね」と言った。

メアリーは、ドーンと私がコーバリスで博士課程を履修していたときの隣人だった。菌根同士のつながりについての論文をあるカンファレンスで発表したときには、数日間メアリーの家に泊めてもらった。夜、私たちはいろいろなことを話した――バックパッキングやカヌー下りのルート、読んだ本、観た映画、ナヴァはもう中学2年生だしハナは高校1

年生であること、メアリーが最後に2人を見たのは2人がまだ幼稚園にいたころであること。オレゴン側のカスケード山脈へ、ホワイトバークパインの森を見に行ったりもした。

私が最近発見したマザーツリーという概念についてあれこれ話すのを聞いたメアリーは、「マザーツリーを見せてもらいたいな」と言った。カリフォルニア州の高地で育ったメアリーは年季の入ったハイカーで、オーストラリアでポスドクを終えたあと、ある企業の物理化学研究開発員としてコーバリスに落ち着いた。私は、菌根ネットワークのなかをどんな化学物質が移動しているかを解明するのを手伝ってもらいたいと言った。彼女はずっと一人暮らしで、インクジェットプリンター用のインクを開発する仕事に没頭していた。同時に、一人の友人の命を奪い、もう一人に怪我をさせ、彼女自身にも重症を負わせた交通事故から回復しているところだった。

「このねばねばしたものは何?」。トレイル沿いにある枯れたロッジポールパインの樹皮についている、黄色いどろっとした塊を指差してメアリーが訊いた。

「アメリカマツノキクイムシが潜り込んだところに松ヤニが出てきてるの」。標高2000メートルの希薄な空気のなかで息切れしながら私は答えた。メアリーの右脚の骨は金属プレートで固定されていて、左脚より2センチ半ほども短かったけれど、私は彼女のペースに追いつくのがやっとだった。私は古くなったチューインガムのように硬い松ヤニをちょっとつまみ取ってメアリーの手のひらに置いた。「この木はこのせいで枯れたの?」

とメアリーが訊いた。ポニーテールからはいく筋か金髪がほつれ、サングラスはバンドで固定されていた。アメリカマツノキクイムシが樹皮に穴を開けて潜り込むと、ロッジポールパインは松ヤニを分泌してキクイムシを追い出そうとするのだけれど、最終的に木が枯れる原因はキクイムシの脚にくっついて木に運び込まれる青変菌だ、と私は説明した。この菌が木部に広がって細胞を詰まらせ、土壌から吸い上げられる水分を遮断してしまうのだ。

「木は喉が渇いて死んだのよ」と私は言った。

「いやだ、木も簡単には死ねないのね」とメアリーは言って、水筒を私に差し出してから自分も水を飲んだ。「想像もつかなかったわ」

私たちは、見渡す限り広がる枯れた木々に見入った。葉が赤くなってしまったものも、まだ緑色のものもあった。灰色の幹に囲まれて、ルピナスはいまも鮮やかな紫色をし、グラウスベリーの茂みはロッジポールパインが使わなくなった水と日光を自分のものにして生き生きと輝き、ラズベリージャムのように甘い赤紫色の実をつけていた。「キクイムシが古いパインを枯らすでしょ。それから火事で松かさに含まれた松ヤニが溶けて種が落ちるの。だから火事のあと、若いロッジポールパインがごっそりかたまって生えるのよ」。私は雨の滴よりちょっと大きいだけのグラウスベリーの実をメアリーの手のひらに乗せ、ロッジポールパインの若木がかたまって生えているところを指差して、この辺の森はむかしは斑模様で、樹齢の異なる木立ちがモザイクのように入り交じり、そのなかには古い木立ちもあったけれど、ほとんどは害虫が蔓延するには若すぎたのだと言った。「でもいまは違うの」。人為的に火災を抑制したことで多くの木が高齢の大木になり、師部が太くなって、虫の幼虫の大群が育つようになったのだと私は説明した。ブリティッシュコロンビア州の北西部で始まったアメリカマツノキクイムシの大量発生は南に広がってオレゴン州まで達し、いまでは北米全土で4000ヘクタールを超える森林が枯死、あるいはその過程にあった。

キクイムシと菌類はロッジポールパインと共進化したのではあったが、この数十年間の火災抑制によって、大規模な害虫発生に適した老齢の木ばかりの広大な土地が広がった。さらに、冬の気温が、師部を食べる幼虫が死ぬくらいの長期間にわたって零下30度を切ることがなくなったために、異なった生物種のあいだで見事な調和を保っていた共生関係が崩れてしまったのだ。害虫の発生規模はあまりにも巨大で、その渦中にいる人々は頭を抱えるばかりだった。

「この木はみんな枯れちゃうの?」。再びトレイルを登りながらメアリーが訊いた。赤茶けた土埃がふくらはぎにまとわりつき、むき出しの腕は冬の薪運びで鍛えられ、その足取りは脚の長さの違いにすっかり慣れていた。

「生き残るのもあるけど、ほとんどは枯れると思う」と私は答えた。ロッジポールパインは、キクイムシから身を護るためのさまざまな化合物、モノテルペンを産生する。私はメアリーがこの木々のことを心配しているのがうれしかった。枯れた木の幹を撫で、メアリーは赤くなった針葉をひとつかみ枝から取って私に見せた。「大発生した虫があまりにも多すぎて、ほとんどの木は身を護れないの。虫の動きが衛星からでも検知できるくらいなのよ」と私は言った。

メアリーは、葉が濃い緑色をしている木立ちを指差して、未来に望みがないわけじゃないかも、と言った。私はちょっときまり悪さを感じながら同意した。枯れた森が西部地域に広がっていくのを目撃するのはつらかった。木によってはモノテルペンの産生量を増加させることで害虫から身を護る力を強化できるものもあるが、それが可能だとしても、この虫の異常発生を生き残った木は多くはなかった。枯れたロッジポールパインの下には亜高山モミが成長していたが、その葉や芽もまた、ウエスタン・スプルース・バッドワームに齧られた跡があった――同じく北米大陸西部で大量発生している害虫だ。それでも――スプルース・バッドワームがモミに、キクイムシがパインに侵入しながらも――この森は死んでなどいなかった。元気に育っている若木はたくさんあり、ロッジポールパインが枯れて倒れた間隙にも木や草が生え広がっていた。「生き残った木からは、もっと上手にキクイムシを追い出せるように適応した新世代が育つはずだよね」と私は言った。枯れていく木のことばかり考えないで、もっと長い目で物を見なければ。メアリーは私の腕に触れ、

「見ててごらん、きっとそのうちよくなるから」と言った。彼女の言うとおりだ、と私は思った。でもやはり、状況は悪化していた——ユーコン準州からカリフォルニア州まで、パインの森は壊滅状態だったのだ。

「モミとパインが虫の大発生についてお互いに警告し合ってる可能性もあるの」と、トレイルを歩きながら私は言った。中国の研究者、ユアンユアン・ソン（宋圓圓）博士と私は、バッドワームが侵入した亜高山モミが近くのロッジポールパインに用心しろと警告しているかどうかを共同で調べていた。彼女からの問い合わせは唐突にやって来た。彼女の研究所での実験で、トマト同士が警告を発し合うシステムがあることがわかり、同じことが森の針葉樹でも起こるかどうかを調べるために、5カ月間のポスドク研究をしに来たいというのだ。ユアンユアンはすでに、トマトはストレスを受けるとそれを周囲のトマトに伝えるということを発見しており、私たちは2人とも、同じような信号伝達が木と木のあいだで行われているかどうかに興味があった。

カナダカケスが1羽、メアリーの目の前を横切ってキーオ！と鳴いた。

それから小一時間後、私たちは高台に辿り着いた。ベアグラスが咲く草原と火山岩のあいだをくねくねと歩くにつれて、亜高山モミは少なくなった。メアリーはキラキラした黒曜石と羽根のように軽い軽石をいくつか、彼女の、それから私のリュックに滑り込ませた。黒曜石の一つをTシャツの裾で磨きながら、メアリーは「これはナヴァァが気に入るわ」と言った。私たちは尾根に出ると、その縁に沿ってトレイルを歩いた。玄武岩の柱が崖の下まで続いている。急斜面に沿って樹齢1000年のホワイトバークパインが並び、そこが樹木限界線になっていた。

私はメアリーに、ホワイトバークパインの枝の先に伸びている5本1組の針葉を見せた。2本1組のロッジポールパインとはそこで区別できるのだ。

ホワイトバークパインは、種子の散布をハイイロホシガラスに頼っているし、ロッジポールパインは火災が起きなければ球果が開かない。私がそう言うのを待っていたかのように、灰色と黒の混ざった鳥がくちばしに球果をくわえて1本の木から飛び立ち、溶岩の流れた跡の上を飛んだ——どこか岩のあいだにあるお気に入りの隙間にそれを隠すつもりなのだろう。ホワイトバークパインが数本かたまって生えていることが多いのはこれが理由である。ホワイトバークパインとハイイロホシガラスは、お互いさまの関係にある。ハイイロホシガラスは、栄養たっぷりの食事を備蓄できるお返しに肥沃な土壌にホワイトバークパインの種を撒き、彼らはそうやって厳しい高地の自然環境のなかで共に進化してきたのだ——どちらの遺伝子も、組み変わり、変異しつつ、氷河の流れのようにゆっくりとした変化に少しずつ適応しながら綿密に形づくられてきたのである。

「これはマザーツリー?」。風上の方角に向かって枝を伸ばし、3本並んで立っている年老いたホワイトバークパインの周りを歩きながらメアリーが訊いた。私たちは昨夜、大学院生と、大学の非常勤講師でもあるフィルムメーカーと一緒につくったドキュメンタリー映画『Mother Trees Connect the Forest（マザーツリーが森をつなぐ）』を観たばかりで、メアリーは、この高山の木を多雨林の木と比べようとしていたのだ。私は3本のうちでいちばん背が高い木を指差して、いちばん大きくて古い木がマザーツリーだと言った。私はメアリーの手を摑んで樹冠の下に身をかがめ、根が近隣の木に巻きついているかどうかをたしかめた。メアリーが、張り出した枝のいちばん外側の縁に沿って生えている一連の実生を指差した。太い根が四方八方に伸びて絡まり合うこの雑木林の木々は、菌根ネットワークでつながっているに違いなかった。

太陽が西に沈むころ、私たちはメアリーのお気に入りの岩棚に着いた。標高2400メートルの尾根が、眼下に広がる赤と緑の森に影を落としていた。そのとき私は、次の研究課題として、木同士が病気や災害について互いに警告を与え合っているかどうか、木が枯れても同じ樹種が再び生えるのか、それともその場所は別の樹種のものになるのかを調べようと決めた。メアリーが、トマトとキュウリでつくったラップサンドを取り出し、私はワインの栓を抜いた。一連の古い火山——南にはスリー・シスターズ、北にはジェファーソン山、ワシントン山、アダムス山——の山頂が黄色からピンクに染まっていった。それらの山は記念碑のように聳え立ち、周囲の山並みがかすんで見えた。山頂と山頂が近く、同じ変成岩と堆積層が褶曲してできた尖った尾根が連続している、故郷のロッキー山脈とは違っていた。メアリーの顔に夕陽の最後のひと筋が当たっていた。私たちは2人とも、この自由が、2人で過ごす時間がうれしかった。私はいつか味わったことのある、落ちていく、という感覚を味わっていた――静かに、深く、山々に雪が降り積もるように。

翌朝、メアリーが摘んだ土臭い甘さのあるブルーベリーをブラックベリーと混ぜて、私たちはメアリーの家の庭にあるマルメロの木陰でそれを食べた。メアリーはケン・キージーの『わが緑の大地』からの抜粋を声に出して読み、秋になったらウィラミット川をカヌーで下ろうと言った。私は帰りたくなかった――身体中の細胞が嫌だと言っていた。私は次の日に野外授業をすることになっている、1100キロ北の町になんとか真夜中までに辿り着ける時間まで、メアリーの家を離れなかった。いいいい、メアリーと私。私は恋をしてしまったのだろうか？　すでに秋の寒風が木々に吹きつける、カナダの国境を越えて100キロほど行ったところで、私は車を停めて公衆電話からメアリーに電話した。オレゴンの日差しの温かさがまだ残っている裸の腕を雪が驚かせた。9月に大学が始まったらカヌー下りに行く、と私は言った。

受話器の向こうから、この世でいちばん深い沈黙がつくり出す音が聞こえた。

「待ち遠しいわ」とメアリーが言った。

1週間後、ハナとナヴァの秋学期の準備を手伝うためにネルソンに向かっていた私は、

150キロにわたってアメリカマツノキクイムシにやられた、枯れた灰色の森を通った。途中、カムループスの西に、1本のポンデローサパインが、病んで赤くなった樹冠をうなだれるようにして立っていた。私はその木が枯れたときに樹齢何年だったのか、その木の代わりに何か育っているかを知りたくなった。このマザーツリーまで歩いていく私の足元で、枯れた針葉がカサカサと音を立てた。広げた彼女の腕には、さえずるゴジュウカラの姿はなかった。

私は成長錘の錐を橙褐色の樹皮に挿し込もうとしたが、乾燥したコルク組織には刃が立たなかった。形成層の下の白い木部とともに、樹皮の破片がバラバラのパズルのピースのように落ちた。マザーツリーの指先からぶら下がっている干からびた松かさ

ブリティッシュコロンビア州ネルソンの、ロビンとビルの家の裏庭で、アメリカツガの根を調べているところ。2012年。アメリカツガの根系は浅く、若い氷堆石質の土壌に含まれるわずかな栄養分を入手するのに役立つ。ブリティッシュコロンビア州に住む人の多くがそうであるように、ロビンとビルの家も森に隣接している。火災の燃料になるものを減らし、野火が樹冠に燃え移って家が燃えてしまう危険性を低くするため、低木層の小さめの木は伐採されている。ブリティッシュコロンビア州の小さな町々では、気候変動によってこのところ森林火災の危険性が急速に高まっている。

は、鱗片が開き、種子は放出されていた——彼女の最後のあがきだ。見たところ、この木が死んでから少なくとも1年は経っていた。私の足元には、その枝から落ちたに違いない、小さな骨と砕けた卵の殻の入った鳥の巣が転がっていた。地面は乾いて深くひび割れていた。死は次々に連鎖し、リスや菌類も道連れにしていた。トンプソン・リバーが流れる谷の向こう側には森林火災の煙が厚く立ち籠め、川の色は青ではなく灰色をしていた。谷底に沿った草地と山地のダグラスファーの森に挟まれたポンデローサパインはすべて枯れ、ウエスタン・スプルース・バッドワームに食べられたダグラスファーは血のように赤い色をしていた。その森に広がる死は、メアリーとタム・マッカーサー・リムで目にしたものを思い出させた。でもメアリーなら、そこにはまだ生きているものがある、と言っただろう。

ブラックベリー端末の時計は午後3時を示していた。家まではあと7時間。私は枝だけになったマザーツリーの周囲に実生がないかと見回し、2年生の稚樹が数本、地面の割れ目に肩を寄せ合うようにして生えているのを見つけた。マザーツリーの遺伝子を唯一受け継ぐ兄弟姉妹である。地面に膝をついてよく見ようとすると、バッタがチートグラスの芒の下から飛び出した。痩せた土地に猛烈に繁殖する自生植物だ。ホワイトバークパインの苗木が亜高山の冷たい土壌で育つのならば、このポンデローサパインの苗木だってこの低地で育つに違いない。本来、稚樹はこのくらいの樹齢になれば土壌にしっかりと根を下ろしているはずなのだが、ここではもはや菌類と細菌が砂やシルトを凝集させることはなく、土壌が水分を溜める構造をつくれなくなっていた。私は新品の土壌水分センサーのプローブを——中性子プローブからは大幅な進化だ——地中に差し込んで、土壌中の水分を計測した。計測結果はたったの10%、ギリギリの量だ。もしかしたら、彼らと共生する菌根が、乾いた土壌粒子からほんのわずかな水分を吸収しているのかもしれない。マザーツリーの枯れた枝はそれでもまだいくらかの木陰をつくっていた。苗木の成長を助けるまで彼女は生きていたのだろうか。枯れかけた草は、アーバスキュラー菌根のネットワークを通してリンと窒素を子孫に送る、というのを読んだことがあったので、このマザーツリーも、死にかけながら同じことをしたのではないか——自分の水分の最後の一滴を、養分と一緒に苗木に送ったのではないのだろうか、と私は考えた。

木々が枯れるのも、キクイムシが広がるのも、夏の気温が上がるのも、あまりにも急激に起こったために、自然はまだどうしていいかわからないようだった。変化についていけないのだ。なんと悲しいことだろう。たとえこの稚樹たちが幼いうちに枯れなくても、若木に成長することはないだろう。環境にうまく適応できない稚樹は、病気に感染したり害虫が侵入したりしやすく、気候科学者が予測する変化によって死んでしまう可能性が高い。ポンデローサパインの森が草原に変わっていく一方で、ダグラスファーの森は次第にポンデローサパインのほうが多くなっていく。

それがこの森を待ち受ける定めなのだろうか？ チートグラス、それにヤグルマギクやヒメゴボウのほうが、カラカラに乾いた土地では木よりも元気に育つ可能性が高いだろう――少なくともこの谷では。これらの草は大量の種子を生産するし成長も早いので、火災の抑止と異常気象で弱体化した森をいともたやすく侵略する。この森の木々は、人間の都合のために犠牲にされたように見えた。皮肉なことだが、森を死に追いやる雑草や昆虫こそ、気温の上昇と降雨パターンの変化にも生き残る遺伝子を持っているのかもしれない。

遠くにあるダグラスファーの森の、虫に食われた林冠を、太陽が真紅に染めた。でも、そのなかに交じって生えているポンデローサパインは、エメラルド色に輝いていた――虫の大量発生にも負けず、標高の高いところではいまも生きているのだ。降雨量の多い斜面の上のほうでは、ポンデローサパインにかかるストレスも少ないのだろうと私は想像した。でも、この推移帯――低地の森が高地の森に移行するところ――では、ポンデローサパインよりもダグラスファーのほうが水分不足の影響を受けていた。主根が土壌母材の深いところに届かず、共進化してきた昆虫の侵入に対する抵抗力が低下したのである。バッドワームによってひどく葉が落ちたのはそのせいなのかもしれない。

ポンデローサパインがあんなに元気なのは、主根が深く伸び、高地では雨が多いからなのだろうか、それとも、近隣のダグラスファーとつながっているからなのか？ 私の博士課程の指導教授だったデヴィッド・ペリーはすでに、この2つの樹種が菌根ネットワークでつながっている可能性が高いことをオレゴン州の森で突き止め、成長速度に十分影響し得るだけの栄養素が、ダグラスファーからポンデローサパインに送られていると考えていた。私は、それと同じことがおそらくここでも起こっているのではないかと思った。

2つの樹種をつなぐ菌根のネットワークは、単に資源を交換し合う経路以上のものである可能性が高かった。干ばつのために枯れていくダグラスファーが、上昇する気温によりよく適応したポンデローサパインに道を譲っているのだとしたら、ダグラスファーは死んでいきながらもまだポンデローサパインとつながり、コミュニケーションを取り続けているのではないか? ダグラスファーはポンデローサパインに対して、新しい土地にはストレスとなる要因があることを警告できるのではないか? ひょっとしたらダグラスファーは、病気についての情報をポンデローサパインに伝えることができるのかもしれない。

ユアンユアンの研究では、トマトは近くのトマトに対して、病原菌に感染したことを知らせる警告信号を、2つをつなぐアーバスキュラー菌根を介して送っただけでなく、信号を受け取ったトマトはそれに反応して防御遺伝子の発現を亢進させていた。その防御遺伝子が大量の防御酵素を産生し、その酵素が病原菌を抑え込んだのだろう――信号を受け取ったほうのトマトを病原菌に感染させても、驚いたことに病気は発症しなかったのである。ユアンユアンは、これと同じことが病気のダグラスファーについても言えるのかどうか、私が調べるのを手伝いに来てくれたのだった――ポンデローサパインを待ち受ける困難をダグラスファーが伝えることで、新しい環境でポンデローサパインが生き残れる可能性は高まるのだろうか。

私はパズルのピースのようなマザーツリーの樹皮のかけらを2つ、一つはハナのため、もう一つはナヴァのために拾い上げ、お守りとしてダッシュボードの上に置いた。モナシー峠を高速で飛ばし、夕暮れ時の光で道路の輪郭がぼやけて見えたが、やがて目がヘッドライトに慣れた。フェリーでアロー湖の対岸に着くころには、私はクタクタだった。「夕暮れ時にはシカに気をつけなさい」とウィニーおばあちゃんがいつも言っていたのを思い出し、それが私に身に覚えのある不安を思い出させた。私は最近見つけた胸のしこりに手をやり、近いうちにもう一度医者に行かなくちゃ、と思った。なんでもないわよ、と言った先生が正しいに決まってる。前回のマンモグラフィーではどこにも異常はなかったのだ。

「18ゲージ」。トレイに置かれた細くて短い針を指差しながら、がん専門医が看護師に言った。

私は上昇させた手術台の上にうつ伏せになっていた。左の乳房は丸い穴からぶら下がって、手術台の下から施術ができるようになっていた。狭い生体検査室のなかは、消毒薬の匂いと体臭が強烈に漂っていた。私は大きく枝を広げたマザーツリーのやさしい木陰に逃げて行きたかった。マザーツリーが生きていようがいまいがかまわない。目の前の画面には、私の乳房のなかの、クモのような白い影が映っていた。私はジーンに教わったマントラを繰り返した——大丈夫、何もかもうまくいく。私は森に暮らし、リュックを背負って歩き、森のなかでスキーをし、オーガニックなものを食べ、煙草も吸わず、2人の娘を母乳で育てたのだ。メアリーが私の手をぎゅっと握り、「大丈夫よ」と言った。

マンモトームがポン、と音を立て、胸に痛みが走った。

「だめか。16ゲージだ」と医師が言った。

看護師はさっきのより太い針を取った。針は、細くて小さいものから太くて大きいものまで順番に並んでいて、私はダンと一緒に苗木の上にかぶせた袋のなかに同位体炭素13を注入したときの針を思い出した。マンモトームの先には、木の根を突き通せるほど鋭利な土壌サンプラーのプローブみたいな針がついていた。メアリーは壁のほうにちょっと身体を傾けて、画面と針を見ていた。メアリーは、昼だろうが夜だろうがかまわずタム・マッカーサー・リムの上までハイキングするほど勇敢なくせに、誰かが苦しい思いをしているのを見るとオロオロした。ケリーが死んだときにメアリーがくれた手紙は忘れられなかった。そこには深い哀悼の言葉とともに、そのつらさはよくわかる、つらいのが楽になる前にもっとつらくなることもある、と書かれていた。彼女のやさしさは、悲嘆に暮れる私の孤独感をやわらげてくれた。

「石みたいに硬いな。こっちでもだめだ」。医師の声が緊張感を増した。「14ゲージを使ってみよう」

「病気」という言葉が頭に浮かんだ。身体が秩序を失うこと。

大丈夫、何もかもうまくいく。

「よし、検体その1。あと4つだな」。医師の額に汗が光った。吐く息がコーヒー臭かった。

あと4つ？　悪い予感がした。看護師が針を交換した。メアリーの指が滑って摑みにくくなったけれど、私はまるで崖から落ちかけているみたいにその指にしがみついていた。ハイキングしたホワイトバークパインの森のこと、虫にもさび病にも負けなかったマザーツリーのこと、夏まで雪が残る高地で育っているその子孫たちのことを考えながら。

手から手へ、ほとんど無言のまま、慣れた手つきで針が行き来した。

「どうなるかわからんな」と医師が険しい顔で言った。

頭から血の気が引いた。どういう意味？　メアリーが私の手を離し、看護師が慌てて彼女を椅子に座らせた。医師は突然手術用の手袋を脱ぎ、結果は1週間後にわかると言って出ていった。看護師が小声で何か気休めを言い、私がシャツのボタンを留めるのをメアリーが懸命に手伝ってくれた。いつも落ち着いているメアリーだったが、その指は震えていた。

クリニックの裏に停めた自分の車に戻ると私はパニックに陥った。どうすればいい？　ハナとナヴァに電話すべきだろうか？　大変だ——がんだったらどうしよう？

「あの子たちには心配させないほうがいいわ」とメアリーは言って、私の手首を摑み、鼻からゆっくり息を吸うようにと言った。「生体検査の結果がわからなければたしかなことはわからないんだし」

私は車のエンジンをかけようとしたが、メアリーがそれを止め、「だめよ、落ち着くまで待ちましょう」と言った。いつものメアリーだった。私はハンドルを両腕で抱えてその上に身体をかがめ、メアリーは私の背中にそっと手を添えていてくれた。メアリーがいなければ、私は駐車場から飛び出し、この現実から逃げ出そうとして状況を悪化させていただろう。

大学のキャンパスにあるアパートに戻ると、私はメアリーにすがりついて泣いた。公園で遊ぶ子どもたちの声が聞こえた。窓台に置いた観葉植物が日の光に向かって伸びていた。私は何も考えず習慣的に立ち上がり、コーヒーカップで水をやった。母とロビン、それから母の従姉妹で、乳がんを克服した看護師のバーバラにも電話した。バーバラは、何かあれば手伝うと約束してくれた。ジーンは不安を隠すことができないまま、「大丈夫よ、HH」と言った。HHというのは「Homer Hog」の略で、大学時代、ウッドチャック［訳注：リス科で最大級の動物。英語ではgroundhog］みたいに地面を掘るのが大好きだった私に彼女がつけたニックネームだった。ジーンがやさしい声で私のあだ名を口にするのを聞いて、私は心やわらいだ。どこか別世界にいるかのように私がアパートをウロウロしていると、メアリーは「お腹が空いたでしょ」と言って鍋を威勢よく取り出し、キッチンの棚からチョコレートとチリの缶詰を探し出してチキンモレをつくってくれた。

メアリーの言うとおりだった。私は彼女にもたれかかった。ものすごくお腹が空いていた。

「THIS LITTLE LUMP OF MINE, I know it's benign（私のちっちゃなしこり、良性に決まってる）」――メアリーと私は、「This Little Light of Mine（私のちっちゃな光）」という子どもの歌の替え歌を歌った。ロビンからは、不安になったらいつでもこの歌を歌うようにと言われていた。メアリーと私は、冷蔵庫サイズの岩や、斜面の上方からかかる雪の重みで幹がカーブしたマウンテンヘムロックを避けながら、急な斜面の小道を登っていた。週末に、バンクーバーからほど近い、スコーミッシュ川とアッシュルー川の合流地点を起点とするシガード・ピークのトレイルをハイキングする、という予定を私たちは変更しなかった――家で不安がっているよりも、そのほうがよほどマシだったからだ。がんである可能性は低いので、ドーンと私は娘たちには何も言わないことにした。知らなければ傷つかずに済むのだから。

ジグザグのトレイルはいい気晴らしになり、私は歩幅を短くして、慎重に歩いた。繰り返し繰り返し歌を歌いながら、私は断続的に不安な気持ちに襲われた。アメリカツガは平然としていて、その落ち着いた風情がありがたかった。アメリカツガにはしなければならない仕事があったのだ――最悪の事態を恐れることなく、シロイワヤギのように岩にしがみつき、球果をばら撒くという仕事が。頂上からは、気候変動に耐えられず遠くの峰々から流れる氷河がちらりと見えた。不安のエネルギーを燃やしてしまうために私はもっと歩きたかったが、メアリーはそこに腰を下ろすと持ってきたお弁当を取り出した。

メアリーは、リンゴや残ったチキンモレでつくったラップサンドを広げ、私が食欲旺盛なのを見ると「病気に見えないわよ」と言った。「2時間で600メートル登って、モリモリ食べて、まだ歩こうってんだから」

「でも普段疲れてることが多いのはどうしてかな」と私は言って、衝動的に脇の下のしこりに手をやった。

メアリーは、私が大好きなオートミールクッキーを食べろと言って聞かなかった。私が寒さで震えているのを見てウールの帽子をかぶれと言い、フリースのジャケットを1枚余分に持ってきたのは賢かったね、と言った――目を伏せ、私をしこりの話から遠ざけようとして。私はメアリーの後ろに座り、両手と両脚で彼女を抱きかかえるようにした。メアリーは私に寄りかかり、私は「ありがとう」と囁いた。トレイルの起点に戻るまでに私たちは18キロを歩き、歌いすぎで喉がカラカラだった。生体検査の結果がわかるまでは憂鬱なことを考えるのはやめよう――あとほんの数日だ。それに、今年前半にユアンユアンと一緒に温室で行った、ダグラスファーがポンデローサパインにストレスを伝えているかどうかを試す実験の、炭素13の質量分析データがもうすぐ届くはずだった。私はその結果を心待ちにしていた。

そのうえ、私は大学の講義も2コマ持っていた。さらに、大学院生5人とポスドク1人の面倒を見なくてはならず、彼らの研究はまさに、私の研究プログラム——気候変動において菌根ネットワークが樹木の再生に与える影響——を中心としたものだったのだ。

私たちはまっすぐパブに行き、メアリーが、冷たい青色を湛えるスコーミッシュ川を見下ろすデッキに黒ビールのジョッキを運んできた。雪に覆われたタンタラス山脈の山々のシルエットが、沈みゆく太陽を背に浮かび上がった。K・D・ラングのベルベットのような歌声が店内から流れるなか、メアリーは自分のジョッキを私のジョッキにカチンと当てて、「スランチャ［訳注：Sláinte は乾杯の挨拶で使われるゲール語で「健康」の意］」とできるだけのゲール語のアクセントで言った。私は自分の椅子を彼女の椅子に近づけた。メアリーは私の手を握って、悪巧みをしている子どもみたいな彼女特有の笑顔を見せ、それから、消えてゆく日の光を吸い込むように首を後ろに反らした。私は川の上流でミサゴが下草の茂みみたいな巣に舞い降りるのを眺めた。だが、私は恐怖でいっぱいだった。


新しいデータが画面に映し出された。

私は腰を抜かした。

ユアンユアンと私がウエスタン・スプルース・バッドワームを侵入させたダグラスファー

は、光合成した炭素の半分を根と菌根に送り、そのうちの10％はまっすぐに隣のポンデローサパインに送られていた。でも、そのときには福建農林大学の教授となっていたユアンユアンに私が大急ぎでEメールを送った理由は、枯れていくダグラスファーの遺産をこうして受け取っていたのは菌根ネットワークでつながっているポンデローサパインだけで、つながっていないものはそれを受け取っていなかったからだった。

送信ボタンを押す前に、私は窓から太平洋を眺めた。岸辺のダグラスファーにハゲワシが1羽、身をくねらせる銀色の魚をくわえて舞い降りた。1週間経ったが医師からはまだ電話がなかった。私はもう一度留守電をチェックし、知らせがないのはいい知らせなのかもしれないと思った。

私は再びデータを読み、数字の列に目を走らせて、「驚いた！」と独り言を言った。私はEメールをユアンユアンに送り、椅子の背にもたれてにんまりした。

1年がかりで手にした勝利だった――そして答えがここにあった。ユアンユアンの協働の申し出に飛びついた私は、それ以前からすでにレビュー論文の一つで彼女の研究に言及し、その発見について授業で話していた。ユアンユアンは、菌根ネットワークに関する私たちの知識を大胆に前進させ、それまで人々が手をこまねいていた、異なる植物同士がどのようにつながり合っているかという問題を、研究室で育てた植物に菌糸をたっぷり植菌することで軽やかに克服してみせたのだ。菌根ネットワークにつながることで植物が恩恵を受けるかどうかをいまだに疑問視する研究者もいるなか、彼女の研究はそんな問題を飛び越えてその先まで進んだのである。ユアンユアンは、養分を受け取る側のトマトの成長反応を検証しただけでなく、その防御遺伝子の活性、防御酵素の産生量、病気に対する耐性を計測した。根性があって自由な精神の持ち主である彼女は、このトマトを使った実験を『ネイチャーズ・サイエンティフィック・レポート』という学術誌で発表した。私は、害虫の大量発生が私たちの森を死んだ木の海にしてしまってからというもの、ずっと頭のなかに浮かんでいたアイデアを彼女に書き送った——枯れていく木が、新しくその跡を継ぐ樹種とコミュニケーションを取れるのだとしたら、その知識を用いることで、もともとの木々が生まれ故郷の環境に適応できなくなってしまったあとに、別の樹種が移り棲むのをもっとうまく助けられるのではないだろうか、と。警告と援助の仕組み——たとえば、害虫が侵入したダグラスファーがポンデローサパインに護身用の武器をより強固なものにするよう伝えること——は、古い森が枯れ、新しい生物種や品種（遺伝子型）が成長していくときに重要になるのかもしれない。

傷ついたマザーツリーは、ゆっくりと衰退していきながら、残された最後の炭素とエネルギーを、積極的な死のプロセスの一部として子孫に送るのではないか？　老化した草が、残った光合成産物を次の世代の草の成長のために譲り渡すように。あるいは単に、死んでいく細胞の中身を無作為に生態系のなかに分散させるのかもしれない——エネルギーというのは、創造されることも破壊されることもないのだから。

こうしたことが全部明らかになれば、気候温暖化とともにある樹種がどのようにして北に、あるいは標高の高いところに――つまり、自らの遺伝子にもっと適した場所に――移動していくかを、より正しく予測できるかもしれない。気温の上昇につれて、各地の森は病み、すでに起こっているとおり、多くの木が枯れていくだろう。だがその代わりに、温暖な気候に前適応した新しい樹種がそこには移ってくるはずだ。同様に、死にゆく森の木々の種子は、今度はその遺伝子に適した別の土地に分散するはずである。この予測の問題点の一つは、想定される種の移動が、1年に1キロ以上というものすごい速度で起きなければならないということだった。実際には、近年起きている種の移動は1年に100メートルにも満たないのだ。またそれとは別に、木々が移動する先は、あたかも古い森が完全に死滅してしまったかのような、完全に空っぽの土地だという想定が一般的だった。新しく植樹された木は、まるで雑木が排除された皆伐地のような、まっさらな状態のところに根を下ろすというのだ。長老の木がまったく存在せず、まるですっかり荷物をまとめて出ていったばかりか、床の掃除までしたうえで新しい木々に譲られるような土地。でも私には、そんなことはあり得ないように思われた。少なくとも古い木の一部は過去の森の遺産として残るはずだ。メアリーと私がタム・マッカーサー・リムで目撃したように、すべての木が枯れてしまうわけではないのである。こうして遺産として残された木々は、新しい木を自分の菌根ネットワークに迎え入れて初期の養分を増強したり、あるいは照りつける太陽や夏に降りる霜などから身を護る場所を提供することによって、それらがそこに根を下ろすのを助けるために、なくてはならない存在であるはずだった。

ユアンユアンがその1年前、2011年の秋にやって来たとき、私たちはカムループス近郊の、ダグラスファーとポンデローサパインの森からバケツ何杯分も表土を集めた。到着後すぐに本格的に動けるよう、すでにEメールのやり取りで実験のデザインは出来上がっていた。太平洋沿岸の山や内陸部の乾燥した森に土壌を集めに行く車中、私たちはよく笑った。ユアンユアンの笑い声は低く、肝が据わっていた。私たちはあっというまに友情で結ばれた。それは私たちが、女性研究者であるという共通の試練を抱えていたことに加えて、植物たちをつなぐネットワークへの関心を共有していたからかもしれない。私は彼女の、すぐにでも仕事を始めようという意欲を、答えを見つけようという情熱を、自らシャベルを手にしようという熱意を尊敬した。

大学の温室で、私たちは4リットルサイズの植木鉢90個をベンチの上に並べ、森から採ってきた土を入れた。それからそれぞれの鉢にダグラスファーとポンデローサパインの苗木を1本ずつ植えたが、ポンデローサパインとダグラスファーの菌根とのつながりの強さを調節するために、ポンデローサパインのうち3分の1は土を入れたメッシュの袋で包んだ。メッシュの目は、根は貫通できないが菌糸が通過できる程度の粗さだ。別の3分の1は、目が非常に細かくて、水以外はダグラスファーとポンデローサパインのあいだを行き来できないメッシュの袋に包んだ。残りの3分の1は直接土のなかに植えて、菌根が根と絡まり合いながら自由にダグラスファーにつながれるようにした。この3つのグループのそれぞれについて、今度はその3分の1のダグラスファーにウエスタン・スプルース・バッドワームを侵入させ、3分の1は鋏で葉を切り取り、残り3分の1は対照群として何も手を加えないことになっていた。こうして、土壌と葉の状態がすべて異なった組み合わせになる9通りの処置をした鉢を、それぞれ10個ずつつくった。

私たちは待った。5カ月の滞在期間が飛ぶように過ぎるにつれて、ユアンユアンはだんだんと落ち着かなくなっていった――査証が切れる前に苗木に十分な菌根ができて、実験を完遂できることを願いながら。

4カ月後、私たちは一部の苗木の根を解剖顕微鏡でチェックした。何もついていないみたい、と私が言うと、ユアンユアンはパニックを起こしそうになった。それから私は、根の横断面を薄く切り取ってスライドガラスの上でつぶし、複式顕微鏡で観察した。ハルティッヒネットがあった。ダグラスファーとポンデローサパインの根の両方に、ウィルコキシナという菌根菌がコミュニティをつくっていたのだ。このことから、ダグラスファーとポンデローサパインは、目の細かいメッシュの袋で包んだもの以外はウィルコキシナの菌根ネットワークでつながっており、実験の次の段階に進めることがわかった。

ユアンユアンは大急ぎで、虫を育てている研究室に行き、くねくねするバッドワームを鷲掴みにした。私は菌根の研究室まで鋏と消毒用アルコールを取りに走った。そして私たちは一緒に温室へ行き、ダグラスファーの葉を切り落とした。ユアンユアンはダグラスファーの苗木の3分の1に通気性のある袋をかぶせ、それぞれにバッドワームを数匹放して葉を食べさせた。私は別の3分の1の苗木の葉を、光合成ができるよう数本の小枝だけ残して切り落とした。残りの3分の1には何もしなかった。

この処置をして丸一日経ったとき、私たちはダグラスファーの上から気密性のあるビニール袋をかぶせ、13C標識ガスを注入した。そして再び待った――ミルクシェイクがストローのなかを流れるように、糖分子が菌根ネットワークを移動しているところを想像しながら。その夜、私は家に電話した。ナヴァはバレエのポワントの練習に興奮しており、ハナはヒップホップのステップの練習に余念がなかった。数カ月後の母の日に2人のダンスの発表会が予定されており、私は早く家に帰りたくてたまらなかった。翌日、ユアンユアンと私はポンデローサパインの葉のサンプルを採集し、次の日も、その次の日も同様にして、防御酵素の産生量を調べた。6日後、私たちは全部の苗木を抜き、細かく粉砕して、質量分析計のある研究室に送った――ダグラスファーが菌根ネットワークを通じて同位体炭素をポンデローサパインに送ったかどうかを調べるために。

そしてそれから数カ月後のいま、私たちはそのデータを見ていたのである——ユアンユアンは上海の金山で、私はバンクーバーで。

「葉が少なければ少ないほど、根に送られる炭素が多いのがわかる?」と私はユアンユアンにEメールを送った。世界の反対側にいる私たちは、1枚のスプレッドシートでつながっていた。「そうね、そうだろうと思ってた」と彼女は返信し、それは、外界からの攻撃を受けて葉が落ちた木が枯れないようにするための行動戦略としてよく知られている事実だと説明した。数分後、彼女はさらに、「でも、葉がなくなったあとに隣の木の枝に炭素が移動するなんて見たことがないわ」と言った。葉がなくなったダグラスファーは大量の炭素の供給源となり、急成長中のポンデローサパインはその炭素を直接自分の幹に取り込んだのだ。

「防御酵素のデータとも一致してる」とユアンユアンからメールがあり、5分後にグラフが送られてきた。バッドワームが侵入したダグラスファーは防御酵素の産生量が増加していた。それは当たり前なのだが、それから1日経たないうちに、ポンデローサパインにも同じことが起きていたのだ。「でも、見てよ」と私は書いた——「2つの樹種がネットワークでつながっていないと、これはみんな起こらないのよ」

ユアンユアンからのメールが受信箱に届いた。「すごい!」

ポンデローサパインの4種類の防御酵素は、ダグラスファーの根に炭素が送られるのと完全に同調して劇的に増加し、そしてそれが起きるのはポンデローサパインとダグラスファーが地下でつながっているときだけだった。ダグラスファーがほんの少し傷ついただけで、ポンデローサパインの酵素はそれに反応した。ダグラスファーは自分が受けたストレスを、24時間以内にポンデローサパインに伝えていたのである。

それは不思議なことではなかった。この2つの樹種は何百万年ものあいだ、生き残りをかけて進化し、共生種や競合種との関係を築き、いまでは一つの生態系のなかでパートナーとして融合しているのだ。ダグラスファーは、森が危険にさらされていることを伝える警戒信号を送り、ポンデローサパインのほうは準備万端、手掛かりに耳をそばだてて、そのメッセージを受け取る態勢を整えていた。森というコミュニティ全体がその完全性を保ち、子孫たちが育つための健全な場所であり続けられるように。

私ははっきりと理解した。怖くても、娘たちのそばにいなければ——死んでいく木々がその子どもたちのそばにいるように。私はコンピューターの電源を切り、胸のしこりに触れた。生体検査のときより小さくなっていた。私はオレゴンに戻っているメアリーに電話した。彼女もちょうど私に電話しようとしていたところだった。

「家に戻って娘たちに話さなくちゃ」と私は言って、ユアンユアンと私が、枯れかけたダグラスファーがその炭素をポンデローサパインに送っているのをどうやって突き止めたかを説明し、いまとなって考えれば、私が以前目にした枯れかけのマザーツリーも同じことをしていたのだ、と言った。2年生の稚樹が日照りで枯れなかったのはそのおかげなのだ。それは、もしかして私もまた死んでしまう場合のために、娘たちに愛情を注ぎ、できる限りのことを伝えろという合図だった。急いでそうしなければ——通勤生活をしていたころ、娘たちと一緒にいてやれなかった時間の穴埋めをするために。

「ちょっと待ってよ、何を言ってるのかわからないわ」。このデータは私に、家に帰って娘たちにこの先起こるかもしれないことに対する心の準備をさせろと言っているのだ——そう言い続ける私にメアリーが言った。「生検の結果だってまだでしょう」

メアリーは、私が娘たちに話すとき一緒にいられるようネルソンに行こうか、と言った。娘たちはメアリーの単刀直入なユーモアのセンスや、控えめなところ、壊れたものを直せるところが大好きだった。一度など、メアリーは自分の修理道具を持ってきて、1時間のうちにグラグラする椅子の全部のネジを締めてくれたこともあった。何が起こっているのか、メアリーなら本当のことを話してくれると娘たちは知っていた。でも私は一人で娘たちに話さなければならなかった——できる限り正直にこの事実を、3人一緒に受け止められるように。

私はメアリーに、あなただって家に戻ったばかりなのだし、休んでほしい、と伝えた。

ロビンは、私のしこりが良性だったことをお祝いするために授業が終わったら来ると言っていた。ロビンは楽観的だった。「帰ってらっしゃい」とロビンは言った。娘たちのそばにいて、私が冷静だというところを見せて、彼女たちの生活を安定させてあげなさい。

私は学部長に、翌週戻ると伝えた。

生体検査から2週間近くが経っていた。明日何の連絡もなかったら電話しよう。私は母に、家に来て電話をかけるときに一緒にいてくれと言った。母の従姉妹で看護師のバーバラも、ナカスプから来てくれることになった。

峠の道を走りながら、私は枯れゆく森を哀れに思った。次の世代に自分の叡智を伝えるという、その遺伝子に組み込まれている美しい習性によって結ばれ、調和した世界。ウィニーおばあちゃんと私がそうであったように。でも、害虫が侵入した木々は皆伐され、枯れた木は販売するために回収されていた。儲けることに熱心なあまり、私たちは、枯れゆく木々が新しい幼木とコミュニケーションを取る機会を奪ってしまっているのではないだろうか。

ピザを持って家に着いた私をハナとナヴァが待っていた。ドーンもいた。私は娘たちを抱いて、ハナの、それからナヴァのおでこにキスをした。ハナは新品の生物実験キットを見せ、生物の先生が最高で、もう森の生態系の勉強をしていると言った。ナヴァはバレエのアラベスクのポーズをしたあと、私の手に摑まって身体を傾けパンシェをして見せた。春の発表会のために『白い冬の賛美歌』に振りつけしているところで、発表会では青いドレスを着て髪には花を挿すのだという。キッチンのカウンターに寄りかかってみんなでピザを食べていると、ドーンが「山頂に新雪が積もっているし、今年は冬が早く来るだろう。スキーには最高だ」と言った。それから娘たちは、新調したダブルベッドの上でアイポッドで音楽を聴くため2階に走って行ってしまい、私は帰宅してすぐに2人を座らせて話をしなかったことを後悔した。「心配なのはわかってる」。娘たちが2階に上がっていくとドーンが言った。「でも君はずっと健康だったじゃないか。なんでもないに決まってるさ」。ドーンは手をズボンのポケットに突っ込んで立ち、その笑顔はやさしかった。彼はいつだって私を安心させる方法を知っていた。

「ありがとう」と目をそらしながら私は言った。

ドーンがブーツを履いているあいだ、私は泣くまいとして顔をくしゃくしゃにした。ドーンは私を抱きしめてくれた。「僕は君のことをよく知ってる。君は雄牛みたいに強いよ、何があったって乗り越えるさ。結果がわかったら電話するんだよ」。私たちは、二人の関係が変化したことに戸惑いながら、ちょっとのあいだそこに佇んだ。それからドーンがコートを摑んで裏手のドアから出ていき、車のテールライトが遠ざかっていった。私はピザの残りを持って2階に上がった。娘たちと私はナヴァのバルコニーで、夕陽が雪をピンク色に染めながら、エレファント・マウンテンの向こうに沈んでいくのを眺めた。

外に座っていられないほど寒くなると、私たちはナヴァのベッドに座り、私は、乳がんの検査を受けたこと、その結果が明日わかることを2人に告げた。2人は目を丸くして私を見たが、私は続けて「結果がどうでも、ママは大丈夫だからね。私たちみんな大丈夫だからね」と言った。

ハナはどうやって検査をするのかと訊き、ナヴァは乳がんてなあに、と訊いた。私は知っていることを説明し、大人になったら2人も検査を受けなければだめよ、と言った。女の人はみな、そうやって自分のことを大事にしないといけないの。2人は私をギュッと抱きしめ、私は2人に「大好きよ」と言った。おやすみのキスをするころには、私の気持ちは少しだけ軽くなっていた。

金曜の朝、娘たちは徒歩で登校し、私は電話をかけるのをあと数時間だけ遅らせたくて、お気に入りのマウンテントレイルを走って登った。駆け抜ける疎林は、ポンデローサパインがダグラスファーに、上のほうではアスペンとロッジポールパインに移行中だった。トレイルを覆う10月の霜は氷の羽のように凍っている。小丘に向かう途中で、熟したハックルベリーをむしゃむしゃ食べている2頭のヒグマの脇を通った。小丘の上に着くと私はメアリーに電話し、医者と話す心がまえができたと伝えた。山を下りるときにはヒグマを大きく迂回した——クマも、私も、どちらが強いかはよく知っていた。ポンデローサパインのバニラのような香りが私を満たした。大丈夫、何もかもうまくいく。私は、ポンデローサパインをダグラスファーにつないでいる菌類のなかに水の滴が浸透していくところを想像した。木々に囲まれていれば、私は安心できた——私のやさしい友人たち。

母がコーヒーカップを手に持ち、白髪をキラキラさせながら、庭仕事用の赤いゴムブーツと着古したカバーオール姿で小道を歩いてきた。バーバラは挽き肉のシチューが入った鍋を布巾で覆って持ってきた。2人がコーヒーを飲みながらポーチのベンチに座っていると、家の電話が鳴った。私は家に入って電話を取り、受話器を持って外に出た。母とバーバラは急におしゃべりをやめて、コーヒーカップの湯気の向こうから私を見た。

私は医師の言葉に耳を傾けた。検査の結果や治療の選択肢、医師はいろいろ言ったけれど、どれも頭には入らなかった。私は、自分が衰えていきながらも、ほかの木のために安全な場所と栄養分と木陰を提供するマザーツリーのことを思い、それから2人の娘たちのことを思った。大切な、美しい、成長して鮮やかに花開いている私の娘たち。

私は目を閉じた。

マザーツリーでさえ、永遠に生きることはできないのだ。

14 誕生日

BIRTHDAYS

「生き残ってるのがあるわ」と、私が指導している大学院生アマンダが、マザーツリーの樹冠線の上にしゃがんで言った。それは10月下旬のことで、私たちはカムループスと、30年前に私がケリーを見たロデオの競技場の中間にいた。赤ん坊の吐息のようにやさしく雪が降っていた。

そのダグラスファーのマザーツリーはさんざんひどい目に遭ったようで、周りの木の伐採のおかげで樹冠はボロボロ、幹にはスキッダー〔訳注：車体後方のクレーンで丸太の端を持ち上げ、引きずって運ぶ高性能林業機械〕がバックしてぶつかった傷があったものの、この夏、たくさんの球果をつけており、アメリカコガラが大喜びで枝をぴょんぴょん跳ね回っていた。自分が被った損害の衝撃にもかかわらず、子孫たちの面倒を見ようとしているその木の固い決意に、私は敬服した。私の乳房切除術は1カ月後に予定されており、その後の治療は、がんがリンパ節に転移しているかどうか次第だった。バーバラは、怖ろしい「もしも」の話を頭のなかでグルグル繰り返さないように、とアドバイスをくれた。研究室のメンバーと書いた菌根ネットワークの構造についての論文と、マザーツリーを概念化した私の論文が学術誌に掲載されたことや、私たちが制作した映画『Mother Trees Connect the Forest（マザーツリーが森をつなぐ）』に対する温かな反響が、私を力づけた。ある名高い科学者からは、この発見が「人々が森を見る目を永遠に変えるだろう」というメールをもらった。こうしてマザーツリーのそばにいることも助けになった。

通常は人間や動物のものと見なされている血縁認識能力を、ダグラスファーも持っているのではないか——そんなことを私は思い巡らせていた。長時間運転して給油のためにガソリンスタンドに寄ると、まだこれからやらなくてはいけないことのリストと一緒にこの考えをノートに書き留めた。それは、単に深夜運転の疲れから生まれた思いつきなどではなかった。ある人がそれを私の頭に植えつけたのである。私が読んだ、カナダのマックマスター大学のスーザン・ダッドリー教授による論文は、1年草——この場合は五大湖地帯の砂丘に育つオニハマダイコン（*Cakile edentula*）——が、近くに生えている個体のなかで血縁関係にあるもの（同じ母親から育った同胞種）とそうでないもの（母親が異なるもの）を識別すること、またその識別の手掛かりは根から伝わる、という発見についてのものだった。月明かりのなかで断崖を迂回しながら私は、針葉樹も血縁を認識できるだろうか、と考えた。ダグラスファーの森は遺伝的多様性を持ち、風媒受粉した血縁と「他人」である若木が共にマザーツリーの周りに育っている。マザーツリーは、そうした若木のうち、自分の血縁とそうでないものを認識できるのだろうか？

　ダグラスファーの若木が高齢の木の菌根ネットワークとつながって育つということを発見して以来、私は、仮に血縁認識が起きているとしたら、そしてその識別には、ダッドリー教授のオニハマダイコンでの発見と同様に根からの信号が関係しているのだとしたら、その信号は根と根をつなぐ菌類に媒介されているはずだと考えていた——なぜなら、すべての木の根は菌根に覆われているのだから。また、ダグラスファーの集団は地域によってはっきりと異なっており、同じ谷間に生えているダグラスファー同士では、山脈の向こう側のダグラスファーとのあいだよりも遺伝的多様性が低いことを考えると、マザーツリーの近くには血縁関係にある個体がたくさん生えているはずだった。血縁関係にある木々が数百年にわたって近いところで生きてきたのならば、お互いを認識できることは適応に有利に働くに違いない、と私は思った。互いに助け合い、その血筋をつないでいくために。もしかするとマザーツリーは、その行動の仕方を変化させて、自分の一族の適合性が高まるような余地を与えるのかもしれない。あるいは、自分の子孫に養分や信号を送ったり、ひょっとすると、土壌の状態がよくなければそこから追い出したりすることさえあるかもしれない。適応能力を持ち健全で回復力に富む森をつくるうえで、遺伝的多様性の維持が果たしている重要な役割を軽視しているわけではない。だが、その多様な遺伝子プールにおいては、年老いた木もまた、その場所に適応した種を落とし、自分の同族を慈しむことで役立っているのかもしれない。

私はむかしから既成概念の枠を超えることを厭わなかったが、近年は科学者として以前よりも余裕ができていた。菌根ネットワークに関する私の論文に対する好意的なレビューが増えていたからだ。それがなぜなのかはわからなかった。アメリカシラカバとダグラスファーが炭素を共有し合っている、といういちばん初めの私の研究結果を裏づける研究が増えたからかもしれなかったし、あるいは単に私が、科学者としてのキャリアを積み、以前よりも知られる存在になっていたからなのかもしれない。理由はどうあれ、私はさらにリスクの高い問いに取り組める自由を楽しんでいた。そしてアマンダは、喜んでそれにつき合ってくれていたのだ。「骨折り損になるかもしれないのよ」――ダグラスファーのマザーツリーが親族を認識するという可能性は低く、何も発見できないかもしれない、それでも少なくとも実験の仕方は学べるだろうけれど、と私はアマンダに釘を刺していた。

「どう?」。ランチ用の紙袋くらいの大きさのメッシュバッグに入れてアマンダが6カ月前に植えた、小さな緑色のパラソルみたいな3本の苗木を調べながら私は訊いた。身長175センチ、野球とホッケーのナショナルチームで鍛えられたアマンダは、雪などものともせずに別のメッシュバッグをチェックした。そして赤くなった苗木の一群を指し、「親族の木の多くは生きてるけど、そうじゃないのは枯れてる」と言った。マザーツリーの子孫でなく、つながってもいない「他人」は、夏の日照りで枯れてしまったのだ。

木材会社が野生生物の棲みかとして伐らずにおいた、ほかの14本のマザーツリーのほうに歩きながらも、私は内心落ち込んでいた。私の友人が、影響力を持っている大学の同僚に「木が協力し合うなんてことを信じてるわけじゃないだろ?」と言われたというのだ。保守的な森林監督官ならいざ知らず、自由な学問の場である大学の教授がそんなことを言うなんて。森で重要な植物間の相互関係は競争だけだ、という凝り固まった定説との30年間にわたる闘いに、この日私は打ち負かされそうになっていた。

アマンダに続き、私は倒木を乗り越え、水溜まりを通って次のマザーツリーまで歩いた。新雪が枝を覆っている。アマンダが、休みますか、と言った――休みたくても無理はありませんよ。私はちょっと口ごもって「大丈夫よ」と言ったが、アマンダがメッシュバッグに入った苗木をチェックしているあいだ、切り株に腰掛けてメモを取った。このマザーツリーの下でもまた、さっきのマザーツリーと同じように、親族である苗木のほうが「他人」の苗木よりも多く生き残っていた――菌根ネットワークにつながることができるメッシュバッグに入ったものはとくに。私は鉛筆の端を噛んだ。アメリカシラカバとダグラスファーが混在する森では、アメリカシラカバもまた、ダグラスファーよりも自分の親族のほうにより多くの炭素を送っている可能性が考えられるが、私の博士課程の研究ではこの点を検証してはいなかった。さらに、枯れかけのダグラスファーは、パインよりも、ほかのダグラスファーに炭素をたくさん送るのかもしれない——ユアンユアンと行った実験が示したように。だが、私たちが温室に2本ずつ植えたダグラスファーは、まだそれをテストできるほど成長していなかった。指導している大学院生の一人が以前行った実験は、ダグラスファーのマザーツリーが幼木の成長を助けることを示していたが、当時の私たちは、マザーツリーが血のつながった幼木を「他人」よりも大切にするかどうかを試そうとは考えなかった。でも進化の観点から考えれば、樹種がなんであれ、マザーツリーが自分自身の子孫をえこひいきするのはもっともなことだった。

アマンダが修士課程に入ったのは、この1年前、私たちが菌根ネットワークの地図を発表したあとの2011年秋で、次に当然問われるべきオニハマダイコン問題、つまり、マザーツリーが自分の子孫を認識してえこひいきするのかどうかについて研究していた。私と私が指導していた学生たちは、私がスーザン・ダッドリー博士の研究を知る以前に、マザーツリーが「他人」にも資源を分け与えるかどうかを大々的に検証しており、その答えがイエスであることをすでに知っていた。マザーツリーが近親の個体を見分けられるとしたら、そしてとくにそれが菌根ネットワークを介してのことであるならば、それは子孫の健康度として表れるのではないか？——つまり、近親の木のほうがそうでない木よりも大きく成長したり生存率が高くなったりするのではないか？　あるいはそれは、根や幹の成長といった適応形質として表れるのかもしれない。アマンダは、この野外実験と、大学の温室で行っている2つの実験でこうした疑問を検証していた。

アマンダがほかの苗木をチェックしているあいだ、私は休憩した。彼女はその春、この皆伐地にある15本のマザーツリーそれぞれの周囲に24本ずつ、メッシュバッグに入った苗木を植えた。うち12本はメッシュバッグの目が粗く、マザーツリーの菌糸がそこを通過して発芽した種にコロニーをつくることが可能だったが、残り12本が入ったメッシュバッグは目が細かくてそれができないようになっていた。アマンダは、2種類のメッシュバッグ12個ずつのうち、6個にはそのマザーツリーから採った種子（親族）を、6個には別のマザーツリーの種（他人）を植え、この4種類——目の粗さ2種類と種2種類を交差させた結果——のメッシュバッグを、15本のマザーツリー全部の周囲に埋めた。15本あればそこから読み取れる傾向に確信が持てた。実験の結果がこの場所に限ったものでないことを担保するために、私たちは同じ実験をほかにも2箇所で行った。カムループスに近いこの皆伐地が最も気温が高くて乾燥しており、もっと北にある2箇所は気温が低くて湿度も高かった。

親族の種子を植えつけるため、アマンダは前の年の秋に、全部で45本のマザーツリーから球果を集めた。マザーツリーの背が10メートルに満たない場合は剪定鋏を使ったが、それより背が高い場合は若い女性を雇ってショットガンを使った。私はその子がウィンチェスター銃を肩にかまえ、銃口を高く狙っているところを、耳をつんざく銃声を、枝や球果が落ちてくるところを、リスが慌てて走って逃げながらご馳走を狙っている様を想像した。冬のあいだ、私たちはたくさんの学部生を雇い、松かさをこじ開けて種子を集め、発芽能力があるかどうかをテストさせた。その年の気候はあまりダグラスファーには向いておらず、死んでいるものが多かった。

アマンダと私はこの実験場での最後のマザーツリーに辿り着き、アマンダは私のために切り株から雪を払い、お茶を注いでくれた。湯気が私の手と顔に温かかった。アマンダは整然と、この最後のメッシュバッグの一群をチェックして、生き残った苗木の数を大声で報告した。

電話が鳴った。メアリーは無事家に着き、花壇の冬支度が済み次第できるだけ早く戻ると言った。私が乳がんと診断されると、メアリーはすぐにネルソンまで来てくれたのだ。私が診断と同じ日に、ガールフレンドがいることを家族に告げると、母はただ、そばにいてくれる人がいてよかった、と言った。私はこのことを受け入れてくれる家族が誇らしかった――自分たちのありのままを受け入れられる家族が。

雪が大降りになった。私には、数えた本数を合計するまでもなく、アマンダと私の実験が、ダグラスファーの苗木は健康で「他人」であるダグラスファーのマザーツリーとつながっているとよく育つ傾向にあるということを証明したばかりか、さらにその先の発見をしたことがわかっていた――そのマザーツリーの親族である苗木は、他人でありながらネットワークにつながっている苗木と比べ、明らかに生存率が高く、大きかったのだ。それはダグラスファーのマザーツリーが自分の子孫を認識できることを強く示唆していた。

私は、もう1年この苗木を追跡することを提案した。

「そうしたいですね」と、ノートをバックパックにしまいながらアマンダが言った。アマンダは、初めて参加するこの実験が気に入っており、苗木が生きている限りいつまでもここに戻ってくるだろうと思った。この心地いいマザーツリーの木陰にいると、どんな苦労をしても、その価値はあると感じるのだ。

インスパイア・ヘルスによる、がん克服のためのワークショップにつき添うため、ジーンがバンクーバーまで来てくれた。ワークショップでは、専門家たちが、がんが治る可能性を高めるための方法を指導してくれた――エクササイズ、正しい食事、よく寝ること、ストレスを減らすこと。でもいちばん大切なのは、周りの人々としっかりつながり、自分の感情を伝え続けることだった。ある医師は、人間は人との関係で決まると言った。がんを克服する人たちのいちばんの共通点――それは、決して希望を捨てない、ということ。

ああ、まさにそのとおりだ、と私は思った。私はそこを克服しなければ。私はいまでもとても内気で、傷つきやすく、ほかの人の意見に左右されやすかった。ある森林監督官が私に「クソったれマザーツリーなんか伐っちまおう、どうせいつか倒れちまうんだから、せいぜい金にしようや」と言ったときも、私は反論しなかった。自分の信念をしっかり主張し、必死に闘うのがまだ怖かったのだ。でもこれこそが、木々が私に教えてくれていることではなかったか？　健康でいられるかどうかは、周囲とつながり、意思を伝達し合うことができるかどうかにかかっているのだ。がんは私に、落ち着け、しっかりしろ、木々から学んだことを堂々と伝えろ、と言っていた。

私の両方の乳房を切除する手術が終わって麻酔から覚めると、メアリーとジーン、バーバラ、それにロビンが不安げに私を見下ろしていた。私は平らになった自分の胸に目をやり、モルヒネポンプのボタンを押した。数日後、私はアパートに戻り、ケールとサーモンを食べていた。メスを入れた跡は赤く、ナスみたいな紫色の痣になっていた。私は100メートル歩き、それからまた100メートル、さらに100メートル歩いた。クリスマスにはハナとナヴァのいる家に帰るつもりだった。あとは生体検査の完全な結果を待つだけだった。「リンパ節に転移していなければこれで治療はおしまいかもしれないわよ」とバーバラが言った。

バンクーバーを発つ日、私のがんがリンパ節に転移していることがわかった。

ネルソンのマルパス先生とバンクーバーのサン先生という2人のがん専門医が、私のがんのタイプにいちばん効果的な「ドーズデンス化学療法」を、4カ月にわたって2週間に一度、合計8回受けることになる、と言った。私はまだ若いし健康なので耐えられるだろうという判断だった。前半はむかしからある抗がん剤、シクロホスファミドとドキソルビシンの組み合わせ——バーバラはこれを「レッドデビル（赤い悪魔）」と呼んだ——、そして後半は、イチイの木からつくられるパクリタキセルを使う。ひょろっとしていてやさしいマルパス先生は抗がん剤治療を担当し、その後は小柄でよく笑うサン先生に引き継がれることになっていた。ネルソンに引っ越して穏やかな家庭生活を営むべきだったんだ、と、起きる可能性がある副作用の説明を聞きながら私は思った。副作用には、吐き気、倦怠感、感染といった一般的なものもあったし、稀ではあるが脳卒中、心臓発作、白血病といったものもあった。ドーンの言ったとおりだ——大学の教職なんか欲しがるべきじゃなかった。それに、初期の実験でラウンドアップを使ったり、中性子プローブの安全装置をチェックし忘れたり、放射能を帯びた苗木を粉砕するときに防塵マスクのノーズクリップを鼻に押しつけるのを忘れたりしてはいけなかったのだ。離婚をめぐるいろいろなストレスがよくなかったのもたしかだった。

数週間後、2013年1月の初め、看護師が私の腕に針を刺し、さくらんぼ色の「レッドデビル」が私の血管を駆け巡った。私は、がん細胞が縮んでいくところを想像しながら、病院の窓の外に立っている1本の木に雪が降るのを眺めた。その木は、病院や、眼下に広がる街、セイヨウトネリコ、セイヨウトチノキ、ニレなどの街路樹——助け合う木々、助け合う人と人——を見守るようにそこに立っていた。かかってきなさい——根が野生の森とのつながりを断ち切られてもこの木が生きていられるのなら、私だってこんな病気やっつけてやる。翌日、私はスキーでお気に入りのトレイルを、ロビンとビルを大きく引き離しながら20キロ登った——がんよりも私のほうがタフであることを証明するかのように。皆伐地の横を通ると、植樹されたパインは去年より1メートル背が高くなっていて、私は植樹林の縁に立っている木々が苗木の成長を助けてくれたことに感謝した。トレイルの頂上に着くと、私はそこにしっかりと根を張ってじっと立っているパインに、「あなたたちの助けが必要なの。治らなくちゃいけないの」と言った。頭上に伸びるパインの枝の下を私は滑った。腕に触れる枝もあった。だがその次の日は、1キロの周回ルートを滑るのがやっとだった。私の身体は濡れたセメントのように重く、ソファから立ち上がることもできずに、ビルがときどき様子を見てくれていた。ビルはすばらしく創造的なフィルムメーカーなのだが、しばらく仕事が入っていなかったので手伝いに来てくれていたのである。彼は辛抱強く私につき合ってくれた。口数少なく、うるさいことを言わず、ただそこにいてくれたのだ。1週間後、抗がん剤が私の細胞のなかに落ち着くと、私は再びスキーを履き、私が大丈夫かを確認するためについてきてくれたビルを従えて、2キロ、5キロ、10キロと距離を伸ばしていった。

「見て、ピルエットよ」と、トウシューズで立ちながらナヴァが言った。私はナヴァの手をその頭の上で支え、ナヴァは独楽のようにくるくると回った。ハナは、ジューンバグおばあちゃんにもらった黒と金の派手なハイトップスニーカーを履いて、ブレイクダンスのタットやスワイプを披露した。私もステップを試そうとしたが、足がしびれて動かなかった。正確に訓練された身体で見事に振りつけされた曲を踊る2人の発表会のあいだ、涙目の私は2人を、ただ2人だけを見つめていた。

私は抗がん剤治療が母の日までに終わることを期待していた。2人にとってのグランドフィナーレである、毎年恒例の春の発表会がその週末にあったのだ。だが、抗がん剤治療の2サイクルめの途中、マルパス先生は私に胸のレントゲン写真を見せた。花柄のユニフォームを着たベテラン化学療法担当看護師シェリルは心配そうに画面を見つめ、もう一人の看護師アネットは、点滴バッグにつながれた患者の腕を軽く叩いて気分はどうかと訊いていた。「こんなのは見たことないな。君の心臓はこの2週間で25%大きくなっているよ」と、右の鎖骨の下に埋め込まれたポート［訳注：繰り返し注射ができるよう、皮下に挿入される小型の医療機器］

がくっきりと写っているレントゲン写真を指しながらマルパス先生が言った。私の肺、肋骨、それに心臓の輪郭が、手術前と手術後の画像にはっきりと見て取れた。これが私だ。少なくとも、新しくなった私だ——胸に手をやり、定規みたいに並んでいる肋骨に触れながら私は思った。

「そうですね」と私は小声で言った。

「一歩間違えば心臓発作が起きるところだったよ」と先生が言った。「検査が必要だね。スキーはやめてがんの治療に専念してくれないと」

ハナが、スキーの代わりにウォーキングすればいいと言った。その夜『グリー』を観ながら、ハナは私に寄りかかっていた。私のラップトップはオーク材のコーヒーテーブルに積まれた本の上に置かれ、娘たちは宿題を放り出していた。私たちは出窓のそばで、ヒヨコマメとサツマイモとライスのミックスボウルを食べていた。湖の向こう側のエレファント・マウンテンを夕陽が照らした。『グリー』は、カートとブレイン、ブリトニーとサンタナのダブル結婚式の回だった。サンタナの祖母がやっと女性同士でも結婚できることを受け入れたのだ。私はちょっと気恥ずかしかったが、ハナも、ナヴァも、そのシーンが大のお気に入りで、私は最近の子どもたちがオープンマインドであることの幸運に感謝した。

「平らなところしか歩けないよ」——『グリー』を観終わると私は言った。私がスキーをしなかったシーズンは一度もなかったし、歩けるようになると同時にスキーを始めた娘た

抗がん剤治療開始2週間後、髪が抜ける直前。2013年。

ちも同様だったが、ナヴァは威勢よく「どうせ雪は来年のほうがいいよ、ママ」と言った。

耐えるのだ。耐えなければ。

心臓の検査の結果は問題なく、次の抗がん剤治療のあいだはメアリーが手伝いに来てくれた。私たちがクリニックに着くと、スカーフをかぶった小柄な70歳くらいの老婦人が窓際の椅子に座っていた。「私たちの場所、取られちゃったわね」とメアリーが囁いた。私たちは空いている別の椅子を見つけた。椅子は全部で4つ、部屋の四隅に一つずつ置かれ、ベージュ色のカーテンでわずかにプライバシーが保たれるようになっていて、片側がガラス張りになったナースステーションが中央にあった。その老婦人は錠剤の入った袋をいじっていた。私も飲み方をすっかり覚えた同じ薬だ――吐き気を抑えるためのピンク色の錠剤、鵞口瘡（がこうそう）〔訳注：口腔粘膜や舌面にカンジダ菌が寄生して、こまかい白い斑点がたくさんできる病気〕を抑える青い錠剤、便秘を防ぐためのものすごく不味い錠剤。私はこっそりカーテンを開けて自己紹介をした。老婦人は名前をアンといい、夫は心不全のため別の病室で死の床にいた。

翌日、シャワーを浴びながら足元を見ると、髪がごっそり抜けていた。まるで雨のなかのかつらみたいに。頭に手をやると、残っていた髪もタンポポの綿毛が飛び散るように抜けていく。鏡の前を通るとき、私は鏡に目をやることができなかった。「森に行きましょうよ」とメアリーが言うので、私は温かい帽子を2つかぶった――一つは髪の毛の代わりに、もう一つは風で頭皮が凍えるのを防ぐために。雪の降るなか、私たちはシーダーの森を歩いた。古い木の周りに、若木がいくつもの円を描いて生えている。若い木々の横を通りながら、「そうか」と私は呟いた。若木は、遠く離れているマザーツリーとマザーツリーをつなぐ中間点で、やがてそれ自身がマザーツリーに成長するのかもしれない。すべての生物がそうであるように、老いた木と若い木を結ぶこの連続性、世代間のつながりこそが、森が後世に引き継ぐ遺産であり、私たちの生き残りを支える土台なのだ。

メアリーは毎朝ベッドまで朝食を運び、『おばちゃまは飛び入りスパイ』から1章ずつ、声に出して読んでくれた。それから、メアリーに腕を支えてもらいながら、私たちは風が強いクーテネイ湖のほとりをのそのそと散歩した。メアリーはサーモンやケールの料理をつくり、カナダのケールは爪みたいに硬いとこぼし、それからこっそりチキンポットパイやアイスクリームを食べさせてくれた。

抗がん剤治療の3サイクルめ、マルパス先生が、別の患者と話をしてほしいと言った。お姉さんにつき添われた40代半ばのロニーが、私が座っているリクライニングチェアのところに、彼女が受けることになる「ドーズデンス化学療法」について話を聞きに来た。私と同じ治療だ。ロニーは古風ながま口のバッグをしっかりと両手で摑み、私の静脈につながれたチューブに目をやった。「大したことないわよ」と私は言った――本当は、サイクルのたびに疲労感がひどくなっていたけれど。

「髪が抜けるのは嫌だわ」と、私のニット帽を見ながらこわばった声でロニーが言った。いちばんそれを必要としているときに、私たちのアイデンティティの一部である髪を失うというのはあまりにも大きすぎる治療の代償だった。私がロニーに、最初の抗がん剤治療が終わったらうちのソファで休みに来るように誘うと、ロニーは誘いを受け入れ、2回めの治療の後もやって来た。まもなく私たちは、抗がん剤治療が終わったらソファも服も帽子もかつらも捨てちゃおうと冗談を言い合うようになった。ロニーは街から30分の森のなかに住んでいて、私たちはときどき、彼女の家のソファに座って森の木々や彼女の家を包み込む雪を眺めては春を恋しがった。

「アンに紹介したいわ」と私はロニーに言い、すぐに私たち3人はショートメールのやり取りをするようになった。

私は毎日日記をつけ、疲労感、気分、頭のぼんやり感（ケモブレインと呼ばれる、思考がまとまらない、言葉が思い出せない、文章が出てこないなどの症状）に1から10までのスコアをつけた。活力とともに私の精神状態も落ち込み、抗がん剤治療後の数日はうつ状態になった。家のすぐ近くをぐるっと一周するだけでも荒波に抗って歩いているように感じられ、人が死ぬときにどんなふうに感じるのかがわかった気がした。とにかく、もう一歩も歩くエネルギーすらなくなるのだ。食べられず、トイレにも行けず、ソファから立ち上がることもできないのなら、死ぬのもそんなに悪くなかった――スキーを履いて川沿いの小道を滑ったり、子どもの夕食をつくってやることもできないのならば。「私らしくいることに必死だ」と私は日記に書いた。もう一度ふつうの状態に戻って、娘たちとスキーがしたい、と思いながら。調子のいい日が一日あったかと思うと落ち込み、また上がっては下がり、そこからやっとの思いで這い上がる――するとすぐにまた次の抗がん剤治療が始まった。「ジェットコースターみたいだな」。ヘビのような私のグラフを見せるとサン先生が言った。

4サイクルめ、レッドデビル投与の最終回、私はマルパス先生に、これ以上続ける自信がないと言った。泣くのさえつらかった。先生は、瞑想、睡眠薬、そして日光浴を勧め、後半、イチイの木からつくられる薬に替えての最後の4サイクルになれば楽になるから、と約束してくれた。

アンからのショートメッセージには、「こうありたくない、ということを考えるのではなくて、こうありたい、と考えるのよ」と書いてあった。木のように強くありたい、と私は思った。私のメープルの木のように。その午後、私はその根元に座った。枝から下がったブランコは動かなかった。私はメープルの幹に寄りかかり、暖かな日差しに顔を向けて、自分がその根に溶け込んでいくのを感じた。その途端、私はメープルの木のなかにいた。メープルの細胞が私の細胞と絡み合い、私はその心材と一つになった。

皆伐地でアマンダが行った、木に血縁認識が可能かどうかをたしかめる実験はほんの始まりだった。アマンダの修士号取得を、失敗するかもしれない野外研究だけに依存させるわけにはいかなかったので、私たちは同時に温室内での実験も行っていた。その実験では、100本の苗木――これはこの実験のための「マザーツリー」の役割を果たした――を8カ月間育て、それからそのうちの50本は母親が同じ苗木と、残り50本は他人である苗木と並べて植えた。隣の木が親族である場合とそうでない場合のそれぞれについて、25本は菌根によってつながって信号を伝達し合えるくらい目の粗いメッシュのバッグに、あとの25本は目が細かくて菌根ネットワークが形成できないメッシュバッグに入っていた。そうやって植えた2本組を、マザーツリーのほうが1歳、あとで植えた隣の木が4カ月になるまで育てた。

3月、私がレッドデビルの4度めの投与を受ける直前に、アマンダから、植えた100本の苗木を収穫する準備ができたというEメールが送られてきていた。それに対して私は、「収穫の前に、あなたとブライアンで、マザーツリーが他人よりも自分の子孫にたくさん炭素を送るかどうかがわかるよう、同位体炭素13で標識しなさいね」と返事を送っていた。身体が動かない状態の私は、マザーツリーが自分の子孫を認識するだけでなく、それらをひいきして炭素をより多く送るのではないか、だとしたらどの程度なのか、ということが頭から離れなかった。ブライアンは新しいポスドクで、私が指導している大学院生の実験とデータ分析を手伝ってくれていた。「心配しなくていいよスザンヌ、わかってるから」と、イギリス訛りの英語で彼は約束してくれた。標識の当日、私はまるで酸素ボンベなしで登山しているような気分で、参加できないのは悔しかったけれど、彼らが私なしで作業してくれていることに感謝した。苗木の収穫が終わり、菌根を数え、炭素13の量の分析のための粉砕が終わると、ブライアンから報告があった。私はソファに寝転んで安堵のため息をついた。

1カ月後、私たちはスカイプで集まり、アマンダのデータ表や図を画面で共有した。アマンダは開口いちばん「やだ、元気そうじゃないですか」と言った。

「ええ、ありがとう、なんとかがんばってる」と言いながら私は、アマンダがデータの説明をしているあいだ、ラップトップの角度を変えて目の下のくまを隠そうとした。私はハナとナヴァを連れて、アマンダのホッケーの試合を観に行ったことがあった。アマンダの両親のロリスとジョージ、叔母のダイアンが私たちの後ろの列で応援の歓声を上げていた。アマンダはブリティッシュコロンビア大学の女子ホッケーチームのキャプテンで、スピードがあり、スティック使いも巧みだった。いろいろなことをうまく並べてゴールにつなげるのは得意なのだ。

「マザーツリーの隣に植えたのが親族のときは、他人のときより鉄分が多いです」。2種類の苗木のあいだにある差をカーソルで示しながらアマンダが言った。銅とアルミニウムについても同様だった。「マザーツリーが子孫に送ってる可能性があるわね」と私は言った。アマンダが機敏にパックをセンターにパスし、ブルーラインでディフェンスに就くあいだにセンターがゴールに向かって突進したかと思うと、サッとウイングにパスする様子が頭に浮かんだ。この3つの微量栄養素は光合成と苗木の成長には欠かせないのよ、と私は言い、私たちは、鉄、銅、アルミニウムは、マザーツリーがその子孫に送るシグナル分子の一部なのかもしれないね、と話し合った。

パックをパスするみたいに。

「親族の苗木は他人の苗木と比べて根端も重いし、マザーツリーと同じ菌根菌もたくさんついてます」と、カーソルでデータを指しながらアマンダが言った。

「ドンピシャじゃない！」と私は言った。

「親族の木の隣にあるほうがマザーツリーも大きいみたいなんですけど、それって重要ですか？　2本がシグナルをお互いにやり取りしているとしたら納得できますよね」

もちろん重要だった。つながり合い、コミュニケーションを取り合うことは、子どもと同じくらい親にも影響を与えるのだ。

翌日、私は再びスカイプで、アマンダとブライアンと一緒に炭素同位体のデータを読んだ。画面に焦点が合うのも待たずにブライアンが、「これ見てくださいよ！」と興奮して言った。

「量は少ないんです」とアマンダが言った。「でも、マザーツリーは、親族の苗木の菌根菌に、そうじゃない苗木よりもたくさん炭素を送ってます！　血縁識別分子には、炭素と微量栄養素が両方とも含まれているみたいです」。マウスが示す矢印が画面の上に円を描いた。

「すごいな」とブライアンが小声で言った。ただし、炭素はまだ完全には親族の苗木の根のなかに届いてはいなかったけれど。私はすでに以前、アメリカシラカバからダグラスファーの根に、また、枯れていくダグラスファーからそれとつながっているポンデローサパインの幹に炭素が移動するのを見てきていたので、マザーツリーから送られた炭素が親族である苗木の菌根菌のところで止まり、根のなかに移動していないことに驚いた。でもアマンダが植えた親族の苗木は、ユアンユアンと一緒にダグラスファーの葉を落として行った実験で受け手側になったパインの5分の1の重さしかない。だからそのときのパインとは違い、このダグラスファーはまだ小さすぎて、炭素を根に引き入れられるだけのシンク強度ができていないのだろう、と私は推測した。それだけでなく、アマンダの実験で炭素を提供する側のダグラスファーのソース強度は、ユアンユアンとの実験の、枯れかけたダグラスファーより弱いはずだ――だって炭素のほとんどは自分の成長と維持に使われ、全部を地下のネットワークに送り出しているわけではないのだから。抗がん剤治療に持ち堪えられたら……と私は考えた。後日、枯れかけのマザーツリーともっと大きい親族の木を使って、もう一度この実験をしなければ。

「ほんのちょっとの量が苗木の菌根菌に移動しただけでも、苗木がこんな小さいうちは、それが生死の分け目になることもあるからね」と私は言った。芽を出したばかりで、日の当たらないところ、あるいは夏の日照りのなかで必死に生きようとがんばっている苗木は、ほかからのごくわずかな支援を、ほんのちょっとの助けを、適切なタイミングで受け取ることができれば枯れずに済むのである。それに、マザーツリーは大きければ大きいほど健康で、与える炭素も多い。

それだけじゃない、とスカイプ会議を終了しながら私は思った。キッチンの窓ガラスは窓枠に沿って霜がついていた。私はメアリーが、そしてジーンがやって来る日が待ち遠しかった。親族同士のコミュニケーションは重要だが、それはコミュニティ全体にも言えることだ。実験のために構成された「家族」のなかには、マザーツリーが自分の子孫と同じだけ「他人」にも与えていたものもいくつかあった。もちろん、世のなかにはいろいろな家族がいる。そして森もまた、いろいろな関係がモザイクのように集まっている。それが健康な森をつくるのだ。アメリカシラカバとダグラスファーは樹種が異なるにもかかわらず互いに炭素を送り合っていたし、シーダーにも、特有のアーバスキュラー菌根ネットワークを通して送っていた。古い木々は、自分の子孫に特別に目をかけるだけでなく、子孫を育てる森というコミュニティ全体の健全さを保とうとしているのである。

そうか！　マザーツリーは自分の子どもが有利なスタートを切れるように図らうが、同時に村全体が、子どものために繁栄できるようにその面倒も見ているのだ。

アマンダと私は森で集めたデータを精査した。3箇所の皆伐地で、発芽した種はわずか9%だった。私は、アマンダがメッシュバッグに埋めた種をチェックしているあいだ、倒木に腰掛けてメモを取っていたときのことを思い出した——あのときはまだ、本当の疲労感というのがどういうものかちっともわかっていなかった。けれども、大失敗のなかから大事なことが見つかる場合もあるし、興味をそそるような傾向を無視するのが私は嫌だった。

「発芽した親族の種の数と気候の乾燥度の相関関係は弱いですね」と、申し訳なさそうにアマンダが言った。「でも、温室でもこれと同じ傾向はありました」。親族の苗木は、湿度の高い場所よりも乾燥した場所のほうがマザーツリーへの依存度が高いように見えた。マザーツリーは、いちばん乾燥している皆伐地ではとくに苗木の成長に手を貸していた――おそらくは、菌根ネットワークを通じて苗木に水を送るという形で。

日記をつけるテーブルの上で、飲みかけの炭酸水のコップがカタカタ鳴った。今日のエネルギーは5、気分は最高。人間は、年寄りのマザーツリーを残し――いまのようにほとんど伐ってしまうのではなくて――、彼らが自然に種を落として自分の苗木を育てるのに任せたほうがいいのではないだろうか。たとえその木が健康でないとしても、古い木を皆伐してしまうのはいい考えではないのかもしれない。死にかけの木にも、与えるものはたっぷりあるのだ。古木には、古い森でしか生きられない鳥や哺乳動物や菌類が棲んでいることを私たちはすでに知っている。古い木々には、若木よりもはるかに多くの炭素が蓄えられていることも。彼らは地中に隠された驚異的な量の炭素を護り、新鮮な水と清浄な空気の源にもなっている。その年老いた魂は数々の大きな変化を生き抜き、それが彼らの遺伝子に刻まれている。そうした変化のなかから彼らは極めて重要な叡智を手にし、それを子孫たちに差し出す――新しい世代が根づく安全な場所とその成長の土台を提供して彼らを護るのだ。

バタン、とドアが閉まる音がした。ナヴァとハナが学校から帰ってきたのだ。2人のニット帽は雪まみれだった。ハナは数学を教えてと言い、私たちは教科書を開いた。

やり残した私の仕事——残されたいちばん大きな疑問——の核心は、病気だったり、気候変動による干ばつのストレスを受けていたり、あるいは単に寿命が近づいたりして健康な状態ではなくなった年老いたダグラスファーのマザーツリーが、その残された時間を使って、最後に残ったエネルギーや養分を子孫に送っているのか、ということだった。これほど多くの森が死んでいこうとしているいま、私たちは、長老の木が死後にその遺産を残していくかどうかを明らかにすべきだった。ユアンユアンと私はすでに、ストレスを受けたダグラスファーのほうが健康なダグラスファーよりも多くの炭素を近隣のロッジポールパインに送ることを知っていたし、アマンダは、健康なマザーツリーの近くにある苗木のうち、マザーツリーと遺伝的につながっている苗木のほうがそうでない苗木よりも多くの養分を蓄えており、その菌根菌はより多くの炭素を受け取っているということを突き止めていた。だが、死んでいくマザーツリーがその残された炭素を、菌根ネットワークにとどめるだけでなく、自分の子孫である苗木にその枝葉の活力源として送り込んでいるという証拠はまだ摑んでいなかった。そのため、炭素が菌類ネットワークに送られることが実際に、子孫である苗木の健康に寄与しているということは実証されていなかった。菌類が、中間業者のように炭素を自分の懐に入れているのか、それともマザーツリーが菌類に送った炭素が本当に子孫の生存のために使われているのかはわからなかったのである。

仮に、マザーツリーに死期が近づくことで、子どもたちの光合成器官により多くの栄養素が送られるようになるのだとしたら、それは生態系全体に影響を与える。

その答えが完全にわかるには長い年月が必要だ。だがまずは、私はノロノロと病院の階段を上ってパクリタキセルの点滴を受けなければならなかった。

イチイの木からつくられた薬を。


「ナヴァのためにしっかりしなきゃだめよ」と、不安を隠そうとしながらロビンが言った。

私は包まなければならないプレゼントを呆然と見つめていた。ポートは注射針の穴だらけ、感染した喉は白く、髪のない頭皮はムズムズした。誕生日パーティのためにつくろうとしていたサラミサンドで胸がむかついた。整理棚には私の薬が山積みになり、その横にはメアリーがつくった、おびただしい量の薬の服用記録表があった。毎晩きちんと打つのを忘れないように、フィルグラスチムをお腹に注射するための注射器も置いてあった。口のなかはまさに排泄物みたいな味がした。薬がパクリタキセルに替わってから吐き気はマシになったものの、疲労感はさらにひどくなった。私にとっていちばん大切な時間を、私はなかなか楽しめないでいた——娘たちと過ごす時間を。

「無理」

「無理じゃないわ」とロビンはもの静かに言って、サンドイッチを仕上げ、ワックスペーパーで包んでくれた。

メアリーがいないあいだ、ロビンは数週間前から私の家に泊まり込んで、夜は私の寝室の外の廊下で眠り、私が呻き声を上げるたびに起きてくれた。そして毎日、1年生の授業を終えるとすぐにうちに来て夕食をつくってくれていた。

ナヴァがドアの向こうから顔を覗かせた。今日は13歳の誕生日だった。えび茶色にピンクの花柄のついたお気に入りの服を着ている――それは、3月22日が、その年初めて春が訪れる日であることを思い起こさせた。1時間後には、家から数分のレイクサイド・パークに友だちが5人集まることになっていた。ナヴァは海緑色の瞳を私のほうに向けて、本当にパーティをしてもいいの?と訊いた。

「もちろんよ」と言って私は椅子から立ち上がった。「あとからすぐ行くから」

サンドイッチ、炭酸飲料、チョコレートケーキ。私はパーティ用の食べ物と風船が入ったワゴンをピクニックテーブルまで引いて行った。地面にはところどころ雪が残り、メープルやトチノキの枝は葉が落ち、バラは黄麻布で覆われていたが、湖岸に続く砂の上にはたくさんの足跡があった。ロビンが黄色い紙ナプキンと紙コップ（ナヴァは黄色が大好きなのだ）を並べているあいだに、ハナと母がやって来て、ナヴァにプレゼントを開けろとけしかけた。それは水色に黒で「ナヴァ」と書いてあるマグカップだった。それから母が小さな箱をナヴァの前に置いて、「この時計はね、私が13歳になったときにウィニーおばあちゃんがくれたものなの。今度はあなたにあげましょうね」と言った。母は時折、こういうドンピシャなことをする人なのだ。ナヴァはそれを腕にはめた――楕円形の文字盤に螺鈿細工が施してあり、バンドは金と銀のハートの組み合わせでできていた。

紙皿にはバレリーナの絵がプリントされていた。ナヴァとその友だちはサンドイッチを食べ、唇をオレンジ色に染めながらオレンジソーダを飲んだ。それから私たちは、チョコレートのフロスティングに黄色い文字で「ナヴァ」と書いてあるバースデーケーキにロウソクを立てた。それまで私は、娘たちの誕生日になると宝探しゲームを用意し、隠し場所のヒントや迷路や賞品を念入りに準備したものだったが、今日は、卵運び競争をしようとハナが提案し、卵1カート分とスプーンを6本持ってきていた。ハナに促され、私はそれぞれ卵を乗せたスプーンを持っている女の子たちをスタートラインに並ばせて、「ヨーイ、ドン!」と叫んだ。ナヴァと友だちの女の子たちはうれしそうにゴールに向かって駆け出し、卵はスプーンから落ちてつぶれた――ナヴァの卵も。

湖からは風が吹きつけ、春の先陣を切るヨットが冷たい風に帆を張り、春を待つアスペンの裸の幹は白く、アメリカシラカバの樹冠が赤く染まり、ポンデローサパインとダグラスファーは黒々と枝を広げていた。

私はケーキのロウソクに火をつけようとマッチを擦り、火が消えないよう身体を丸く曲げてケーキを風から護った。「願い事をして！」とロビンが言って、ナヴァが思い切り息を吸い込んだ。私も祈った。私たちがみな健康でありますように。早く私の森に戻れますように。そして私たちは全員でロウソクを吹き消した――ちゃんと消えるように、念のため。ロウソクの最後の炎がゆらめいて風に消え、私たちは「ハッピーバースデイ」を歌った。カナダカケスが頭上を飛んでいた。満面の笑みでナヴァが「ママ、ありがとう」と言った。私は「ナヴァ、あなたの世界は始まったばかりよ」と囁いた。私自身も生まれ変わった気分だった――若い魂に救われて。私がナヴァの肩に手をかけて回転させると、ナヴァは優雅に身体を回転させ、シャネで5回くるくると回った。回転するたびに私と目を合わせながら。そして最後にもう一度私の指に軽く触れた。

ナヴァの13歳の誕生日。2013年3月22日。

私は、娘たちが卒業するまでは生きると心に誓った。4月22日にハナは15歳になる。アースデイだ。ナヴァが生まれたのは春が始まる日——ちょっと立ち止まって、陸地や海のこと、鳥のこと、生き物のこと、お互いのことを考える日だ。2人をこの世に送り出した日の不思議な巡り合わせがどんなに素敵なことか、なぜいままで気づかなかったのだろう?

その年の秋、私は思い切って、私の身内の子どもたちだけでなく、ほかの子どもたちの育成にも携わることにした。相変わらず疲労感は強かったけれど、ニューオーリンズで、ビーンバッグチェアに座った14歳の子どもたち100人を前に開かれたTEDユースで話したのである。ユーチューブへの動画投稿に耐えられるクオリティのトークをしようと、私はメアリーを相手に練習した。メアリーは嫌になるほど練習を繰り返す私に辛抱強くつき合い、抗がん剤治療後の一連の放射線治療のせいで相変わらずうまく働かない脳みそでも文章と文章をうまくつなげられるようになるまで、ちょっとした記憶術のヒントを出しながら助けてくれた。科学者には批判されることがわかっている擬人化した言い回しをどうするかに悩んだが、結局、子どもたちに概念をわかりやすく説明するために、「マザー」「彼女」「子どもたち」といった言葉を使うことを選んだ。司会者は陽気な人で、その元気の良さが堅苦しい私の話し方とうまく釣り合いを取っていた。7分間、私はビルが撮影した美しい木々や菌根ネットワークの映像が映し出されたスクリーンの前で、つながり合うことの大切さについて話した。司会者は立ち上がり、大喜びだった。録画されたビデオは無事オンラインで配信され、7万回以上の視聴数を記録し、私は2年後、招かれてTED本家のトークに登壇した。私の近年の研究は高く評価され、私が書いた数本のレビュー論文は1000回以上引用されていた。私は幸せだった。

† † †

ナヴァの誕生日パーティからまもないある日、ロニーとアンと私はがんサポートグループでデニーズを囲んでいた。抗がん剤治療室に初めてやって来た日、デニーズは泣きながら部屋から逃げ出した——椅子に座った私がいまにも死にそうで、自分もすぐにそうなると思ったのだ。アンとロニーと私はすでにネットワークでつながっていて、つらいことや怖いことを書き綴ったショートメールをやり取りしたり、お守りの石や詩を贈り合ったり、喉の痛みや発疹に効くクリームだの薬だのについての情報を共有したりしていた。たとえばアンからは、「身体はあなたが考えたとおりになるの。だから治ると考えなさい」というショートメールが届く。抗がん剤治療が終わりに近づくにつれて、アンは私たちのマザーツリーになっていた。

ある日、デニーズは私たちのランチに加わり、たちまち私たちの仲間になった。私の家の丸い食卓に、ロニーはボルシチを、デニーズはグルテンフリーのクラッカーを、私はケールサラダを並べた。アンはダークチョコレートを持ってきて、何から何まで規則どおりってわけにもいかないわ、と言った。私はひどい鵝口瘡だったし、ロニーはよく眠れなかったし、デニーズの足先はしびれて感覚がなかったが、アンは、抗がん剤治療がもうまもなく終わることを思い出させてくれた。「ご褒美のことだけ考えましょう」とアンが言った。本当のご褒美が何であるか、私たちはみんな知っていた。みんな一緒だということ。深刻な病気とその苦しみのなかで、一丸となって死に立ち向かい、誰一人諦めることを許さず、もうこれ以上1秒も耐えられないというときに、お互いを励まし合って培った友情こそがご褒美なのだ。そのとき私にはわかった。こうして強くつながり合っていれば、たとえ死んだとしても、それはそれでいい。「ブロンドのかつらのほうが地毛より似合うと思わない?」とロニーが訊いた。私たちは一斉に、思う!と叫んだ。

「このグループに名前をつけましょうよ」とロニーが言った。「Breastless Friends Forever(胸のない生涯の友)でBFFはどう?」。「私、おっぱいあるけど」とデニーズが言った。がんを摘出しただけの人も入れてあげる、と私は言った。

1週間後、抗がん剤治療室に入ろうとしていた私は、3度めの抗がん剤投与を終えて出てくるアンとすれ違った。「かわいそうに、夫のお迎えがもうすぐなの」と、スカーフをいじりながらアンは言い、私が慰めの言葉を口にする前に私の腕を軽く叩いた。

数時間後にアンから届いたショートメールには、夫が彼女の腕のなかで死んだと書かれていた。

マルパス先生は正しかった。パクリタキセルは最初の抗がん剤よりも吸収しやすく、私はいくらか元気を取り戻して、また森のなかを歩くようになった。パクリタキセルは、大きなシーダーやメープルやダグラスファーの下に生え、背が低くてこんもりと葉を茂らせるイチイの形成層からつくられる。先住民族の人々はその効能を知っていて、病気の治療のためのティンクチャーや湿布をつくったり、針葉を擦りつけて肌を丈夫にしたり、葉を浸した水に浸かって身体を浄化したりした。イチイの木は、ボウル、櫛、雪の上を歩く道具、または精巧な釣り針、槍、弓をつくったりするのにも使われた。現代の製薬業界がイチイの持つ抗がん作用に気づくと、イチイの乱獲が始まった。枝と同じくらいの長さしかない小さなイチイの木の幹の樹皮が剝がされ、十字架のように丸裸になっているのを見かけたこともある。なんという虐待だろう。だが近年は、製薬会社の研究所でパクリタキセルを人工的に合成できるようになり、イチイは森の涼しい木陰で元気に育っている。ただし、原生林の大木が木材のために皆伐されると、こういう小さくて弱々しい木は熱い日差しのなかで衰弱してしまう。

メアリーが戻ってくると、私たちはイチイを探しに出かけた。シーダーやメープルの木陰に生えているイチイは、ふさふさと葉を茂らせ、樹皮は古めかしくささくれだち、ホビットくらいの背丈しかなかった。下のほうの枝が地面に触れているところからは新しい茎が根を下ろし、マザーツリーの周りを囲むように絡まり合っている。私は枝の1本に手を滑らせた。針葉は2列に並んでいて、表は深緑、裏は灰色がかった緑だ。イギリスには樹齢何千年という近縁種があるそのイチイは、年老いてはいたけれど、幹は絹のようになめらかだった。挨拶のつもりで樹皮に触れると、手のなかでぽろりと剝がれた。その下の形成層はつややかな紫色をしていた。

パクリタキセルの最後の静脈内投与が終わると、私はハナとナヴァをこのイチイの木立ちに連れていった。スプリングビューティーとミズバショウが咲いていた。「ここにあるイチイの木がママの薬をつくってくれたのよ」と私は言って、私たちはイチイの木々の節くれだった幹を抱きしめた。私は、私を助けてくれたのと同じように娘たちのこともお願いね、と頼んだ。そのお返しに、あなたたちのことを護り、あなたたちのことを学び、私たちがまだ気づいていない宝物を見つけるから、と私は約束した。この森に生えているほとんどの針葉樹と違い、イチイはアーバスキュラー菌根菌と共生する。ということは、シーダーやメープルとつながっているのだろうか？　彼らはきっと、大きな木々や根元に生えている小さな植物たち——カンアオイやロージー・ツイステッド・ストークやマイヅルソウ——と会話をしているに違いない。元気に生い茂る、互いにつながり合った植物が周りにあったほうが、イチイはより多くのパクリタキセルを産生し、その効能も高まるのかもしれない。

科学者なのだから、お返しをしないわけにはいかなかった。

私は自分が元気になって、イチイの森を歩き、その樹液のシャープな香りを吸い込みながら、森の木陰でイチイの研究をしているところを頭に描いた。その思いつきを娘たちに話し、イチイの頭上に聳えるシーダーやメープルのあいだを歩いていると、ハナが「ママ、それやるべきよ」と言った。私たちはマザーツリーの樹冠をくぐりながら歩き、その周りの苗木のあいだを走った。ナヴァがメアリーにもらったスカーフを自分の首からほどいて、いちばん古いイチイの木の幹に巻いた。その枝はとても長く、地面に届いていた。

現代社会は、木々に人間と同じ能力があるはずがないと決めつけている。木には母性本能なんてない、互いを癒やし合い、看護し合うこともない、と。でもいまや私たちは、マザーツリーには実際にその子孫を養育する力があることを知っている。ダグラスファーが自分の子どもを認識し、ほかの家族や樹種と識別できることがわかったのだ。彼らは互いにコミュニケーションを取り合い、生命を構成する要素である炭素を送る――自分の子どもの菌根にだけでなく、コミュニティを形成しているほかのメンバーたちにも。森の全体性を護るために。彼らとその子孫のあいだには、まるで人間の母親が自分のいちばんおいしいレシピを娘たちに伝えるような関係があるように見える。自分の生命力と叡智を伝えるのだ――生命を次の世代に引き継ぐために。イチイもまたこのネットワークの一部として、生涯を共にする木々や、私のように病気から回復中の人や、ただその木立ちを通り過ぎていくだけの人たちと関わっている。

最後の抗がん剤治療が終わって数日、パクリタキセルが私の細胞のなかで最後の仕事をしているころ、ジーンがはるばるモナシー山脈を越えてやって来て、私が菜園に種を蒔くのを手伝ってくれた。再び野外に出られるようになったことを祝うために。私の顔は青白かったけれど、ジーンは「元気そうね、ＨＨ」と言った。私たちは何時間も、ミミズがくねくねする湿った土を耕し、手にまめができて背中が痛くなるまで作業に精出し、それから木陰に座ってコンブチャ［訳注：お茶を発酵させた植物性の発酵ドリンク］を飲んだ。その翌日、私たちはマメとトウモロコシとスクウォッシュの種を蒔いた。発芽すると根が菌根菌に合図を送り、菌根菌は根に付着してしっかりとした網をつくる。そして湖の向こうでは、イチイ、シーダー、メープルのあいだで同じことが起きているのだ、と私は想像した。まず、ぱっちりと目を覚ました長身のシーダーが、眠たげなちびのイチイに糖を送る。イチイはそのエネルギーを使ってガサガサした樹皮を育て、パクリタキセルの滴をつくる。メープルの葉が開くと、メープルは糖を含んだ水をシーダーと木陰のイチイに送り、乾燥した夏のあいだも十分な水分が摂れるよう手助けをする。秋も深まったころ、今度はイチイがそのお返しに、緑色細胞に蓄えた糖をメープルとシーダーに送り、彼らが冬のあいだ眠っていられるよう助けるのだ。菌根菌は鉱物粒子の周りに巻きつき、ダニ類や線虫類や細菌が目を覚ます。

指で凹ませた地面の窪みに、私は白い種を蒔いた。数週間後には土壌は種でいっぱいになり、母の日までには、3人姉妹の種に生命がみなぎっていることだろう。

がんが寛解したと知らされた日、マルパス先生は、もしもがんが再発したら今度は治らないと言った。再発しないという保証が欲しかったが、先生は肩をすくめて「スザンヌ、生命というのはわからないものなんだよ。それを受け入れるかどうかは君次第だ」と言った。

家に戻ると私は、庭に生えたメープルの新緑の下に座り、リスがその樹冠に駆け上がっていく音に耳を傾けた。冬のあいだに大きな枝が折れ、樹液がその傷を覆っていたが、それでもメープルは自分の持てるすべてを与えて新しい葉をつけていた。新しい種子もたっぷりつくった——もしかするとこれが最後かもしれないが。その一部からは苗木が生え、それ以外はリスが食べるだろう。

死んでいくマザーツリーについて、いまでも気になっている疑問があった。病気のマザーツリーは、残された炭素を——ありったけの炭素を一気に——自分の子孫に送るのだろうか。そして送られた炭素は、苗木の細い根に絡まっている菌根のネットワークからさらにその小さな葉に送られて、できたての光合成組織が成長するのを助けるのだろうか？　彼女の最期の息吹がその子孫の身体に入り、そしてその一部となるように。

マメが発芽したかどうかをチェックするために菜園を覗いた私はびっくりした。そこには、芽を出したマメのゆらゆらする巻きひげに交じって、メープルの実生が顔を出していた。

15 バトンを渡す

PASSING THE WAND

ハナが、首に止まったB52爆撃機サイズの蚊を叩いた。ダグラスファーの若木の根の周りにある擦り切れたプラスチックの囲いを跨ぐハナに、「最初に幹に触るのよ、敬意を示すためにね」と私は言った。ハナはダグラスファーの若木のなめらかな幹に手を置き、それから巻き尺を幹に巻きつけてその直径を叫んだ。「8センチ!」――ソフトボールの直径と同じだ。それからハナは「2」と言った。「あまりよくない状態」という意味だ。黄色がかった針葉は、根の病気があることを示していた。ジーンが数字をデータシートに書き留めた。姪のケリー・ローズが、若木の根元に、それから頂芽にレーザー距離計を向け、

「高さ7メートル」と叫んだ。ナヴァと私は隣のアメリカシラカバを計測していた。ダグラスファーの半分くらいの大きさで、根元にはナラタケが生えていた。

私たちはアダムズ湖にいた。1993年に、ダグラスファーとアメリカシラカバを隔てる深さ1メートルの溝を格子状に掘り、それぞれの根の周りをプラスチックシートで囲んで、木と木を結ぶ菌根ネットワークを断ち切った場所だ。それから21年後の2014年7月、互いのつながりを断ち切られた木々はそのことによる被害を受けて、免疫系が弱り、生命力を奪われていた。わずか30メートル離れたところには、菌類によるつながりをそのまま残した対照群が元気に育っていた。

抗がん剤治療を終えて1年とちょっと経ち、ジーンと私は、14歳のナヴァ、16歳のハナ、18歳のケリー・ローズを森に連れてきていた。森のあり方を学び、生態系というのが本当に、すべてが一つにつながった場所であること、すべての生物が互いに依存しあっている場所であるということを、その目でたしかめてもらいたかったのだ――この何十年にわたって私の研究が示してきたように。世界中の先住民族の人々がむかしから識っていたように。それは、夏の一日を森で過ごしながら、こうしたことのすべてを娘たちに教える絶好のチャンスだった。

「ほら、虫よけ網をかぶりなさい」ジーンはそう言うと、養蜂家がかぶる緑色の、虫よけネットのついた帽子をワークベストのポケットから取り出し、ねじったポニーテールの上からかぶる方法をやってみせた。「すごいわ、これ」と、たちまち安心してケリー・ローズが言った。

ここには、私がいちばん最初につくったいくつかの実験場があった。私たちは、溝を掘った区画の59本の木をすべて計測し終え、対照群として溝を掘らなかったほうの区画に移動した。木々の下にはシンブルベリーとハックルベリーが生い茂っていた。「少なくともこのアメリカシラカバの下にいると涼しいね」とナヴァが言った。ナヴァはあっというまに身長がロビンと同じ169センチになり、ウィニーおばあちゃんと同じ156センチで伸びが止まったハナとケリー・ローズより頭一つ大きかった。3人ともウィニーおばあちゃんの物静かな強さを受け継いでいた――さっさと仕事にかかり、つまらないことで文句を言わず、よく笑い、やさしく穏やかで、お互いを気遣う。平気で木に登り、枝からぶら下がり、いちばん高いところのリンゴを摑んでスタッと飛び降り、そしてアップルパイを焼く。ナヴァが、紙のように薄い樹皮をひとすじ剝がし、周囲長を測った。「これは誰が開けたの?」。外周に沿ってきれいに一列に並んで開いている6つの小さな穴を指してナヴァが訊いた。

「シルスイキツツキ」。と私は答えた。「木をつついて樹液を飲んだり虫を食べたりするの」。ナヴァは、チュチュチュッと鳴きながら彼女の赤いベストに向かってブーンと飛んでくる、本物の生きたスニッチ［訳注:『ハリー・ポッター』に登場するクィディッチというゲームで使われる羽のついたボール］

から身をかわした。「あら」と私は笑って言った。「ハチドリも樹液が好きなのよ」。宝石のようなそのアカフトオハチドリは、羽つきの種やクモの糸でつくった巣に飛んでいった。巣には4つの小さなくちばしが大きく開いて待っていた。その隣のアメリカシラカバは、やわらかい若枝を食べるヘラジカのおかげで曲がっていた。そこから東に半キロのアダムズ川の岸辺では、アメリカシラカバは高さ30メートルになり、エルクやシカやカンジキウサギが枝や芽を食べ、ビーバーがその防水性のある葉柄を使って巣をつくり、ライチョウは木の上に巣をかけ、キツツキが幹に穴を開け、それはやがてフクロウやタカの棲みかになった。こうした立派なアメリカシラカバの根は氷河を水源とする川の水を吸い上げる──秋にはサケの産卵で赤く染まる川の水を。

アメリカシラカバは、サケの屍から川岸に染み込む栄養分も吸い上げているのだろうか、と私は前から思っていた。

根を自由に伸ばしてダグラスファーとつながっているアメリカシラカバは、溝で仕切られた区画の木の2倍近い大きさになっており、病気もないことが、数時間のうちにわかった。20年前に近くの小川に沿って間伐したアメリカシラカバよりは小さかったものの、それらは健康で、樹皮は厚く、皮目は小さく、枝が少なくて、籠を編むのに都合がよかった。なかでもアメリカシラカバの大木は樹皮を採るのに向いている、とセプウェップム族の長老メアリー・トーマスは言った。メアリー・トーマスの祖母マクリットが、木にダメージを与えずに樹皮を剝がす方法を彼女に教え、メアリーはそれを自分の孫たちに教えた。樹皮を剝がした痕を癒やし、その木が次の世代の種をつくれるよう、やわらかい形成層を傷つけない方法を教えたのである。彼らはその樹皮を使ってあらゆる大きさの籠を編んだ。そのなかには、摘んだシンブルベリー、クランベリー、イチゴを入れるためのものもあった。川のそばに立つアメリカシラカバの大木の樹皮は、水を通さないのでカヌーをつくるのに最適だったし、青々と茂る葉からは石けんやシャンプーができ、樹液は飲料や薬になり、ボウルやトボガンの材料としても最高だった。留意して育てれば——つまり、適度な本数を、相性のいい木と一緒に肥沃な土地に植え、根を自由に伸ばさせてやれば、ここ高地の森でもアメリカシラカバは、さまざまなものを提供できる貴重な木になるはずだった。

アメリカシラカバのあいだに散在するダグラスファーもまた、溝で仕切った区画のものよりも若干大きく、状態も最高だった。アメリカシラカバと菌根ネットワークでつながっているおかげで、ダグラスファーの木は若いときに背が高くなり、そうやって有利なスタートを切れたことは成木になったあとにも影響していた。20年後のいまも、アメリカシラカバに囲まれたダグラスファーのほうが、アメリカシラカバとのつながりを絶たれたところやダグラスファーだけの森で育ったものよりも大きく成長していたのである。栄養豊富なアメリカシラカバの葉が土壌を豊かにするおかげで養分にも恵まれていたし、アメリカシラカバの根についた細菌が窒素をたっぷり提供し、強力な抗生物質やその他の抑制性化合物が一緒になって免疫がついたためにナラタケ病も少なかった。ダグラスファーとアメリカシラカバが親密につながって育つこの森では、20年前に私たちが溝を掘って2つの樹種を隔てた区画と比べ、木材の生産量は2倍近かった。これは、森林監督官が通常考えるのと真逆の結果だった。彼らは、アメリカシラカバに邪魔をされないダグラスファーの根のほうが獲得できる資源が多いと考えたのだ――まるで生態系がゼロサムゲームの原理に従っているかのように。樹種間の相互関係による総生産量の増加などあり得ない、と彼らは頑なに信じていた。

私にとってさらに驚きだったのは、アメリカシラカバもまたダグラスファーからの恩恵を受け取っていたことだった。ダグラスファーと緊密につながっているアメリカシラカバは、単独で生きているものの2倍の速さで成長していたばかりでなく、病気に感染した根も少なかった。ダグラスファーが子どもだったときに食べ物と健康を供与したアメリカシラカバは、今度はそのお返しに、大人になったダグラスファーに助けられていたのである。ダグラスファーが空に向かって伸びていく一方でアメリカシラカバは衰えていったが、それはこうした森が古くなるにつれて自然に起こることだ。その根はまだ地中深くに伸び、菌類や細菌という財産はそのままで、彼らの活力源が森というキャンバスを染めていることに変わりはなかった。次に大きな攪乱――火災、害虫の大発生、病原菌による感染など――が起これば、アメリカシラカバの根や切り株は再び芽を出し、次世代のアメリカシラカバが誕生することになるだろう。ダグラスファーと同様に、それもまた生命の輪の一部なのだ。

私たちは大きく枝を広げるアメリカシラカバの下に座ってお昼を食べた。テントを張ったところでつくったサーモンのサンドイッチと、道々摘んだベリー、それにバーナビー・ジェネラルストアで買ったクッキー。ケリー・ローズは血のように赤いシンブルベリーを、まるで箱からチョコレートを選ぶみたいにひと粒ずつつまんで食べた。「スージーおばちゃん、アメリカシラカバの下に生えている植物がこんなに甘いのはどうしてなの?」とケリー・ローズが訊いた。

根と菌類が土壌の深いところから水を吸い上げるからだ、と私は答えた。水と一緒に、カルシウムやマグネシウムをはじめとするミネラルを吸い上げ、それが葉に伝わって糖分がつくられる。アメリカシラカバは、菌類の糸でほかの木々や植物を網のようにつなぎ、その網を通して、土壌から吸い上げた栄養たっぷりのスープや、葉がつくった糖やタンパク質を分け合うのである。「秋になると葉が落ちて、今度はお返しに土に養分を与えるの」と私は言った。

メアリー・トーマスの母親と祖母マクリットは、アメリカシラカバに感謝し、必要以上のものを収穫せず、お礼に供え物をするよう彼女に教えた。メアリー・トーマスはアメリカシラカバをマザーツリーと呼んだことさえあった――私がその概念を思いつくよりずっと前に。メアリーの部族の人々は、何千年も前からアメリカシラカバを通じてそのことを知っていたのだ。彼らの大切なわが家である森に暮らし、すべての生き物たちに学び、対等なパートナーとして彼らを敬うなかで。西洋哲学はこの「対等」という言葉につまずく。西洋哲学は、人間はほかの生き物よりも優れていて、自然を支配するものと考えるのである。

「アメリカシラカバとダグラスファーは地下の菌類ネットワークを通じて会話する、っていう話をしたの覚えてる？」と私は3人に言って、片手を耳に、もう片方の手の指を唇に当てた。3人はじっと耳を傾けた——蚊の羽音に邪魔されながら。このことを理解したのは私が初めてではなくて、多くの先住民族が古くからこのことを識っていたのだ、と私は言った。ワシントン州オリンピック半島の東側に住むスコーミッシュ族の、いまは亡きブルース・スビイェィイ・ミラーは、森に存在する共生関係と多様性についての物語を語り、森の地面の下には「根と菌類が構築する複雑で広大なシステムが広がり、それが森の強さを保っている」と言った。

「このパンケーキマッシュルームは、地下にある菌類のネットワークの子実体なの」と言いながら私がヌメリイグチ属のキノコをケリー・ローズに渡すと、彼女はその傘の裏の小さな孔をしげしげと観察し、どうしてそのことをみんなが理解するのにこんなに時間がかかったのかと訊いた。

私はその叡智を、西洋の科学という頑なレンズを通してたまたま運よく垣間見ることができた。大学では、生態系をバラバラの部分に分けて、木や植物や土壌を別々に観察することを教えられた――森を客観的に見るために。こうして森を解剖し、支配し、分類し、感覚を麻痺させることで、明晰で信頼に足る、正当な知識が得られるはずだった。ある一つの体系をバラバラにして、その一つひとつの部分について考えるというやり方に従うことで、私は学んだ結果を論文として発表することができた。そしてまもなく私は、生態系全体の多様性とつながり合いについての論文を書くのがほぼ不可能であることを知ったのだ。対照群がないではないか！と、私の初期の論文の査読者は叫んだ。私は、実験に使ったラテン方格［訳注：n行n列の表にn個の異なる記号を、各記号が各行および各列に1回だけ現れるように並べたもの。効率よく実験を行うために使われる］や要因計画、同位体や質量分析計やシンチレーションカウンター、それに統計的有意性のある顕著な差だけを考慮する訓練などを通じ、ぐるりと一巡して先住民の人々が持っていた叡智に辿り着いたのだ――多様性が重要だということに。そして、この世のすべては実際につながっているのである。森と草原、陸と海、空と大地、精霊と生きている人々、人間とそれ以外のすべての生き物が。

小雨のなか、私たちは、以前私が針葉樹を異なった密度で植えた区画まで歩いた。ダグラスファーばかりでほかの木がほとんどない木立ちと、周りにたくさんの木が生えているところでは、どちらがよりよく育っているかを観察するためだ。私は木の1本1本の場所、すべての実験場、各区画の四隅に打ち込んだ標柱のすべてが頭に入っていた。カラマツやシーダーをどこに植えたかもわかっていた。ダグラスファー、アメリカシラカバもだ。私は娘たちに、このダグラスファーは植え方が深すぎたとか、あのアメリカシラカバはヘラジカに折られたとか、このカラマツはクロクマに横倒しにされた、などと説明した。ある区画は、5年間、毎年木を植えたけれど決して育たず、いまではユリが見事に咲き乱れていた——そうあるべきところだったのだ。樹種が混合している実験区画では、シーダーがアメリカシラカバの下で青々と茂っていた。その繊細な針葉の色素を護るためには、アメリカシラカバに覆われていることが必要なのだ。おしゃべりをやめて顔を上げると、ジーンと娘たちが笑顔で立っていた。

私たちは腰を落ち着けて、異なった密度で植樹されたダグラスファーの大きさを計測し始めた。周りにアメリカシラカバがないところでは、最大20％がナラタケ病に罹っており、ダグラスファーの密度が高いほどその割合が高かった。その根が土中の感染源に触れ、病原菌が広がるのを止めるアメリカシラカバの根がないために、それは樹皮の内側に広がって師部を窒息させたのだ。感染したダグラスファーのなかには、葉は黄色くなってもまだ枯れていないものもあったが、とっくに枯れてしまったものもあり、その樹皮は灰色でボロボロだった。枯れた木のあったところには別の植物が育ち、なかにはアメリカシラカバが根づいたところもあって、ムシクイやクマやリスを惹き寄せていた。木が枯れるのは悪いことばかりではない。それによって多様性が生まれ、森が復活し、複雑性が高まるのである。また害虫を抑え、防火帯にもなる。だが枯れる木が多すぎれば、変化の連鎖反応が起きて広い範囲に広がり、均衡が崩れてしまう。

ジーンが娘たちに、成長錘の錐の先をダグラスファーの樹皮に挿し込む方法をやってみせた。「錐が入っていかないようなら、3回以上はやろうとしないこと、木を傷つけないようにね」とジーンが言った。ケリー・ローズがやってみたいと言った。そして数分のうちに錐は髄に的中した。ジーンは抜き取ったコアサンプルを赤いストローに入れて端をマスキングテープで塞ぎ、ラベルをつけた。

木の密度が高い区画——ダグラスファーがほんの数メートル間隔で植えられているところ——では、樹冠の下は暗かった。林床には赤みがかった針葉以外には何もなく、酸性が強いために養分の循環が滞っていた。木に囲まれて作業していると灰色の枝がポキポキと折れた。私はここの菌類ネットワークが、植樹のパターンに倣って、並んだ電信柱のように木と木を一列に結んでいるところを想像した。木が大きくなって枝と根が広がり、ほかの木が枯れたあとにできたスペースを占領するようになれば、ネットワークももう少し複雑になるだろう。

向こう脛に擦り傷をつくりながら、私たちは次に、ダグラスファーがもっと間隔をあけて植えられているところに移動した。その間隔は最大5メートルで、ダグラスファーの周囲長はもう少し大きかった。時間が経つにつれて、木と木のあいだにはさまざまな種子が落ちた。そのなかには、そこに生えているダグラスファーの種もあれば、排除された木の種、あるいは周りの谷の木から飛んできた種もあっただろう。近くの木、あるいはほかの谷の木の花粉を受精した種が、こうやって森の回復力をたしかなものにするのである。新しい木のなかにはまだよちよち歩きのものもあれば、幼稚園児くらいのもの、中学生くらいのものもあり、森のこの一画は、多様性と同族関係が形づくる学校の様を呈し始めていた。森が歳を取るにつれて菌根ネットワークはより複雑になり、いちばん大きな木がそのハブになっていくところを私は想像した。マザーツリーだ。最後には、それは何年か前に私たちがダグラスファーの原生林でマッピングしたネットワークのようになることだろう。

最後の1本を測り終わると、私たちはヘラジカが通る小道を下り、トラックを停めてある川辺に出た。私の実験場だったところはゆっくりと森に飲み込まれつつあり、再生した森は驚きに満ちていた——皆伐地の周りから十数種の樹種の種が入り込んで芽生え、ヘラジカは植樹されたアメリカシラカバを食べ、ナラタケが木に取りつき、ダグラスファーはアメリカシラカバの成長を助け、シーダーの若木は太陽から身を護るために広葉樹の下で肩を寄せ合っている。正しいスタートを切ることを許されたこの森は、自ら活力を取り戻す方法を知っていたのだ——受容力のある土壌に種を落とし、私が植樹した木でここに相応しくないものがあればそれを殺し、私が森の声に耳を傾けるのを辛抱強く待ちながら。

こんなデータを論文にするのは無理だ、と私は思った。自然は自ら、きっちりした私の実験の輪郭をぼやかしてしまった。樹種の構成と植樹密度について私が最初に立てた仮説は、新しい木々が生えてきたことで、もはや検証不可能になっていた。だが私は、自分のやり方を押しつけて答えを要求するのではなく、ただ耳を傾けることでもっとずっと多くのことを学んだのだ。

ジグザグ道を走って山を越える車中、娘たちは後部座席で眠り、ジーンはデータシートを整理していた。私は、何十年にもわたって森から多くのことを学んだわが身の幸運さをしみじみと思った。アメリカシラカバが菌根ネットワークを通じてダグラスファーに炭素を送るかどうかをテストした最初の実験では、ほんのちょっとでもその兆候が見られれば儲けものだと思っていたのに、検知された信号は種を産生させるのに十分なほど強かった。そのお返しに、春にアメリカシラカバが新しい葉をつけるのに必要なエネルギーをダグラスファーが送るところも見た。そしてたくさんの学生たちによって、木と木のあいだに相互依存関係が存在することがたしかめられた。アメリカシラカバとダグラスファーのあいだだけでなく、さまざまな樹種のあいだで。

菌根ネットワークのマップをつくったときは、何本かの線が見つかればいいと思っていた。

でも見つかったのは複雑なタペストリーだった。

ユアンユアンとの実験では、死んでいくダグラスファーがポンデローサパインにメッセージを送る可能性は低いと思った。でも送っていた。別の学生が次の実験でそれを実証し、ほかにも世界中の研究室でそれが証明された。

それから、イチかバチかと思いながら、ダグラスファーのマザーツリーが自分の血縁を認識できるかどうか調べてみたら——なんと、認識できるどころか菌根ネットワークを通して信号を送っていた。ダグラスファーは自分の親族がわかるのだ！　マザーツリーは子孫が菌根と共生するのを支援するために炭素を送るだけでなく、その健康にもなんらかの形で寄与していた。そしてそれは親族だけではなく、「他人」やほかの樹種の健康についても同様だった。そうやって、コミュニティ全体の多様性を促進させていたのだ。これらはみな、単なる偶然の発見だったのだろうか？

木々はずっと、私にあることを伝え続けていたのだと思う。

1980年、私の生涯をかけたこの旅路に送り出してくれた、黄色くなった小さいトウヒの苗木は、その裸の根が土とつながることができないために苦しんでいるのだということが、私には直感的にわかっていた。いまでは、そのトウヒには菌根菌がいなかったのだということを知っている。菌根菌がいればその菌糸は、森の土壌のなかから養分を吸収するだけでなく、苗木をマザーツリーにつなぎ、独り立ちができるまで炭素や窒素を提供していただろう。でもその苗木の根はプラグのなかに閉じ込められ、古い木々から隔離されていた。一方、マザーツリーの周りで自然に再生した亜高山モミは、養分たっぷりで青々としていたのだ。

だが、病気をしてからというもの私の頭から離れようとしない問いがあった。自然のなかでは人間もほかのすべてのものと対等なのだとしたら、人間もまた、死ぬときの目標は彼らと同じなのだろうか？　精いっぱいバトンを渡すこと。いちばん大切なことを子どもたちに伝えること。大事なエネルギーが、単に地下の菌根ネットワークに送られるだけではなく、マザーツリーの子孫たち――その茎や針葉、芽、その他全部――に直接伝わるのでない限り、私には、彼らのあいだにあるつながりが、菌類ばかりでなく子孫たちの健康を増進させているという確信は持てなかった。

新たに私が指導することになった博士課程の学生モニカが、このことに関する一連の知識に新しい知見を一つ加えていた。2015年の秋、モニカは温室で、180個の鉢植えを使った実験を開始した。それぞれの鉢に3本ずつ植えられた苗木は、2本が親族、もう1本が他人で、親族同士の木のうち1本が「マザーツリー」の役を与えられた。彼女の実験は、マザーツリーが傷つけられたときに、最後に残ったエネルギーをどこに送るかを検証するものだった。親族か、他人か、あるいは土のなかか。苗木はメッシュバッグに入っており、その目の粗さはさまざまで、菌根ネットワークにつながることができるものもできないものもあった。モニカは、マザーツリーの一部を鋏で切るかバッドワームに食わせるかし、次にマザーツリーを炭素13で標識して、炭素の移動を追跡した。

まるで自然がいかに気まぐれかを私たちに思い出させようとするかのように、猛暑のせいで温室の天井のファンが壊れ、実験用の苗木の一部が枯れてしまった。モニカと私が植木鉢の列のそばに膝をつき、一つひとつ、カラカラに乾いた土をチェックしているあいだ、温室に住むまるまる太ったトラ猫が尻尾をパタパタさせていた。苗木の大部分はまだ生きていた。運がよかったのだ。さまざまな環境要因を制御しながら行う温室での実験ですら、うまくいかないことはある。だがそれは、これ以上ないほどよく練られた野外実験、とくに長期的な傾向を検証するための何十年ごしの実験に降りかかる無数の災難に比べれば、なんでもない。科学者のほとんどが研究室のなかで実験するのも当たり前だわ、と私は内心思ったものだ。

でも私たちはこの実験を中止しなかった。モニカがマザーツリーの隣に植えた親族の苗木はアマンダが植えたものの数倍も大きかったし、私はその苗木のシンク強度が、傷ついたマザーツリーが放出した炭素を自分の枝葉に吸い込むのに十分な大きさかどうかを知りたくてたまらなかったのだ。ある日、モニカと私は、生き残った苗木のデータを使って、まるで映画を鑑賞するように画面上のグラフや数値をスクロールした。検証した要因はすべて有意な結果を示していた。苗木がマザーツリーの親族であるかどうか。マザーツリーとつながっているかどうか。マザーツリーが傷ついているかどうか。

モニカが植えたマザーツリー役の苗木は、ブライアンとアマンダの実験結果と同様、親族の苗木により多くの炭素を送っていた。ただし、以前の実験では炭素が親族の苗木の菌根菌に移動したことが検出されただけだったが、モニカの実験では、炭素が苗木の幹のなかにまでしっかり移動していることがわかったのだ。マザーツリー役の苗木は、その炭素エネルギーで菌根ネットワークを満たし、炭素はそこからさらに親族の苗木の葉へと移動して、マザーツリーの滋養は苗木の一部になっていた。やった！　また、ウエスタン・スプルース・バッドワームあるいは鋏で傷をつけたマザーツリー役の苗木のほうが、より多くの炭素を親族に送っていたこともデータは示していた。自分のこの先がわからなくなったマザーツリーは、その生命力を急いで子孫に送り、彼らを待ち受ける変化に備える手助けをしたのである。

死が生きることを可能にし、年老いたものが若い世代に力を与える。

私は、潮の流れのようにパワフルで、日光のように力強く、山々を吹き抜ける風のように抑えようがなく、子を護る母親のように誰にも止めることができない、マザーツリーから流れ出るエネルギーを想像した。私のなかにそういうパワーがあることは、こうした森の木々たちの会話を発見する前からわかっていた。生命の不思議さを受け入れなさい、というマルパス先生の叡智に満ちた言葉について考えながら、私は庭のメープルの木から自分のなかに流れ込んでくるエネルギーにそれを感じた——そして、私たちが協力し合うときに立ち現れる魔法のような現象を。還元主義的な科学はそうした相乗効果をしばしば見落とし、その結果私たちは、人間社会や生態系をあまりにも単純化してしまうという過ちを犯すのである。

次の世代の木々のうち、最もよく変化に適応できる遺伝子——さまざまな気候条件の影響によって形づくられた木を親として、その親のストレスに順応し、自分の身を護るための強力な武器と豊富なエネルギーを持つ遺伝子——を持っているものが、この先に待ち受けるいかなる混乱からもいちばんうまく回復できるはずだ。このことの実際的な応用、つまり森林管理においてこれが何を意味するかというと、過去の気候変化に耐えて生き残った老木は伐らずに残しておくべきだということだ。なぜならそうした木は、攪乱された土地に種を拡散し、その遺伝子とエネルギーと回復力とを未来に伝えることができるからだ。古木をほんの数本残せばいいというのではない。さまざまな樹種のさまざまな遺伝子型、親族としてのつながりがあるものもないものも含めて、自然のままに混在させ、森の多様性と適応性を確保しなくてはならないのだ。

私が願うのは、サルベージ・ロギング［訳注：山火事や害虫の大発生などの大規模な攪乱後、枯れて残っている木を伐採すること］を実施する前に人々がじっくりと考えてくれること、そして、直系の子孫だけでなく周囲の木々の子孫たちも含めて助けるために、残った木々の一部をそのままにしておいてくれることだ。干ばつ、アメリカマツノキクイムシやウエスタン・スプルース・バッドワームの大発生、森林火災などが起きたあと、木材企業は広範にわたる森を伐採している。皆伐地は川の流域全体をまるまる飲み込み、谷全体の木が一切合財伐り倒されているのだ。枯れた木は火災の危険性を高めるとされるが、じつは都合のいい商材と見なされている可能性が高い。その際、周囲に生えているたくさんの健康な木が巻き添えになって製材工場に送られる。こうしたサルベージ・ロギングは炭素の排出量を増加させ、季節に従った川の流れに影響を与え、ときには川の氾濫を引き起こす。木がほとんど残っていない斜面を泥土が流れ落ちて、気候変動によってすでに温度が上昇している川に流れ込み、サケの遡上にますます被害を与えるのだ。

それが私を次なる冒険へと誘う——いまで

TED バンクーバー主催の TED ウォーク。2017 年。

も続けている研究だ。なぜならそれは、私たちが見過ごしがちな、異なる生物種間のつながりをじつに鮮やかに語っているからだ。私が研究者になる以前、科学者たちは、腐敗したサケの屍体から放出された窒素が、サケが遡上する川に沿って生えている木の年輪から検出されることを発見していた。私は、サケからの窒素をマザーツリーの菌根菌が吸収し、それを菌根ネットワークを通してもっと森の奥の木々に送るかどうかが知りたかった。さらに、サケの数が減少し、その生息地が失われたことによって、木が受け取るサケ由来の養分が減少し、そのことが森を苦しめているのではないか？　もしそうだとしたら、その状況を改善することは可能だろうか？

モニカの実験が終わった数カ月後、私はブリティッシュコロンビア州太平洋沿岸のなかほどに位置するベラ・ベラの「サケが育てた森」にいた。この森はヘイルツーク族の人々が所有している。私たちが乗った小型モーターボートは汚れのない入り江を滑るように走り、私たちのガイドであるヘイルツーク族のロンが、クランの領地を示す黄土色の絵文字を指差した。切り立った岩壁と聳え立つ巨木の上を、太平洋沿岸特有の絹のような霧が覆っていた。私は、新たに私が指導することになった博士課程の学生で、菌類ネットワークのパターンについて調べようとしているアレン・ラロックと、ポスドクで、ここより北のスキーナ川沿いに暮らすツィムシアン族のメンバーであるテレサ・〝スィムハイェック〟・ライアン博士と一緒だった。テレサは、シーダーの樹皮で編む伝統的な籠の編み手であり、カナダとアメリカの政府が共同で運営する太平洋サケ類委員会傘下の米加共同チヌークサーモン［訳注：キングサーモン］専門委員会に所属するサケ漁業の研究者であるほか、いろいろな顔があった。先住民族であると同時に科学者であるテレサは、潮の満ち引きと積み上げた石でつくる罠を使った伝統的なサケ漁を復活させることによって、入植者たちが漁業を支配する以前のレベルにまでサケの個体数を回復させられるかどうかを知りたがっていた。それはまた、テレサが籠のために樹皮を採集するシーダーに養分を送ることになるのかもしれなかった。

私たちは、クマやオオカミやワシが森の奥に運んだサケの骨を探していた。動物が身を食べ、残った組織が腐敗して栄養分が森の地面に沁み込んだあとには骨だけが残る。この入り江は、ビクトリア大学のトム・ライムキン博士とサイモンフレーザー大学のジョン・レイノルズ博士が、シーダーとシトカトウヒの年輪やその他の植物、虫、土壌にサケ由来の窒素が含まれているのを発見した場所だった。菌根菌がどうやってサケを木に、またひょっとしたら木から木へと送るのかを解明するため、アレンはまず、川沿いに生えている木の菌根菌のコミュニティが、その場所のサケの個体数の規模によってどのように異なるかを調べようとしていた。菌根菌の違い――サケの栄養分を伝送する能力があること――が、この多雨林の肥沃さの説明になるだろうか？　ヒップウェーダー［訳注：胸元あるいは腹まで覆う防水ズボン」を着けてアレンとテレサと一緒にスゲの茂みのなかに飛び降りた私は、興奮を抑えられなかった。

「クマの通り道」とテレサが細い道を指して言った。「ちょっと前にここにいたみたい」

「いいから行こう」。私はまるでリードを引っ張って歩く犬みたいだった。

私たちは苦もなくその小道を辿り、川岸に壁のように生えているサーモンベリーの茂みに入り込んだ。棘のある茎が密集していた。腐植土の上で四つん這いになって半時間ばかり経ったとき、突然テレサが「あなたたち、頭がおかしいわ。クマが近くにいるのがわかってるのに。何かあっても自業自得よ」と言って、ロンが待っているボートに戻っていった。

私はアレンの顔を見て心配しているかどうかをたしかめたが、彼は不安そうには見えなかった。私は「もし私がクマだったら、邪魔が入らないところにサケを運ぶな」と言った。彼がこの冒険につき合ってくれるのがうれしかった。私たちは、サーモンベリーの茂みのなかにできたトンネルみたいなところを這って進み、枝を燭台のように広げた高さ50メートルのシーダーが立っている段丘に出た。ヘイルツーク族の人々が「グランドマザーツリー」と呼ぶ木だ。

産卵中のサケを食べるクマは、1頭で1日150匹ほどのサケを森に運び、その腐敗したタンパク質や栄養分が木々の根に取り込まれる。サケの身は、木が必要とする窒素の4分の3を提供する。年輪に含まれているサケ由来の窒素は、土壌中に含まれる窒素と識別が可能だ。なぜなら海洋性の魚は窒素15という重い同位体を豊富に含んでいて、木にどれくらいサケの栄養分が含まれているかを示す天然のトレーサーの役割を果たすからだ。科学者は、一つひとつの年輪に含まれる窒素量の違いを使って、サケの個体数と気候変動・森林破壊・漁業とのあいだの相関関係を知ることができる。古いシーダーなら、1000年分のサーモンラン［訳注：サケが産卵のために川を遡上すること］の記録が残されていることもあるのだ。

グランドマザー・シーダーの幹に近づきながら私は「ヤッホー！」と叫んだ——サーモンベリーの葉でその声は遮られてしまったけれど。ここでハイイログマに遭遇すればあっというまにお陀仏だ。でも私の気持ちは穏やかだった。抗がん剤治療に比べれば、ここにいることは至福に感じられた。それに私はずっと落ち着いていた——少し前に、バンフでTEDトークの大舞台に登壇し、カメラや1000人の人の目が私の一挙手一投足を追ったときに比べれば。その日私は、舞台の袖から明るい照明のなかに歩いて出ながら、お気に入りの青いシャツの上からメアリーが黒いコートを着せてくれた幸運に感謝した。シャツのボタンが一つ取れているのを見つけたのだ。私は観客をキャベツだと思ってトークをした。終わって袖に引っ込みながら、やった、と私は思った——恥ずかしがり屋を克服し、真心を込めて話し、自分が学んだことを公表して、人々がそこから必要なものを得られるようにできた。その誇らしさで私は胸いっぱいだった。動画を観たシカゴの女性は、「心の底では、木とはそういうものだとずっとわかっていました」というメッセージをくれた。ラジオ番組「ラジオラボ」のロバート・クルルウィッチからは、私のポッドキャストをつくりたいと連絡があった。『ナショナル・ジオグラフィック』誌は、特集を組み、映画をつくりたいと言った。何千通というEメールや手紙が届いた。子ども、母親、父親、アーティスト、弁護士、シャーマン、作曲家、学生。世界中の人々が、自分と木とのつながりを表現していた——体験談、詩、絵、映画、本、音楽、ダンス、交響楽、お祭り。バンクーバーのある都市計画家は、「菌根ネットワークのパターンを模した都市デザインをしたい」という手紙をくれた。マザーツリーとそれを取り囲む木々がつながっているという概念は、映画『アバター』に登場する木の中心概念としてハリウッドにも進出した。この映画が人々の大きな共感を呼んだ様子を見て、私はあらためて感じたのだ——人々が母親、父親、子ども、家族（自分自身の家族もそれ以外の家族も含めて）とつながり、木や動物や、その他自然界のあらゆる生き物と一つにつながることが、どれほど自然で重要なことであるかを。

私は自分のメッセージを人々に伝えた。すると、うねるような大きな反応が返ってきた。人々は森を愛し、助けになりたがっていた。

「われわれのやり方はうまくいっていない」と、ある森林監督官からメールが来た。その言葉は私の耳に快く響いた。私たちは、収穫後に森が回復するのを助けるためにどうやってマザーツリーを残すべきかを話し合った。そうした考え方を受け入れる森林監督官はまだ十分ではないが、少なくともその始まりの兆しはある。

アレンと私は、あたりを見回しながらソロソロと段丘を進んだ。「ちょっと！」と私は叫んだ。「見て！」。古いマザーツリーの枝の下に、母グマと子グマが眠るのに十分な大きさの、苔に覆われた心地よさそうな寝床があった。苔の絨毯には何十匹分もの白いサケの骨がキラキラ光っている。身はとっくに腐り背骨は崩れ、コルセットみたいな細い骨が蝶の翅のように折り重なり、ウロコとエラはバラバラになっていた。こうしてサケの魂はゆっくりと木の根に吸収され、幹へと送られ、次の生命に引き継がれていくのだ。

木の骨。

アレンと私はサケの骨の下の土を集め、比較のために、サケの骨がないところからも集めた。それからテレサとロンと合流し、高潮線の位置からボートに飛び乗って、微生物のDNAが劣化しないように検体を氷で冷やして保管した。ロンはゆっくりと岸から離れ、汀線の形をなぞるように入り江の端から次の入り江に続いている石積みの壁のすぐ近くを移動した。その石の壁は、ヘイルツーク族の人々が太平洋沿岸地帯に何百個もつくった、潮の満ち引きを利用した罠の一つで、ヌートカ族、クワキウトル族、ツィムシアン族、ハイダ族、トリンギット族がつくるものと似ていた。彼らはサケを受動的な形で捕獲し、その個体数を把握しながら捕獲量を調節した。干潮になると罠にかかったサケを集め、卵を持っているいちばん大きいメスはさらに川を遡上して産卵できるよう放してやった。人々はサケを燻製にしたり干したりそのまま調理したりし、内臓は森の土中に埋め、骨は生態系の養分になるよう海に戻した。こういうやり方は、サケの個体数を増やし、森、川、入り江の生産性を高めた。サケの養分をたっぷりもらった森は、そのお返しに川に木陰をつくり、河川にその養分を落とし、クマやオオカミやワシに棲みかを提供した。

入植者たちが河川や森を管轄するようになると、彼らは石で罠をつくることを禁じたのだとテレサが説明してくれた。サケは最初の20年間に乱獲され、いまだにそれ以前の数にまで回復してはいない。気候変動と太平洋の温度の上昇は、海から長距離を遡るサケたちが疲れ果て、産卵する川まで辿り着ける確率が減るという新しい問題を生んだ。これは、互いにつながり合った生息環境の破壊というよくあるパターンの一つだ。ここから北にあるハイダ・グワイのグレアム島では、最後に残された、樹齢1000年を超える木もあるシーダーの原生林が皆伐された結果、サケが産卵する川に沿った森は見るも無残な姿となって、ハイダ族の人々はこの先自分たちの暮らしはどうなるのかと頭を悩ませている。

いったいいつになったらやむのだろう、この破壊の足音は？

速度を上げて入り江からベラ・ベラに向かいながら、ロンがボートの右側数百メートル先に浮上したザトウクジラを指差した。どこからともなく、数十頭のカマイルカがボートの周りに集まってきて、水の上に弧を描き、宙返りし、口笛のような音で互いに合図した。

驚愕とうれしさのあまり私は立ち上がった。アレンとテレサも立ち上がった——塩辛い水しぶきを浴びながら。

この研究はいまも続いているが、初期段階のデータを見る限り、サケの森の菌根菌コミュニティは、産卵に戻ってくるサケの個体の数によって違っているようだ。菌根ネットワークが森のどれくらい奥深くまでサケ由来の窒素を運んでいるのか、あるいは、石を積んでつくる罠の漁を復活させることが森の健康に影響を与えるのかどうか、与えるとしたらどんな影響なのかはまだわかっていない。だが、私たちは新しい実験を始めていて、その答えを得るために石の壁の罠をいくつか復元中だ。また私は、サケが遡上する内陸の川沿いの森にもサケの養分が届いているかどうかを検証すべきなのではないかと思っている。山奥まで何千キロも続く川に沿って立つシーダーやアメリカシラカバやトウヒにもやはり、産卵のために遡上するサケの養分が届くのだろうか？　たとえば私の実験場の下を流れるアダムズ川沿いの木々にも？　サケはそうやって海と大陸をつないでいる。セクウェップム族の人々は、内陸にある森にとって、また彼らの生活にとって、サケがどれほど重要であるかを知っていた。そして、相互関連性という遠大な原則に従ってサケを大切にしてきたのである。

その年の感謝祭、車で家に帰る途中で皆伐中の森を通ると、甲虫にやられたマザーツリーがチェーンソーで伐り倒されているところだった——掘り返された腐葉層のなかでその種が発芽するのを待たずに。年老いた木々の残骸が数階建ての建物と同じくらい高く積み上げられ、林道が谷を縦横に走り、小川には堆積物が溜まっている。白いプラスチックのチューブに入れて植樹された苗木たちは、まるで十字架みたいだった。

誰が見てもわかる惨状だ。

私は木こりの家族の出身だし、生計を立てるために木が必要であることも承知している。でも、「サケが育てた森」への旅は、何かを受け取ったら、同時にお返しをする義務が生まれるということを教えてくれた。このところ私は、スビイェイが語る物語にますます魅力を感じるようになった。彼は木を人として語る。人間に似たある種の知性だけでなく、私たちのそれと遠くない精神性を持つ人として。

単に人間と同じように振る舞う、人間と同等の、別の存在としてではない。

彼らは人間そのものなのだ。

木という人間なのだ。

先住民族の人々の叡智のすべてを私が理解できるとは思っていない。それは、地球に対する、私自身が育った文化とは異なった考え方——認識論——から来るものだ。ビタールートの開花に、サケの遡上に、月の周期に敏感でいること。私たちは土地——木々や動物や土や水——や人と互いにつながっており、そうしたつながりや資源を大切に扱って、未来の世代のために、また私たちの前に生きていた人々に敬意を払うために、これら生態系の持続可能性をたしかなものにする責任がある、ということ。そおっと歩き、必要な贈り物だけを受け取り、お返しをすること。この生命の輪のなかで私たちがつながっているすべてのものに、謙虚さと寛容さをもって接すること。

だが、長年林業に携わってきて私が知ったのは、自然に対するこのような考え方をはねつけ、断片的な科学だけに頼る政策決定者があまりにも多いということだ。そして、そのことによる影響は、もはや無視できないほどに壊滅的である。それぞれの資源がバラバラに扱われてズタズタに引き裂かれた土地と、セクウェップム族の *k'wseltktnews*（「私たちはみなつながり合っている」の意）という原則やセーリッシュ族の *nəc'aʔmat ct*（「私たちは一つ」の意）という概念に則って大切にされてきた土地を比べてみればいい。

私たちは、与えられつつある答えに耳を傾けるべきだ。

こうした考え方の抜本的な変革によってこそ、私たちは救われるのだと私は信じている。この世のすべての生き物と彼らが与えてくれるものを、私たちと同じだけ重要なものとする考え方。それは、木も草も生きていると認めることから始まる。彼らは物事を認識し、共感し、伝え合う——そしてさまざまに行動する。協力し合い、判断し、学び、記憶する。ふだん私たちが、感覚性、叡智、知能と呼ぶ性質を彼らは持っているのだ。木々、動物、菌類——人間以外のありとあらゆる生き物——がそうした性質を持っていることに気づけば、人間が自らに与えるのと同じだけの敬意が彼らにも与えられるべきであることがわかるはずだ。私たちはこのまま、温室効果ガスの増加を年々加速させてこの地球のバランスを崩し続けることもできるし、一つの生き物、一つの森、一つの湖を傷つけることで複雑なネットワークの隅々にまで影響が及ぶことを悟り、本来のバランスを取り戻すこともできる。一つの生き物を不当に扱えば、それはあらゆる生き物を不当に扱っていることになるのだ。

人間以外の地球上のすべての生き物は、私たちがそのことに気づくのを、ずっと辛抱強く待ち続けている。

この変革を起こすには、人間が再び自然と――森や草原や海と――つながることが必要だ。あらゆる生き物やお互いを搾取の対象として扱うのではなくて。それはつまり、現代の私たちの生き方、認識論、科学的手法を拡大して、先住民族の文化が根ざすものを補完し、それを礎とし、協調させるということだ。物質的な豊かさという見果てぬ夢を追いかけ、単に*それが可能だから*という理由で森の木々を無差別に伐り倒し、魚を乱獲するという行為のつけを払うときが来ているのだ。

私はキャッスルガーでコロンビア川を渡った。もう家までは30分。ハナとナヴァに会うのが待ち遠しく、メアリーがカナダの感謝祭のために来てくれたことがうれしかった。コロンビア川の水位は低かった。流域に存在する60箇所のダムのうちの3つ、マイカ、レベルストーク、ヒュー・キーンリーサイドという上流のダムによって自然の流れを制御されているからだ。これらのダムがあるせいでアロー湖からはサケがいなくなり、シナイクスト族の村や死者の埋葬地や通商のルートが水に沈んだ。彼らの祖先が暮らしていた土地は、モナシー山脈の東からパーセル山脈、コロンビア川の源流からワシントン州にまで広がっていた。カナダ政府がシナイクスト族絶滅を宣言し、彼らの土地にダムをつくり、森を皆伐し、山を採掘する以前、この土地はどんなふうだっただろうかと私は考えた。だが、シナイクスト族の人々は負けなかった。彼らは *whuplak'n*——土地の掟——を守り、コロンビア川流域を元どおりにするために手を取り合ったのだ。

うっすらと雪をかぶった山の上に月が高く昇ったころ、家に着くと、メアリーと家族全員が集まっていた。その年の感謝祭はとくに忘れられないものになった——なぜなら、テーブルに飾られたお茶の香りのキャンドルが倒れて七面鳥の周りに火がついたからだ。

森での作業中にハックルベリーを食べる21歳のハナ。2019年7月。

グレイビーソースをかき混ぜていた私が顔を上げると、ドーンが――彼の新しい恋人は自分の子どもたちと別のところにいた――芽キャベツ用の鍋の水を火のついた七面鳥にかけ、ロビンとビルはナプキンをワインに浸し、ジューンバグおばあちゃんはデザートを持って、床に座ってハリー・ポッターを読んでいるオリバーの脇に移動するところだった。

家族。欠点も、躓きも、小さな火事も含めて。肝心なときに互いに支え合う。

皆伐は続き、仕事のことや気候変動や自分の体調や娘たちのことだけでなく、大切な木々を含めてほかにもいろいろ心配なことはあったけれど、こうしてみんな一緒にわが家にいるのは素敵だった――ただもうすばらしかった。

ハナは私のあとについてカナダツガの林に入った。林のある岩場の上には、断崖に黒い穴が口を開けていた――100年前、銅や亜鉛を探していた鉱山労働者たちが、火薬を使って掘った何キロものトンネルの入り口だ。私たちは、手にゴム手袋をはめ、長袖で腕を覆って、緑や錆色の鉱物が交じる地面に穴を掘った。トンネルのなかからの漏出物には銅、鉛、その他の金属がたっぷり含まれ、林床を汚染していた。これらの金属は細菌の助けを借りて硫化物と結びつき、酸性岩石排水として廃石の山から地中深いところに滲み出したのだ。それなのに、ここにも木は生えていた――ゆっくりではあるが、森の再生を助けるために全力を尽くしながら。

それは2017年の夏だった。私たちは、バンクーバーから北に45キロ、スコーミッシュ族が領有権を守ってきた土地の一部、ハウ・サウンドにあるブリタニア鉱山にいた。ブリタニア鉱山は、火山砕屑物（さいせつぶつ）［訳注：火山から噴出された固形物のうち、溶岩以外のものの総称］が堆積岩の上に流れ込んで変成岩となったものが、貫入岩と接触してできた鉱体を採掘するために、1904年に開かれた大英帝国最大の鉱山である。鉱山労働者たちは、鉱床をたっぷり含む断層や断裂を切り出し、北のブリタニア川から南のファーリー川までブリタニア山脈を掘り貫いて、鉱山の面積は約40平方キロに及ぶ。あとに残された二十数箇所の入り口は、海抜マイナス650メートルから1100メートルまで四方八方に伸びる210キロメートルのトンネルとシャフトに続いている。

鉱山労働者たちは掘った鉱石をトロッコに乗せて山中から運び出し、トンネルの出口で日の光のなかに出ると、今度は貨車にそれを積み替え、廃石を山積みにして残していった。1974年に閉鎖されたあとも、ブリタニア鉱山は北米大陸で最大の海洋環境汚染源であり続けた。選鉱屑と廃石は海岸線の埋め立てに使われ、大量の銅を含むブリタニア川の、澄んではいるが棲む生き物がいなくなった水はハウ・サウンドの海に流れ込み、少なくとも海岸から2キロにわたる範囲で海の生き物たちを殺した。鉱山が閉鎖されたとき、ブリタニア川の水は極度に有毒で、チヌークサーモンの稚魚をその水に入れれば48時間以内に死んでしまった。その後、長年の改善努力の結果、サケはブリタニア川で再び産卵できるようになり、ブリタニア・ビーチの岸辺も息を吹き返して、植物や石の上には無脊椎動物が、ハウ・サウンドにはイルカやオルカが戻ってきた。

これは地球の寛容さを示す印だ。

私がハナと一緒にここに来たのは、環境毒物学者トリッシュ・ミラーの依頼により、大量の廃石が周囲の森に与える影響を調べるためだった。その影響は川だけにとどまらず、さらに遠く森のなかにまで及んでおり、彼女は通常より広範囲での評価をしたがっていた。トリッシュとは娘たちがまだ小さかったころからの友人で、環境修復に関する彼女の講演を長年聴いてきた私は、彼女と仕事ができるチャンスに飛びついた。私は、壊れた生態系を癒やす力を森がどれくらい持っているか、傷ついた土地に古い木が落とした種はどれくらい発芽できるのか、菌類と微生物のネットワークがどれくらい傷を修復できるのかが知りたかった。廃石の周囲の、金属に汚染された森のなかで、木々はきちんと成長しているのか？　森は回復しているか？　もっと私たちにすべきことがあるのか？　それとも森は自力で、ゆっくりと自らを癒やすことができるのか？

どれほど深い傷を負ったら、森は回復することができなくなるのだろうか？

ハナと私は、ツガの木々に隠れた鉱山への入り口を見つけた——あくびした口のような洞窟への入り口は、木々の枝にすっかり覆われていた。ハンノキやアメリカシラカバが、手作業でつくられた坑道や、険しい岩山の高いところにあるトンネルから入り江の岸にある選鉱場に続く線路沿いに並んでいた。鉱山労働者たちが寝泊まりした小屋は苔と地衣類に覆われ、その家族が住んでいた町を静寂が包んでいた。廃石の山を囲む森の腐植土は、汚染されていない周囲の森の土に比べて痩せてはいたが、木々の根は露出した岩に絡まり、酸性土を好むフォルスアザレアとブラックハックルベリー、それにワラビといったわずかな植物が根づいていた。雨が滴り落ちるツガの枝の下に立った私は、自らを癒やす力のある土地が地球上にあるとしたら、それはここ太平洋沿岸の、世界で最も肥沃な雨林に違いないと感じた。

それはまたハナに、木や植物や土壌や苔が受けた被害の度合いと、表面では血を流しながらも回復しようとする自然の力をどうやって査定するかを教えるチャンスでもあった。そこにある廃石の山は、規模としては何百メートルにもわたる皆伐地よりも小さかった。谷を挟めば皆伐地は1000メートルに及ぶこともあったし、何千メートルも広がる銅の露天掘り鉱山も世界中にある。皆伐による環境の攪乱は一過性のもので、林床が破壊されていなければ森はすぐに回復する。だが、地中深いところから土壌を削って金属を採掘すれば、森や川に長期的な影響が出るのだ。

「木が生えてきてよかった」と、小さなアメリカツガのコアを採集しながらハナが言った。それは、朽ちていく倒木にニッチを見つけて、兵隊のように一列に並んで生えている数十本のうちの1本だった。近隣の健康な森から飛んできた種が、朽ちていく倒木に足場を見つけたのだ。そこでは、わずかに存在する養分を共生菌類が地中から吸収し、多孔質のセルロースが水を吸い上げ、林冠からは薄日が射し込んだ。近くの年長の木と比べると、ハナがコアを採集した木は成長の速度が半分だった——根が浅く、葉も少なかったのだ——が、枯れはしないだろう。修士課程の学生ガブリエルは、古い倒木に根を下ろしたこういうツガの苗木でさえも近くのマザーツリーとつながることが可能で、必要な養分を自分でつくれるようになるまでは、そのパワフルな樹冠から炭素を受け取るということを発見していた。低木層の植物もまた回復しつつあり、原生林に見られる低木やハーブの半分ほどの種類が小さくかたまって生えていた。そのほとんどが、ツガをはじめとする、酸性土を好む植物で、ゆっくりと土壌を変化させ、養分循環のスピードを速めていた。植物のこうした反応は、木々が成長の勢いを回復するためには欠かせないものだ。地面に掘った穴のなかで、私は林床の深さを測った。リター層、腐葉層、腐植層——それはすでに、周りの健康な森のそれらの半分くらいの厚さがあった。

その下の鉱物質土壌を見るために林床を剝がすと、サンショウウオほども大きさがあるブロンズ色のムカデが私の手の上にくねくねと這い上がった。私は「やだ!」と叫び、ムカデを倒木に投げつけると、ムカデは腐植土のなかに転がった。ムカデは怒り狂ってものすごいスピードで這っていき、土が大きく揺れた。驚かされたが、それは林床が回復しつつあることの証しだった。ムカデはその日の仕事を続けるために林床に潜り込んで見えなくなった――ムカデは自分より小さい虫を食べ、それらの小さい虫はもっと小さい虫を食べる。そうやって食べては糞をすることによって栄養分を循環させ、その一連の行動が木の成長を助けるのだ。ハナと私は持ってきたチョコチップクッキーを食べてから、土壌の深さとその構造、木の高さと樹齢、下生えの植物の種類、鳥や動物の存在の形跡などを記録した。

私たちはそこからさらに、山の上方に車で5キロ移動し、廃石が積み上がったがれ場の植物と土壌を調べた。そこは70度の急勾配で、鉱山労働者たちが降りるためのロープが下がっていた。その斜面の中間部のほとんどは裸で、若干の地衣類が岩の破片に広がり、ところどころに草が生えているだけだった。わずかな腐植土を見つけて根を下ろしたツガの苗木は窒素不足からくる萎黄病(いおうびょう)で青白く、ずっとむかしにリロオエット山脈で見た、黄色くなった小さい苗木を思い起こさせた。急な斜面を歩くあいだ、ハナは私の後ろを遅れずについてきた。周囲の森のマザーツリーから種が飛んできて生えたツガは、森とがれ場の境界に近づくにつれて逞しくなっていった。森の入り口に着くと、霧に包まれた苗木は大きくて葉の色も明るく、菌根は鉱物粒子としっかり絡み合って自ら土壌を形成していた。少しずつ少しずつ、マザーツリーの助けを借りながら、生き物たち――菌類、細菌、植物、ムカデ――が協力して、搾取されたこの偉大な土地の傷を癒やそうとしていたのだ。

「原生林の土を運んでくるのも回復の手助けになるだろうね」と、ウィニーおばあちゃんが堆肥を使って野菜を育て、バートおじいちゃんが釣った魚の骨をラズベリーの茎の根元に埋めていたのを思い出しながら私は言った。それはヘイルツーク族の人々やクマやオオカミが、グランドマザー・シーダーにサケの骨の養分を贈るのに似ていた。お返しをすること。循環を完成させること。誓って言うが、おばあちゃんが育てたベリーは、間違いなくいちばん甘かったと思う。おばあちゃんのトウモロコシやジャガイモの畑を、私がおばあちゃんにくっついて歩いたように、ハナがいまこうして私の後ろをついてきているのが私はうれしかった。

ハナが、「アメリカシラカバとハンノキもここに植えたらいいよね」と言って、川沿いのハンノキと坑道跡沿いのアメリカシラカバから種を集めようと提案した。

「いいアイデアだね」と私は言った。「かためて植えるのよ、一列じゃなくて」。木々は互いに近い距離で、快く受け入れてくれる土壌に根を下ろし、一丸となって生態系を築き、ほかの生物種と交ざり合い、ウッド・ワイド・ウェブを生み出すようなかたちでつながり合う必要がある。なぜなら、こうした複雑性こそが森に回復力を与えるからだ。森というものは複雑で適応性のある一つのシステムであり、環境に適応し学習する多数の生物種からなること、そのなかには老木も埋土種子も倒木も含まれていること、そしてこうした一つひとつが、情報のフィードバックや自己組織化を含む複雑で動的なネットワークのなかで作用し合っていること——こうした考え方を受け入れる科学者が、いま増えている。そうした作用が積み重なると、各部分を合計したものよりも大きい、一つのシステムとしての属性が生まれる。一つの生態系には、健康、生産性、美、生命力がみなぎっている。きれいな空気、きれいな水、肥沃な土壌。森はそうやって自らを癒やすようにできているのだ——そして森の導きに従えば、私たちはそれを手助けすることができる。

いちばん上にある鉱山の入り口に積まれた廃石の山に着いた。爆破によってつくられたその傷跡は、高さも幅も数百メートルはある洞窟のような窪みで、地面には廃石が積み上げられている。空気は薄く、塔のように聳える花こう岩の壁の上には雲がたなびき、冷たい雨が激しく降り注いだ。入り口の周囲のメルテンスツガは青々として元気だった——ベルベットのようになめらかな針葉と風でボロボロの枝、雪の重さで曲がったいちばん上の梢。根は老人の手の血管のように林床に広がり、花こう岩を森に循環させて植物や動物に栄養を与えていた。

ところが、地中深く埋まっている金属が岩肌に光る爆破跡まで来ると、木の根はそこで途切れていた。下の採掘場跡の線路——まるで鉱山労働者たちがそこから川に投げ出されて死んでいったかのごとく空中で唐突に途切れた線路のように。この溝は大きすぎて木の根はそこから先へは進めない。掘り出された岩の断面は新しすぎて、そこから養分を得ることはできないし、水はあまりに酸性度が強くて飲むことができず、傷口を縫い合わせることができないのだ。金属を含んだ岩は、険しい岩山から滲み出してくる水に濡れて光り、閉山して100年経ったいまも、地衣類や苔さえ生えていない。ときには地球にも耐えられない、回復しようのないあまりにも大きな傷があるということに、ハナがショックを受けているのがわかった。地球が耐えられる傷には限界があるのだ。あまりにも大きな傷、あまりにもたくさん流された血は、いかにパワフルなマザーツリーの偉大なる癒やしの力と頑強さをもってしても、修復しようがないのである。

私たちはいちばん下の採掘場跡に下りた。そこの傷跡は上のものよりも小さかった。ここなら森は再生できる。ハナはこの日最後に採集したコアの年輪を数えて「87歳」と記録した。それから鉛筆のようなそのコアを木に戻し、傷口を塞いで樹皮を軽く叩いた。

「すごいのは」と私は言った――「ここなら、ちょっとしたきっかけとほんの少しの助けがあれば、植物も動物も戻ってくるということね」。そして彼らが、森が元どおりに回復するのを助けるのだ。土地は自らを癒やしたがっている。まさに私の身体がそうしたように、と私は思った。いまここにいて、仕事を続け、娘にそれを教えてやれることに感謝しながら。森というシステムが転換点を迎え、正しい決断が実行に移され、バラバラだった部分とプロセスのあいだに再び関係性が生まれ、土壌が再び築かれさえすれば、回復は可能だ――少なくとも一部の森は。ハナと私は荷物をまとめて斜面を下り始めた。土壌にはまだところどころ青銅の色が混じり、滲み出す水はちょっと酸性が強かったけれど、そのすべてはゆっくりと変化し始めていた。

青々とした幼木が私たちの足首をかすめる。倒木に一列に並んで生えている、それより少し大きいツガは、日の光を求めて幹を伸ばし、根を倒木に絡ませている。「ママ、私、森林生態学者になりたい」と、羽根のようにやわらかな針葉に指を滑らせながらハナが言った。

私は立ち止まって振り向いた。夕陽を背に受け、周囲の木々よりひときわ高く、栄養たっぷりの火山岩に根を張って、この一帯の若木の母親であるマザーツリーのシルエットが浮かび上がっていた。腕のように広げたその枝は、何百年も雪に覆われ続けて曲がり、傷ついたところはとっくに癒え、指先には球果がたわわにぶら下がっている。私の心は穏やかで幸せだったけれど、同時に休息を必要としていた。バージニアの小学生たちが、「ママツリー」という題名の詩を送ってくれた。そのなかでママツリーは

ブリティッシュコロンビア州ネルソン内陸部の温帯降雨林に立つマザーツリー。

私たちみんなにこう言うのだった――おやすみ、かわいい人たち。眠る時間よ。今日は夕方になったら小道を辿ってスコーミッシュ川に行き、サギたちと川岸に座って暖かな空気のなかで眼をつぶることにしよう。

ハナはベストのポケットからカメラとGPS装置を取り出し、写真を撮って、マザーツリーと彼女の子どもたちの位置を記録した。「報告書に載せるわ」とハナが言った。森を理解するハナの力はどんどん成長してとどまるところを知らなかった。

大きく広がるマザーツリーの樹冠の向こうに日は沈み、1羽のハクトウワシがそのいちばん高い枝に球果を蹴散らしながら止まった。ワシは首を傾げてまっすぐに私たちを見つめた。私は一陣の山の空気に乗せて息を吐いた。それは風に乗ってワシに届いたのだと思いたい――だってちょうどそのとき、ワシはその巨大な翼を逆立ててみせたのだから。いまではわかる。なぜここに生えている若木が、傷つけられ破壊されたこの土地で健康に育っているのかが。ずっと前に私がリロオエット山脈で目にし、私がその研究に一生を捧げると約束した、黄色くなった小さな苗木とは違うのだ――ここでは種子は、母親の大きな大きな菌根ネットワークのなかで芽を出すのである。

その小さな根は、マザーツリーのネットワークを通して栄養たっぷりのスープを飲み、茎はマザーツリーが以前に味わった苦しみについての情報を受け取って有利なスタートを切った。

その結果が、この美しい緑の葉なのである。

突然、ワシが飛び立ち、上昇気流に乗って山並みの向こうに消えていった。この世に取るに足りない瞬間なんかない。なくなっていいものなんて一つもない。あらゆるものには目的があり、そしてあらゆるものが愛を必要としている。それが私の信念だ。共に信じよう。その飛翔を見守ろう。ああやって、豊かさとやさしさは高まっていくのだ――いつも、どんなときでも。

ハナが土壌のサンプルをリュックに詰めた。雨粒がシダの葉を揺らす。ハナはフードをかぶり、ワシの行方を捜すように見上げ、花こう岩の尾根の上空でもう1羽と一緒に飛んでいく姿を指差した。

葉のあいだを強い風が吹き抜けたが、マザーツリーはびくともしなかった。彼女はこれまで、自然のさまざまな姿を見てきたのだ――蚊の大群が飛ぶ暑い夏、何週間も続く土砂降り、枝が折れるほどの大雪、日照りとそれに続く長いじめじめした日々。そして空が真紅に染まり、枝が炎に包まれ、血が闘いの雄叫びを上げた。彼女はこれからも何百年もここに立ち、森を回復に導くだろう。私がいなくなってしまってからもずっと、持てる力のすべてを注いで。さよなら、大好きなママ。疲れた私は不器用にベストのファスナーを上げた。ハナは重たいリュックのストラップに腕を通し、背中で位置を調節して、その重さをものともせずに腰のバックルを締めた。

私の荷物を軽くしようとシャベルを代わりに持ってくれたハナは、私の手を引いて家への道のりを歩き始めた。

おわりに——森よ永遠なれ！

THE MOTHER TREE PROJECT

私がマザーツリー・プロジェクトを始めたのは2015年、がんの治療を終えて仕事に復帰しようとしていたときのことだ。このプロジェクトは、私がこれまでしてきた実験のなかで最も大規模なもので、気候変動が起きているいまだからこそ、マザーツリーを保全し、森のなかのつながりを維持して、森の再生力を護ろうという基本理念のもとで始まった。

マザーツリー・プロジェクトは、ブリティッシュコロンビア州の「七色の気候地帯」に位置する9箇所の実験林からなり、州南東の暑くて乾いた森から北部中央内陸地帯の寒くて湿度の高い森までを網羅している。私たちが検証しようとしているのは、森の構造と機能だ。ネットワークのような木々のつながりが、現実の環境のなかでどのように機能するのか、また、伐採の際に保全されるマザーツリーの数の違いや、複数種の植林によって、それがどう変わるか、ということである。どのように収穫と植林を組み合わせれば、地球が直面している大きなストレスからいちばんうまく立ち直れるのか、どうすれば森林資源に対する需要を満たしつつ木々のつながりを最も健康的に保てるのか——それらを推測する根拠が欲しいのだ。

私たちの目標は、複雑系の科学という新しい視点をさらに発展させることにある。競合関係だけでなく協力関係もあるということを受け入れれば——というより、森を形づくっている多種多様な相互作用のすべてを考慮することで、複雑系の科学は林業そのものを、これまでのような過剰に権威主義的で短絡的なものから、適応力に富んだ全体論的なものに変化させることができる。

いまでは誰もが気候変動の影響に気づいており、その直接的な被害を受けていない人はいないに等しい。大気中の二酸化炭素濃度は、1850年の285PPM（空気中の分子100万個のうち285個が二酸化炭素であるという意味）から1958年には315PPMに激増し、これを書いているいまでは412PPMを超えている。このままのペースで進めば、ハナとナヴァが子どもを育てるころには、科学者が臨界点と見なす450PP

Mに到達する。

　それでも私は希望を持っている。転換はときとして、何も変わりようがないように思えるときに起きるものだ。私の調査によれば、自由生育政策は2000年代に見直され、州の一部の地域では若干のアメリカシラカバとアスペンの混植が許容されるようになっている。ただし、全体としての根本的な指針は変わっておらず、アメリカシラカバやアスペンのような広葉樹は依然として、競合種として邪魔者扱いされている。でも最近では、現場を指揮する若い森林監督官のなかには、思慮に富んだ伐採計画をつくり、古い木を保全して森の多様性を推奨する人も出てきている。

　私たちには進む道を変える力がある。私たちの絶望感の大きな原因は、私たちが互いのつながりを――そして自然が持つ驚異的な力についての理解を失ってしまったことにあり、私たちはとりわけ植物をないがしろにしている。彼らに周囲を知覚する力があることを理解すれば、木や草、そして森に対する私たちの共感と愛情は自ずと深まり、問題の革新的な解決方法が見つかるはずだ。重要なのは、自然そのものが持つ知性に耳を傾けることである。

　それは私たち一人ひとりにかかっている。あなたが自分のものと呼べる植物とつながってほしい。都会に住んでいる人は植木鉢をバルコニーに置き、庭があるなら家庭菜園を始めたり、コミュニティ農園に参加してもいいだろう。そしていますぐあなたにできるシンプルな行動がある——木を1本、あなたの木を見つけるのだ。自分がその木のネットワークにつながり、それが周りの木ともつながっているところを想像してほしい。感覚を研ぎ澄まして。

何かそれ以上のことがしたいと思うなら、マザーツリー・プロジェクトに参加して、生物多様性、炭素貯蔵、そして私たちの生命を維持するシステムを根底で支える無数の生態系サービスを護り、強化するための技術や解決法を学んでほしい。想像力さえあれば、その可能性は無限だ。研究者でも学生でも、あるいは、深い森のなかでの学際的研究に参加し、世界中の森を救う市民科学イニシアチブに関わりたい人なら誰でも、https://mothertreeproject.org にアクセスすれば、このプロジェクトについてもっと詳しく知ることができる。

森よ永遠なれ！

謝辞

本書『マザーツリー』に詳しく述べた研究を行うために私を支え、献身的に助けてくれた多くの方々のすべてを、漏らさずここに挙げることはほとんど不可能です。どの章に書かれていることも共同作業の結果であり、この物語を創り伝えるため、私とともに生き、働き、学んでくれたすべての人には感謝しきれません。家族や友人、学生、恩師、同僚、ライティングコーチ、エージェント、そして出版社の方々は、最後までやり抜く力、忍耐力、勇気を私に与えてくれました。

この本を書くきっかけをくれたのは、アイデア・アーキテクツ社のダグ・エイブラムスとララ・ラブ・ハーディンです。二人の関心、洞察力、そして創造性がなかったら、この本はもっとつまらないものになっていたでしょう。私にみっちりと文章の書き方を教えてくれたキャサリン・ヴァズには本当に感謝しています。すべての章においてキャサリンは、私の記憶やアイデアを引き出し、大切なディテールを掘り起こし、読みにくいところをなくし、読者が読み続けたくなるように物語をつなぎ合わせてくれました。最初の一文字から最後の一文字まで、キャサリンは私を支え、励まし続け、書き終えるころには、私の人生について私と同じだけ知っていたと思います。私たちの友情は初めて会った瞬間から始まりました。才気溢れるキャサリン、この本を輝かせてくれて本当にありがとう。

クノップフ・ダブルデイ・パブリッシンググループの編集者、ヴィッキー・ウィルソンに感謝します。樹木に関する原稿に興味を持ってくれたこと、私たちの森を傷つけている世界観が人間社会をも激震させていること、そしてこの問題を解決するためには、自分自身を、自然との関係を、自然が教えてくれることを深く見つめなければならないとわかってくれたことにお礼を言いたいと思います。私と家族の歴史を綴る写真を本の中にちりばめたのも、ヴィッキーのアイデアのおかげです。ヴィッキー、この本の価値を理解し、鮮やかな生命を吹き込んでくれてありがとう。

イギリスのペンギン・ブックスの編集者、ローラ・スティックニーは、科学的な記述部分を慎重にチェックして精度を高めてくれました。ローラ、仕上げの段階で欠かせない編集手腕を発揮してくれてありがとう。

私の家族へ――これは私からあなたたちへのラブレターです。母方の祖父母、ウィニーとバートをはじめとする、ガードナー家とファーガソン家の人たち。父方の祖父母、ヘンリーとマーサをはじめとする、湖や川や森について教えてくれたシマード家とアンティラ家の人たち。私は彼らから、この土地に住む入植者としての心がまえを教わり、苦難のなかでも楽しく暮らす方法を学びました。そして誰よりも、私の両親、エレン・ジューン・シマードとアーネスト・チャールズ（ピーター）・シマード、そして姉のロビン・エリザベス・シマードと弟のケリー・チャールズ・シマードに本書を捧げます。この本に書かれているのはすべて、私たち、私たちの出自、私たちを育てた森のことだからです。そしてこの本はまた、彼らの家族、なかでも、この物語を生き継いでくれるオリバー・レイヴン・ジェームズ・ヒース、ケリー・ローズ・エリザベス・ヒース、マシュー・ケリー・チャールズ・シマード、そしてティファニー・シマードへの贈り物でもあります。

すばらしい私の友人たちへ。ちょっとおかしなところも含めて、私はあなたたちが大好きよ、あなたたちが私の変なところも愛してくれるのと同じように。とりわけ、私と一緒にこの40年間を森に捧げたウィニフレッド・ジーン・ローチ（旧姓メイザー）、これ以上望めない最高の親友でいてくれてありがとう。10年以上にわたり、森林局で私の研究助手として、お金の収支、トラックや実験機器、夏休みのバイト学生の面倒を見てくれた――小さかったあなたの子どもたちを置いて遠いところで長時間の作業をしなければならなかったときでさえ――バーブ・ジモニック。どうもありがとう。バーブとその家族の長年にわたる協力には心から感謝しています。

この研究を手伝ってくれたりひらめきを与えてくれたりした、ブリティッシュコロンビア大学の学生、ポスドク、研究員を一人も漏らさずに挙げることは不可能です。みなさんの成果はこの本の中に織り込まれています。ここでは、私の学生だった順に、時系列に沿ってお礼を言いたいと思います。ロンダ・デロン、カレン・バレシュタ、リーニー・フィリップ、ブレンダン・トウィーグ、フランソワ・テステ、ジェイソン・バーカー、マーカス・ビンガム、マーティー・クラナベッター、ジュリア・ドーデル、ジュリー・デスリッペ、ケヴィン・ベイラー、フェデリコ・オソリオ、シャノン・ギション、トレバー・ブレナー・ハセット、ジュリア・チャンドラー、ジュリア・アメロンゲン・マディソン、アマンダ・アセイ、モニカ・ゴルゼラック、グレゴリー・ペック、ガブリエル・オレゴ、ファマニ・オレゴ、アンソニー・ラング、アマンダ・マシス、カミーユ・デフレン、ディキシー・モディ、ケイティー・マクマハン、アレン・ラロック、エヴァ・スナイダー、アレクシア・コンスタンチノー、そしてジョセフ・クーパー。ありがとう。

テレサ・ライアン、ブライアン・ピクルス、ユアンユアン・ソン、オルガ・カザンツェフ、シビル・ハウスラー、ジャスティン・カルスト、トクタム・サジェディ各博士にもお礼申し上げます。過去20年間に教えた数千人の学部生には、教え方を教えてくれたこと、私と一緒に土を掘り、森の中に分け入って、眼で、手で、耳でその驚異の数々に触れてくれたことに感謝します。私をずっと魅了し続けてきたものに対する情熱を、少しでもあなたたちに伝えられたことを願っています。

長年にわたって一緒に仕事をすることができた仲間は数え切れませんが、とくにダン・デュラール、メラニー・ジョーンズ、ランディ・モリーナ各博士には、森の地下に広がる世界に対する情熱を共有していただいたことに感謝します。デボラ・デロングとは、とても興味深いタイミングで私たちの人生が交錯したおかげで、政府機関や大学でのさまざまなキャリアを共にできたことをうれしく思います。また、若いときに森林局で造林の仕事に携わったこと、とくに同僚だったデイブ・コーツとテレサ・ニューサム、そして初期の共著者ジーン・ハインマンにもお礼を伝えたいと思います。

森の科学に対する私の興味を深めてくれた恩師や先生方にも感謝しています。私の最初の指導教員だった土壌化学のパイオニア、レス・ラヴクリッチは、優れた教師であるとはどういうことかを私に教え、土壌生成を世界でいちばん魅力的な主題にし、学士論文の指導をしてくれました。1990年に森林局で造林研究員の職を得たとき、アラン・ヴァイズは私を支え、森の全体像を見失うことなく研究技術を身につけるよう励まし、大学院で森林生態学を学ぶためのあらゆる機会を与えてくれました。アラン、あなたが教えてくれたこと、そして与えてくれた機会は生涯忘れません。種の相互作用に関する精密な研究を農業という分野から森に持ち込み、のちに、植物群落においては植物と同様に人間もまた重要であることを見いだしたスティーブ・ラドセビッチには、修士課程で指導教員としてお世話になりました。博士課程の指導教員だったデヴィッド・A・ペリーには、生態学というレンズを通して林業を理解する方法を教わり、とても感謝しています。私はあなた方の教え子であったことを誇りに思います。

私の仕事に関心を持ち、より多くの人に見てもらえるようにしてくれた多くのアーティスト、作家、映画制作者とのコラボレーションに感謝しています。なかでも、「Woven Woods」を制作してくれたロレーヌ・ロイ、「Fantastic Fungi」のルイ・シュワルツバーグ、「The Overstory」のリチャード・パワーズ、「Smarty Plants」のエルナ・バフィー、「Mother Trees Connect the Forest」のダン・マッキニーとジュリア・ドーデル、どうもありがとう。義兄のビル・ヒースとは、私の研究をTEDのステージで紹介し、マザーツリー・プロジェクトとサーモンフォレスト・プロジェクトのドキュメンタリー映画を制作するという共同作業を楽しみました。彼とはまた、私の家族や私の人生の歴史を記す写真のアーカイブを制作し、その一部はこの本にも掲載されています。

本書に書かれた研究は、いくつもの研究機関、助成機関、財団からの資金提供や支援なしにはできませんでした。ブリティッシュコロンビア州山林省、ブリティッシュコロンビア大学、カナダ自然科学・工学研究機構（NSERC）、カナダ・イノベーション基金（CFI）、ゲノムBC、ブリティッシュコロンビア州森林強化協会（FESBC）、森林炭素イニシアチブ（FCI）、その他です。また、サーモンフォレスト・プロジェクトにはドナー・カナディアン基金、マザーツリー・プロジェクトにはジェナ＆マイケル・キング基金から寛大な支援をいただき大変感謝しています。

この原稿を読み、コメントし、非常に有益なフィードバックをくださった大切な人たちがいます。ジューン・シマード、ピーター・シマード、ロビン・シマード、ビル・ヒース、ドーン・サックス、トリッシュ・ミラー、ジーン・ローチ、それにアラン・ヴァイズなどです。また、先住民について書かれた内容をチェックし、先住民の世界観について教え、小さな科学的発見の数々を、より深い、先住民の生活様式の根底にある人間と環境のつながりと結びつけて考えることの価値を理解してくれたテレサ・〝スィムハイエック〟・ライアン博士（ツィムシアン族）に深く感謝しています。ペンギン・ランダムハウスの制作担当編集者、ノラ・ライチャードには、原稿を丁寧に編集していただき、感謝しています。

コースト・セイリッシュ、ヘイルツーク、ツィムシアン、ハイダ、アサバスカン、インテリア・セイリッシュ、クテナイなど、その先祖伝来の土地の上で私が暮らし、研究を行ってきた、各先住民族の方々と協力し、話し合いを持てたことをありがたく思います。

いちばんつらかったとき、そしていちばん楽しかったときにも私とともにいてくれた、そして私たちの美しい娘、ハナ・レベッカ・サックスとナヴァ・ソフィア・サックスのすばらしい父親でいてくれるドーン、ありがとう。私はいつも、あなたの愛とサポートに感謝しています。

最後に、メアリー、いつも私を助けてくれて、そして用心深く次の冒険につき合ってくれて、ありがとう。

本書の最終的な内容については、私にすべての責任があります。実際にあったことを誠実に伝えようと努めましたが、時として記憶の穴を埋めるための創作や、個人のプライバシーを護るための小さな変更も必要でした。物語を簡潔にするために省いたり、プライバシー保護のために変更したりした名前もありますが、謝意を表すべき人には謝意を表したつもりです。私の学生や同僚へ――名前を伏せたり、ファーストネームだけを用いたりした場合でも、あなたの重要な仕事は参考文献に挙げています。

訳者あとがき

三木直子

本書『マザーツリー――森に隠された「知性」をめぐる冒険』のオリジナル版 *Finding the Mother Tree: Uncovering the Wisdom and Intelligence of the Forest* の翻訳のオファーをいただいて、お引き受けする前のこと。木は互いにつながり合って会話している、と聞いても、私はとくに驚かなかった。そんなようなことが書いてある本は前にも読んだ気がしたし、映画『アバター』に出てきた「魂の木」ってそんな感じじゃなかったっけ……と思ったら、その魂の木のコンセプトが、本書の著者スザンヌ・シマードの研究をもとにしたものであることを知って、むしろそのことにびっくりした。

スザンヌ・シマードは、人々の森を見る目を変えたと言われるカナダの森林生態学者であり、この分野では世界的に名高いブリティッシュコロンビア大学の教授として教鞭をとっている。木と木が菌根菌のネットワークでつながりあい、互いを認識し、栄養を送り合っていることを科学的に証明してみせた彼女の研究は、森林生態学に多大な貢献をし、その論文はほかの研究者たちによって数千回も引用されている。TEDトークの再生数は530万回を超える（いずれもこの文章の執筆時点）。

翻訳をお引き受けしたあと、原書が手元に届いてみると、推薦の言葉のなかに、私が以前その著書を翻訳したことのある2人の女性の名前があった。『植物と叡智の守り人』のロビン・ウォール・キマラーと、『英国貴族、領地を野生に戻す』のイザベラ・トゥリー。アメリカ、イギリス、カナダと、国は違えど、3人に共通するのは「自然の言葉に耳を傾け、その叡智を受け入れる」という姿勢だ。キマラーとトゥリーによる本書への賛辞は、私がこの本を訳すことの必然性を裏づけてくれたようでうれしかった。

アメリカ・ワシントン州シアトルのダウンタウンから小1時間北上し、15分ほどフェリーに揺られてピュージェット・サウンドを渡ったところに、ウィッドビー・アイランドという南北に細長い島がある。私は2003年から毎年、ここで夏を過ごしている。北端から車でさらに北に1時間も走ればカナダとの国境に着く、アメリカ最北西部に位置するこの島は、本書の舞台であるカナダのブリティッシュコロンビア州とよく似た植物相を持ち、緑豊かな常緑樹の温帯雨林に覆われている。かつては林業で栄えた島でもある。私の仕事場にある窓の正面には、大きなダグラスファーとウエスタンレッドシーダーが並んで聳え立っている。私はまた、シマードが住んでいたネルソンという町（本書にも登場する）をずいぶん昔に訪れたことがあるし、クーテネイ国立公園にも行ったことがある。だから、本書に描かれる自然の情景はありありと目に浮かぶ。

私自身は生まれも育ちも東京で、大都会のコンクリートジャングルのなかでのマンション暮らしが長かった。だが、ウィッドビー・アイランドで時間を過ごすようになってからは、以前よりも木や森が身近なものになった。この島に長く暮らしている友人たちは、木の種類や名前をじつによく知っている。森に囲まれて住んでいる人が多いので、嵐で木が倒れればチェーンソーで切断して、冬にストーブで焚く薪にする。庭にはリスもシカもフクロウもやってくる。ハックルベリーを摘んでパイを焼き、ジャムをつくる。

そういう私のもとにこの本がやって来た。そう聞くと、多くの日本人はきっと「ご縁があったんですね」と言うと思う。ご縁——。仏教の「縁起」という概念に由来するこの言葉は、物事とはすべてがつながって成り立つものだ、という考えの上にある。一つの事象が別の事象に影響を与え、それが連鎖して世界全体に変化を生む——。それは昔から多くの先住民族のあいだで知恵として伝わってきた考え方であり、私たち日本人もまたそのことを、哲学や宗教のようなものとしてではなく、日常のなかのあたり前のこととして受け入れているのではないだろうか。

シマードと私はほぼ同年代である。同じ時代に生まれながら、片や大自然、片や大都会のただなかでの対照的な子ども時代を過ごし、その後も似ても似つかぬ人生を生きてきた私たちを、この本がつないでくれた。ご縁。すべてがつながっているということ。この本を訳す機会が私に与えられた、その事実が、そのことを象徴しているように思う。そして、シマードが実験によって証明してみせた、菌根菌を通じた木と木のつながりは、その大きな大きな「縁」の顕現の一つなのだ。

島にいるときは森のなかを散歩することも多いが、本書の翻訳を始めてからは、前よりもいっそうその時間が長くなった。木々の名前を携帯のアプリで確認しながらそぞろ歩くのが楽しい。一度はすべての木が伐採されてしまったこの島には、原生林はない。樹齢100年を超える木もおそらくほとんどないだろう。それでも、背の高い木の周りに若くて小さな木が生えているのを見ると、「母娘だろうか?」と考える。そして、複雑に混ざり合うさまざまな植物を見ながら、私の目には混沌としているように見える森の根底に潜む、自然の秩序と仕組みを解明してみせた著者の偉大さを、あらためて感じずにはいられない。

木が互いに会話していることをハリウッド映画から教わってすんなり信じた私とは違い、著者はそのことを、森が語る言葉に耳を傾けるなかで自ら発見した。実験のために森に何百本もの木を植え、長い時間をかけて観察し、失敗しても辛抱強く繰り返す——それは、私には想像もつかないような過酷な作業であったに違いない。同時に本書には、一人の女性として生きていくうえで体験するさまざまな試練や苦悩を、森から学んだことと重ね合わせながら乗り越えていくさまが赤裸々に綴られ、思わず深く感情移入してしまう部分が随所にある。森林生態学の観点からだけでなく、回想録としても非常に読み応えのある本に仕上がっている。

本書の原著がアメリカで刊行されたのは2021年5月。当初、もっと早い刊行が予定されていたが、2020年11月の米大統領選挙前後にマスコミや消費者の注目がそちらに集まるであろうことを鑑みて、刊行を遅らせたと聞く。出版元が本書を高く評価し、大切にしている証だろう。刊行とほぼ同時に映画化も決定している。映画化権を獲得したのは、女優でフィルムメーカーのエイミー・アダムスとジェイク・ギレンホールだ。詳細はまだ公表されていないが、おそらくはエイミー・アダムスがスザンヌを演じるのだろう。母なる木の存在を科学的に証明してみせた超一流の森林学者であると同時に、妻として、母として、乳がんサバイバーとして、常人には真似のできない稀有な人生を生きる勇敢な女性を、彼女がどう演じてみせてくれるのか。映画の公開を私はいまから心待ちにしている。

最後になりますが、植物・真菌類に関連する専門用語について貴重なアドバイスをくださった三重大学の松田陽介先生、力強い推薦コメントを頂戴した養老孟司氏、隅研吾氏、斎藤幸平氏、そして、このご縁をつないでくださったダイヤモンド社の藤田悠氏に、この場を借りて深くお礼申し上げます。

2022年11月 記

- White, E. A. F. (Xanius). 2006. Heiltsuk stone fish traps: Products of my ancestors' labour. Master of arts thesis, Simon Fraser University.

【おわりに——森よ永遠なれ！】

- Aitken, S. N., and Simard, S. W. 2015. Restoring forests: How we can protect the water we drink and the air we breathe. *Alternatives Journal* 4: 30–35.
- Chambers, J. Q., Higuchi, N., Tribuzy, E. S., and Trumbore, S. E. 2001. Carbon sink for a century. *Nature* 410: 429.
- Dickinson, R. E., and Cicerone, R. J. 1986. Future global warming from atmospheric trace gases. *Nature* 319: 109–15.
- Harris, D. C. 2010. Charles David Keeling and the story of atmospheric CO2 measurements. *Analytical Chemistry* 82: 7865–70.
- Roach, W. J., Simard, S. W., Defrenne, C. E., et al. 2020. Carbon storage, productivity and biodiversity of mature Douglas-fir forests across a climate gradient in British Columbia. (In prep.)
- Simard, S. W. 2013. Practicing mindful silviculture in our changing climate. *Silviculture Magazine* Fall 2013: 6–8.
- ———. 2015. Designing successful forest renewal practices for our changing climate. Natural Sciences and Engineering Council of Canada, Strategic Project Grant. (Proposal for the Mother Tree Project.)
- Simard, S. W., Martin, K., Vyse, A., and Larson, B. 2013. Meta-networks of fungi, fauna and flora as agents of complex adaptive systems. Chapter 7 in *Managing World Forests as Complex Adaptive Systems: Building Resilience to the Challenge of Global Change,* ed. K. Puettmann, C. Messier, and K. D. Coates. New York: Routledge, 133–64.

- Golder Associates. 2014. *Furry Creek detailed site investigations and human health and ecological risk assessment.* Vol. 1, Methods and results. Report 1014210038-501-R-RevO. Gorzelak, M. A. 2017. Kin-selected signal transfer through mycorrhizal networks in Douglas-fir. PhD dissertation, University of British Columbia. DOI: 10.14288/1.0355225.
- Harding, J. N., and Reynolds, J. D. 2014. Opposing forces: Evaluating multiple ecological roles of Pacific salmon in coastal stream ecosystems. *Ecosphere* 5: art157.
- Hocking, M. D., and Reynolds, J. D. 2011. Impacts of salmon on riparian plant diversity. *Science* 331 (6024): 1609–12.
- Kinzig, A. P., Ryan, P., Etienne, M., et al. 2006. Resilience and regime shifts: Assessing cascading effects. *Ecology and Society* 11: 20.
- Kurz, W. A., Dymond, C. C., Stinson, G., et al. 2008. Mountain pine beetle and forest carbon: Feedback to climate change. *Nature* 452: 987–90.
- Larocque, A. 2105. Forests, fish, fungi: Mycorrhizal associations in the salmon forests of BC. PhD proposal, University of British Columbia.
- Louw, Deon. 2015. Interspecific interactions in mixed stands of paper birch (Betula papyrifera) and interior Douglas-fir (*Pseudotsuga mensiezii var. glauca*). Master of science thesis, University of British Columbia. https://open.library.ubc.ca/collections/ubctheses/24/items/1.0166375.
- Marren, P., Marwan, H., and Alila, Y. 2013. Hydrological impacts of mountain pine beetle infestation: Potential for river channel changes. In *Cold and Mountain Region Hydrological Systems Under Climate Change: Towards Improved Projections, Proceedings of H02, IAHS-IAPSO-IASPEI Assembly, Gothenburg, Sweden, July 2013.* IAHS Publication 360: 77–82.
- Mathews, D. L., and Turner, N. J. 2017. Ocean cultures: Northwest coast ecosystems and indigenous management systems. Chapter 9 in *Conservation for the Anthropocene Ocean, ed.* Phillip S. Levin and Melissa R. Poe. London: Academic Press, 169–206.
- Newcombe, C. P., and Macdonald, D. D. 1991. Effects of suspended sediments on aquatic ecosystems. *North American Journal of Fisheries Management* 11: 1, 72–82.
- Palmer, A. D. 2005. *Maps of Experience: The Anchoring of Land to Story in Secwepemc Discourse.* Toronto, ON: University of Toronto Press.
- Reimchen, T., and Fox, C. H. 2013. Fine-scale spatiotemporal influences of salmon on growth and nitrogen signatures of Sitka spruce tree rings. *BMC Ecology* 13: 1–13.
- Ryan, T. 2014. Territorial jurisdiction: The cultural and economic significance of eulachon *Thaleichthys pacificus* in the north-central coast region of British Columbia. PhD dissertation, University of British Columbia. DOI: 10.14288/1.0167417.
- Scheffer, M., and Carpenter, S. R. 2003. Catastrophic regime shifts in ecosystems: Linking theory to observation. *Trends in Ecology and Evolution* 18: 648–56.
- Simard, S. W. 2016. How trees talk to each other. TED Summit, Banff, AB. https://www.ted.com/talks/suzanne_simard_how_trees_talk_to_each_other?language=en.
- Simard, S. W., et al. 2016. From tree to shining tree. *Radiolab* with Robert Krulwich and others. https://www.wnycstudios.org/story/from-tree-to-shining-tree.
- Turner, N. J. 2008. Kinship lessons of the birch. Resurgence 250: 46–48.
- ———. 2014. *Ancient Pathways, Ancestral Knowledge: Ethnobotany and Ecological Wisdom of Indigenous Peoples of Northwestern North America.* Montreal, QC: McGill– Queen's Press.
- Turner, N. J., Berkes, F., Stephenson, J., and Dick, J. 2013. Blundering intruders: Multiscale impacts on Indigenous food systems. *Human Ecology* 41: 563–74.
- Turner, N. J., Ignace, M. B., and Ignace, R. 2000. Traditional ecological knowledge and wisdom of Aboriginal peoples in British Columbia. *Ecological Applications* 10: 1275–87.

Technical Report PNW-GTR-118. Portland, OR: U.S. Department of Agriculture, Forest Service, Pacific Northwest Forest and Range Experiment Station.

- Gilman, Dorothy. 1966. The Unexpected *Mrs. Pollifax.* New York: Fawcett.
- Hamilton, W. D. 1964. The genetical evolution of social behaviour. *Journal of Theoretical Biology* 7: 1–16.
- Harper, T. 2019. Breastless friends forever: How breast cancer brought four women together. *Nelson Star,* August 2, 2019. https://www.nelsonstar.com/community/breastless-friends-forever-how-breast-cancer-brought-four-women-together/.
- Harte, J. 1996. How old is that old yew? *At the Edge* 4: 1–9.
- Karban, R., Shiojiri, K., Ishizaki, S., et al. 2013. Kin recognition affects plant communication and defence. *Proceedings of the Royal Society B: Biological Sciences* 280: 20123062.
- Luyssaert, S., Schulze, E. D., Börner, A., et al. 2008. Old-growth forests as global carbon sinks. *Nature* 455: 213–15.
- Pickles, B. J., Twieg, B. D., O'Neill, G. A., et al. 2015. Local adaptation in migrated interior Douglas-fir seedlings is mediated by ectomycorrhizae and other soil factors. *New Phytologist* 207: 858–71.
- Pickles, B. J., Wilhelm, R., Asay, A. K., et al. 2017. Transfer of 13C between paired Douglas-fir seedlings reveals plant kinship effects and uptake of exudates by ectomycorrhizas. *New Phytologist* 214: 400–411.
- Rehfeldt, G. E., Leites, L. P., St. Clair, J. B., et al. 2014. Comparative genetic responses to climate in the varieties of Pinus ponderosa and Pseudotsuga menziesii: Clines in growth potential. *Forest Ecology and Management* 324: 138–46.
- Restaino, C. M., Peterson, D. L., and Littell, J. 2016. Increased water deficit decreases Douglas fir growth throughout western US forests. *Proceedings of the National Academy of Sciences* 113: 9557–62.
- Simard, S. W. 2014. The networked beauty of forests. TED-Ed, New Orleans. https:// ed.ted.com/lessons/the-networked-beauty-of-forests-suzanne-simard.
- St. Clair, J. B., Mandel, N. L., and Vance-Borland, K. W. 2005. Genecology of Douglas fir in western Oregon and Washington. *Annals of Botany* 96: 1199–214.
- Turner, N. J. 2008. *The Earth's Blanket: Traditional Teachings for Sustainable Living.* Seattle: University of Washington Press.
- Turner, N. J., and Cocksedge, W. 2001. Aboriginal use of non-timber forest products in northwestern North America. *Journal of Sustainable Forestry* 13: 31–58.
- Wall, M. E., and Wani, M. C. 1995. Camptothecin and taxol: Discovery to clinic— Thirteenth Bruce F. Cain Memorial Award Lecture. *Cancer Research* 55: 753–60.

【 15 バトンを渡す 】

- Alila, Y., Kuras, P. K., Schnorbus, M., and Hudson, R. 2009. Forests and floods: A new paradigm sheds light on age-old controversies. American Geophysical Union. *Water Resources Research* 45: W08416.
- Artelle, K. A., Stephenson, J., Bragg, C., et al. 2018. Values-led management: The guidance of place-based values in environmental relationships of the past, present, and future. *Ecology and Society* 23 (3): 35.
- Asay, A. K. 2019. Influence of kin, density, soil inoculum potential and interspecific competition on interior Douglas-fir (*Pseudotsuga menziesii var. glauca*) performance and adaptive traits. PhD dissertation, University of British Columbia.
- British Columbia Ministry of Forests and Range and British Columbia Ministry of Environment. 2010. *Field Manual for Describing Terrestrial Ecosystems,* 2nd ed. Land Management Handbook 25. Victoria, BC: Ministry of Forests and Range Research Branch.
- Cox, Sarah. 2019. "You can't drink money": Kootenay communities fight logging to protect their drinking water. *The Narwhal.* https://thenarwhal.ca/you-cant-drink-money-kootenay-communities-fight-logging-protect-drinking-water/.
- Gill, I. 2009. *All That We Say Is Ours: Guujaaw and the Reawakening of the Haida Nation.* Vancouver: Douglas & McIntyre.

- Kesey, Ken. 1977. *Sometimes a Great Notion*. New York: Penguin Books.
- Lotan, J. E., and Perry, D.A. 1983. *Ecology and Regeneration of Lodgepole Pine*. Agriculture Handbook 606. Missoula, MT: INTF&RES, USDA Forest Service.
- Maclauchlan, L. E., Daniels, L. D., Hodge, J. C., and Brooks, J. E. 2018. Characterization of western spruce budworm outbreak regions in the British Columbia Interior. *Canadian Journal of Forest Research* 48: 783–802.
- McKinney, D., and Dordel, J. 2011. *Mother Trees Connect the Forest* (video). http://www.karmatube.org/videos.php?id=2764.
- Safranyik, L., and Carroll, A. L. 2006. The biology and epidemiology of the mountain pine beetle in lodgepole pine forests. Chapter 1 in *The Mountain Pine Beetle: A Synthesis of Biology, Management, and Impacts on Lodgepole Pine*, ed. L. Safranyik and W. R. Wilson. Victoria, BC: Natural Resources Canada, Canadian Forest Service, Pacific Forestry Centre, 3–66.
- Song, Y.Y., Chen, D., Lu, K., et al. 2015. Enhanced tomato disease resistance primed by arbuscular mycorrhizal fungus. *Frontiers in Plant Science* 6: 1–13.
- Song, Y. Y., Simard, S. W., Carroll, A., et al. 2015. Defoliation of interior Douglas-fir elicits carbon transfer and defense signalling to ponderosa pine neighbors through ectomycorrhizal networks. *Scientific Reports* 5: 8495.
- Song, Y. Y., Ye, M., Li, C., et al. 2014. Hijacking common mycorrhizal networks for herbivore-induced defence signal transfer between tomato plants. *Scientific Reports* 4: 3915.
- Song, Y. Y., Zeng, R. S., Xu, J. F., et al. 2010. Interplant communication of tomato plants through underground common mycorrhizal networks. *PLOS ONE* 5: e13324.
- Taylor, S. W., and Carroll, A. L. 2004. Disturbance, forest age dynamics and mountain pine beetle outbreaks in BC: A historical perspective. In *Challenges and Solutions: Proceedings of the Mountain Pine Beetle Symposium. Kelowna, British Columbia, Canada, Oct. 30–31, 2003*, ed. T. L. Shore, J. E. Brooks, and J. E. Stone. Information Report BC-X-399. Victoria: Canadian Forest Service, Pacific Forestry Centre, 41–51.

【 14 誕生日 】

- Allen, C. D., Macalady, A. K., Chenchouni, H., et al. 2010. A global overview of drought and heat-induced tree mortality reveals emerging climate change risks for forests. *Forest Ecology and Management* 259: 660–84.
- Asay, A. K. 2013. Mycorrhizal facilitation of kin recognition in interior Douglas-fir (*Pseudotsuga menziesii var. glauca*). Master of science thesis, University of British Columbia. DOI: 10.14288/1.0103374.
- Bhatt, M., Khandelwal, A., and Dudley, S. A. 2011. Kin recognition, not competitive interactions, predicts root allocation in young *Cakile edentula* seedling pairs. *New Phytologist* 189: 1135–42.
- Biedrzycki, M. L., Jilany, T. A., Dudley, S. A., and Bais, H. P. 2010. Root exudates mediate kin recognition in plants. *Communicative and Integrative Biology* 3: 28–35.
- Brooker, R. W., Maestre, F. T., Callaway, R. M., et al. 2008. Facilitation in plant communities: The past, the present, and the future. *Journal of Ecology* 96: 18–34.
- Donohue, K. 2003. The influence of neighbor relatedness on multilevel selection in the Great Lakes sea rocket. *American Naturalist* 162: 77–92.
- Dudley, S. A., and File, A. L. 2007. Kin recognition in an annual plant. *Biology Letters* 3: 435–38.
- File, A. L., Klironomos, J., Maherali, H., and Dudley, S. A. 2012. Plant kin recognition enhances abundance of symbiotic microbial partner. *PLOS ONE* 7: e45648.
- Fontaine, S., Bardoux, G., Abbadie, L., and Mariotti, A. 2004. Carbon input to soil may decrease soil carbon content. *Ecology Letters* 7: 314–20.
- Fontaine, S., Barot, S., Barré, P., et al. 2007. Stability of organic carbon in deep soil layers controlled by fresh carbon supply. *Nature* 450: 277–80.
- Franklin, J. F., Cromack, K. Jr., Denison, W., et al. 1981. *Ecological characteristics of old-growth Douglas-fir forests.* General

Challenge of Global Change, ed. K. Puettmann, C. Messier, and K. D. Coates. New York: Routledge, 133–64.
- Simard, S. W., Mather, W. J., Heineman, J. L., and Sachs, D. L. 2010. Too much of a good thing? Planted lodgepole pine at risk of decline in British Columbia. *Silviculture Magazine Winter* 2010: 26–29.
- Teste, F. P., Karst, J., Jones, M. D., et al. 2006. Methods to control ectomycorrhizal colonization: Effectiveness of chemical and physical barriers. *Mycorrhiza* 17: 51–65.
- Teste, F. P., and Simard, S. W. 2008. Mycorrhizal networks and distance from mature trees alter patterns of competition and facilitation in dry Douglas-fir forests. *Oecologia* 158: 193–203.
- Teste, F. P., Simard, S. W., and Durall, D. M. 2009. Role of mycorrhizal networks and tree proximity in ectomycorrhizal colonization of planted seedlings. *Fungal Ecology* 2: 21–30.
- Teste, F. P., Simard, S. W., Durall, D. M., et al. 2010. Net carbon transfer between *Pseudotsuga menziesii* var. *glauca* seedlings in the field is influenced by soil disturbance. *Journal of Ecology* 98:429–39.
- Teste, F. P., Simard, S. W., Durall, D. M., et al. 2009. Access to mycorrhizal networks and tree roots: Importance for seedling survival and resource transfer. *Ecology* 90: 2808–22.
- Twieg, B., Durall, D. M., Simard, S. W., and Jones, M. D. 2009. Influence of soil nutrients on ectomycorrhizal communities in a chronosequence of mixed temperate forests. *Mycorrhiza* 19: 305–16.
- Van Dorp, C. 2016. Rhizopogon mycorrhizal networks with interior Douglas fir in selectively harvested and non-harvested forests. Master of science thesis, University of British Columbia.
- Vyse, A., Ferguson, C., Simard, S. W., et al. 2006. Growth of Douglas-fir, lodgepole pine, and ponderosa pine seedlings underplanted in a partially-cut, dry Douglas-fir stand in south-central British Columbia. *Forestry Chronicle* 82: 723–32.
- Woods, A., and Bergerud, W. 2008. *Are free-growing stands meeting timber productivity expectations in the Lakes Timber supply area?* FREP Report 13. Victoria, BC: BC Ministry of Forests and Range, Forest Practices Branch.
- Woods, A., Coates, K. D., and Hamann, A. 2005. Is an unprecedented Dothistroma needle blight epidemic related to climate change? *BioScience* 55 (9): 761–69.
- Zabinski, C. A., Quinn, L., and Callaway, R. M. 2002. Phosphorus uptake, not carbon transfer, explains arbuscular mycorrhizal enhancement of Centaurea maculosa in the presence of native grassland species. *Functional Ecology* 16: 758–65.
- Zustovic, M. 2012. The effects of forest gap size on Douglas-fir seedling establishment in the southern interior of British Columbia. Master of science thesis, University of British Columbia.

【 13 コア・サンプリング 】

- Aitken, S. N., Yeaman, S., Holliday, J. A., et al. 2008. Adaptation, migration or extirpation: Climate change outcomes for tree populations. *Evolutionary Applications* 1: 95–111.
- D'Antonio, C. M., and Vitousek, P. M. 1992. Biological invasions by exotic grasses, the grass/fire cycle, and global change. *Annual Review of Ecology and Systematics* 23: 63–87.
- Eason, W. R., and Newman, E. I. 1990. Rapid cycling of nitrogen and phosphorus from dying roots of *Lolium perenne. Oecologia* 82: 432.
- Eason, W. R., Newman, E. I., and Chuba, P. N. 1991. Specificity of interplant cycling of phosphorus: The role of mycorrhizas. *Plant Soil* 137: 267–74.
- Franklin, J. F., Shugart, H. H., and Harmon, M. E. 1987. Tree death as an ecological process: Causes, consequences and variability of tree mortality. *BioScience* 37: 550–56.
- Hamann, A., and Wang, T. 2006. Potential effects of climate change on ecosystem and tree species distribution in British Columbia. *Ecology* 87: 2773–86.
- Johnstone, J. F., Allen, C. D., Franklin, J. F., et al. 2016. Changing disturbance regimes, ecological memory, and forest resilience. *Frontiers in Ecology and the Environment* 14: 369–78.

- Heineman, J. L., Simard, S.W., and Mather, W. J. 2002. *Natural regeneration of small patch cuts in a southern interior ICH forest.* Working Paper 64. Victoria, BC: BC Ministry of Forests.
- Jones, M. D., Twieg, B., Ward, V., et al. 2010. Functional complementarity of Douglas-fir ectomycorrhizas for extracellular enzyme activity after wildfire or clearcut logging. *Functional Ecology* 4: 1139–51.
- Kazantseva, O., Bingham, M. A., Simard, S.W., and Berch, S. M. 2009. Effects of growth medium, nutrients, water and aeration on mycorrhization and biomass allocation of greenhouse-grown interior Douglas-fir seedlings. *Mycorrhiza* 20: 51–66.
- Kiers, E. T., Duhamel, M., Beesetty, Y., et al. 2011. Reciprocal rewards stabilize cooperation in the mycorrhizal symbiosis. *Science* 333: 880–82.
- Kretzer, A. M., Dunham, S., Molina, R., and Spatafora, J. W. 2004. Microsatellite markers reveal the below ground distribution of genets in two species of Rhizopogon forming tuberculate ectomycorrhizas on Douglas fir. *New Phytologist* 161: 313–20.
- Lewis, K., and Simard, S. W. 2012. Transforming forest management in B.C. Opinion editorial, special to the *Vancouver Sun,* March 11, 2012.
- Marcoux, H. M., Daniels, L. D., Gergel, S. E., et al. 2015. Differentiating mixed- and high-severity fire regimes in mixed-conifer forests of the Canadian Cordillera. *Forest Ecology and Management* 341: 45–58.
- Marler, M. J., Zabinski, C. A., and Callaway, R. M. 1999. Mycorrhizae indirectly enhance competitive effects of an invasive forb on a native bunchgrass. *Ecology* 80: 1180–86.
- Mather, W. J., Simard, S.W., Heineman, J. L., Sachs, D. L. 2010. Decline of young lodgepole pine in southern interior British Columbia. *Forestry Chronicle* 86: 484–97.
- Perry, D. A., Hessburg, P. F., Skinner, C. N., et al. 2011. The ecology of mixed severity fire regimes in Washington, Oregon, and Northern California, *Forest Ecology and Management* 262: 703–17.
- Philip, L. J., Simard, S. W., and Jones, M. D. 2011. Pathways for belowground carbon transfer between paper birch and Douglas-fir seedlings. *Plant Ecology and Diversity* 3: 221–33.
- Roach, W. J., Simard, S.W., and Sachs, D. L. 2015. Evidence against planting lodgepole pine monocultures in cedar-hemlock forests in southern British Columbia. *Forestry* 88: 345–58.
- Schoonmaker, A. L., Teste, F. P., Simard, S. W., and Guy, R. D. 2007. Tree proximity, soil pathways and common mycorrhizal networks: Their influence on utilization of redistributed water by understory seedlings. *Oecologia* 154: 455–66.
- Simard, S. W. 2009. The foundational role of mycorrhizal networks in self-organization of interior Douglas-fir forests. *Forest Ecology and Management* 258S: S95–107.
- Simard, S.W., ed. 2010. *Climate Change and Variability.* Intech. https://www.intechopen.com/books/climate-change-and-variability.
- ———. 2012. Mycorrhizal networks and seedling establishment in Douglas-fir forests. Chapter 4 in *Biocomplexity of Plant-Fungal Interactions,* ed. D. Southworth. Ames, IA: Wiley-Blackwell, 85–107.
- ———. 2017. The mother tree. In *The Word for World Is Still Forest,* ed. Anna-Sophie Springer and Etienne Turpin. Berlin: K. Verlag and the Haus der Kulturen der Welt.
- ———. 2018. Mycorrhizal networks facilitate tree communication, learning and memory. Chapter 10 in *Memory and Learning in Plants,* ed. F. Baluska, M. Gagliano, and G. Witzany. West Sussex, UK: Springer, 191–213.
- Simard, S. W., Asay, A. K., Beiler, K. J., et al. 2015. Resource transfer between plants through ectomycorrhizal networks. In *Mycorrhizal Networks,* ed. T. R. Horton. Ecological Studies vol. 224. Dordrecht: Springer, 133–76.
- Simard, S. W., and Lewis, K. 2011. New policies needed to save our forests. Opinion editorial, special to the *Vancouver Sun,* April 8, 2011.
- Simard, S.W., Martin, K., Vyse, A., and Larson, B. 2013. Meta-networks of fungi, fauna and flora as agents of complex adaptive systems. Chapter 7 in *Managing World Forests as Complex Adaptive Systems: Building Resilience to the*

Land Management Handbook 48. Victoria, BC: BC Ministry of Forests.
- Simard, S. W., and Vyse, A. 2006. Trade-offs between competition and facilitation: A case study of vegetation management in the interior cedar-hemlock forests of southern British Columbia. *Canadian Journal of Forest Research* **36: 2486–96.**
- van der Kamp, B. J. 1991. Pathogens as agents of diversity in forested landscapes. *Forestry Chronicle* **67: 353–54.**
- Vyse, A., Cleary, M. A., and Cameron, I. R. 2013. Tree species selection revisited for plantations in the Interior Cedar Hemlock zone of southern British Columbia. *Forestry Chronicle* **89: 382–91.**
- Vyse, A., and Simard, S. W. 2009. Broadleaves in the interior of British Columbia: Their extent, use, management and prospects for investment in genetic conservation and improvement. *Forestry Chronicle* **85: 528–37.**
- Weir, L. C., and Johnson, A. L. S. 1970. Control of Poria weirii study establishment and preliminary evaluations. Canadian Forest Service, Forest Research Laboratory, Victoria, Canada.
- White, R. H., and Zipperer, W. C. 2010. Testing and classification of individual plants for fire behaviour: Plant selection for the wildland-urban interface. *International Journal of Wildland Fire* **19: 213–27.**

【12 片道9時間】

- Babikova, Z., Gilbert, L., Bruce, T. J. A., et al. 2013. Underground signals carried through common mycelial networks warn neighbouring plants of aphid attack. *Ecology Letters* **16: 835–43.**
- Barker, J. S., Simard, S. W., and Jones, M. D. 2014. Clearcutting and wildfire have comparable effects on growth of directly seeded interior Douglas-fir. *Forest Ecology and Management* **331: 188–95.**
- Barker, J. S., Simard, S. W., Jones, M. D., and Durall, D. M. 2013. Ectomycorrhizal fungal community assembly on regenerating Douglas-fir after wildfire and clearcut harvesting. *Oecologia* **172: 1179–89.**
- Barto, E. K., Hilker, M., Müller, F., et al. 2011. The fungal fast lane: Common mycorrhizal networks extend bioactive zones of allelochemicals in soils. *PLOS ONE* **6: e27195.**
- Barto, E. K., Weidenhamer, J. D., Cipollini, D., and Rillig, M. C. 2012. Fungal superhighways: Do common mycorrhizal networks enhance below ground communication? *Trends in Plant Science* **17: 633–37.**
- Beiler, K. J., Durall, D. M., Simard, S. W., et al. 2010. Mapping the wood-wide web: Mycorrhizal networks link multiple Douglas-fir cohorts. *New Phytologist* **185: 543–53.**
- Beiler, K. J., Simard, S. W., and Durall, D. M. 2015. Topology of *Rhizopogon* spp. mycorrhizal meta-networks in xeric and mesic old-growth interior Douglas-fir forests. *Journal of Ecology* **103: 616–28.**
- Beiler, K. J., Simard, S. W., Lemay, V., and Durall, D. M. 2012. Vertical partitioning between sister species of Rhizopogon fungi on mesic and xeric sites in an interior Douglas-fir forest. *Molecular Ecology* **21: 6163–74.**
- Bingham, M. A., and Simard, S. W. 2011. Do mycorrhizal network benefits to survival and growth of interior Douglas-fir seedlings increase with soil moisture stress? *Ecology and Evolution* **3: 306–16.**
- ———. 2012. Ectomycorrhizal networks of old *Pseudotsuga menziesii* var. *glauca* trees facilitate establishment of conspecific seedlings under drought. *Ecosystems* **15: 188–99.**
- ———. 2012. Mycorrhizal networks affect ectomycorrhizal fungal community similarity between conspecific trees and seedlings. *Mycorrhiza* **22: 317–26.**
- ———. 2013. Seedling genetics and life history outweigh mycorrhizal network potential to improve conifer regeneration under drought. *Forest Ecology and Management* **287: 132–39.**
- Carey, E. V., Marler, M. J., and Callaway, R. M. 2004. Mycorrhizae transfer carbon from a native grass to an invasive weed: Evidence from stable isotopes and physiology. *Plant Ecology* **172: 133–41.**
- Defrenne, C. A., Oka, G. A., Wilson, J. E., et al. 2016. Disturbance legacy on soil carbon stocks and stability within a coastal temperate forest of southwestern British Columbia. *Open Journal of Forestry* **6: 305–23.**
- Erland, L. A. E., Shukla, M. R., Singh, A. S., and Murch, S. J. 2018. Melatonin and serotonin: Mediators in the symphony of plant morphogenesis. *Journal of Pineal Research* **64: e12452.**

- Comeau, P. G., White, M., Kerr, G., and Hale, S. E. 2010. Maximum density-size relationships for Sitka spruce and coastal Douglas fir in Britain and Canada. *Forestry* 83: 461–68.
- DeLong, D. L., Simard, S. W., Comeau, P. G., et al. 2005. Survival and growth responses of planted seedlings in root disease infected partial cuts in the Interior Cedar Hemlock zone of southeastern British Columbia. *Forest Ecology and Management* 206: 365–79.
- Dixon, R. K., Brown, S., Houghton, R. A., et al. 1994. Carbon pools and flux of global forest ecosystems. *Science* 263: 185–91.
- Fall, A., Shore, T. L., Safranyik, L., et al. 2003. Integrating landscape-scale mountain pine beetle projection and spatial harvesting models to assess management strategies. In *Mountain Pine Beetle Symposium: Challenges and Solutions. Oct. 30–31, 2003, Kelowna, British Columbia,* ed. T. L. Shore, J. E. Brooks, and J. E. Stone. Information Report BC-X-399. Victoria, BC: Natural Resources Canada, Canadian Forest Service, Pacific Forestry Centre, 114–32.
- Feurdean, A., Veski, S., Florescu, G., et al. 2017. Broadleaf deciduous forest counterbalanced the direct effect of climate on Holocene fire regime in hemiboreal/boreal region (NE Europe). *Quaternary Science Reviews* 169: 378–90.
- Hély, C., Bergeron, Y., and Flannigan, M. D. 2000. Effects of stand composition on fire hazard in mixed-wood Canadian boreal forest. *Journal of Vegetation Science* 11: 813–24.
- ———. 2001. Role of vegetation and weather on fire behavior in the Canadian mixedwood boreal forest using two fire behavior prediction systems. *Canadian Journal of Forest Research* 31: 430–41.
- Hoekstra, J. M., Boucher, T. M., Ricketts, T. H., and Roberts, C. 2005. Confronting a biome crisis: Global disparities of habitat loss and protection. *Ecology Letters* 8: 23–29.
- Hope, G. D. 2007. Changes in soil properties, tree growth, and nutrition over a period of 10 years after stump removal and scarification on moderately coarse soils in interior British Columbia. *Forest Ecology and Management* 242: 625–35.
- Kinzig, A. P., Pacala, S., and Tilman, G. D., eds. 2002. *The Functional Consequences of Biodiversity: Empirical Progress and Theoretical Extensions.* Princeton: Princeton University Press.
- Knohl, A., Schulze, E. D., Kolle, O., and Buchmann, N. 2003. Large carbon uptake by an unmanaged 250-year-old deciduous forest in Central Germany. *Agricultural and Forest Meteorology* 118: 151–67.
- LePage, P., and Coates, K. D. 1994. Growth of planted lodgepole pine and hybrid spruce following chemical and manual vegetation control on a frost-prone site. *Canadian Journal of Forest Research* 24: 208–16.
- Mann, M. E., Bradley, R. S., and Hughs, M. K. 1998. Global-scale temperature patterns and climate forcing over the past six centuries. *Nature* 392: 779–87.
- Morrison, D. J., Wallis, G. W., and Weir, L. C. 1988. *Control of Armillaria and Phellinus root diseases: 20-year results from the Skimikin stump removal experiment.* Information Report BC x-302. Victoria, BC: Canadian Forest Service.
- Newsome, T. A., Heineman, J. L., and Nemec, A. F. L. 2010. A comparison of lodgepole pine responses to varying levels of trembling aspen removal in two dry south-central British Columbia ecosystems. *Forest Ecology and Management* 259: 1170–80.
- Simard, S. W., Beiler, K. J., Bingham, M. A., et al. 2012. Mycorrhizal networks: Mechanisms, ecology and modelling. *Fungal Biology Reviews* 26: 39–60.
- Simard, S. W., Blenner-Hassett, T., and Cameron, I. R. 2004. Precommercial thinning effects on growth, yield and mortality in even-aged paper birch stands in British Columbia. *Forest Ecology and Management* 190: 163–78.
- Simard, S. W., Hagerman, S. M., Sachs, D. L., et al. 2005. Conifer growth, Armillaria ostoyae root disease and plant diversity responses to broadleaf competition reduction in temperate mixed forests of southern interior British Columbia. *Canadian Journal of Forest Research* 35: 843–59.
- Simard, S. W., Heineman, J. L., Mather, W. J., et al. 2001. *Effects of Operational Brushing on Conifers and Plant Communities in the Southern Interior of British Columbia: Results from PROBE 1991–2000.* BC Ministry of Forests and

Idaho. Master of science thesis, University of Arizona.
- Perry, D.A. 1995. Self-organizing systems across scales. *Trends in Ecology and Evolution* 10: 241–44.
- ———. 1998. A moveable feast: The evolution of resource sharing in plant-fungus communities. *Trends in Ecology and Evolution* 13: 432–34.
- Raffa, K. F., Aukema, B. H., Bentz, B. J., et al. 2008. Cross-scale drivers of natural disturbances prone to anthropogenic amplification: Dynamics of biome-wide bark beetle eruptions. *BioScience* 58: 501–17.
- Ripple, W. J., Beschta, R. L., Fortin, J. K., and Robbins, C. T. 2014. Trophic cascades from wolves to grizzly bears in Yellowstone. *Journal of Animal Ecology* 83: 223–33.
- Schulman, E. 1954. Longevity under adversity in conifers. *Science* 119: 396–99.
- Seip, D. R. 1992. Factors limiting woodland caribou populations and their interrelationships with wolves and moose in southeastern British Columbia. *Canadian Journal of Zoology* 70: 1494–1503.
- ———. 1996. Ecosystem management and the conservation of caribou habitat in British Columbia. *Rangifer* special issue 10: 203–7.
- Simard, S. W. 2009. Mycorrhizal networks and complex systems: Contributions of soil ecology science to managing climate change effects in forested ecosystems. *Canadian Journal of Soil Science* 89 (4): 369–82.
- ———. 2009. The foundational role of mycorrhizal networks in self-organization of interior Douglas-fir forests. *Forest Ecology and Management* 258S: S95–107.
- Tomback, D. F. 1982. Dispersal of whitebark pine seeds by Clark's nutcracker: A mutualism hypothesis. *Journal of Animal Ecology* 51: 451–67.
- Van Wagner, C. E., Finney, M. A., and Heathcott, M. 2006. Historical fire cycles in the Canadian Rocky Mountain parks. *Forest Science* 52: 704–17.

【 11 ミス・シラカバ 】

- Baldocchi, D. B., Black, A., Curtis, P. S., et al. 2005. Predicting the onset of net carbon uptake by deciduous forests with soil temperature and climate data: A synthesis of FLUXNET data. *International Journal of Biometeorology* 49: 377–87.
- Bérubé, J. A., and Dessureault, M. 1988. Morphological characterization of *Armillaria ostoyae and Armillaria sinapina* sp. nov. *Canadian Journal of Botany* 66: 2027–34.
- Bradley, R. L., and Fyles, J.W. 1995. Growth of paper birch (*Betula papyrifera*) seedlings increases soil available C and microbial acquisition of soil-nutrients. *Soil Biology and Biochemistry* 27: 1565–71.
- British Columbia Ministry of Forests. 2000. *Establishment to Free Growing Guidebook*, rev. ed, version 2.2. Victoria, BC: British Columbia Ministry of Forests, Forest Practices Branch.
- British Columbia Ministry of Forests and BC Ministry of Environment, Lands and Parks. 1995. *Root Disease Management Guidebook.* Victoria, BC: Forest Practices Code. https://www.for.gov.bc.ca/ftp/hfp/external/!publish/FPC%20archive/old%20web%20site%20contents/fpc/fpcguide/root/roottoc.htm.
- Castello, J. D., Leopold, D. J., and Smallidge, P. J. 1995. Pathogens, patterns, and processes in forest ecosystems. *BioScience* 45: 16–24.
- Chanway, C. P., and Holl, F. B. 1991. Biomass increase and associative nitrogen fixation of mycorrhizal *Pinus contorta* seedlings inoculated with a plant growth promoting Bacillus strain. *Canadian Journal of Botany* 69: 507–11.
- Cleary, M. R., Arhipova, N., Morrison, D. J., et al. 2013. Stump removal to control root disease in Canada and Scandinavia: A synthesis of results from long-term trials. *Forest Ecology and Management* 290: 5–14.
- Cleary, M., van der Kamp, B., and Morrison, D. 2008. British Columbia's southern interior forests: Armillaria root disease stand establishment decision aid. *BC Journal of Ecosystems and Management* 9 (2): 60–65.
- Coates, K. D., and Burton, P. J. 1999. Growth of planted tree seedlings in response to ambient light levels in northwestern interior cedar-hemlock forests of British Columbia. *Canadian Journal of Forest Research* 29: 1374–82.

indices in an age sequence of seral interior cedar-hemlock forests in British *Columbia. Canadian Journal of Forest Research* 34: 1228–40.
- Simard, S. W., Sachs, D. L., Vyse, A., and Blevins, L. L. 2004. Paper birch competitive effects vary with conifer tree species and stand age in interior British Columbia forests: Implications for reforestation policy and practice. *Forest Ecology and Management* 198: 55–74.
- Simard, S. W., and Zimonick, B. J. 2005. Neighborhood size effects on mortality, growth and crown morphology of paper birch. *Forest Ecology and Management* 214: 251–69.
- Twieg, B. D., Durall, D. M., and Simard, S. W. 2007. Ectomycorrhizal fungal succession in mixed temperate forests. *New Phytologist* 176: 437–47.
- Wilkinson, D. A. 1998. The evolutionary ecology of mycorrhizal networks. *Oikos* 82: 407–10.
- Zimonick, B. J., Roach, W. J., and Simard, S. W. 2017. Selective removal of paper birch increases growth of juvenile Douglas fir while minimizing impacts on the plant community. *Scandinavian Journal of Forest Research* 32: 708–16.

【 10 石に絵を描く 】

- Aukema, B. H., Carroll, A. L., Zhu, J., et al. 2006. Landscape level analysis of mountain pine beetle in British Columbia, Canada: Spatiotemporal development and spatial synchrony within the present outbreak. *Ecography* 29: 427–41.
- Beschta, R. L., and Ripple, W. L. 2014. Wolves, elk, and aspen in the winter range of Jasper National Park, Canada. *Canadian Journal of Forest Research* 37: 1873–85.
- Chavardes, R. D., Daniels, L. D., Gedalof, Z., and Andison, D. W. 2018. Human influences superseded climate to disrupt the 20th century fire regime in Jasper National Park, Canada. *Dendrochronologia* 48: 10–19.
- Cooke, B. J., and Carroll, A. L. 2017. Predicting the risk of mountain pine beetle spread to eastern pine forests: Considering uncertainty in uncertain times. *Forest Ecology and Management* 396: 11–25.
- Cripps, C. L., Alger, G., and Sissons, R. 2018. Designer niches promote seedling survival in forest restoration: A 7-year study of whitebark pine (*Pinus albicaulis*) seedlings in Waterton Lakes National Park. *Forests* 9 (8): 477.
- Cripps, C., and Miller Jr., O. K. 1993. Ectomycorrhizal fungi associated with aspen on three sites in the north-central Rocky Mountains. *Canadian Journal of Botany* 71: 1414–20.
- Fraser, E. C., Lieffers, V. J., and Landhäusser, S. M. 2005. Age, stand density, and tree size as factors in root and basal grafting of lodgepole pine. *Canadian Journal of Botany* 83: 983–88.
- ———. 2006. Carbohydrate transfer through root grafts to support shaded trees. *Tree Physiology* 26: 1019–23.
- Gorzelak, M., Pickles, B. J., Asay, A. K., and Simard, S. W. 2015. Inter-plant communication through mycorrhizal networks mediates complex adaptive behaviour in plant communities. *Annals of Botany Plants* 7: plv050.
- Hutchins, H. E., and Lanner, R. M. 1982. The central role of Clark's nutcracker in the dispersal and establishment of whitebark pine. *Oecologia* 55: 192–201.
- Mattson, D. J., Blanchard, D. M., and Knight, R. R. 1991. Food habits of Yellowstone grizzly bears, 1977–1987. *Canadian Journal of Zoology* 69: 1619–29.
- McIntire, E. J. B., and Fajardo, A. 2011. Facilitation within species: A possible origin of group-selected superorganisms. *American Naturalist* 178: 88–97.
- Miller, R., Tausch, R., and Waicher, W. 1999. Old-growth juniper and pinyon woodlands. In *Proceedings: Ecology and Management of Pinyon-Juniper Communities Within the Interior West, September 15–18, 1997, Provo,* UT, comp. Stephen B. Monsen and Richard Stevens. Proc. RMRS-P-9. Ogden, UT: U.S. Department of Agriculture, Forest Service, Rocky Mountain Research Station.
- Mitton, J. B., and Grant, M. C. 1996. Genetic variation and the natural history of quaking aspen. *BioScience* 46: 25–31.
- Munro, Margaret. 1998. Weed trees are crucial to forest, research shows. *Vancouver Sun,* May 14, 1998.
- Perkins, D. L. 1995. A dendrochronological assessment of whitebark pine in the Sawtooth Salmon River Region,

- Baleshta, K. E. 1998. The effect of ectomycorrhizae hyphal links on interactions between *Pseudotsuga menziesii* (Mirb.) Franco and *Betula papyrifera* Marsh. seedlings. Bachelors of natural resource sciences thesis, University College of the Cariboo.
- Baleshta, K. E., Simard, S. W., Guy, R. D., and Chanway, C. P. 2005. Reducing paper birch density increases Douglas-fir growth and Armillaria root disease incidence in southern interior British Columbia. *Forest Ecology and Management* 208: 1–13.
- Baleshta, K. E., Simard, S. W., and Roach, W. J. 2015. Effects of thinning paper birch on conifer productivity and understory plant diversity. *Scandinavian Journal of Forest Research* 30: 699–709.
- DeLong, R., Lewis, K. J., Simard, S. W., and Gibson, S. 2002. Fluorescent pseudomonad population sizes baited from soils under pure birch, pure Douglas-fir and mixed forest stands and their antagonism toward Armillaria ostoyae in vitro. *Canadian Journal of Forest Research* 32: 2146–59.
- Durall, D. M., Gamiet, S., Simard, S. W., et al. 2006. Effects of clearcut logging and tree species composition on the diversity and community composition of epigeous fruit bodies formed by ectomycorrhizal fungi. *Canadian Journal of Botany* 84: 966–80.
- Fitter, A. H., Graves, J. D., Watkins, N. K., et al. 1998. Carbon transfer between plants and its control in networks of arbuscular mycorrhizas. *Functional Ecology* 12: 406–12.
- Fitter, A. H., Hodge, A., Daniell, T. J., and Robinson, D. 1999. Resource sharing in plant-fungus communities: Did the carbon move for you? *Trends in Ecology and Evolution* 14: 70–71.
- Kimmerer, Robin Wall. 2015. *Braiding Sweetgrass: Indigenous Wisdom, Scientific Knowledge and the Teachings of Plants.* Minneapolis: Milkweed Editions.
- Perry, D. A. 1998. A moveable feast: The evolution of resource sharing in plant-fungus communities. *Trends in Ecology and Evolution* 13: 432–34.
- ———. 1999. Reply from D. A. Perry. *Trends in Ecology and Evolution* 14: 70–71.
- Philip, Leanne. 2006. The role of ectomycorrhizal fungi in carbon transfer within common mycorrhizal networks. PhD dissertation, University of British Columbia. https://open.library.ubc.ca/collections/ubctheses/831/items/1.0075066.
- Sachs, D. L. 1996. Simulation of the growth of mixed stands of Douglas-fir and paper birch using the FORECAST model. In *Silviculture of Temperate and Boreal Broadleaf-Conifer Mixtures: Proceedings of a Workshop Held Feb. 28–March 1, 1995, Richmond, BC,* ed. P. G. Comeau and K. D. Thomas. BC Ministry of Forests Land Management Handbook 36. Victoria, BC: BC Ministry of Forests, 152–58.
- Simard, S. W., and Durall, D. M. 2004. Mycorrhizal networks: A review of their extent, *function and importance. Canadian Journal of Botany* 82: 1140–65.
- Simard, S. W., Durall, D. M., and Jones, M. D. 1997. Carbon allocation and carbon transfer between *Betula papyrifera* and *Pseudotsuga menziesii* seedlings using a 13C pulse-labeling method. *Plant and Soil* 191: 41–55.
- Simard, S. W., and Hannam, K. D. 2000. Effects of thinning overstory paper birch on survival and growth of interior spruce in British Columbia: Implications for reforestation policy and biodiversity. *Forest Ecology and Management* 129: 237–51.
- Simard, S. W., Jones, M. D., and Durall, D. M. 2002. Carbon and nutrient fluxes within and between mycorrhizal plants. In *Mycorrhizal Ecology,* ed. M. van der Heijden and I. Sanders. Heidelberg: Springer-Verlag, 33–61.
- Simard, S. W., Jones, M. D., Durall, D. M., et al. 1997. Reciprocal transfer of carbon isotopes between ectomycorrhizal Betula papyrifera and Pseudotsuga menziesii. *New Phytologist* 137: 529–42.
- Simard, S. W., Perry, D. A., Smith, J. E., and Molina, R. 1997. Effects of soil trenching on occurrence of ectomycorrhizae on *Pseudotsuga menziesii* seedlings grown in mature forests of *Betula papyrifera and Pseudotsuga menziesii. New Phytologist* 136: 327–40.
- Simard, S. W., and Sachs, D. L. 2004. Assessment of interspecific competition using relative height and distance

1975 to 1992 using satellite imagery. *Canadian Journal of Forest Research* 28: 23–36.
- Simard, S.W. 1993. PROBE: *Protocol for operational brushing evaluations (first approximation).* Land Management Report 86. Victoria, BC: BC Ministry of Forests.
- ———. 1995. PROBE: *Vegetation management monitoring in the southern interior of B.C.* Northern Interior Vegetation Management Association, Annual General Meeting, Jan. 18, 1995, Williams Lake, BC.
- Simard, S. W., Heineman, J. L., Hagerman, S. M., et al. 2004. Manual cutting of Sitka alder-dominated plant communities: Effects on conifer growth and plant community structure. *Western Journal of Applied Forestry* 19: 277–87.
- Simard, S.W., Heineman, J. L., Mather, W. J., et al. 2001. *Brushing effects on conifers and plant communities in the southern interior of British Columbia: Summary of PROBE results 1991–2000.* Extension Note 58. Victoria, BC: BC Ministry of Forestry.
- Simard, S. W., Jones, M. D., Durall, D. M., et al. 2003. Chemical and mechanical site preparation: Effects on Pinus contorta growth, physiology, and microsite quality on steep forest sites in British Columbia. *Canadian Journal of Forest Research* 33: 1495–515.
- Thompson, D. G., and Pitt, D. G. 2003. A review of Canadian forest vegetation management research and practice. *Annals of Forest Science* 60: 559–72.

【 8 放射能 】

- Brownlee, C., Duddridge, J. A., Malibari, A., and Read, D. J. 1983. The structure and function of mycelial systems of ectomycorrhizal roots with special reference to their role in forming inter-plant connections and providing pathways for assimilate and water transport. *Plant Soil* 71: 433–43.
- Callaway, R. M. 1995. Positive interactions among plants. *Botanical Review* 61 (4): 306–49. Finlay, R. D., and Read, D. J. 1986. The structure and function of the vegetative mycelium of ectomycorrhizal plants. I. Translocation of 14C-labelled carbon between plants interconnected by a common mycelium. *New Phytologist* 103: 143–56.
- Francis, R., and Read, D. J. 1984. Direct transfer of carbon between plants connected by vesicular-arbuscular mycorrhizal mycelium. *Nature* 307: 53–56.
- Jones, M. D., Durall, D. M., Harniman, S. M. K., et al. 1997. Ectomycorrhizal diversity on Betula papyrifera and Pseudotsuga menziesii seedlings grown in the greenhouse or outplanted in single-species and mixed plots in southern British Columbia. *Canadian Journal of Forest Research* 27: 1872–89.
- McPherson, S. S. 2009. *Tim Berners-Lee: Inventor of the World Wide Web.* Minneapolis: Twenty-First Century Books.
- Read, D. J., Francis, R., and Finlay, R. D. 1985. Mycorrhizal mycelia and nutrient cycling in plant communities. In *Ecological Interactions in Soil,* ed. A. H. Fitter, D. Atkinson, D. J. Read, and M. B. Usher. Oxford: Blackwell Scientific, 193–217.
- Ryan, M. G., and Asao, S. 2014. Phloem transport in trees. *Tree Physiology* 34: 1–4. Simard, S.W. 1990. *A retrospective study of competition between paper birch and planted Douglas-fir.* FRDA Report 147. Victoria, BC: Forestry Canada and BC Ministry of Forests.
- Simard, S.W., Molina, R., Smith, J. E., et al. 1997. Shared compatibility of ectomycorrhizae on *Pseudotsuga menziesii and Betula papyrifera* seedlings grown in mixture in soils from southern British Columbia. *Canadian Journal of Forest Research* 27: 331–42.
- Simard, S.W., Perry, D. A., Jones, M. D., et al. 1997. Net transfer of carbon between tree species with shared ectomycorrhizal fungi. *Nature* 388: 579–82.
- Simard, S. W., and Vyse, A. 1992. *Ecology and management of paper birch and black cottonwood.* Land Management Report 75. Victoria, BC: BC Ministry of Forests.

【 9 お互いさま 】

shrub community in the southern interior of British Columbia. Master of science thesis, Oregon State University.
- ———. 1990. *Competition between Sitka alder and lodgepole pine in the Montane Spruce zone in the southern interior of British Columbia.* FRDA Report 150. Victoria: BC: Forestry Canada and BC Ministry of Forests, 150.
- Simard, S. W., Radosevich, S. R., Sachs, D. L., and Hagerman, S. M. 2006. Evidence for competition/facilitation trade-offs: Effects of Sitka alder density on pine regeneration and soil productivity. *Canadian Journal of Forest Research* 36: 1286–98.
- Simard, S. W., Roach, W. J., Daniels, L. D., et al. Removal of neighboring vegetation predisposes planted lodgepole pine to growth loss during climatic drought and mortality from a mountain pine beetle infestation. In preparation.
- Southworth, D., He, X. H., Swenson, W., et al. 2003. Application of network theory to potential mycorrhizal networks. *Mycorrhiza* 15: 589–95.
- Wagner, R. G., Little, K. M., Richardson, B., and McNabb, K. 2006. The role of vegetation management for enhancing productivity of the world's forests. *Forestry* 79 (1): 57–79.
- Wagner, R. G., Peterson, T. D., Ross, D. W., and Radosevich, S. R. 1989. Competition thresholds for the survival and growth of ponderosa pine seedlings associated with woody and herbaceous vegetation. *New Forests* 3: 151–70.
- Walstad, J. D., and Kuch, P. J., eds. 1987. *Forest Vegetation Management for Conifer Production.* New York: John Wiley and Sons, Inc.

【7 喧嘩】

- Frey, B., and Schüepp, H. 1992. Transfer of symbiotically fixed nitrogen from berseem (*Trifolium alexandrinum L.*) to maize via vesicular-arbuscular mycorrhizal hyphae. *New Phytologist* 122: 447–54.
- Haeussler, S., Coates, D., and Mather, J. 1990. *Autecology of common plants in British Columbia: A literature review.* FRDA Report 158. Victoria, BC: Forestry Canada and BC Ministry of Forests.
- Heineman, J. L., Sachs, D. L., Simard, S. W., and Mather, W. J. 2010. Climate and site characteristics affect juvenile trembling aspen development in conifer plantations across southern British Columbia. *Forest Ecology & Management* 260: 1975–84.
- Heineman, J. L., Simard, S. W., Sachs, D. L., and Mather, W. J. 2005. Chemical, grazing, and manual cutting treatments in mixed herb-shrub communities have no effect on interior spruce survival or growth in southern interior British Columbia. *Forest Ecology and Management* 205: 359–74.
- ———. 2007. Ten-year responses of Engelmann spruce and a high elevation Ericaceous shrub community to manual cutting treatments in southern interior British Columbia. *Forest Ecology and Management* 248: 153–62.
- ———. 2009. Trembling aspen removal effects on lodgepole pine in southern interior British Columbia: 10-year results. *Western Journal of Applied Forestry* 24: 17–23.
- Miller, S. L., Durall, D. M., and Rygiewicz, P. T. 1989. Temporal allocation of 14C to extramatrical hyphae of ectomycorrhizal ponderosa pine seedlings. *Tree Physiology* 5: 239–49.
- Molina, R., Massicotte, H., and Trappe, J. M. 1992. Specificity phenomena in mycorrhizal symbiosis: Community-ecological consequences and practical implications. In *Mycorrhizal Functioning: An Integrative Plant-Fungal Process,* ed. M. F. Allen. New York: Chapman and Hall, 357–423.
- Morrison, D., Merler, H., and Norris, D. 1991. *Detection, recognition and management of Armillaria and Phellinus root diseases in the southern interior of British Columbia.* FRDA Report 179. Victoria, BC: Forestry Canada and BC Ministry of Forests.
- Perry, D. A., Margolis, H., Choquette, C., et al. 1989. Ectomycorrhizal mediation of competition between coniferous tree species. *New Phytologist* 112: 501–11.
- Rolando, C. A., Baillie, B. R., Thompson, D. G., and Little, K. M. 2007. The risks associated with glyphosate-based herbicide use in planted forests. *Forests* 8: 208.
- Sachs, D. L., Sollins, P., and Cohen, W. B. 1998. Detecting landscape changes in the interior of British Columbia from

- ———. 1996. *Nine-Year Response of Engelmann Spruce and the Willow Complex to Chemical and Manual Release Treatments on an Ichmw2 Site Near Vernon.* FRDA Research Report 258. Victoria, BC: Canadian Forest Service and BC Ministry of Forests.
- ———. 1996. *Nine-Year Response of Lodgepole Pine and the Dry Alder Complex to Chemical and Manual Release Treatments on an Ichmk1 Site Near Kelowna.* FRDA Research Report 259. Victoria, BC: Canadian Forest Service and BC Ministry of Forests.
- Simard, S. W., Heineman, J. L., and Youwe, P. 1998. *Effects of Chemical and Manual Brushing on Conifer Seedlings, Plant Communities and Range Forage in the Southern Interior of British Columbia: Nine-Year Response.* Land Management Report 45. Victoria, BC: BC Ministry of Forests.
- Swanson, F., and Franklin, J. 1992. New principles from ecosystem analysis of Pacific Northwest forests. Ecological Applications 2: 262–74.
- Wang, J. R., Zhong, A. L., Simard, S. W., and Kimmins, J. P. 1996. Aboveground biomass and nutrient accumulation in an age sequence of paper birch (*Betula papyrifera*) stands in the Interior Cedar Hemlock zone, British Columbia. *Forest Ecology and Management* 83: 27–38.

【 6 ハンノキの湿原 】

- Arnebrant, K., Ek, H., Finlay, R. D., and Söderström, B. 1993. Nitrogen translocation between Alnus glutinosa (L.) Gaertn. seedlings inoculated with *Frankia sp. and Pinus contorta* Doug, ex Loud seedlings connected by a common ectomycorrhizal mycelium. *New Phytologist* 124: 231–42.
- Bidartondo, M. I., Redecker, D., Hijri, I., et al. 2002. Epiparasitic plants specialized on arbuscular mycorrhizal fungi. *Nature* 419: 389–92.
- British Columbia Ministry of Forests, Lands and Natural Resources Operations. 1911– 2012. Annual Service Plant Reports/Annual Reports. Victoria, BC: Crown Publications, www.for.gov.bc.ca/mof/annualreports.htm.
- Brooks, J. R., Meinzer, F. C., Warren, J. M., et al. 2006. Hydraulic redistribution in a Douglas-fir forest: Lessons from system manipulations. *Plant, Cell and Environment* 29: 138–50.
- Carpenter, C. V., Robertson, L. R., Gordon, J. C., and Perry, D. A. 1982. The effect of four new Frankia isolates on growth and nitrogenase activity in clones of *Alnus rubra and Alnus sinuata. Canadian Journal of Forest Research* 14: 701–6.
- Cole, E. C., and Newton, M. 1987. Fifth-year responses of Douglas fir to crowding and non-coniferous competition. *Canadian Journal of Forest Research* 17: 181–86.
- Daniels, L. D., Yocom, L. L., Sherriff, R. L., and Heyerdahl, E. K. 2018. Deciphering the complexity of historical hire regimes: Diversity among forests of western North America. In *Dendroecology,* ed. M. M. Amoroso et al. Ecological Studies vol. 231. New York: Springer International Publishing AG. DOI 10.1007/978-3-319-61669-8_8.
- Hessburg, P. F., Miller, C. L., Parks, S. A., et al. 2019. Climate, environment, and disturbance history govern resilience of western North American forests. *Frontiers in Ecology and Evolution* 7: 239.
- Ingham, R. E., Trofymow, J. A., Ingham, E. R., and Coleman, D. C. 1985. Interactions of bacteria, fungi, and their nematode grazers: Effects on nutrient cycling and plant growth. *Ecological Monographs* 55: 119–40.
- Klironomos, J. N., and Hart, M. M. 2001. Animal nitrogen swap for plant carbon. *Nature* 410: 651–52.
- Querejeta, J., Egerton-Warburton, L. M., and Allen, M. F. 2003. Direct nocturnal water transfer from oaks to their mycorrhizal symbionts during severe soil drying. *Oecologia* 134: 55–64.
- Radosevich, S. R., and Roush, M. L. 1990. The role of competition in agriculture. In *Perspectives on Plant Competition,* ed. J. B. Grace and D. Tilman. San Diego, CA: Academic Press, Inc.
- Sachs, D. L. 1991. *Calibration and initial testing of FORECAST for stands of lodgepole pine and Sitka alder in the interior of British Columbia.* Report 035-510-07403. Victoria, BC: British Columbia Ministry of Forests.
- Simard, S. W. 1989. Competition among lodgepole pine seedlings and plant species in a Sitka alder dominated

- Wickwire, W. C. 1991. Ethnography and archaeology as ideology: The case of the Stein River valley. *BC Studies* 91–92: 51–78.
- Wilson, M. 2011. Co-management re-conceptualized: Human-land relations in the Stein Valley, British Columbia. BA thesis, University of Victoria.
- York, A., Daly, R., and Arnett, C. 2019. *They Write Their Dreams on the Rock Forever: Rock Writings in the Stein River Valley of British Columbia,* 2nd ed. Vancouver, BC: Talonbooks.

【5 土を殺す】

- British Columbia Ministry of Forests. 1986. *Silviculture Manual.* Victoria, BC: Silviculture Branch.
- ———. 1987. *Forest Amendment Act (No. 2).* Victoria, BC: Queen's Printer. This act enabled enforcement of silvicultural performance and shifted cost and responsibility for reforestation to companies harvesting timber.
- British Columbia Parks. 2000. *Management Plan for Stein Valley Nlaka'pamux Heritage Park.* Kamloops: British Columbia Ministry of Environment, Lands and Parks, Parks Division.
- Chazan, M., Helps, L., Stanley, A., and Thakkar, S., eds. 2011. *Home and Native Land: Unsettling Multiculturalism in Canada.* Toronto, ON: Between the Lines.
- Dunford, M. P. 2002. The Simpcw of the North Thompson. *British Columbia Historical News* 25 (3): 6–8.
- First Nations land rights and environmentalism in British Columbia. http://www.first nations.de/indian_land.htm.
- Haeussler, S., and Coates, D. 1986. *Autecological Characteristics of Selected Species That Compete with Conifers in British Columbia: A Literature Review.* BC Land Management Report 33. Victoria, BC: BC Ministry of Forests.
- Ignace, Ron. 2008. Our oral histories are our iron posts: Secwepemc stories and historical consciousness. PhD thesis, Simon Fraser University.
- Lindsay, Bethany. 2018. "It blows my mind": How B.C. destroys a key natural wildfire defence every year. CBC News, Nov. 17, 2018. https://www.cbc.ca/news/canada/british-columbia/it-blows-my-mind-how-b-c-destroys-a-key-natural-wildfire-defence-every-year-1.4907358.
- Malik, N., and Vanden Born, W. H. 1986. *Use of Herbicides in Forest Management.* Information Report NOR-X-282. Edmonton: Canadian Forestry Service.
- Mather, J. 1986. *Assessment of Silviculture Treatments Used in the IDF Zone in the Western Kamloops Forest Region.* Kamloops: BC Ministry of Forestry Research Section, Kamloops Forest Region.
- Nelson, J. 2019. Monsanto's rain of death on Canada's forests. Global Research. https://www.globalresearch.ca/monsantos-rain-death-forests/5677614.
- Simard, S. W. 1996. Design of a birch/conifer mixture study in the southern interior of British Columbia. In *Designing Mixedwood Experiments: Workshop Proceedings, March 2, 1995, Richmond, BC,* ed. P. G. Comeau and K. D. Thomas. Working Paper 20. Victoria, BC: Research Branch, BC Ministry of Forests, 8–11.
- ———. 1996. Mixtures of paper birch and conifers: An ecological balancing act. In *Silviculture of Temperate and Boreal Broadleaf-Conifer Mixtures: Proceedings of a Workshop Held Feb. 28–March 1, 1995, Richmond, BC,* ed. P. G. Comeau and K. D. Thomas. BC Ministry of Forests Land Management Handbook 36. Victoria, BC: BC Ministry of Forests, 15–21.
- ———. 1997. Intensive management of young mixed forests: Effects on forest health. In *Proceedings of the 45th Western International Forest Disease Work Conference, Sept. 15–19, 1997,* ed. R. Sturrock. Prince George, BC: Pacific Forestry Centre, 48–54.
- ———. 2009. Response diversity of mycorrhizas in forest succession following disturbance. Chapter 13 in *Mycorrhizas: Functional Processes and Ecological Impacts,* ed. C. Azcon-Aguilar, J. M. Barea, S. Gianinazzi, and V. Gianinazzi-Pearson. Heidelberg: Springer-Verlag, 187–206.
- Simard, S. W., and Heineman, J. L. 1996. *Nine-Year Response of Douglas-Fir and the Mixed Hardwood-Shrub Complex to Chemical and Manual Release Treatments on an ICHmw2 Site Near Salmon Arm.* FRDA Research Report 257. Victoria, BC: Canadian Forest Service and BC Ministry of Forests.

- Hatt, Diane. 1989. Wilfred and Isobel Simard. In *Flowing Through Time: Stories of Kingfisher and Mabel Lake.* Kingfisher History Committee, 323–24.
- Mitchell, Hugh. 2014. Memories of Henry Simard. In *Flowing Through Time: Stories of Kingfisher and Mabel Lake.* Kingfisher History Committee, 325.
- Oliver, C. D., and Larson, B. C. 1996. *Forest Stand Dynamics,* updated ed. New York: Wiley.
- Pearase, Jackie. 2014. Jack Simard: A life in the Kingfisher. In *Flowing Through Time: Stories of Kingfisher and Mabel Lake.* Kingfisher History Committee, 326–28.
- Soil Classification Working Group. 1998. *The Canadian System of Soil Classification,* 3rd ed. Agriculture and Agri-Food Canada Publication 1646. Ottawa, ON: NRC Research Press.

【3 日照り】

- Arora, David. 1986. *Mushrooms Demystified,* 2nd ed. Berkeley, CA: Ten Speed Press. British Columbia Ministry of Forests. 1991. Ecosystems of British Columbia. Special Report Series 6. Victoria, BC: BC Ministry of Forests. http://www.for.gov.bc.ca/hfd/pubs/Docs/Srs/SRseries.htm.
- Burns, R. M., and Honkala, B. H., coord. 1990. *Silvics of North America.* Vol. 1, Conifers. Vol. 2, Hardwoods. USDA Agriculture Handbook 654. Washington, DC: U.S. Forest Service. Only available online at https://www.srs.fs.usda.gov/pubs/misc/ag_654_vol1.pdf.
- Parish, R., Coupe, R., and Lloyd, D. 1999. *Plants of Southern Interior British Columbia,* 2nd ed. Vancouver, BC: Lone Pine Publishing.
- Pati, A. J. 2014. *Formica integroides* of Swakum Mountain: A qualitative and quantitative assessment and narrative of Formica mounding behaviors influencing litter decomposition in a dry, interior Douglas-fir forest in British Columbia. Master of science thesis, University of British Columbia. DOI: 10.14288/1.0166984.

【4 木の上で】

- Bjorkman, E. 1960. *Monotropa hypopitys* L.—An epiparasite on tree roots. *Physiologia Plantarum* 13: 308–27.
- Fraser Basin Council. 2013. *Bridge Between Nations.* Vancouver, BC: Fraser Basin Council and Simon Fraser University.
- Herrero, S. 2018. *Bear Attacks: Their Causes and Avoidance,* 3rd ed. Lanham, MD: Lyons Press.
- Martin, K., and Eadie, J. M. 1999. Nest webs: A community wide approach to the management and conservation of cavity nesting birds. *Forest Ecology and Management* 115: 243–57.
- M'Gonigle, Michael, and Wickwire, Wendy. 1988. *Stein: The Way of the River.* Vancouver, BC: Talonbooks.
- Perry, D. A., Oren, R., and Hart, S. C. 2008. *Forest Ecosystems,* 2nd ed. Baltimore: The Johns Hopkins University Press.
- Prince, N. 2002. Plateau fishing technology and activity: Stl'atl'imx, Secwepemc and Nlaka'pamux knowledge. In *Putting Fishers' Knowledge to Work,* ed. N. Haggan, C. Brignall, and L. J. Wood. Conference proceedings, August 27–30, 2001. Fisheries Centre Research Reports 11 (1): 381–91.
- Smith, S., and Read, D. 2008. *Mycorrhizal Symbiosis.* London: Academic Press.
- Swinomish Indian Tribal Community. 2010. *Swinomish Climate Change Initiative: Climate Adaptation Action Plan.* La Conner, WA: Swinomish Indian Tribal Community. https://static1.squarespace.com/static/5bf49ed7aa49a1587719f80f/t/5c6a42c5f9619a97a6d660ff/1550467788279/201010_SITC_CC_AdaptationActionPlan.pdf.
- Thompson, D., and Freeman, R. 1979. *Exploring the Stein River Valley.* Vancouver, BC: Douglas & McIntyre.
- Walmsley, M., Utzig, G., Vold, T., et al. 1980. *Describing Ecosystems in the Field.* RAB Technical Paper 2; Land Management Report 7. Victoria, BC: Research Branch, British Columbia Ministry of Environment, and British Columbia Ministry of Forests.

参考文献 CRITICAL SOURCES

【 はじめに――母なる木とのつながり 】

- Enderby and District Museum and Archives Historical Photograph Collection. *Log chute at falls near Mabel Lake in Winter. 1898.* (Located near Simard Creek on the east shore of Mabel Lake.) www.enderbymuseum.ca/archives.php.
- Pierce, Daniel. 2018. 25 years after the war in the woods: Why B.C.'s forests are still in crisis. *The Narwhal.* https://thenarwhal.ca/25-years-after-clayoquot-sound-blockades-the-war-in-the-woods-never-ended-and-its-heating-back-up/.
- Raygorodetsky, Greg. 2014. Ancient woods. Chapter 3 in *Everything Is Connected.* National Geographic. https://blog.nationalgeographic.org/2014/04/22/everything-is-connected-chapter-3-ancient-woods/.
- Simard, Isobel. 1977. The Simard story. In *Flowing Through Time: Stories of Kingfisher and Mabel Lake.* Kingfisher History Committee, 321–22.
- UBC Faculty of Forestry Alumni Relations and Development. Welcome forestry alumni. https://getinvolved.forestry.ubc.ca/alumni/.
- Western Canada Wilderness Committee. 1985. Massive clearcut logging is ruining Clayoquot Sound. *Meares Island,* 2–3.

【 1 森のなかの幽霊 】

- Ashton, M. S., and Kelty, M. J. 2019. *The Practice of Silviculture: Applied Forest Ecology,* 10th ed. Hoboken, NJ: Wiley.
- Edgewood Inonoaklin Women's Institute. 1991. *Just Where Is Edgewood?* Edgewood, BC: Edgewood History Book Committee, 138–41.
- Hosie, R. C. 1979. *Native Trees of Canada,* 8th ed. Markham, ON: Fitzhenry & Whiteside Ltd.
- Kimmins, J. P. 1996. *Forest Ecology: A Foundation for Sustainable Management,* 3rd ed. Upper Saddle River, NJ: Pearson Education.
- Klinka, K., Worrall, J., Skoda, L., and Varga, P. 1999. *The Distribution and Synopsis of Ecological and Silvical Characteristics of Tree Species in British Columbia's Forests,* 2nd ed. Coquitlam, BC: Canadian Cartographics Ltd.
- Ministry of Forest Act. 1979. *Revised Statutes of British Columbia. Victoria,* BC: Queen's Printer.
- Ministry of Forests. 1980. *Forest and Range Resource Analysis Technical Report.* Victoria, BC: Queen's Printer.
- National Audubon Society. 1981. *Field Guide to North American Mushrooms.* New York: Knopf.
- Pearkes, Eileen Delehanty. 2016. *A River Captured: The Columbia River Treaty and Catastrophic Challenge. Calgary,* AB: Rocky Mountain Books.
- Pojar, J., and MacKinnon, A. 2004. *Plants of Coastal British Columbia,* rev. ed. Vancouver, BC: Lone Pine Publishing.
- Stamets, Paul. 2005. *Mycelium Running: How Mushrooms Can Save the World.* Berkeley, CA: Ten Speed Press.
- Vaillant, John. 2006. *The Golden Spruce: A True Story of Myth, Madness and Greed.* Toronto: Vintage Canada.
- Weil, R. R., and Brady, N. C. 2016. *The Nature and Properties of Soils,* 15th ed. Upper Saddle River, NJ: Pearson Education.

【 2 人力で木を伐る 】

- Enderby and District Museum and Archives Historical Photograph Collection. *Henry Simard, Wilfred Simard, and a third unknown man breaking up a log jam in the Skookumchuck Rapids on part of a log drive down the Shuswap River. 1925.* www.enderby museum.ca/archives.php.
- ———. *Moving Simard's houseboat on Mabel Lake. 1925.* www.enderbymuseum.ca/archives.php.

図版クレジット ILLUSTRATION CREDITS

【本文】
17ページ:Peter Simard▼18ページ:Sterling Lorence▼22ページ:Jens Wieting▼27ページ:Gerald Ferguson▼38ページ:Winnifred Gardner▼47ページ:Courtesy of Enderby & District Museum & Archives, EMDS 1430▼48ページ:Peter Simard▼50ページ:Courtesy of Enderby & District Museum & Archives, EMDS 1434▼54ページ:Courtesy of Enderby & District Museum & Archives, EMDS 0541▼56ページ:Courtesy of Enderby & District Museum & Archives, EMDS 0460▼57ページ:Courtesy of Enderby & District Museum & Archives, EMDS 0464▼62ページ:Courtesy of Enderby & District Museum & Archives, EMDS 0461▼63ページ:Courtesy of Enderby & District Museum & Archives, EMDS 0392▼77ページ:Jean Roach▼91ページ:Patrick Hattenberger▼121ページ:Jean Roach▼144ページ:Jean Roach▼240ページ:Patrick Hattenberger▼389ページ:Bill Heath▼402ページ:Jens Wieting▼406ページ:Bill Heath▼422ページ:Bill Heath▼461ページ:Bill Heath▼476ページ:Robyn Simard▼504ページ:Bill Heath▼516ページ:Emily Kemps▼526ページ:Bill Heath

【カラー口絵(前半)】
1ページめ:Jens Wieting▼2ページめ:Jens Wieting▼3ページめ:Jens Wieting▼4ページめ:(上)Bill Heath (下)Paul Stamets▼5ページめ:Dr. Teresa (Sm'hayetsk) Ryan▼6ページめ:(上)Camille Defrenne (下)Peter Kennedy, University of Minnesota▼7ページめ:(上)Camille Vernet (下)Jens Wieting▼8ページめ:Jens Wieting

【カラー口絵(後半)】
1ページめ:Bill Heath▼2ページめ:Dr. Teresa (Sm'hayetsk) Ryan▼3ページめ:(上)Camille Vernet (下)Joanne Childs and Colleen Iversen / Oak Ridge National Laboratory, U.S. Department of Energy▼4ページめ:Jens Wieting▼5ページめ:(上下とも)Jens Wieting▼6ページめ:(上)Paul Stamets (下)Kevin Beiler▼7ページめ:Dr. Teresa (Sm'hayetsk) Ryan▼8ページめ:Diana Markosian

その他の写真はすべて著者の提供によるもの。

【へ】

【ほ】

【ま】

【み】

【む】

【ち】

【つ】

【て】

【と】

【な】

【に】

【す】

【せ】

【そ】

【た】

索引 INDEX

［著者］

スザンヌ・シマード Suzanne Simard

カナダの森林生態学者。ブリティッシュコロンビア大学森林学部 教授。

カナダ・ブリティッシュコロンビア州生まれ。森林の伐採に代々従事してきた家庭で育ち、幼いころから木々や自然に親しむ。大学卒業後、森林局の造林研究員として勤務、従来の森林管理の手法に疑問を持ち、研究の道へ。木々が地中の菌類ネットワークを介してつながり合い、互いを認識し、栄養を送り合っていることを科学的に証明してみせた彼女の先駆的研究は、世界中の森林生態学に多大な影響を与え、その論文は数千回以上も引用されている。研究成果を一般向けに語ったＴＥＤトーク「森で交わされる木々の会話(How trees talk to each other)」も大きな話題を呼んだ。本書が初の著書となる。

マザーツリー・プロジェクト
https://mothertreeproject.org/

［訳者］

三木直子 Miki Naoko

東京生まれ。国際基督教大学卒業。広告代理店勤務を経て二〇〇五年より出版翻訳家。訳書に『植物と叡智の守り人』『食卓を変えた植物学者』(以上、築地書館)、『ＣＢＤのすべて』(晶文社)ほか多数。埼玉とアメリカ・ワシントン州在住。

マザーツリー

〜森に隠された「知性」をめぐる冒険〜

二〇二三年 一 月一〇日 第一刷発行
二〇二四年 七 月二六日 第五刷発行

著者 スザンヌ・シマード
訳者 三木直子
発行所 ダイヤモンド社
〒一五〇-八四〇九 東京都渋谷区神宮前六-一二-一七
https://www.diamond.co.jp/
電話／〇三・五七七八・七二三三(編集) 〇三・五七七八・七二四〇(販売)

ブックデザイン 中ノ瀬祐馬
校正 聚珍社・東京出版サービスセンター
本文ＤＴＰ ニッタプリントサービス
製作進行 ダイヤモンド・グラフィック社
印刷 勇進印刷
製本 ブックアート
編集担当 藤田 悠 (y-fujita@diamond.co.jp)

ISBN 978-4-478-10700-3